乡村规划新思维

New Paradigms of Rural Planning

王晓军　著

中国建筑工业出版社

图书在版编目（CIP）数据

乡村规划新思维 / 王晓军著 . — 北京：中国建筑工业出版社，2019.5
ISBN 978-7-112-23381-6

Ⅰ. ①乡… Ⅱ. ①王… Ⅲ. ①乡村规划-研究-中国 Ⅳ. ① TU982.29

中国版本图书馆 CIP 数据核字（2019）第 039073 号

责任编辑：费海玲　张幼平
责任校对：王　瑞

乡村规划新思维
王晓军　著
*
中国建筑工业出版社出版、发行（北京海淀三里河路9号）
各地新华书店、建筑书店经销
北京建筑工业印刷厂制版
北京中科印刷有限公司印刷
*
开本：787×1092毫米　1/16　印张：22　字数：359千字
2019年7月第一版　2019年7月第一次印刷
定价：**68.00**元
ISBN 978-7-112-23381-6
（33687）

前 言

随着快速的经济的增长、社会的进步以及城镇化发展，振兴乡村已成为今日中国社会普遍的决心和意志。现实表明，中国乡村已经发生了深刻变化，乡村社会也变得愈加多元，农村居民普遍期望振兴其社区，也有意愿参与社区公共事务的决策与建设，这对乡村规划提出了更多新的挑战。

无可否认，在很多人眼里，乡村规划应由政府来推动。然而，乡村是村民自治制度下的社区，村民是其社区发展的主体，要开展的乡村规划，如果仍像其他区域规划一样，沿袭由各级政府自上而下地开展乡村规划的决策和建设，则内容难免偏颇，项目难以落地，质量必然大打折扣。乡村发展是由政府、市场与社会集体合作完成的发展选择，只有政府与乡村居民共同构建一个治理更有效、经济更可行和社会更有序的乡村规划路径，才可能为可持续发展的乡村未来奠定基础。

作者多年教学、研究与实践经验表明，一方面，乡村规划要针对某一乡村社区特殊的自然生态、经济、政治、社会及文化环境，提出一套适合当地的决策体制框架；另一方面，乡村规划必须与当地利益相关者共同选择规划途径，制定各方可接受的乡村发展纲领，以引导解决乡村居民所关心的发展问题。

本书从多元的角度审视乡村规划，目的是想探索合乎我国乡村特点的规划范式及思维方向，尤其是尝试构建上下结合的乡村规划体系。多年的研究与实践证明，一个完整的乡村规划，必然是包括乡村居民在内的所有利益相关者一起分析问题、构建目标、决策行动、协同监测与评估的参与过程。这一过程以政府或乡村居民单方面为驱动很难顺利达成，因而必然是各级政府转变旧有观念、不断变革乡村规划体制的过程，也必然是政府管理者、工作人员、规划师和乡村居民在规划过程中不断学习与反思，积极转变态度与角色的过程。

经验表明，乡村规划绝不只是规划界的事情，而只能是全社会要共同面对的课题。因此，本书不仅只供乡村规划专业人士批判与借鉴，更希望引起各级政府的乡村管理者对乡村规划问题的深刻思考。本人斗胆成书，但水平有限，时间仓促，一家之言，书中难免错误与不妥。望同仁不吝赐教，期待共同努力为中国乡村做好规划！

王晓军

2018 年 10 月

目 录

第1章　乡村与规划

开篇从中国乡村的特征与目前面临的状况分析入手，解释乡村规划的本质特征、规划思维特点和对乡村规划师的基本要求，以期为本书探索新乡村规划范式提供基础。

中国乡村是中国人生产与生活、社会与文化、历史与政治多元耦合的人类文明体，是几千年中华文明的根基。历史上中国乡村传承着朴素的永续农耕文化，自然与人居和谐融洽，乡村治理宽松，小农经济发达，乡村社区感性而包容，各地乡土智慧与知识丰富。直到近代中国乡村都从传统乡村向现代乡村转型，尤其近些年来更多的乡村衰落的速度日益加快，城乡发展失衡，已成为国家发展中需要正视的问题。乡村振兴是乡村自然与社会生态的全面振兴，延续传统的乡村发展思维与方式很难破解乡村衰落这一困局，只有将乡村传统发展模式，转变为城乡融合的综合发展模式，才能在城镇化发展依然强势的大背景下，顺应乡村振兴战略的时代要求。

振兴乡村社区，乡村治理有效，需要全社会各界形成合力。第一，政府能否将倡导城市化与乡村振兴同等对待？第二，乡村内生性自主发展是否得到重视？第三，市场与社会力量是否能介入乡村振兴中？第四，乡村振兴的进程是否有合理规划与管理计划？这些问题处理得好、措施得当，再加上基层可以看到自己的不足，借鉴他山之石，创新乡村发展的机制体制，从创新基层乡村规划体系入手，就可以真正实现城乡融合的乡村可持续发展。

乡村规划的本质特征是未来导向性的，在一个由政府、市场与社会多方协调合作的机制下，乡村规划必然要走所有利益相关者沟通决策的过程，他们各司其职，处理好各主体间的关系，共同制定乡村发展目标并注重实施。

乡村规划师应对自己的职业特征有一个基本的了解，为开展多学科综合的乡村规划作好心理准备。

第1节　中国的乡村

本书所指的乡村是与城镇相对的，乡村是具有自然、社会、经济特征的地域综合体，兼具生产、生活、生态、文化等多重功能，与城镇互促互进、共生共存，共同构成人类活动的主要空间。中国乡村是几千年中华文明的根基，自古以来就是中国人生活与生产、社会与文化、历史与政治多元耦合的东方人类文明体。乡村社区是基于一定地理空间的乡村社会群体，它包含有自然地理的乡村空间与社会经济、文化、政治活动功能的相对独立的存在。具体的乡村社区一般是一个自然村、行政村、小流域、乡村片区或乡等，是微观尺度的概念，不同于宏观上的国家、大区域、省或市镇等。我们现在讨论乡村发展或乡村振兴，是在我们国家工业化越来越发达、城镇化水平越来越高、城乡差距越来越大的背景下，回头看，几十年来我们的乡村问题成堆。今后要振兴中国乡村发展，不能简单地将农业视为单一的粮食生产部门，就狭隘的农村经济搞乡村经济的工业化思维，而应从生态、经济、政治、历史、文化的整体角度加以考虑。

中国乡村曾有悠久的小农经济传统和丰富的历史文化底蕴，每个乡村都或多或少是传统与现代的结合体，而且结合的时间并不长，结合的结果也不理想。我们祖先崇尚天地间万物运行规则，也尊崇圣贤先哲，民间还有各种信仰（非邪鬼）。因此，各地乡村民间文化异质性特征明显，独特的乡土知识支撑着乡村中国的传统社会秩序和日常生活，同时补充了当时的主流中华文化。而且，中国历史上还以“德”作为政治制度和社会行为正当性的最终根据，而不是以宗教和理性作为正当性依据。中国历史上皇权不下县，乡村治理依赖的是乡绅或宗族，不仅社区内部有情感的向心力和凝聚力，而且以完全宽松而包容的心态，与主流社会及周边群体也没有多少距离感。正是中华文明和地方文化融合，中华文明对内表现出包容性，使得各地多样性的乡村文化传统得以不同程度在乡村保留与传承下来。

中国古人追求大同世界的理想“乡村田园”，人们人尽其才、遵守公德、各得其所、和谐有序。钱穆先生认为：“中国文化大统，乃常以教育第一、政治次之、宗教又次之，其事实大定于儒家之教义也”。中国有句古语“得民心者得天下”，讲的是顺应天理、符合“为公而思”的公心，这种公心所考虑的是天下之人，不是某个人或小团体，也不是某个政权下的民众或某个宗教的信众。中国历史上虽然没有真实出现过大同世界，但中华文明却几千年没有断续。中华文明的根在农耕文化，其历史文化也不都是精华，中国人习惯于感性胜于理性，非理性思维经常占据上风，因为乡村民众的选择缺乏一定的稳定性，在法律与制度以外，所谓的“民心”会随着宣传、时尚和错误信息的引导而变化无常，不经过思考的偶然性心态很大，缺乏理性分析的控制。

中国乡村还蕴涵着丰富的乡土知识，遗留下众多乡村特有的历史文化遗产。乡土知识不同于现代的科学知识，是乡村当地人和社区的知识，具体指某个特定地理区域的人们所拥有的知识和技术的总称，这些知识使得他们能从他们的自然环境中获得更多收益。这种知识的绝大多数是由先辈们一代一代传下来的，但是在传承过程中，每一代人中的个体也在不断地改编或在原有知识上增加新的内容以适应环境条件的变化，然后把改编和增加后的整个知识体系传授给下一代，其涉及面广，这样的努力成为当地乡村社区解决生产生活问题的基本策略，尤其在贫困的乡村，乡土知识系统成为村民依赖自然生存的根本。掌握乡土知识的村民不但可以知道在当地社区现有条件下如何以最低成本方式来有效利用和保护现有资源，同时它也是维系社区内和社区间、人与自然、人与人、人与社会和谐关系的重要基石，还是促进地方可持续发展的重要知识组成部分。

随着现代科学与技术知识的引进与发展，这些乡土知识由于其朴素的自然观，在很长的一段时间里遭受了政府和学者甚至是当地居民的漠视，认为其是落后、愚昧、不科学的象征。现在人们意识到，忽视乡土知识在乡村资源管理和社区发展的作用，已经造成了自然资源以及经济、政治和社会方面的众多损失。这些都促使人们对传统发展模式和发展目标进行反思，开始尝试从多学科视角研究乡村社区发展，将目光转向乡土知识的挖掘、利用和传承。

现在回看新中国成立之初，整个国家经济水平很低，乡村仍多停留在传统农业社会。为了发展工业，那个阶段无暇顾及农村，而是通过城乡剪刀差让乡村支持城市的工业发展。后来随着工业和第三产业的发展，城镇变得繁荣起来，大量廉价农村劳动力由农村大幅流向城镇，农业人口大幅减少，导致传统农村社区解体，农村物质环境日益破败。为了解决“三农”问题，开展新农村建设成为前些年的一时所急。目前中国城镇化水平正在从 50% 向 70% 迈进，公共财力较强，为了统筹城乡，缩小城乡社会保障和公共服务差距，开展乡村振兴行动，将是今后一段时期内经济社会发展的需要和政治诉求。城镇化继续发展的同时，乡村也需要振兴。从日韩的经验看，当城镇化水平到 70% 以后，国民经济高度发展，城乡社会保障、公共服务、要素市场等将会更加一体化发展，城市和工业对乡村的反哺力度会变得更大。

然而我们面临的现实是，中国城镇化率已接近 60%，几十年来的城乡间二元结构却依然存在，城乡居民收入、基本公共服务、社会福利等的差距还在拉大。由于流动性、技术、贫困、政策和土地管理倾向性等，乡村长期衰落的趋势依然螺旋式地呈现。1990 年至 2014 年间，农村的工作岗位减少了 20% 以上；2015 年，离乡进城的农村人口在城市的收入比留在农村的高 21% 左右；中国三分之二以上的农村小学已经关闭；2016 年，中国 20 至 30 岁左右的农村人口中有一半以上来到城市，寻求更好的发展机会，其中约 30% 拥有高中及以上学历，乡村当地的医生、企业主和老师退休后，可能出现乡村后继无人被掏空的现象。乡村活力越来越小，农村人口中（其中大多数为青壮年）离开乡村来到城市，乡村衰落趋势日益加剧。现在有六七亿人还在农村，即使城镇化率达到 70%，仍会有四亿人在农村。乡村振兴能否成功对我们国家发展是一项巨大的挑战。

从总的趋势来看，各级政府支持乡村振兴的力度会越来越加大，政府支持将在乡村发展中占据重要地位，因为没有哪国政府希望农村彻底消失，完全依赖进口。除了政府直接补贴的增加，间接的转移性收入也会提高，加之全社会的介入，希望城乡差距会越来越小。因此，未来乡村发展的大方向是：发展有竞争力的农业，提倡一二三产业的融合，使小农户分享农业发展所带来的红利；新兴融合农业的经营主体有相当一部分是有文化、懂技术、会经营的新型职业农民；农村基本公共服务逐步能得到保障并与城市融合，农民的福利能得到大幅度提升，繁荣的乡村还应当是健康社会、文化和精神的家园等。

中国地域差异性很大，区域发展也不可能平衡，即使在国家力主的区域平衡发展政策推动下，各地传统乡村衰退的趋势仍然不可能快速逆转，这看似是一种现代国家的规律性趋势。悠久的农耕传统，家庭式、小规模的农田持有和农业生产方式根深蒂固，区域工业化、现代化进程也不会根本性地改变传统农业和农村，农村仍以分散持有农田和经营为主流，农户保持较大的数量，但农村人口持续减少。我们不能一味模仿欧美等的农场式现代农业发展模式，这样只会使传统乡村消失得更快，真正的乡村振兴未必会到来。

现代城市生活和工作对农村年轻人有着极大的吸引力，这种趋势将长期存在。其后果是农村人口的减少及老龄化的趋势并不可能迅速逆转。如果没有精准的乡村振兴计划，农村整体衰退情形还会更加严重。乡村振兴势在必行，如果城市和工业反哺乡村措施不得当，无论投入多大的财力、精力和努力，也只能维持农村运转和农业生产。二十年前还提农业是国民经济的基础，后来又提“三农”是重中之重，到现在要实施的乡村振兴战略，根本的解决之道只能是城乡一体、深度融合。

这些年来，农民收入构成发生了根本变化：传统的家庭经营性收入比例越来越低，工资性收入比例越来越高，转移性收入和财产性收入也在增加。农村正在面临着消亡、合并、转型或复兴的命运抉择；农民的身份不应代表落后、愚昧、保守，而应成为一个平等的职业身份；农业也不再是传统的第一产业，而应转型与第三产业深度结合。

农业作为第一产业显然效益最低，农业生产成本越来越高，而农产品价格高于国际，农民不可能从第一产业中真正增收。用第二产业的方式改造农业，搞设施农业，跟办工业企业没有什么不同，有一定提高收入的作用，但是会破坏面上资源环境，不可能保证长期的可持续发展。各地乡村农旅结合搞农业第三产业化或许是一条出路，但是必须将金融、保险、房地产、超市、批发、流通等所有第三产业环节都交给以乡村社区为基础的农民自治组织去搞，深度反哺农民，才有可能形成综合竞争力，真正达到农民的增收和社区的发展。也要看到，养生与养老是农业本身固有的产业化功能，随着农民返乡潮的继续以及城市人口的到来，乡村发展养生产业成为一种趋势。中国城乡长期割裂，体验农业、环境教育等的需求也在增加，浓烈的“乡愁”情结正在激发出农业本身的文化教育功能。农业本身有历史文化传承功能，然而随着乡村多年来大规模地撤村并镇，农村的文化传承断裂加剧，乡村生活方式遗失以及现代化对传统农具、生产方式和农耕思想的冲击，今后重拾农业具有的历史文化传承功能可能是最难的。在当前情况下回归农业本质，继承优良中华农业传统，发挥农业的多功能性，振兴和谐的乡村社会，打造乡村可持续发展之路，是乡村振兴将面临的重大课题。

加速的城镇化已经给乡村社区的人们造成严重的扰乱，对国家来说更是文化甚至文明的变异。城乡一体化发展不是要乡村变为现今城市的模样。中国的城市病得不轻，在信仰般“城市，让生活更美好”的口号下，“城市，让生活更糟糕”才是常态。城市自身不但病得不轻，而且更延展到大规模的乡村圈地和改造运动，对乡村的破坏和农民的掠夺变本加厉，城乡关系愈加紧张和对立。“依靠城市化解决三农问题”以及“让农民过上城里人的生活”这样的论调也都是旷世奇谈。

城市与乡村都是一种聚落社区，是人类生产和生活的地方。从自然村到中心村、镇、小城市、大都市等聚落形态，都处于一个城乡连续谱带上，人口规模和密度、居住形态和空间特征、职业差异和社会异质性，以及基础设施状况等，都是一个连续变化或累积的过程。因此，城市与乡村本不应当是二元对立的，更不应当是一模一样的。然而，城市从乡村吸引人、财、物向城市聚集，在城市旋风下的乡村必然凋敝，几十年来空前的城乡二元结构的人为强化，城乡完全成为对立的两个社区，好像是必然规律一样，强化了年青一代的中国人，以及作为城市化所“化”对象的农民对于城市的迷思、迷恋和迷信，就连乡村景观也正被城市标志性的草坪、绿篱，甚至高楼、水泥广场等侵害着。

当我们仍在努力追求城市化的时候，乡村实际上会自然地弱化，甚至丧失，致使振兴乡村活力的一切“逆城市化”举措都显吃力。同时，乡村居民及其各种精英向城市的大量迁移，也就从客观上弱化了乡村社区的主体力量。城市化过程实际上表现为土地空间向乡村扩张、蚕食和消灭的过程，意味着人为地加剧矛盾、制造紧张和对立。过去几年，通过“消灭农村”来“解决三农问题”的政策企图也达到了目的，如乡镇改街道、村改居、中心村建设、土地整理以及“增减挂”等，诸如此类的政策和措施固然有统一规划、节约和集约利用土地的用意，但实质上是以整体推进的方式完成了对农民土地的一揽子剥夺。那些失去了土地和家园的“三无农民”、“前农民”或城市的边缘人，将如何面对必将到来的低增长阶段和有可能出现的经济危机？

在解决乡村振兴中的问题时，世界各国都认为加强乡村治理是一条有效途径。有些国家将国有土地和地主土地重新分配给农民，并减少地租，促进农业发展；有些国家大力扶持农村的公共卫生和教育事业；一些国家对农民的政策从征税转为扶持，从中央计划经济改为自由市场经济；一些发达国家还采用规划、投资和补贴策略来鼓励农村发展。然而，许多国家的政策实施效果表明，自上而下的政策往往会失败，乡村人口依然都往大城市郊区或大都会迁移。

各国政府主导的乡村发展举措大都没有充分考虑每个农村社区的特点。政府可以协调和调动土地、劳动力和资本，而走向衰落的农村社区往往缺乏强大的村民自治委员会或农业股份经济合作社，也可能没有足够多受过教育以及技术熟练的人来胜任。每个乡村社区的问题不一样，对政府政策的需求也不一样，不同村民的声音往往得不到外界的认真倾听，更谈不上与政府合作振兴乡村。回顾新世纪以来乡村治理的困境，它的表现领域、形式和原因固然多种多样，乡村社区自身原因也应得到充分重视，比如村庄内部关系的紧张、空心化、社会生活障碍以及社会治安恶化等。因此，吸引当地村民参与自己村庄的治理是乡村振兴的关键，自下而上的各种措施将如同“社会黏合剂”，在外部政策、资金或技术等的帮助下，动员社区内生动力，鼓励人们共同努力，构建良性发展的社区发展机制。

振兴乡村社区，乡村治理有效，全社会有许多事情要做。第一，政府能否将倡导城市化与乡村振兴同等对待？城市与乡村居民在资源、公共服务和社会福利方面还有很大的差距，离享有平等权利的要求还有很长的路要走。目前在鼓励“一村一品”或“一村一景”上的政策还没有办法与城市发展相比。第二，乡村内生性自主发展是否得到重视？乡村振兴需要由当地各利益相关方参与，在尊重公平公正的前提下，充分利用政府的乡村振兴政策，并赋予当地社区和人士更多的发展机会。第三，市场与社会力量是否能介入乡村振兴？显然，单纯依赖政府的努力或单纯依赖乡村自主发展都是不现实的。如何将政府支持–市场运作–乡村社区自主发展三者结合起来，成为乡村治理有效的必由之路？第四，乡村振兴的进程是否有合理规划与管理计划？各涉农机构和组织应促进乡村规划、管理与建设的多学科研究和多方面投入。乡村研究与规划人员必须了解导致当地农村社区衰退的主要因素以及农村对周围的反应，并且需要采用适宜的方法来分析社区意愿和需求，与村民一起提出改善具体乡村的社区发展策略。

“规划科学是最大的效益，规划失误是最大的浪费，规划折腾是最大的忌讳。”为了防止对乡村的建设和改造造成破坏，必须彻底放弃把“经济”当作唯一衡量尺度的做法，同时确立起自然的、人性的、生活的和社会的尺度。在一个小区域尺度下，城市和乡村是一个有机整体，只有双方都可持续发展，才能相互支持。

农业现代化，农村社区重构，乡村振兴，必然与务农人口大幅减少、村庄不断撤并等发展条件联系在一起。乡村规划需要有一个导向，简单地美化空心村是没有用的，首先要关注的是乡村机制体制调整，资源重新优化配置，引导农村人居空间精明收缩或再利用。二是乡村规划要注重城市与乡村要素的双向流动的具体路径。在城市化和现代化的条件下，城乡资源要双向流动，农民可以进城，城里人也可以归农和归村，在现有制度条件下如何安排合理退出和进入机制。虽然各地乡村振兴必将面临重重困难，也将经历痛苦转变中的一系列问题，而在“产业兴旺、生态宜居、乡风文明、治理有效、生活富裕”总要求下，各地城乡融合发展体制、机制将会逐渐形成，这些发展都离不开适宜的乡村规划的指导与引领，要因势利导，充分考虑适应发展的现实约束和诉求的前提下，做好乡村规划，以新型发展思维来推进这一轮的乡村振兴。

第 2 节　什么是规划

规划不仅仅是我们当代日常生产、生活中的重要内容，更作为一项普遍的活动，出现在各个领域之中，如经济规划、社会规划、生态规划等各类规划在世界各国的政府工作中占有重要地位，也是一项必不可少的管理手段，因此，规划早已成为地理学、经济学、社会学、决策科学、管理学、建筑学等学科研究的重要课题。来自这些学科专业从事规划工作的人就是本书所指的规划师，其职责的核心就是规划。为此，本书首先澄清与规划有关的一些基本方面，在思想上建立起思考规划的方法，在行动上掌握有效操控规划的技能，从而开启乡村规划的职业生涯。

1. 规划的内涵

提到“规划”，至少有两种用法，一是将规划看成是一个谋划的过程或编制过程，倾向于作为过程和行动的意思；二是指规划（方案）的结果或成果，如规划图和文本等。本书更多地视规划为一个过程和行动，规划可以理解为为实现一定目标而预先安排行动步骤并不断付诸实践的过程。这一规划理解也得到了来自不同背景规划师的广泛认同。

然而，这种对规划高度概括的理解，对不同背景的规划师来说远远不够。孙施文曾详细解读了规划的要素。当我们将规划视为一个过程时，规划至少应当包含以下三个基本要素：一是要有规划目标，规划是为实现一定目标而开展的，是为解决区域问题和未来发展提出的；二是要为未来行动制定计划，为实现规划目标而预先安排行动步骤；三是要有规划行动，不是完成规划编制就结束了，而是要不断付诸实践，执行并调整行动计划，以达到规划目标。可见，规划是人类知识的运用过程，是指在针对目标达成的行动过程中不断地将知识转化为行动，以不断趋近目标的所有努力。

2. 规划的主体间性

从认识论上说明人的认识活动和实践活动，过去有主体和客体这一对概念。主体是指进行认识和实践活动的人，具有自主性和能动性，即认识和实践活动的承担者和操作者；客体是指存在于主体之外的客观事物（外界事物），客体进入主体对象性活动领域、实践活动所指向的客观事物。主体和客体的关系主要是认识关系和实践关系。实践关系是主体改造客体以及客体被改造的关系；在主体和客体的实践关系中，同时发生着认识关系。认识关系是主体在观念上掌握和反映客体以及客体在观念上被掌握、被反映的关系。主体和客体是对立的，又是统一的。主体和客体不仅相互联系、相互制约，而且在一定条件下相互转化。人在改造世界的活动中，把自己的目的、计划、愿望变为同主体相对立的客观实在即客体；同样，在主体反映和改造客体的过程中，客体移入人脑，经过改造成为人的思想、知识，或者在主体反映客体的过程中，使自然物成为人的工具，延长人的器官，直接从属于主体。

在以前，规划领域的人士认为，规划活动是规划主体对客体进行分析、评价、判断、选择、决策并实施的过程。规划方案或结果应该是主体与客体，以及主体之间相互对立、相互作用、相互影响和相互协调的结果。对一项规划来说，规划主体是发出规划活动的所有人，是规划活动的承担者，对规划方案的编制起着能动作用；规划客体是进行规划活动的直接对象，规划客体包括有形的规划对象和无形的规划对象，它们决定规划的基本内容、未来发展方向与规模。一般地说，规划主体包括规划委托者、规划编制者、规划实施者和规划享用者。规划委托者对规划有一个总的期望和要求，在某种程度上决定着规划的方向和基调；规划编制者开展规划编制，并兼顾各方的要求和建议，提供"客观科学"的技术服务，是规划活动的具体与直接承担者；规划实施者负责规划的实施；而规划享用者（如村民）受规划的（正面或负面）影响（见图 1-1）。

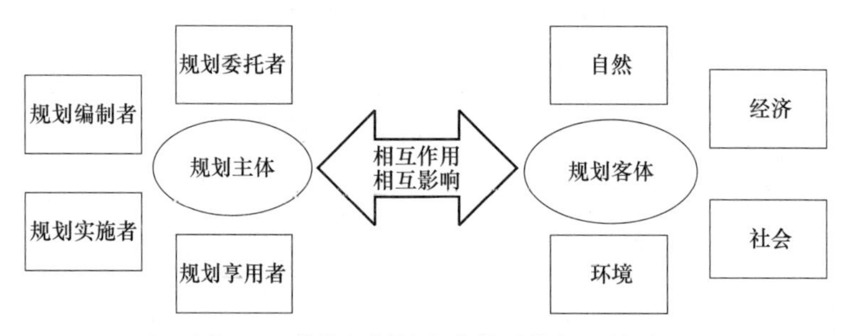

图 1-1 传统规划的主客体及其相互关系

这里引出规划的主体性问题，并无意去过多讨论它，而是希望以此引出规划的主体间性问题，认识主体与主体间关系问题。因为以往的规划过分倾向于对规划客体的讨论，有意无意地使规划主体与客体二元对立起来。而从规划主体来看，由于出发点、视角、立场、利益和目的的不同，不同主体对规划目标、制定、措施、行动等会有这样那样不同的理解，因此，规划各主体及其关系更应成为规划关注的重点。主体间性会因规划范式的不同也有所不同，而且在规划的各阶段作用也在不断发生转变。

规划主体的角色和相互作用，依规划范式不同而发生着错综复杂的变化，是规划过程中应重点考虑的，是这里强调讨论规划主体间性的目的，也是本书的重点讨论内容。在本书将要讨论的大多数规划范式中，规划编制者（如乡村规划师）更多地发挥着主持人和协调者的角色，协调各利益相关群体间的讨论和决策，以达成规划共识；因为村民是其所在社区发展的主体，也是其社区规划的主体，所以更多地发挥着实际规划编制者的角色，主导着规划的目标和内容，当然仍是规划实质上的实施者和享用者；传统规划中的规划委托者，更多的是政府或部门的代表，在规划中应当发挥支持者和服务者的作用。

这里以争议最大的乡村规划师的职业定位为例。传统规划师提供的规划服务显然不仅仅是技术服务，它与画师等存在根本区别，因为他们要服务的对象不同，发挥的作用也不同。画家的画作只要符合委托者的要求就能交差，因为这些不会影响公众的利益和选择。但是，规划师的规划服务是要提供公共产品，实施后将影响公众利益，因此规划师不仅要对规划的委托者负责，也要对规划的受益者——公众负责。很多时候，二者的需求和选择是有差距的，有时委托者与受影响公众的声音会不一致，规划师会很为难。如果尊重公众的选择而对委托者违拗，就意味着规划师要失业；而规划师因生存的原因，无视公众的选择而服务于不顾公众意愿的委托者时，就沦落为按委托者所想绘制蓝图的"御用"规划师。这时的规划师只提供纯技术服务，与普通工匠没有本质区别。规划师必须要做的是，努力去验证规划委托者声音的真实性，并运用专业知识进行评价，当出现意见不一致的时候能有效协调沟通，或者体面地退出。这是规划师无法逃避的工作，为此，本书希望能帮助规划者确定自己专业身份的定位和所编制规划的政治定位。

规划涉及的领域十分广泛，规划师也具有明显的专业技术特点。如有的主攻政策、机制研究，有的则主攻景观、形态设计，在侧重点上，还有乡村经济发展、生态地理、景观建筑、产业开发、交通或基础设施等专业规划师之分。无论如何规划是一个多学科合作开展的工作。必须承认，乡村规划就是要处理好规划主体间的（政治）利益关系、（价值）社会关系、（经济）时间关系、（环境）空间关系等。将规划作为一种可运用的技术手段，安排好物质空间形态及其功能联系，还要处理好影响和决定物质空间形态及其功能联系的政治、经济、社会、文化、生态和环境等多种因素。从规划作为一项社会实践的角度，只有真正理解了规划代表某些价值的内在特性，才有可能理解它本身所蕴含的社会力量，从而无论在何种观念的运作下都可以作合乎目的的行动。从规划作为一项严肃的政治行动时，只有认清规划服务于什么样的思想认识、意识形态或哲学观念，才能处理好各种规划主体间的权力和利益的平衡与协调。

3. 规划的未来导向性

规划最根本的特征是它的未来导向性。其含义有二：一是规划是对未来行动结果（目标）的预期，任何规划都是以未来作为目标趋向的，总是针对未来某个时段；二是规划也是对实现这种结果的行动内容的预先安排，是针对未来的行动。可见，规划的内容和过程始终是为未来的行动指明发展方向，引导未来的相关行动来实现规划所确定的某些目标。

从这种意义上，我们可以将规划理解为：在针对目标达成的行动过程中不断地将知识转化为行动，以不断趋近目标的所有努力。总有一些人认为，规划就是以现在的知识来引导未来的行动。这一观点的不准确性就在于，它忽视了规划的行动并不仅仅是现在开始的行动，更是将来的行动；在现在的知识和未来的行动之间，仍然存在着需要解答的问题，如何将现有知识转化为未来行动，是一个理论问题，更是一个实践问题。

由于规划具有未来导向性，因此规划不能完全停留在对过去和现在的认识上，而必须是在未来的基础上反观过去和现在。因此，规划工作最为首要的内容就是要对未来发展进行研究。

政策分析学家邓恩（2002）从政策分析的工作特征和思维习惯出发，区分了未来的三种社会状态：（1）可能的未来：是指将来可能发生的社会状态，揭示的是未来可能会怎样；（2）合理的未来：是以对自然和社会的因果假设为基础，在规划人员不干预事件发展方向的条件下，被认为有可能发生的社会状态，揭示的是在没有规划干预下自然发展的结果；（3）规范的未来：是那些与规划人员对未来的需要、价值观和机会的构想相一致的潜在的、合理的未来，揭示的是未来应该是什么。而且，在对目标认识的基础上来考察从现在至未来目标达成这一时间段中的所有行动，规划师还需要将“可能的未来”“合理的未来”的发展行为引导到“规范的未来”的发展方面来。

正是规划的未来导向性这一根本特征，决定了规划的其他几个重要特征。

1）不确定性

过去和现在不存在不确定性问题，只有无知的问题，这可以通过强化学习来消除。对规划而言，不确定性是与未来导向性共生的，是关于未知未来的，是不可能被完全消除的。

规划的未来导向性决定了规划必须对其过程中的不确定性进行调节和控制。规划师的重要职责更多地在于通过其工作，以有目的的方式来界定未来不确定性的作用范围，从而使未来的不确定性范围缩小，而将确定性加强。

在规划过程中，决定未来不确定性的来源包括以下几个方面：

（1）规划目标的不确定性

对所规划的乡村缺乏足够了解，称为“认知的不确定性”或“不完全的知识”。这类规划目标的不确定性主要是由于时空因素的变化会引起规划目标也发生变化，除非接受自下而上治理和沟通式规划新理念和方法，否则会对规划目标设定的明确性和可行性带来不确定性。

（2）规划手段中自然、模型、参数、数据等的不确定性

主要是指自然随机因素众多，构建模型的技术不足，模型输入变量和参数不能准确量化行动条件和时空变化，以及测量误差、数据处理误差、数据不连续性和口径不一致等因素造成的不确定性，缺乏理论上的理解或普遍的无知同样可能存在不确定性。

（3）规划行为不确定性

一方面是由于规划机构和部门协调能力不足，如部门分割；另一方面是由规划者自身带来的，其个人素质和业务能力的不确定性、学科交叉存在着不协调现象，如规划者与决策者间由于分析问题的立场不同，会给规划决策带来很大的不确定性。

（4）规划体制的不确定性

在规划中不可避免地会面临国家政策、机构、立法等的不确定性，面临经济、社会和体制方面的挑战和障碍，对规划目标的实现造成影响。此外，还存在资金投入不稳定引发的不确定性以及新科学和技术发展的不确定性等。

因此，规划的不确定性主要来自外部条件和内部因素两个方面，外部条件是规划系统所无法调节和控制的，并直接决定了规划的作用范围，对规划系统而言也称作前提假设；内部因素尽管是规划系统可调节和控制的，但这类因素同样可能由于控制不当而导致新的不确定性，而在规划控制准则多变的状态下，这种不确定性则是在加剧而不是缓解。规划的不确定性因素在规划过程中始终存在着，而且是绝对不可能消除的。针对这两种不同性质的不确定因素，规划的相应对策应当是各不相同的，

这种不同规定了规划的作用，同时也决定了规划工作的主要内容和方法论基础。

规划的过程无法消解外部的不确定性，而只能去顺应这种不确定，这样就直接影响到规划本身的内部结构。于是，规划所追寻的合理结构和框架就应当是对这类不确定性的回应。规划只能是一种对未来不确定性的缓解和抵消，绝对不可能消除。这一点也是规划之所以能够存在并在社会实践的过程中发挥作用的原因所在，任何事物的未来发展都是现时尚未决定的，等待作出选择的行动及其结果的演变。这种演变是逐渐的、累积的，并在多种要素的相互作用中由小积大，由弱变强。

规划的未来导向性，其实质是对一种未来不确定性的缓解和抵消。规划就是针对普遍的未来不确定性而展开的工作，规划的作用正在于通过提供有组织的信息，消解决策者在决策过程中对未来发展的不可把握性，从而为未来发展提供框架。

规划过程存在不确定性，而规划结果又必然是确定的，规划的结果对未来起着导向性的作用。这里的悖论在于：确定的规划结果是不确定的未来现实的反映，而不确定的未来现实又是现时确定的规划的作用结果。显然，规划是典型的适应性过程，这就依赖于在规划过程中，影响规划结果和受规划结果影响的各方对未来与现实之间的权衡，仰仗通过理性沟通和利益相关者参与的途径对未来的规划运行体制有所安排，还要时刻关注外部体制的实际运作情况。

2）动态性与时限性

规划的未来导向性决定了规划面对的是不断变化的未来世界，因此，规划中必须要树立动态规划观。规划是一种公共政策的制定过程，具有较强的严肃性和权威性。规划社区内外不断变化的社会、经济和政治发展形势又使得规划本身的不确定性因素众多，稳定性是相对的，静态性也是相对的，因此导致规划的权威性必然是相对的。如果在规划制定和实施过程对规划的动态性认识不足，实施过程中对规划的后果评估不足，必然导致重复规划、过度规划等所谓规划浪费现象的出现。规划具有动态性，规划动态的调整是必要的，但必须以政策的连续性为前提，否则就会出现任意拆迁等不合理的规划问题。规划的动态性主要体现在：（1）规划依据和参考信息的动态性；（2）依据规划区域内外情境的动态变化，制定和调整全局规划和具体规划的经常性；（3）具体规划措施的灵活性和动态性；（4）实施规划中的灵活性；（5）对规划操作的动态过程监测与定期评估。

由于规划的对象以及制约规划的各项因素总是处于动态变化之中，因此，任何规划都有一定时间限制，都不可能是一成不变的，它需要随着时间的变化而不断地调整，需要进行修订或重新制定规划，即规划是一个动态调整的过程，是对新出现的情况不断进行负反馈响应的过程。这就要求规划必须建立过程监测与定期评估，即所谓的再规划或定期修编。

规划是对乡村未来一段时期内的预测和安排，具有时限性。一方面，时限性是指规划期限和阶段，制订规划目标需要有预定达到的进度和完成的时间，定期进行评估，这样才能确认要投入多少时间以及在什么时候完成。一般来说，规划按时间尺度可分为近期规划（3～5年）、中期规划（5～10年）和远期规划（10年以上）等。另一方面，时限性是指实施行动的进度，是在规划制定后按既定的目标开展，按进度的实施行动来实现各时期目标，开展规划的时间管理和过程监测控制。

规划的时间划分和对区域未来各时期的安排有时限性，其原因在于，不同的时间跨度所带来的是规划对象发生变化的条件和情形不同，其表现的形式也应有所不同，因此规划所采用的应对方式也应有所不同。时间越长，在规划中所容纳的未来就越具有多样性，也就有多种的可能性存在，其不确定性和复杂性的特征就越明显，能在多大程度上控制不确定性是决定较长期规划质量的关键所在。

应当看到，时间变化所带来的问题始终是与人们的行为直接相关的，未来发展的变化实际上就是人们在现在和未来时段中所作出的决定及相应的行动所导致的结果。因此，规划不仅要揭示未来发展的最终结果，还要揭示全部过程行动的可能结果。另外，任何行动所产生的后果，不仅其本身具有动态性，而且这些行动还会引发其他行动，或改变其他行动的发生方式和轨迹，这就意味着，一定时期内完成的行动有可能决定了后一时期的行动方向和内容，而且每一行动的时间跨度有长有短。这些都是规划中对行动的时限及相继行动的序列进行研究的原因。

3）复杂性

规划中的复杂性来源于规划的非线性、不确定性、动态性、开放性等规划本身与规划对象的特征。除了客观世界的复杂性以外，人类理解外部环境的复杂性及人类的认识特点对规划来说更为关键。

外部环境的复杂性归结为三个维度：空间、时间、人间。空间维度复杂性主要由于外部环境的范围广大而界线模糊，权属边界、城乡边界、地理气候区划莫不如此。在时间维度，由于历史的非线性演化进程以及突发、偶发事件（如自然灾害）对历史进程的扭转中断，表现出时间维度的复杂性，因而以线性模式依靠过往经验去推断远期趋势，就有较大的不可靠性。观察历史可以发现，在一个较短的时间段里，事物发展可能沿着过往轨迹做一定的惯性运动，还可以用线性模拟，但是线性轨迹有局限性，不应推延过长。弗里德曼之所以建议规划专注于"延续的现在"即可预见的近期，而不进行未知的远期规划，正是出于他对时间维度复杂性的认识。

张庭伟认为，也许可以把人类社会发生事件的不确定性及由此带来的复杂性统称为"人间"维度，以呼应"空间"和"时间"两个客观维度。人类的认识有两个特点：一是人的判断往往基于过往经验，觉得未来与过往可能相似，故推理途径偏于线性；二是人总是希望出现自己期待的结果，故先天的带有主观性。由于巨大的人口、社会形态、价值追求极其多样，人类整体社会的演化以及个体成员的发展轨迹均呈现出非线性，期间还可能出现难以预见的突发事件引起的突变，人类社会这个大系统内有太多错综复杂的相互作用，目前仍无法预测所有外部变化的结果。

由于人类线性、主观性的思想方式在判断非线性的客观外部环境变化时会出现误差，可以借助一些规划工具帮助人类理解和改造外部环境。然而，人类个体价值具有多样性，特别是后现代社会人类追求个性化的需求，不同个体临时对乡愁在细节上的具体诉求是乡村规划中很难把握的。因此，人类认知和上述时间、空间、人间三个客观环境维度之间存在着互动。这个互动大致可以分成三个阶段：第一阶段是人类认知环境、适应环境，在此过程中也发现环境不能满足人类的地方而希望改造环境；第二阶段是分析环境，寻找环境运行的规律，进而剖析规律；第三阶段是依照分析规律中得到的启示，采取行动来改变环境。在这三个阶段中，我们可能会运用一定的技术来发现现状环境的模式规律，并分析规律，为改造环境提供一些有用建议。但是，更多的时候，仍需要规划者出于不同的价值观进行价值取舍，确定什么才是让规划主体满意的理想环境，以及采取什么样的具体行动来改造环境，并付诸最终的行动实践。

4）作用的有限性

如果将规划视为一项公共政策的制定过程，那么规划与相关法律法规紧密结合后，通过实施，开展的是政府的行政行为或社区的共识行动。在宏观层次上的规划是政府对区域发展进行宏观调控的手段之一，这里不多论述。而在乡村社区等微观层面上，规划是对具体的乡村社区发展行动进行协调的工具，通过对社区各类发展活动进行基于各利益相关方的重新组织和空间技术的协调，使它们能够处于有序的发展过程之中。规划实际上是一种空间上的政策导引、制订和实施过程中的工具，不是万能的，而其作用是有限的。规划作用的有限性表现在以下三个方面：

（1）区域发展是决定性的，规划的作用只有在此前提下才能发挥，规划只是一个不断适应区域发展的过程，并非是自在自为的过程。同时，规划是对区域未来发展的预期和实现预期的过程。我们只有在不断实践过程中学习，而不能以既定的规划方案来限制未来发展的多方向性。

（2）规划的对象主要集中在空间和土地利用方面，规划对象的有限度性，决定了规划所发挥的作用的有限度性。尽管在空间和土地利用上反映了区域社会经济关系，但规划只能处理这些关系投射在空间层次上的相互作用，而难以直接去处理社会、经济、政治关系，而这些关系对规划有着决定性的作用。

（3）规划本身所具有的能力决定了规划不具备决定区域发展的权力。一方面，任何区域空间发展行动的形成都有其自身目的，这些目的并不依附于规划，而是由公共和私人部门的意图和决定所决定的。地方规划部门的管理权限只是一种影响空间供给的间接方式，他们并没有足够的权力去允许或拒绝具体的开发申请。另一方面，规划所拥有的对区域发展的引导和控制作用的权力，并不是与生俱来的，而是由社会决定的，是社会运行机制中的一个组成部分。它能拥有什么样的权力，发挥多大的作用，都是由社会通过立法、行政等过程，规划与社会发展的契合程度来决定或赋予的。

总之，规划在区域空间发展的过程中能够发挥一定的作用，但这作用是有一定限度的，是由区域发展决定的。因此，规划能否发挥作用及其作用的效果如何，内在于区域发展的过程。

4. 规划逻辑与思维

在讨论规划逻辑与思维前，我们首先要知道，逻辑是科学逻辑的简称（或称理性逻辑），是指对思维的研究或指思维的规律性。在国人的规划事业中，近几十年常常会听到“科学规划”一词，但其实，规划界对“科学”和“逻辑”的理解都是非常混乱的。

按我的理解，国人的“科学规划”一词有两个基本含义。一种含义是指从事规划事业的人群及其所从事的工作，这个人群就是经过“科学”训练（教育）的“规划工作者”，他们从事的规划事业就是“科学规划”工作。另一种含义是指积极的价值判断，“科学规划”经常指对的、正确的、真的、合理的、有道理的、好的、高级的，反之就是“不科学的规划”。比如我们说“规划决策的科学化”，是指规划决策要合理化，不要主观蛮干。简言之，经过科学训练的“规划工作者”做的事情就是“好的规划”。这是因为规划事业给人留下的正面形象。

“科学”原来指致力于揭示自然真相，而对自然作理由充分的观察或研究，一般理解为具体的科学知识、科学方法和科学精神。今天一提到“科学”二字，大概指的是三种科学传统，一是近代的数理和实验型科学，二是沉思型的理性科学，三是博物科学。希腊的理性科学是近代数理科学之根，博物科学则是近代实验科学之根。

人生活在世界上本来是一个很渺小的物种，它属于大地，属于自然，而在黑暗的中世纪属于上帝。近代西方科学一开始就是要控制、征服和改造自然，这是近代科学的一个使命。总体上讲，近代科学事实上培养了一种对于自然万物的“无情”之心，认为自然界本质上是冷冰冰的，是一种纯粹物的结合，是一个数学体系。近代数理实验科学的一个要求就是把科学家的个人的追求、个人的爱好、个人的情绪排斥在科学研究之外，通过这样一个去人化的过程，来保证科学研究的客观性。在过去的两百年内，近代科学及其技术产生了非常伟大的成就，从某种意义上培养了一种人对于自然的“自豪感”。

然而，人是自然的一部分，比如说我们的人体适合矿泉水，不适合污染的水，显然污染水是工业带来的，是我们征服自然带来的。在技术征服自然的时候，人也被自己所征服了，这是近现代科学遭遇的很大的问题。经过20世纪的发展，人们越来越清晰地意识到自然界本身不是一个机械论的体系，我们的生命系统未必是可以完全还原的，我们的社会系统也充满各种不确定性，所以20世纪兴起的很多新的学科越来越展示了一个和近代科学不相同的世界图景。人们发现，世界本质上可能是复杂的，而不是简单的，也不是完全可控的。

近代数理实验科学以及在此基础上的现代技术发展中缺失人文的精神，忽视了人类的精神文化中那些不可视、不可量化甚至难以言表的一面。然而，西方社会有强大的人文传统和批判传统，可以克服这个单纯的征服型、力量型的科学局限，重新唤醒对希腊理性科学的重视，使得它的文化本身具有某种平衡机制来制约。希腊人开创的理性精神和自由精神就是真正的科学精神。

博物科学是对大千世界丰富多样的自然现象进行收集、分类、整理的知识。包括中国在内的许多国家都有丰富的博物学知识，它代表的是与近代西方数理实验科学完全不同的一种科学传统，博物学传统改变现代主流科学对待自然的态度，要倾听自然，对自然保持一种虔诚谦恭的态度，认为人类的一切知识本质上都来源于自然，而不是来自实验室，博物学改变的是科学对待研究对象的一种心态。博物学家对待自己的研究对象是要付诸情感的。它改变的不仅仅是科学本身，它甚至改变了整个人类的存在方式，是沟通自然知识和人文知识的一个桥梁。博物科学与深思型的希腊理性科学共同起到对近代数理实验科学的纠偏和制衡作用。

因此从这点上看，有人说科学只有在西方产生，而不可能从东方文化中出现的说法是偏颇的，然而中国人普遍对“科学”与“技术”的模糊理解以及科学精神、理性精神、自由精神的不足却是事实。

要讲清楚这件事情，需要回到救亡与启蒙双重变奏的中国近现代史。一方面，因为中国不是近代科学的故乡，也不是科学精神的故乡，希腊人那种对自由、对理性、对真理的单纯追求，对古代中国人来讲是闻所未闻的，包括科学精神在内的许多西方的文化精神，都不大容易引进。

一方面，国人普遍将科学本身视为一种霸权。由于现代科学知识产生于西方老帝国主义背景下，它作为一个利器，造成中国被西方列强控制，因为中国特殊的文化传统和近代历史遭遇，中国人对西方科学的引进更多倾向于功利的、器物的层面。中国自己固有的人文传统在过去的一百年来被扬弃得差不多了，而与西方的近代数理实验科学相制衡的西方人文精神并没有充分地引进。这也难怪规划界把科学误用到社会领域去，用工程技术的思路包打天下的规划，处理社会问题。另一方面，国人普遍将科学视为一个特权。在现代规划教育体制当中，有资格接受教育的人才有资格去谈科学，掌握科学知识对于形成和巩固社会特权是有帮助的。今天再见到“科学规划”的说法，我们就不得不深思一下“精英式”的规划教育体制了。

近现代中国规划思想的滞后与东西方看待世界的不同方式也有关系。从西方规划教育来看，区域发展并不仅仅由规划本身决定，关键在于规划能否与区域发展的机制相匹配，使之成为区域发展的必然结果。在这样的意义上，规划要发挥作用就必须通过具体的规划方法。西方规划界有两个基本途径：一是采用科学方法，对区域进行客观的观察和测量，包括经济社会方面也是如此；二是在科学观察的基础上，依靠严密的逻辑推演，分析后去理解规划的区域，这是西方规划思想主流性的思维方式。近几十年来各种后现代思想和社会思潮也加入规划思想。而中国规划界还没有完全适应通过观察并分析后再去开展规划。这也难怪我们总是偏颇地提倡“科学规划”，而存在一些与规划职业不和谐的思维习惯。

第一个问题是，我们喜欢猜测式地看待被规划区域。张三对你说一段话，你马上去猜他背后的意思是什么，他想干什么，他有什么意图。我们习惯性地在思考这段话背后的意思是什么。“人际理性”成为中式规划的重要方面，人际理性把人际关系放在万物万事的第一位，这种理性又无规可循，无规可依，其核心是权力官本位。当然，这种人际理性也有其正面效应，中国特色的人际关系由下而上建构事实、规律和法治的基础，由上而下注入人性之美和终极关怀，以及消解权力的扭曲，以重建和焕发传统文化本来的魅力。

第二个问题是，中国人骨子里喜欢用类比来理解世界，甚至许多年轻的职业规划从业者现在仍习惯用打比方来理解区域。给学生讲一些复杂的道理、一个数学公式、一组模型时他弄不懂，但打个比方、讲个故事后他马上就明白了。这种用类比去理解世界，而不是用逻辑的展开去理解，虽然故事很形象，但它是极其不精确的，而且使得大量复杂的细节完全被忽略。过了多少年，学生记不得道理是什么了，但类比的那个故事还能回忆起来，人的注意力焦点、思考的方式完全转到了这个故事之中。它使得基于此的对原始问题的理解很多时候会面目全非。这使得我们在全面接受规划思想时存在困难。

第三个问题是，我们缺乏基本的批判性思维去了解区域。中国的传统文化中，虽然强调慎思明辨，但更多的是强调“适应”某种现实，欠缺批判精神，现在的应试式规划教育也是沿着这一路线。规划的一个突出特征就是理性化，理性就是在确定目标和行动时，为了更快地实现目标和提高效率，对实现目标所需的手段或工具进行选择。西方理性包括两大原则：强调逻辑的规范和自由意志的超越，这在中国传统文化中是欠缺的。规划离不开逻辑的规范性，这方面我们的规划教育也是落后的。逻辑的规范性、理性的思维就是要求逻辑严密的论证，以充分的证据和逻辑推理为基础。我们讲科学规划，就是要求不断地怀疑和求证，这也是批判性思维，要建立在严密的逻辑论证、充分的证据等基础上。只有批判性地独立思考，面对繁琐的规划对象时，才能时刻保持清醒的自我意识，不是“我”被杂乱、无意识的规划区域拖着走，而是规划由“我”掌控。

批判性思维除了基于理性，也必定要建立在逻辑的基础上，如果批判不讲逻辑，那批判是没有意义的。批判性思维不仅是一种思维技能，实际上也彰显了某种人文精神，我们还需要独立自由的精神，一个缺乏独立思考、自由意志的人是不可能具有批判性思维的，更不会成为“反思”式规划师。

简单地说，规划就是要发现规划对象存在的问题，并提出解决这些问题的方法，并付诸实施甚至检验。这里用到的是高级层面的思维活动，即反思。要做一名“反思”式规划师并不简单。首先要像医生一样去诊断病症，正向度地进行学习思维，根据外部情况审时度势，从简单到复杂，由浅入深地发现和分析问题；而在解决问题时，规划师的思维又是逆向的，医生需要知道你疾病的结果和知道你怎么得病的，他才可能知道怎么给你治病。管理学上还讲360度思维，多角度进行反思，我们看自己的后脑勺是看不到的，所以要借助两个镜子，从更多的视角来审视。

我们说中国式规划思维的问题只是相对于西方思维的不足，但我们的思维方法也有许多突出的优点，如东方式综合性思维、系统性思维等。这里不再展开讨论。

在有关空间的科学研究中，逻辑思维扮演着重要角色。在从事空间科学研究过程中，借助于逻辑思维中的概念、判断、推理等思维形式，能动地、理性地反映空间的客观现实，这样人们才能达到对具体空间对象本质的把握，进而认识客观世界。有关空间的科学研究中，还存在按逻辑程序无法说明和解释的那部分思维活动，不受固定的逻辑规则约束、直接根据事物所提供的信息进行综合判断，直觉、灵感、想象等非逻辑思维方式也是有的，它也是人类理性的表现。

然而，规划的逻辑不只有研究空间科学的逻辑。空间科学的认识对象主要是一个区域的过去和现在，是针对事实和经验的，常常可以用先因后果的关系来解释并予以验证。在规划实践中可能还有被称为“规划逻辑”的东西。规划作为一项未来导向性的社会实践，其独特的分析和解决问题的方法，被孙施文先生称为规划逻辑。

规划逻辑之所以有其独特之处，最大特征是其现时的不可直接验证性，也就是说对于任何特定的未来行动方案和行动本身，我们无法在现时预先检测其全面的、确切的实际效用，也无法依据既往的经验来判断其未来的合理性，这之间没有必然的推导过程。它们必须在规划进程中才有可能得到不断检验，而这种检验又必须依赖于对目标的不断深化的认识，对区域社会现实的把握，以及规划在目标达成过程中的作用程度。对于这类验证，除了上帝，我们并不掌握任何现成的工具和方法，而只有不断的社会实践（再规划）才能提供特定时期中的具体评价。

从规划的整个过程看，规划并不是由原因到结果的循序过程，而是先发生的事情或结果必须由后发生的事情或结果来说明甚至决定。即规划是以未来事件或状态（目标）作为组织现在和今后一段时间内的行动和过程的原因和依据，并将成为实现目标的过程中所有发生或过程演进的规范。这就不是前因后果的，而是前果后因的。前果后因现象的出现，就要求在思维过程中运用完全不同于基于前因后果状态的科学逻辑准则。

在前果后因状态中，事件或对象发展的未来状态已经很显然不仅仅是其自在发展的结果，规划者本身已经成为其中一个不可缺少的因素。通过目标的确定、实现目标的途径的设计和规划过程中的对行动的选择，规划者所承载的价值观念、文化意识、技术手段、时代背景等，都将通过他在规划过程中的行动（有时甚至是一念之差）而影响事件发展的历程。在此，他已经成为事件或对象未来状态的创造者。而这种创造者的地位却又是基于人类对未来知识的掌握不充分的基础之上的。因此，对未来的认识又有许多是想象性的，此时此刻，各规划主体所担当的又是怎样的一种角色？各种规划思想范式给出了各种不同的解决方案，这将在本书中一一加以介绍。

规划逻辑的存在，决定了规划思维方式绝非是单一的、自我封闭的，而是一个综合的、开放的、不断在规划实践中学习着的过程。可以说，人类的各种现存的思维方式在规划过程中都有可能存在，只是它们的指向、运作以及它们之间的相互组合关系与其他场合不尽一致而已，只能是“在实践中不断学习”（Learning by doing）。

还没有人能揭示出规划思维的独特组织方式，但这种独特组合是确定存在的，这是规划存在的必要条件，可以说，正是这种组合构成了规划内在的、深层的运行规律。规划中常见的思维方式有系统思维、辩证思维、经验思维、价值判断、模拟思维、不确定性思维以及行动思维等。各种思维方式所遵循的运演规则及由此而形成的基本规律，在规划的思维过程中仍然有效，并在不同的状态下发挥作用。但各种思维都要借助两样东西，一是抽象思维的能力，在脑子里重现事情；二是必须具有内化的标准，做一位有良知的规划师，在规划过程中的一些事情，哪些能做，哪些事不能做，是规划师进行反思的标准。

以上，我们对规划本质、规划逻辑及其中所包含的一些内容进行了探讨，只涉及了其中一小部分，此外，具备一定的发现问题的意识和团队合作的工作能力也非常重要，在规划中既提不出问题又不会与团队合作，就谈不上合理选择能力，更谈不上创新能力。

第3节　乡村规划

无论是什么类型的规划，其内容都非常综合，包含着丰富的自然与人文科学思想，目前并不存在一般人们认为的规划学科。如果现在一定要称规划为一门学科的话，那规划也只能是超学科的或跨学科界线的。因为如前所述，区域空间不是单纯物质空间的，空间的主体其实是人，更好地安排我们人类的生产和生活活动是规划非常重要的内容。我们生活的现实空间，随着人口、资源、环境问题变得越来越突出，人地关系变得越来越复杂，人与生态的关系越来越不和谐，这些都需要人类理性地思考我们生存的模式，其中非常重要的一些内容是规划的引领。

在我国的城市化过程中，除了大城市，一直以来都很重视中小城镇的地位作用，规划界对中小城镇规划的研究和实践越来越丰富，从理论和实践上都有了一定基础，并且在很大程度上吸收了城市规划的原理和做法。而对真正的乡村规划的研究要薄弱许多。为了更好地开展乡村规划实践，引领乡村发展与乡村振兴，乡村规划研究亟待加强。

1. 乡村规划的内涵

2008 年起实行的《城乡规划法》规定，城乡规划包括城市规划、城镇体系规划、镇规划、乡规划和村庄规划。乡村规划主要是指乡规划和村庄规划，其内容应当包括：规划区范围，村庄发展布局，住宅、道路、供水、排水、供电、垃圾收集、畜禽养殖场所等农村生产、生活服务设施、公益事业等各项建设的用地布局和建设要求，以及对山水林田湖草等自然人文资源和历史文化遗产的保护、防灾减灾等的具体安排。按本书对乡村的界定，乡村规划还应包括小流域规划、农村片区规划甚至个别自然村的规划。总之乡村规划的范围不仅仅是以行政界线为依据的，它是一种微观尺度上的规划。

乡村规划是这样一个过程，关于一定时期内乡村发展的主要目标、乡村发展的总体框架、乡村发展的主要项目构成等总体性的计划、决策、实施及监测评估过程，甚至延伸到再规划。乡村规划的目的在于，通过有效整合乡村各项资源，协调乡村社区各种社会组织关系，合理配置乡村生产力资源，制订乡村发展的行动纲领和比较全面的发展计划，实施乡村建设活动，改造乡村空间状况，通过从实践中学习，渐进式地改善当地社区成员的物质和社会环境，引导乡村有序全面发展。可以说，乡村规划的真正“效益”在于：可以最大限度地减少乡村管理成本，减少乡村管理所占有的各种资源。因此，乡村规划师不是乡村游客，不是每到一处乡村只在一定范围内选择性地吸收，而是要全面地看到乡村的方方面面。

中国未来大部分村落走向衰落，这也是乡村规划师必须面对的现实。中国乡村的主体性太弱，很多社区呈现一盘散沙，更不可能依赖留守老人、妇女和儿童去振兴他们的乡村。因此，一个好的乡村规划其实没有那么多衡量的标准，可能最根本的一条，规划应当是让一个正走向衰落的乡村看到希望。

几十年的改革开放与几千年的文化传统的惯性相比，乡村传统的根性依然十分强烈，这使得村民还很少有人能够较为理性地认识自己的乡村，还是习惯性地基于情感来作出判断。同时，传统儒家思想的长期禁锢，村民们已经没有了多少主体性意识。几十年来，职业规划师更多接受的是所谓城市规划的教育，规划技术组成存在大量缺陷。政府部门官员的政绩观和技术人员的偏见已根深蒂固。一些在书斋里做学问的农村专家依然四体不勤，五谷不分，只会在摇椅上理想地想象国外成功的乡村发展经验直接移植过来，这怎么可能移植成功？

目前我国的城乡发展思路已十分清晰，乡村振兴战略正是着眼于消除城乡二元结构，城乡良性互动，城乡融合发展这样一个大格局下提出的，这是我们的历史传统与当代思维良性结合的结果。今后城镇化与乡村振兴的互补互动与融合发展，在尊重市场配置资源的决定性作用下，要把公共资源（如公共服务、社会保障）更多地向农村倾斜，国家、政府的政策引导，正在创造一个负责任的良好制度环境。

过去城市管理失败的一个重要原因是“大城市政府，小市民社会”。政府延伸到了乡镇一级，村一级是村民自治的，因此与城市非常不同，城市的一些做法绝不能用在乡村管理中，乡村管理要努力做到“小政府，大社会”。在目前中国城乡土地等政策安排对乡村发展并不理想的现实下，政府仍需要管好乡村的民生、教育与治安等，当裁判员就不当运动员，身兼二职不可能把乡村搞好。乡村社区管理要在政府的引导和服务下，主要交给乡村自己的社会团体去管理，乡村的经济发展方面的市场管理交由市场的行业协会等团体管理就好了。

政府不是乡村规划的主体，规划者也不应当成为乡村规划的主体，乡村规划的主体依然只能是村民，由外来规划者或行政当局作为主体来主导规划的结果，其伦理与后果需要重新慎重考虑。从现在许多乡村整治项目中可以看到，作为乡村主人的村民，并非是乡村发展的主体，官方成了乡村的主人，当地人成了客人，彼此是互不相干的关系。

乡村规划主体是当地村民只是一般的说法，具体到乡村社区，农村居民中间的利益也不尽一致，加之社会力量的加入，乡村未来的主体将会是多元并存的格局。除了依然生活在村里的小农户，或依然在外工作生活的农民，还应注意到：一是传统的、大量的、计划规模的专业农户，他们都是返乡农民工，为城市贡献了青春，却没能被纳入城市的社会保障及整个公共服务网络，他们中的大多数主要是自家耕地的小农户；二是新兴农业经营主体，包括专业大户、农场主和农业企业家，他们是在城市打工中积累了一些资本的返乡农民；三是返乡不返农的农民工，他们可能在较大的小城镇工作，不一定回到原村子里，但对原村子会有所贡献。

外来的乡村规划师自身与被规划的乡村与村民之间永远是一种主体间性的关系。乡村规划不可能是科学客观并价值中立的规划，乡村规划不仅要对乡土文化的界定和经验进行分析，了解乡村地方性社区特质与外界之间的关系，而且要采取一种“具体情况，具体分析”、“从实践中边干边学”的实用主义态度，反思规划本身是谁的规划，对规划方法和内容重新进行评价。

如何唤醒村民主体性意识，还有很长一段路要走。政府各级行政与技术主体一般不会做唤醒工作，因为他们长期以来的自上而下的做法，与村民积累了不少对立要素，主体的让渡谈何容易，基层赋权与治理问题还将长期存在。常常可以看到的现象是，当地技术部门规划乡村发展项目时只从技术部门本身的角度来安排涉及千家万户的发展活动，而根本没有社区居民的参与。很多政府行政官员和技术人员仍然坚信大规模、大区域的乡村发展规划是可行的，按照“统一规划、统一设计、统一实施”的思路编制规划，而不是以千差万别的乡村社区具体条件为基础的乡村规划。甚至一些乡村发展项目主要是为了满足“形象工程”的需求，而不是农村社区的需求和期望。地方行政与技术部门自己决策今后乡村发展项目不是真正意义上的乡村规划。

这些乡村规划者高高在上的规划，离村民又远，会进一步失去村民的信任。这不是说，所有这些责任都要由乡村规划师承担，也不是要求规划者一定要在道德上有多么高尚，但至少，规划者首先要看到乡村衰落的倾向，也要认清乡村振兴的途径，他们只要把乡村衰落与乡村振兴这两头用一根线牵在一起，这根线会让乡村社区一步步向前行，让村民能够看到未来的希望就很不错了。这也是乡村规划者必须坚持的职业操守底线。

2. 乡村规划的过程与内容

乡村规划是在微观层次上的规划，它作为一种政策过程中的工具，对乡村具体的发展和建设活动进行协调，通过基于各利益相关者（主体）的利益的重新组织和空间技术的协调，使乡村社区能够处于有序的发展过程之中。乡村规划的作用就体现在通过有意识的努力来系统地限定问题，并对此进行思考，以改进决策的质量。

乡村区域空间是一个复杂的社会系统，有关其发展的决策涉及区域中的各个部分，不仅有政府公共部门、企业等私人部门，也有乡村社区的群体和个人，而且各方都会对区域发展产生或多或少的影响。因此，乡村规划有必要为这样的所有利益相关方决策提供背景框架或整体导引，以使得有关乡村空间发展决策能够保持在大家认可的同一方向上。这主要通过乡村规划提供有组织的分开信息而实现。

乡村规划通过社会所赋予的权力，运用有序性的手段，对乡村空间建设项目进行直接的协调，将它们纳入各方协同一致的方向上。但是，乡村规划在乡村发展过程中，不具备决定性的权威，只是一种导引性工具，最多也只是有否决权，即不批准某些不符合共识规划的建设活动的开展。而对规划编制的具体发展项目，仍需要通过政府的政策引导、市场的运行与调节以及乡村公众的参与来付诸实现。过去通常认为，编制乡村规划是为了落实政府制订的政策，然后就可以在乡村社区付诸实施，这一理念与观点是一种纯粹的理性与线性的观点，是自上而下科层体系的观点，实际效果并不理想。乡村规划实际上只能是一种乡村发展的政策导引，是政策制订和实施过程中的工具，并同时与其他利益相关者的参与程度有关。

受限于乡村规划的上述作用，乡村规划的内容主要包括以下几个方面：

（1）乡村规划要建构规划目标

因为乡村规划过程的一切行动都是在一定的乡村发展目标引导下展开的，同时所有实施的行动都是为了乡村发展目标的实现，是围绕着这些目标的实现而组织的，因此，建构目标是乡村规划过程的核心，是构建规划过程的关键。

不同的乡村规划会有不同的目标体系，但所有目标是分等级和层次的，是一个目标体系：总体发展目标、规划目标、具体行动目标以及具体行动。目标体系中所有的目标构成了一个网络，它们之间所表现的并不是线性的方式，而是一个交互作用的过程。我们不是在实现一个目标之后才接着开始另一个目标，而是要保证所有的组成部分之间彼此协调，不仅要保证各种规划都能得到实施，而且也要它们之间能相互配合共同完成。此外，一个规划的实施常常是与另一些规划相辅相成的，这些规划项目之间也会出现相互的交织，一个规划不能得到很好实施，那么其他的规划也会遭遇到困难。

乡村的发展没有终点，其发展目标是多目标的，乡村发展目标本身也在不断地发展，各种目标在不同时段处于不同的形成、生长、发育和衰败的过程中。因此，对于乡村规划而言，规划中的各层级目标不是静止的，难以在事前确定，这是一个不断学习的过程。规划实施过程中的每一步，都会形成一种新的状态，这种状态引发了新的需求和新的目标，从而为后续的行动提供新的起点，这就是说，目标本身只有转化为行动并成为行动的组成部分才是有意义的。

乡村规划由于所涉及的不仅是对乡村社区本身的研究，而且关系到乡村社会实践和社会行动，是一个社会过程，因此价值观的因素非常重要。在乡村规划中，价值观的影响因素不仅贯彻在整个乡村规划过程中的所有阶段和行动中，而且从规划的本质意义上说，规划本身就是建立在价值观的基础之上的，是不可剔除的决定性的因素。就目标建构过程来说，这一过程是在社会价值观的主导下逐渐推进的，而社会价值观是在社会经济的发展过程中不断演变的，例如乡村振兴政策不可能在三十年前提出。规划目标所指向的未来状态，在规划的行动过程中总是在不断地趋近，随着这种趋近，目标就会发生变化。规划的价值观主要涉及美丽有序、综合性、资源保护、参与、效率、平等、安全、理性等一些方面。

在构建乡村发展目标时，规划师运用各种规划技术构建乡村发展目标，表面看上去是一个技术过程。然而，规划仅依赖技术性的判断是不够的，它离不开不同利益相关者的参与，技术永远是服务于人的工具，而不是人成为技术的奴隶。规划目标是在不同的价值观基础上形成的，影响乡村发展，同时也受乡村发展后果影响的不同利益相关者也有各自的目标，由于不同群体的异质性、价值观的多元性以及亚文化群体的存在等，目标建构必然会涉及不同群体之间的权力关系，其实质就是不同价值观之间的竞争与妥协，因此规划目标的建构过程实质上是一个政治过程。也就是说，规划的目标本身并不完全是在规划体系的内部确立的，而是需要通过外部机制赋予。从这个意义上说，规划本身并不是自在自为的过程，也有一定局限性。

（2）乡村规划要选择行动方案

乡村规划在采取一些具体行动之前，先要在大量的可能性中通过共识决策，选择某一组合的行动方案，然后才通过各种机制的作用将它们付诸实践和行动。在规划目标指导下，乡村规划要以有组织性和有目的性的方式，制定一个实现目标的有步骤的行动方案，这一行动方案的方向是明确指向未来和目标实现的，是要选择出最有效的方法来实现预先确定的目标。方案的编制过程首先是在时间顺序上的安排，对实现目标的规划内容作出决策，这类似一个公共政策的制定过程。

规划一旦选定某个行动方案，必然就要放弃其他一些可能的行动方案，而不管这些行动方案所可能带来的边际效益。因此，在进行选择时，每个决定都是一个复杂决策过程的结果，该过程一般都必须回顾过去、了解现在、预测未来。规划者依据的方法一般是通过经验、实验以及研究和分析的成果来进行选择。尽管当前决策理论与方法有很大的发展，有许多决策的方法可供规划使用，但就人类的认识能力而言，对未来认识的不充分是绝对的，未来有着众多非确定性因素。本书后面将就决策理论中的完全理性、有限理性以及沟通理性下的不同规划选择模式进行详细介绍。

总体上说，对规划未来导向性的把握和对不确定性的克服基本上都要基于对未来的预测，这种预测的结果在一定程度上可以指导未来行动的选择结果，这也必然带有人为性和随机性。可见，要在众多可能性中进行规划选择是一项冒险的过程。既然规划方案不可能对所有的供选方案进行全面评价，那么，规划师一般是凭借相对简单的模型来选择相对较满意的结果，在这样的状况下，任何选择都只能是顾此失彼的，这种不全面的选择还将决定乡村未来的发展。当人们将乡村发展归究于其内部规律时，必然忽视其中的选择机能对这种决定性的随时修正。而对于乡村规划的过程而言，正是由于这种选择使得规划的意图得到实现。规划选择是一项冒险还在于乡村规划现在所作出的选择和确定的内容，不仅能为现时的社会所接受和采纳，而且更为今后一定时段（5年、10年或20年）的社会所接受和采纳，并贯彻于未来行动的始终，这也是乡村规划实施到一定时段时不得不进行修编的重要原因。

前人在多大程度上能够为后人作出选择？这一问题也是规划选择时必须考虑的。在社会经济快速发展背景下，每隔几年就会出现当时的问题、关注点和价值观等，因此，先前的规划很难甚至无法去替代后来人作出一成不变的选择。“可持续发展”思想中也暗含着现在的人们究竟能为后人留下多大的发展余地、人们是如何知道后人的发展需要究竟是什么这样的问题。

（3）乡村规划要以实施为导向

“规划”与“管理”的界线在不同的人那里向来就有不同认识。一种观点认为，规划是管理的一部分，规划先行，规划的行动过程到规划方案编制后就结束了，规划的文本和图件完成后，规划师的任务也就此完成，余下来的行动就交到管理者手中，规划实施是管理者的事务。另一种观点认为，规划与管理是相互交融、彼此配合的，规划应延伸到规划方案的实施阶段，规划不仅应对实现预期结果的行动进行预先安排，而且应对利益相关各方的行动施加管理和控制。按照后一种对规划的理解，规划是一个策划、咨询、协调、设计、行动、监测和评估（甚至再规划）的全过程，规划者作为管理者的重要组成成员，一起运作规划的全过程。规划还应是一个循环往复的再规划过程，即规划编制与实施是一个交叉进行的过程，一方面规划指导行动，另一方面规划从行动中不断学习，通过监测规划的行动过程及其评估阶段性的成果，不断改进规划及其行动。这里借用一个生态学用词，规划要建构“负反馈机制”，使一个规划过程成为适应性管理过程。就我国目前的乡村规划体制而言，前一种观点被大多数人所接受，而前者的种种弊端，也正在使得后者被越来越多的人所认识。

总之，由于对规划一词不同的理解，各种乡村规划范式阐述着各自强调的理念，内容错综复杂，甚至达到相互矛盾、相互对抗的程度。从目前看，不同的规划范式间可达成的共识是，乡村规划不单单是一个编制过程或实施过程，更是一个社会过程、政治过程和学习过程。如果把规划作为一项乡村公共管理的事业，我们一定会问这样一些问题：一个规划要制定谁的目标？为谁选择规划方案？项目行动是谁的行动？又为了谁的行动？规划仅仅只为公共部门服务吗？显然，面对多样性的答案和多种规划范式的存在，对规划从业者来说，我们只有把握住了规划的真正内涵，才能为各种对规划理解下运作的各种规划行动提供相互沟通和借鉴的基础。

本书分为两个部分：乡村规划的范式和乡村规划的实践。从本章有关乡村和乡村规划的讨论开始，在第 2 章介绍参与式发展思想下的参与式乡村规划；第 3 章至第 5 章讨论将逐步深入，以规划中几种有关“理性”规划思想和理念为主线，阐明乡村规划思想范式的本质；第 6 章提出本书倡导的混合乡村规划体系思想，探讨乡村规划的新思维；第 7 章至第 9 章，分别从乡村规划的调研、分析与规划三个部分介绍乡村规划的具体实践方法；第 10 章讨论乡村规划的实施、监测与评估的可能途径，从而使大家了解我们所讨论的乡村规划方法论与操作方法。

第2章　参与式乡村规划

本章重点介绍的参与式乡村规划是参与式发展观影响的结果。参与式发展理论在世界各地蓬勃发展，其强烈的实践取向产生了各种各样的参与式方法，其中，参与式农村评估（PRA）技术与工具，由于有效而快速地对利益相关者群体进行动员，并指向重新调整不合理的乡村社区治理结构的过程，从而成为乡村参与式发展中最为实用的一种方法。参与式发展理论与方法注重利益相关者的参与和赋权，致力于乡村社区的治理，强调当地乡土知识的挖掘与利用，造就了参与式乡村规划方法不同于传统乡村规划的优势。

参与式发展观是对传统发展观反思后的结果。过去的发展观曾经一度将社会发展简化为单一的经济发展，并贴上"现代化"的标签，但结果各国却出现了贫富差距、城乡差别进一步加剧等问题，发达国家或外来者对社区的偏见是参与式发展理论批判的焦点。毛泽东同志著名的群众路线思想"从群众中来，到群众中去"、晏阳初先生的平民教育和梁漱溟等人的乡村建设运动、发达国家的公众参与制度化建设以及第三世界各国的理论研究与实践等，都指向参与式发展追求基层群众积极参与下的多元发展方式与途径。

参与式发展的目标是要达成当地社会发展中的公平、公正和以公众为主体的利益相关者受益。"参与"不同于"参加"，它有数量和质量的要求。参加是非参与或象征性的参与，真正的参与是指所有利益相关群体能够积极介入影响他们事务的分析、决策、行动与评判等的发展过程之中，他们平等地拥有与生俱来的知情权、决策权与参与权。

实现参与式发展的目标最有效的途径只能是赋权。赋权是实现参与的一个过程，是使公民个人获得某种权利或将某种权力授予个人，使其能够自我思考、行动、采取措施、控制并能够作出决定的过程。因为参与式发展坚信，乡村社区承载着历史的积淀，蕴藏着丰厚的乡土知识，只能是当地发展中的主体。然而，在许多具有社会良知的知识精英们提出的“三农”问题解决方案里，我们找不到如何动员农民的力量，更看不到农民是如何主导其乡村社会发展的。

“市场失灵”可以通过政府干预来纠正，那么“政府无效”就得引入第三方的力量了，这就是治理。治理就是在社会与政府、市场之间建立伙伴关系，实现对公共事务的共管。然而，治理既涉及公共部门，也包括私人部门和社会部门。治理制度下，既包括传统有权者控制的正式制度和规则，也包括各种人们同意或认为符合其利益的非正式的制度安排。因此，治理不是一套规则而是一个过程，治理过程的基础不是控制而是协调，是三大社会力量之间持续的互动，经由“参与”“治理”走向“善治”。善治寻求政府与各方对解决公共生活问题的合作和结合的最佳状态。这样，我们的乡村不仅有优良的政治生活，而且有经济、社会和人类自身的和谐发展，最终实现全社会的和谐发展。

参与式方法是面对社区动员的重要性、敏感性和困难提出的不断发展中的技术工具包。认识到了当地社区的居民中积淀了大量的传统乡土知识，这些乡土知识可以极大地丰富他们所研究的科学知识；后来又发现，在他们的协调下，通过在当地社区的收集、分析数据以及认识实际状况，可以唤醒当地群众自我发展的意识和能力，推动社区内生性发展的过程。实践教育了这些外来的精英，他们认识到穷人是有创造性和有能力的；他们能够也应当做更多属于他们自己的调查分析和规划；外来者的角色只是召集人、催化剂和协调员；弱者和边缘化人群能够也应当被赋权。

参与式乡村规划正是伴随着参与式发展理论与参与式农村评估方法的日趋成熟发展起来的。参与式规划与强调自上而下的传统规划不同，它不是有关乡村社区的正式文件、报告或材料，也不是单纯由专业乡村规划师完成的规划技术方案。实际上，参与式乡村规划是一种在乡村规划师协调下，所有利益相关者不断分析乡村社区的问题，利用当地资源，确立发展目标和行动，并在实施发展行动中通过不断的监测和评估，再界定新的问题、新发展目标和发展行动等的一整套持续不断的循环过程。参与式乡村规划强调在所有利益相关者参与下，是以问题与目标解决为导向、以行动与实施为导向、以社区自我发展为导向的，乡村社区持续不断的可持续发展过程。

因此，参与式乡村规划是在乡村层面上自下而上开展规划的程序，并与高层的自上而下相结合，但更强调自下而上的规划方式。在各地仍延续自上而下的乡村规划的今天，将自下而上的参与式乡村规划方法引入传统规划体系，成为我们这个时代的需要。

第1节 参与式发展观

参与“Participation”一词在中文中的理解和含义并不准确，往往被人们理解为“参加”或“介入”，而西文中“参与”一词表达的是一种普通公众被赋权的过程，“参与式发展”则被理解为在影响当地民众生活状况的发展过程中，或发展规划项目中的有关决策过程中的发展主体积极、全面介入的一种发展方式。确切地说，参与式发展方式带有寻求某种多元化发展道路的积极取向。因此，这里涉及的参与式发展的内涵不是当地利益相关各方参与的简单包括，而更重要的是对传统发展方式的深层次反思，包含着从微观到宏观上更具操作性的社会发展的变革方案。

参与式发展观是对传统发展观反思后的结果，是在对传统发展模式缺陷进行深刻思考后提出并在全球各地发展起来的发展观。大多数的发展理论都可以被视为传统发展理论，“二战”结束以后，传统发展思想受到各方的挑战，曾经一度，西方及各发展中国家都认为，他们以经济增长为中心的发展思想放之四海而皆准，各国都把追求经济增长作为唯一的发展目标，认为经济发展了，其他的问题就会迎刃而解，将社会发展简化为单一的经济发展，并贴上“现代化”的标签，但结果各国却出现了各种各样的问题，如贫富差距扩大、城乡差别加剧等。

参与式发展源于一些西方国家在对第三世界国家实行发展援助中的实践，也源于他们在其国内历史上的各种哲学思想发展和种种社会运动；在东亚，20世纪初，晏阳初先生倡导平民教育、社会实验室和平民自治等，与梁漱溟等人一起推动了中华民国时期的乡村建设运动；毛泽东在他的《湖南农民考察报告》及《实践论》中提出“从群众中来，到群众中去”的思想；拉丁美洲的“解放理论”和“解放社会学”等，有组织的采取行动来解决现实社会问题并反抗剥削压迫阶级；钱伯斯等人提出外来专家角色转换的过程；近几十年来，李小云、叶敬忠等推动参与式理念在中国的发展与教育等。

20 世纪 60 年代是公众参与在西方正式登场的 10 年，那时的公众参与在西方国家多表现为自下而上的社会运动的形式。七八十年代似乎是厌倦了争论而推崇实践的年代。90 年代起，世界政治经济格局的动荡使西方的规划者普遍笼罩在一片深刻的怀疑和批判的气氛中。面对日趋多元化、片段化、流动化的社会，对政府的失信和市场的怀疑又一次加强了对社会公共性的诉求。

今天，公众参与的影响，一方面在空间范围上已经扩展到了欧美先驱国家以外的更广泛的地域，一方面在社会操作的深度上（特别是主要发达国家），通过规划的条例化和制度化以及决策机构的组织和工作程序保证了公众参与得到切实体现。可以说，参与式的规划理论的出现标志着世界范围内的公众参与已开始进入了成熟期，基本上完成了从社会运动化向理论化和制度化方向的迈进。

这里无意深入讨论传统发展观的问题，也无意分析参与式发展思想的深刻的历史、哲学、理论与实践起源，只着力解释参与式发展内涵及其与乡村规划有关的问题。

1. 参与的概念

参与具有多样性、复杂性、多学科性等的特点，也决定了不可能存在一个通用的参与定义。综合看来，我们可以将“参与”理解为“在处理一个公共事务中，各利益相关群体共同讨论、决策、行动和管理的全过程”。王锡锌将其归纳为公众的“知情权、参与权和决策权”。最早提出规划中参与概念的是阿恩斯坦（Arnstein，1969），她著名的“公众参与阶梯”理论被广泛引用。

阿恩斯坦定义公众参与是“公众无条件拥有的权力”，“权力的重新分配，能把当前排除在政治和经济过程之外的贫困公众，无条件地融入未来的政治和经济过程之中”。她认为，虽然“每个人”都真正赞成“受统治方也要参与政府管理”的理念，但真把权力重新分配给这些弱势群体时，参与的热情会迅速降低。为了帮助区分“伪参与”和“真参与”，她提出了一个八档“公众参与阶梯”（见图 2–1）。

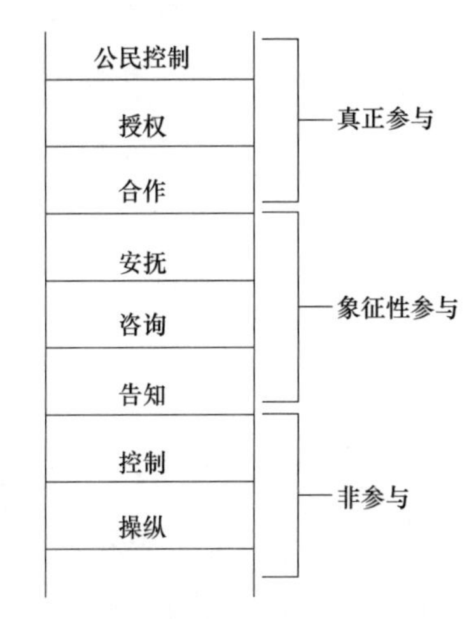

图 2–1　阿恩斯坦的八档“公众参与阶梯”

该参与阶梯的前两档“操纵”和“控制”被划分为“非

参与”；接下来的三档“告知”“咨询”和“安抚”被划入“象征性参与”；最后，最高的三档“合伙”“授权”和“公众控制”被认为是“公众权力”真正应达到的程度。因此，按阿恩斯坦的定义，只有最高的三类梯档上的参与才能被视为真正的公众参与，因为只有它们才真正是对“贫困人群”的权力再分配。

诺拉德（Norad，1989）的参与类型以台阶的形式出现，进一步阐述了阿恩斯坦的理论，参与被他描述成一系列从被动到负全责的不同“台阶”层次，把“负完全责任”作为最好的参与。他的观点后来由普拉特（Platt，1996）绘成了图（见图 2–2）。

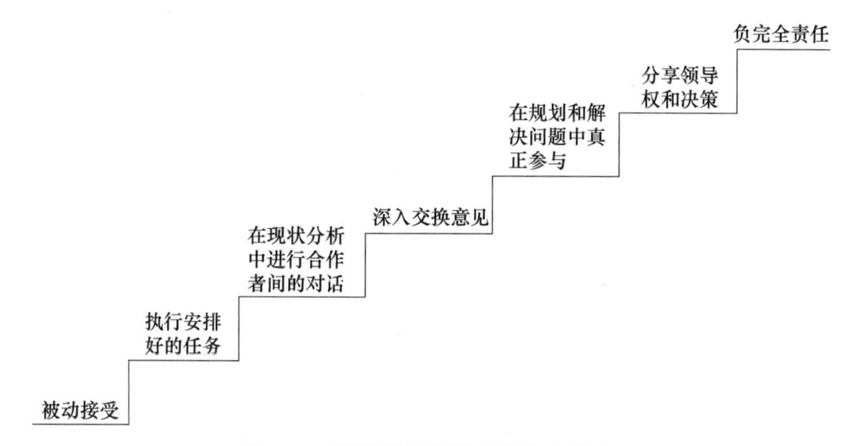

图 2–2 诺拉德台阶形式的参与层次

可见，公众参与是让公众追求自身利益、愿望和选择的有效途径。公众参与的兴起是因为大多数公众的利益被漠视的结果。在这一理论指导下，政府的作用就是要帮助公众满足其利益，实现其愿望和选择，在公众参与活动中，政府必须避免采取自己既定的议程，而是只起中间协调者的作用。因此，“公共利益”是各种主张的一个简单聚合体和和解产物，行政人员的成功标准就是他能使相互竞争的群体利益得到和解。

对参与理论的理解已有一些共识，这些共识可归纳为三点：

（1）公众参与根本是与生俱来的，是人对自我存在的一种实践与肯定；公众必须要有强烈的公众意识和积极的参与意识。

（2）一个社会不但要“讲”政治，还要“听”政治。通过完全沟通，达成共识，采取具体的共同行动，来落实彼此的共识与决定。政治行动是人类显现各自真性的活动；通过行动，个人展示与众不同的特性。行动还应是互动的，是与他人的一种“沟通”，通过与他人的对话、交流，敞开自己、阐释自己和展现自己，使别人理解自己，才能充分实现“人是政治动物”的本质。

（3）在制度设计上，参与应该从与人生活紧密相关的基层机构做起，鼓励公众参加自己社区的共同活动，以激起公众的责任心、义务感。公众直接参与最恰当的场域是与他们生活息息相关的问题和争论，因为这是他们最感兴趣，也是最了解的事务。只有使个人有机会直接参与地方层次的决策，才能实现对日常生活过程的真正控制。

总之，自阿恩斯坦以来有大量有关参与类型和质量的研究，无论理论家们如何阐述，都遵循公众参与的三个前提和八项原则。三个前提条件是：第一，信息公开；第二，利益相关者参与；第三，反馈。八项基本原则是：（1）包容性；（2）透明、公开；（3）尊重允诺；（4）可达性；（5）有责性；（6）代表性；（7）相互学习；（8）有效性。

以上参与的前提条件和原则如何反映在规划过程中？在此，我们可以分析一下在自然资源政策制定和管理过程中的参与过程和目标体现途径。

2. 参与的过程与目标

如何在资源规划和决策过程中开展公众参与呢？我们先简单地回顾自然资源政策制定和管理的一般过程。有人对自然资源政策制定和管理过程作过描述（见图 2–3）：

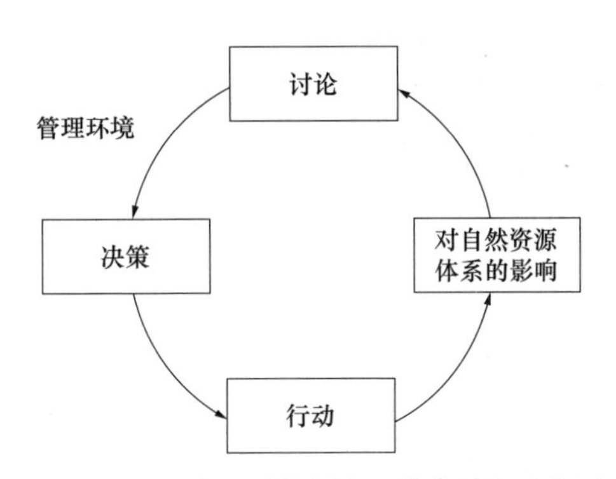

图 2–3　自然资源政策制定和管理过程示意图

要使公众参与上述描述过程的全过程，达到“决策建立在尽量多的信息之上、决策建立在尽量可靠的判断之上、有效的行动实施，以及高质量的管理环境”的目标，就要对上述过程进行“参与式改造”。见图 2–4:

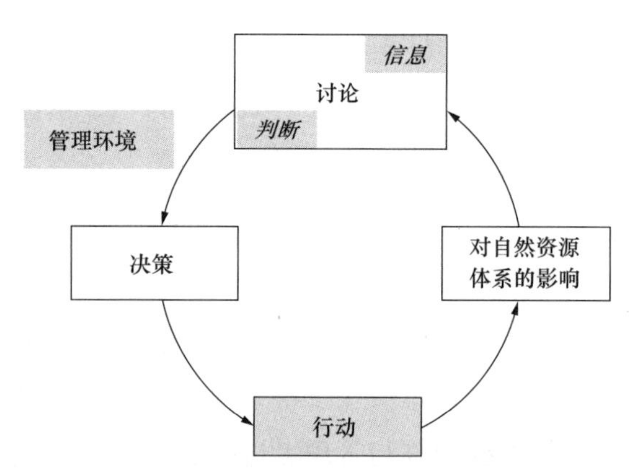

图 2–4 公众参与在自然资源政策制定和管理中的作用

总之，公众参与自然资源管理要实现以下四个目标：

1）决策建立在充分的信息之上

公众提供信息是公众参与的一个重要目标，用公众参与来影响政策或管理决策，如评估实施行动的决策效果、有关其愿望、信仰和行为。

2）决策建立在可靠的判断之上

只有信息还不能影响决策，必须有人来衡量或评估这些信息，并对其如何影响决策作出判断。公众可以在对信息的判断过程中发挥作用。如果各方利益相关者所持观点非常对立，有关公众意见的信息只能使决策变得更复杂。可以采用以下几个途径加以改善：政府机构让公众参与提出方案的过程，这样可能有助于平衡所有利益相关者的观点；政府机构也可以首先提出一个预备方案，帮助公众接下来找出最后的解决办法；可以建立公众参与工作组的工作模式，各利益相关者彼此直接商讨政策选择，寻求一个相互都能接受的管理决定。

3）实施有效的行动

决策制定还只是管理的一个组成部分，决策还需要得到有效执行。公众参与也可以影响行动。在非常复杂的资源管理情景下，政府机构可能没有能力完成管理目标所需的所有行动，要依靠当地政府、民间组织或个人去执行必要的管理行动。

4）高质量的管理环境

实施公众参与可以改善管理环境，这也是自然资源管理的社会条件。自然资源管理是一个政治过程，在此过程中，一个社区决定公共事务，并落实公共事务。自然资源管理是一个社会过程，它们受当地社会条件的影响，人的本性及其相互关系有可能促进、（也可能）阻碍这一过程。

公众参与影响管理环境的方式有许多，例如：改善所有利益相关者间的关系，他们可以提高自己的能力，一起努力去实现管理目标；通过提供技能、经验或知识，提高公众或机构建设性地参与管理的能力；转变观念、态度或行为，会使管理过程更顺利。

每个公众参与目标都有与之相对应的特定过程类型：评估方法、沟通、协商与教育。以上图 2-4 为例：如果要收集公众信息来为决策服务，那么这样的过程可能需要采用一些参与式评估方法；如果公众想要为决策者提供信息，那么就要面临与管理者进行有效沟通的问题。如果用公众参与来提高决策水平，就要将公众结合到协商过程，或结合到对不同意见的价值进行的深入讨论之中。如果改善管理环境是参与行动的对象，针对人的某种转变就应当是目标。因此，参与过程一定要明确是要转变其观念、行为、关系还是能力。教育可以引起个人的转变，所以教育应是这种情形下的主要过程，所有这些过程都能促进利益相关者自觉自愿地实施管理行动（见图 2-5）。

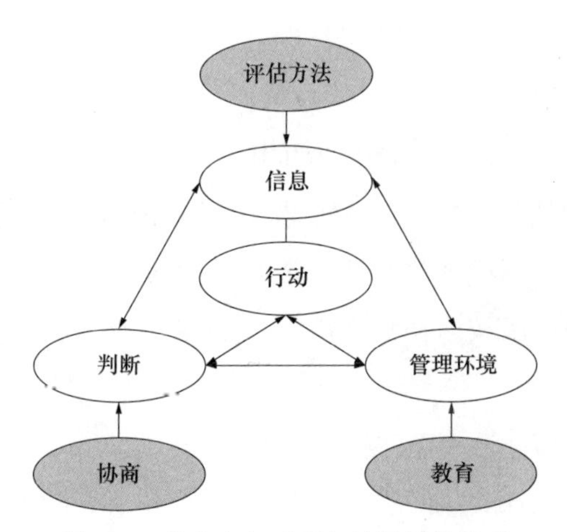

图 2-5　公众参与过程与结果间的关系

可见，参与式发展的过程反思与否定了传统的自上而下发展方式，是指当地利益相关者全面地参与自己社区公共事务的规划、实施与监测与评估过程中去。参与式发展过程的一个重要基础在于对当地利益相关者的知识、技能和能力的重新而公正的认识，对造成当地经济、社会、政治、文化和环境等问题进行全面的诊断，并充分考虑当地利益相关者中弱势群体的观点与愿望。

从以上公众参与决策和管理过程中可以看出，参与式发展的目标是达成当地社会发展中的公平、公正与以公众为主体的利益相关者受益。

公平，给当地社区成员以平等地获得帮助，平等地获取内外资源与决策机会；公正，要求尽力减少存在于各利益相关者间的经济、政治、社会和文化等社会生活各方面的不平等和不合理差异，比如关注弱势的贫困人口的各种发展机会和能力建设。参与式发展就是要辨识各种利益相关群体，通过上述评估方法、沟通、协商和教育使他们受益，尤其使弱势群体受益。更具体讲，参与式发展强调利益相关者的参与过程，他们决策过程的成功与否，不是看哪个过程带来了成功的结果，而是看是否达到了以下这 9 个目标：

（1）公众应当有足够的机会去参与；

（2）机构应当有能力接受公众提供的信息；

（3）公众应当能影响最后的决策；

（4）机构工作人员应当有相当知识，并能得出合理的推断；

（5）公众参与该过程中应当有相当的知识；

（6）过程应当在适当的时间内完成；

（7）过程应当有一定的经费投入；

（8）过程应当能得到稳定的决策；

（9）过程应当改善利益相关者间的关系。

参与的理念从“参加”、“介入”、“完全的参与”到“实现自我发展”，是一个随时间的推移不断演化的适应性过程。要实现参与式发展的目标，是通过赋权途径来实现的。

3. 参与式发展的途径——赋权

“赋权”（Empowerment）理论于 20 世纪 80 年代以后开始盛行。一般来说，赋权是使个人获得某种权利或将某种权力授予个人，使其能够思考、行为、采取措施、控制并能够做出决定的过程。广义上说，赋权是选择和行动自由的扩展，它意味着增加对影响生活的资源和决策的权力和支配能力。当人们真正进行选择时，他们就能增加对其生活的支配能力。可见，赋权与参与紧密相连，参与式发展的核心是赋权，实际就是一种参与的过程，是将决策的责任和资源控制权授予或转移到那些即将受益的人的手中的过程。赋权的核心是对参与和决策活动全过程中权力的再分配。

“赋权”主要解决的是权力的来源问题，赋权真正体现“把人民本应有的权力还给人民”的民主精神，从这个意义上理解，赋权译为“还权”更为贴切。赋权不只是一个抽象的理论原则，更重要的是一种制度构建和实践过程，这就需要全面理解它的含义。

1）赋权主体，即谁来赋权问题。“赋”者，给予也。权力是谁给予的，这是一切问题的核心。如果不明确赋权主体，就根本不存在所谓赋权问题。

2）赋权理由，即为什么要赋权的问题。这既涉及赋权的价值取向问题，实际上是权力正义问题。只有确立了正义的赋权理由，赋权才有意义。

3）赋权客体，即将权力赋给谁的问题。这既涉及赋权的对象，也涉及权力行使主体。只有将权力赋予那些人民信任的人，人民的权力才可能被用之于为人民服务。

4）赋权形式，即采取什么方式进行赋权，这涉及赋权过程和程序。如果没有法定的公正的赋权过程和程序，就会因为程序的不公正而导致权力的异化，致使权力所有者反而被权力所奴役。

5）权力行使，即所赋的权力是如何行使的，是否有违赋权者的意愿，是否将人民赋予的权力用来为人民服务？赋权如果不与“权为民所用”联系起来，赋权者往往会成为行权者的奴隶。

6）权力监督，即赋权者能否有效地约束行权者，如果赋权者不能有效约束行权者，行权难免会滥用权力，整个赋权过程就会被虚置，赋权就会沦为空话。

总之，赋权是一个复杂的权力运作体系，只有将权力来源、权力授予、权力行使、权力监督统一和结合起来，将权力属于人民、权力由人民所赋、权力为人民所用、权力为人民所督结合起来，赋权才能落到实处，进而真正实现人民当家作主。

由赋权的内涵可见，它有四个重要元素：获取信息、参与、解释说明、当地机构的能力。

（1）获取信息：是权利。政府到公众和公众到政府的这种信息的双向流动对双方都很重要。获知信息的公众就能够更好地利用机会，获得服务，行使权力，有效地进行协商讨论。信息的传递不仅仅停留在书面上，也包括集体讨论、诗歌、故事、争论等形式，还可以采用广播、电视和网络等。

（2）参与：是指通过参与决策，可以提高利益相关群体对涉及其生活的制度和政策的影响力，意味着消除对他们起作用的政治、法律和社会障碍，使他们有效地利用各种生产要素。

（3）解释说明：要求官员、私营雇主或服务的提供者详细说明他们所实施的政策、行为和资金的使用情况，以便通过透明的管理和给用户提供多种选择的服务。

（4）机构能力：是指人们共同工作、自我组织和启动一切资源解决与他们共同利益相关问题的能力。

社区赋权框架包括 4 个层面的内容：

（1）经济赋权：普遍增加公众的经济收入，提高其生活水平。但应注意防止大部分收益流入少数人手中，应通过二次分配等手段使每个社区居民以主人的身份享受到经济发展所带来的种种好处。

（2）心理赋权：一方面体现在社区发展使社区居民意识到自身文化和自然资源的价值并产生自豪感，另一方面也需要政府或外来机构为村民提供多元化的教育和培训机会，使其能力提高，自信心增强。

（3）社会赋权：表现为社区发展促进了社区平衡和凝聚力增强。通过行业协会、社区精英等新型群体和组织的发育及传统社区组织的重新整合，增强社区成员的归属感和向心力。防止外来观念对传统文化的冲击及利益分配不均所带来的矛盾和冲突。

（4）政治赋权：社区作为利益相关群体中的弱势群体，需要将其纳入到政治组织和（或）政策框架之中，并通过基层组织进行整体利益表达，他们的政治参与能力将逐步增强。

赋权概念运用于规划与管理中一般有三种途径：

（1）通过政策行为赋权，同时立法机构以法律条文的形式来强化我们的行为能力。如果规划文本能形成法律条文，或者向法庭提出的关于不公正待遇的申诉能得到关注和支持，这就意味着得到了赋权。这是公众的政治自由。

（2）通过经济行为赋权，如提供职业培训的费用和扶助个人企业。当投资者赞同我们的规划和计划，为建议项目提供财政支持时，我们也得到了赋权——这是公众的经济机会和保护性保障。

（3）通过社会行为赋权，赋权公众参与某些社会组织，如环保组织、志愿者协会等，均属于社会赋权。当我们以赋权的概念来解释说明规划中的公众参与时，尤其强调弱势居民参与规划项目运作的权益，作为少数群体的意愿和声音，他们应得到与当地相关的一切政治和经济组织的尊重，这里所说的社会赋权包括了透明性保证和社会机会。

长期以来，精英们都存在许多对弱势群体政治意识、权利意识、组织能力的成见。这些成见的共同特点是有意无意地贬低他们。比如：在许多具有社会良知的知识精英提出的“三农”问题解决方案里，我们看不到农民自己的力量，农民没有被放在农村社会发展的主导地位。其实，社区和邻里是真正属于公众自己的舞台。社区因为承载了历史的积淀，蕴藏着丰厚的乡土知识，是当地发展中的主体。

我们了解赋权理论，就是要清醒地认识到，赋权其实就是一个包括弱势群体的所有利益相关者建立意识、增强能力和发展技能，通向更多参与、更加平等、更大影响的行动过程。没有赋权，社区的可持续发展是难以达成的。许多国家的社区被置于决策过程之外，因为他们所制定的政策和决定并不是经过他们而作出的，因此导致了由政府、规划者和开发商执行政策并主动保持可持续性往往是无能为力的，这种情形应该由社区赋权来改变。

可见，“赋权”说起来容易，而要真正做到却不是一件容易的事情，它实际上是一场从观念、文化到制度、体制、机制以及形式、程序、过程的权力关系重大变革，既需要有清醒的认识和勇于实践的决心，还必须有切实可行体制机制和行之有效的政策措施。

4. 参与式发展的制度建设——治理

从 20 世纪 90 年代开始出现治理（Governance）理论，其要解决的问题是“政府失败”问题。“市场失灵”需要政府干预，可是政府“失败”和“无效”谁来干预？治理就是引入第三方力量（公民社会或第三部门），在公民社会与政府、市场之间建立伙伴关系，实现对公共事务的共同治理。

治理是各种公共的或私人的个人和机构管理其共同事务的诸多方式的总和。它是使相互冲突的或不同的利益得以调和并且采取联合行动的持续的过程。它既包括有权迫使人们服从的正式制度和规则，也包括各种人们同意或认为符合其利益的非正式的制度安排。它有四个特征：治理不是一整套规则，也不是一种活动，而是一个过程；治理过程的基础不是控制，而是协调；治理既涉及公共部门，也包括私人部门；治理不是一种正式的制度，而是持续的互动。

从上述各种关于治理的特征中我们可以看到，治理与统治（Government）相对，二者的含义有很大的不同。首先，最基本的区别是，治理虽然需要权威，但这个权威并非一定是政府机关；而统治的权威则必定是政府。其次，管理过程中权力运行的向度不一样。治理是一个上下互动的管理过程，它主要通过合作、协商、伙伴关系、确立认同和共同的目标等方式实施对公共事务的管理。治理的实质在于建立在市场原则、公共利益和认同至上的合作。它拥有的管理机制主要不依靠政府的权威，而是合作网络的权威，其权力向度是多元的、相互的，而不是单一的和自上而下的。

20世纪90年代以来还出现了“善治”（Good governance），直接挑战传统的“善政”（Good government），成为出现频率最高的术语之一。概括地说，善治就是使公共利益最大化的公共管理过程。其本质特征就在于，它是政府与公众对公共生活的合作管理，是政治国家与市民社会的一种新颖关系，是两者的最佳状态。俞可平认为，善治的基本要素有以下6个：（1）合法性（Legitimacy）；（2）透明性（Transparency）；（3）责任性（Accountability）；（4）法治（Rule of law）；（5）回应（Responsiveness）；（6）有效（Effectiveness）。

善治理论实践的兴起，首先是因为善治比传统的善政的适用范围更大。善政的范围与政府的范围是一致的，而在现代社会中，善治则不受政府范围的限制，它深入政府行为所不能干预的许多领域，小到农村社区、公司等，大到国家、国际社会、全球等。其次，在全球化背景下，随着民族国家传统政府权威的削弱，善治的作用则日益增大。

近年来，参与式治理（Participatory governance）模式越来越成为热点。它是指与政策有相关关系的个人、组织和政府一起参与公共决策、分配资源、合作治理的过程。参与式治理这一术语的运用，主要集中在三个方面：

（1）参与式治理是一个规范性的概念，等同于“协商民主”或“审议民主”。在这一用法上，参与式治理与以往的“参与式民主”、“强势民主”的概念没有多大区别。参与式治理被看作是“参与式民主”、“协商民主”或“强势民主”的实践，是治疗当前代议制民主的良方。参与式治理通过扩展公众参与的规模和深度来扩大民主。

（2）参与式治理是一个利益相关者参与的“决策过程”。“在这个框架内，公共事务的运转并非单单委托给政府或行政当局，还涉及国家和社会群体的合作”。参与式治理是“一种运用民主方式使公共决策更加审慎、参与、透明和责任的努力”。

（3）参与式治理是一个经验分析概念，强调治理过程包括决策在内的全程“参与”。利益相关者不仅要参与“决策过程”，而且要参与政策执行。从这个意义上理解，一些学者将参与式治理等同于“多中心治理”、“协力治理”、“网络治理”、“合作治理”和“公众治理”等一些治理概念。

以上参与式治理术语的不同运用也可以看作参与式治理的深化轨迹：从影响决策到参与决策再到参与治理。因此可以说，参与式治理具有以下几个特征：①是一个赋权的过程；②更加突出“参与”；③强调利益相关者的权力和责任；④是政府与公众的合作治理；⑤发挥第三部门的作用；⑥是网络治理。在许多公共事务问题上（如规划），单靠政府努力是不够的，有必要与商业部门、志愿部门和市民连结，形成一种建立在信任和规则基础上的相互依赖、持续互动、互利互惠、有着相当程度的自组织网络。参与式治理创造机会去加强这些网络和建立新的网络，无论是连接相似社会地位人们的“契约”网络，还是允许不同社会地位人们相互走近的“桥梁”网络。

传统决策模式和参与式治理模式对比见表2-1。

传统决策和参与式治理的比较 **表2-1**

	传统决策	参与式治理
政府行为	支配	促进
	说服	倾听
	聚合	赋权
决策优先权	专家优先	公众优先
官僚行为	权力集中	分权
	标准化	问题导向
	控制	参与
学习模式	自上而下	自下而上、上下互动
行为者	专家、外部人	当地公众、内部人

至少可以通过下列四种机制来实现参与式治理：

（1）如果公众认为政府服务不佳或制度运转不当，他们有权申述。为了使这种权力有效，首先必须让公众了解公共部门。因此，有效的赋权和参与的要求之一就是进一步开放政府，保证公众的知情权。

（2）参与机制是通过增强公众独立决策，采用由下而上的政策制定过程。

（3）公共政策应该让公众通过对话过程作出。

（4）为公众参与提供服务。

参与式治理的落脚点在“治理”，经由“参与”“治理”走向“善治”。善治和参与式治理的取向是一致的，都是寻求政府与公众对公共生活的合作治理，寻求国家与第三部门的最佳结合状态。在此状态下，不仅有优良的政治生活，而且有经济、社会和人类自身的和谐发展。因此，与传统发展方法定位于经济领域不同，参与式发展方法将重心放在“人”的全面发展上，尊重包括弱势群体的人群，保障基本的人权，着眼人的全面发展上。可以说，参与式治理的最终目标是人类社会的和谐发展。

当然，由于参与式发展的特点，和其强调利益相关者群体的参与，使得发展干预发生偏差的可能性大大降低。其相互学习和教育的过程特点，使得发展干预的规划与实施过程充满了创新性（如乡土知识的挖掘与应用）。尽管参与过程充满了协商，有时甚至是非常耗时间，但正是这一过程使得利益相关者群体拥有了自主发展的意识，从而使干预具有了可持续性，社区的发展能力得以建设。这一过程的所有努力都是有价值的。

第2节 参与式方法

参与式发展研究与实践一开始就包含着强烈的应用取向，参与式方法属于参与式发展的实践部分，是对参与式发展研究的发展理论、规律与发现等在实际中的运用，集中在具体的实践行动上。如何有效而快速地对利益相关者群体进行动员是参与式方法关注的核心，其重点和难点在于重新调整传统的乡村社区权力结构的过程。国内外实践表明，存在发展问题的乡村，其发展滞后不仅仅是经济上造成的，更多的时候，不完善的甚至严重缺陷的政治制度和行政体系以及传统文化中某些消极因素都是其原因，同时也是其导致的结果。在这些存在发展问题的乡村地区，由于传统文化和体制的简单化，以及对历史积淀的盲目继承，社会结构与权力结构体系往往表现为一种呆滞的超稳定结构，参与对乡村社区及其成员的赋权首先是对他们具有挑战性的社会动员。一方面，是为了重新唤醒他们对自身能力的认识，建立参与发展决策的自信心；另一方面，也是为了他们对发展干预的拥有感，从而主动参与发展过程和决策。

面对社区动员的重要性、敏感性和困难，四十年来的参与式发展实践已经开发出各种适应于不同情况的参与式技术或工具，而且一些新技术还不断在涌现，其中最为广泛应用的是参与式农村评估（PRA）方法及其一系列实用的参与式工具，这些方法与工具被应用于不同的社会政治、经济、文化和宗教背景条件下。因为很多人都认为参与式农村评估就是参与式方法，这种认识不无道理。这部分内容后文会进行较详细的讨论，这里就不再过多讨论。只以参与式农村评估为主，说明参与式方法论的主要内容。不管采用何种参与式技术，都要用以下五个标准来衡量这些技术是否促进了参与的过程：准确辨识利益相关者、足够的智慧、真诚而策略的沟通、明确的目标，以及一定的效率。

参与式方法是在对传统研究方法的反思基础上产生的。经过“快速农村评估”（RRA）的多年探索后发展起来了“参与式农村评估方法”，随着参与式发展实践中各种方法的不断被创造、使用与发展，参与式农村评估与其他多种参与式方法融合，另一个体现赋权公众过程、确保公众在发展过程中能够积极参与的“参与式学习与行动（PLA）”也出现了。

快速农村评估方法是学者用来在农村进行有目的的信息收集与分析的一种调查方法。这种方法起源于20世纪70年代末期，学者们反思他们研究与实践中所遇到的偏差以及对常规科学研究方法不满的情形下产生的。

常规科学研究方法有以下几个特点：费时，成本高，在研究者与受益人群之间存在“你是你”和“我是我”的感觉，是由外来者进行的分析，研究的最终成果是为研究者服务的；以外来者的观点为主，以方法为本。发展学者将常规科学研究方法也称为“农村发展观光式”方法，体现在专家们到农村去或是走马观花，或是到交通便利的地方，或是只到村委会了解一些情况，或是重精英轻贫民和重主流轻边缘，或是避免与当地官员意见不合等；在研究方法上或是只看重便于自己统计的问卷调查，忽视定性信息，追求平均值，寻求标准化，是自上而下的，经获得结果为导向，基本上在思想上认为农民是“无知落后”的。

发展领域的学者（或被称为社区的外来者）认识到当地社区的居民中积淀了大量的传统乡土知识，这些乡土知识可以极大地丰富他们所研究的科学知识，正是出于收集乡村社区中的这些信息并进行分析的需要，向社区学习，他们创造性地改造了人类学、社会学等学科领域的方法，提出快速农村评估方法。这一方法的主要特点有：

（1）学习方向发生逆转。提倡直接向农民学习，就地面对面地学习农民的乡土知识、乡村技能和对社会的认识；

（2）调查方法快速而灵活。调查人员并没有一套严格的调查程序与问卷，而是根据获取信息的情况不断调整提高和完善调查程序和内容；

（3）摒弃固有偏见。去掉专家固有的对农村的认识和观念，特别避免“农村发展观光式”方法的现象，注意倾听而不是灌输，气氛轻松而不是紧张，启发思考而不是将自己的意志强加于或误导农民，关注妇女等弱势人群而不只是乡村精英；

（4）择优选用。强调“粗略的正确胜于精确的错误”，学会筛选有价值的信息；

（5）交叉验证。针对同一目的，运用不同工具，访问不同对象，进行多角度调查；

（6）寻求多样化答案。强调结果的最大多样化和信息丰富化，进行非统计学意义上的取样，有意识地关注矛盾和差异性。

快速农村评估方法的结果仍只是发展学者的研究成果，它仍不强调对农民进行反馈，对农民的赋权方面也还十分缺乏。参与式农村评估方法从本质上改进了快速农村评估方法，前者不仅是由外来者在农村获取信息，并将分析的结果带走，而是强调由外来者作为协调人和帮助者，强调当地人的参与，由当地人进行调查和分析，双方共同协商交流，分享结果。

参与式农村评估借用了许多快速农村评估的方法并加以改造提升，同时向更广泛的领域进行范式转换：从关注方法到关注行为和态度的转变；从关注方法的转变到关注职能的转变；从实际应用到组织程序及文化的转变；从评估到分析、计划、行动、监测与评估的综合；从实践到理论探讨，寻求最适合的工作方法。同时，参与式农村评估在四个方面彻底颠覆了常规研究方法：从寻求标准化、平均值转变到寻求农村的多样性，从自上而下转变到自下而上，从以结果为导向转变到以过程和监测为导向，从蓝图式规划转变到注重学习过程。

因此，参与式农村评估是一个在协调者辅助下，通过收集数据、分析数据以及认识实际状况，发展当地群众能力的过程。除了适用于快速农村评估原则外，参与式农村评估方法还有其特殊的要求：（1）提供协助，由当地人来做。强调当地人的参与，外来者协助农民自己调查与分析；（2）调查人员不断反省自己。调查人员不断从分析错误中进行学习、改进和提高；（3）交流信息，分享结果。强调分享的学习态度，农民与农民之间，外来者与外来者之间，外来者与农民之间都要有互相学习的精神，互相交流信息与观点。

参与式农村评估方法具有以下特点：用时短，花费少；寻求"我们的研究"之感觉；探讨更好的规划；也尊重当地群众的乡土知识和观点；以人为本。参与式农村评估方法十分强调利益相关者之间的信任与合作关系，通过不断反复与对话、查证与反思过程，不寻求最佳结果，结果一定是多方核对的结果，重视结果展示的可视化，重视直接观察与合理想象。

参与式农村评估的主要倡导者钱伯斯（Chambers）曾对快速农村评估和参与式农村评估进行过比较，见表2–2。

快速农村评估和参与式农村评估方法比较表　　表2-2

	快速农村评估（RRA）	参与式农村评估（PRA）
形成时期	20世纪70、80年代	20世纪80、90年代
主要开拓者	大学	非政府组织
主要使用者	援助机构、大学	非政府组织、政府野外工作机构
关注的焦点	当地人的知识	当地人的能力
主要创新点	方法	行为
外来者的作用	收集信息者	促进过程的协调者
目标	数据收集	赋权
核心参与者	外来者	当地人
成果	规划、项目和研究出版物	可持续的当地行动与制度

发展学者在运用RRA和PRA方法时开发出大量具体的、能够体现

RRA 和 PRA 原则和特点的操作技术与工具，并根据当地自然、社会与人文特点创造性地、灵活地在世界各地加以使用。这部分内容会在后续内容中较详细地进行介绍。

近三十年前，有关发展机构在 RRA、PAR、参与式学习方法、参与式行动研究、农作系统研究、积极行动与参与等在内的一系列体现参与理念的发展途径或方法的基础上，提出参与式行动研究（PLA）的新概念，可用于农村和城市地区，其共同的主题是，外来者与当地群众一起采取行动，当地人在认识其需求、能力和观点的过程中积极参与，使利益相关者各方都有能力接受持续的改变，并能被不同使用者所接受，尤其强调可持续农业与农村生计领域。PAR 与 PRA 方法的发展，PAR 是所有利益相关群体一起积极参与到当前他们所研究（他们发现的问题）的行动中，以便改善现状。他们通过认真反思历史、政治、文化、经济、地理和其他的情况来开展行动。PAR 不仅是为了采取行动后开展预期的研究，更是为了研究、变革和再研究参与者在研究过程中所采取的行动；PAR 不单是一种外来咨询的变形，实际上，它是为了能与受帮助的一方开展积极的合作研究的一种方式；PAR 不是一个人群强迫另一个人群去做自认为最有益的事情，如执行上级政策、改变制度或服务，实际上，它努力推行一种真正的民主或非强制的过程，以帮助确定后者自己需要的目标和结果。

PAR 的“研究”避免了由大学和政府组织的传统的“提炼式”研究，“专家”到一个社区，研究他们的课题，带走收集到的数据撰写他们的论文、报告和课题；PAR 是现代科学家参考后现代科学观，对把研究回顾与外业调查相分离的科学研究框架进行反思，修正了传统的科学研究观点与路线，建立起理论与实践相互交融的研究路线。

PAR 是真正由当地群众去做的研究，也是为当地群众服务的研究，研究的设计是围绕当地群众自己确定的特定问题展开的，研究的结果也直接用于这些问题的解决。

钱伯斯（1994 年）认为，PAR 有三原则：“穷人是有创造性的和有能力的……他们能够也应当做更多属于他们自己的调查分析和规划”；“外来者的角色是会议召集人、催化剂和协调员”；“弱者和边缘化人群能够也应当被赋权”。

采用 PAR 的优势：通过在设计过程中让主要的参与者参与进来，

探索有关问题；建立合作伙伴关系并培养对当地项目的拥有感；加强当地的学习、管理能力和技能；为管理决策提供及时、可靠的信息。

采用PAR的劣势：有时被认为客观性不足；如果关键利益相关者以建设性的方式参与的话，费时；存在某些利益相关者支配和滥用此方法谋私的可能性。

第3节　乡土知识概述

20世纪后半叶，人类运用现代科技和经济手段取得了令人瞩目的成就。然而，伴随这些不计后果的发展也衍生了一系列的问题：自然资源急剧减少、生态环境遭受严重破坏、经济不增反退、发展中国家与发达国家经济差距增大导致社会动荡，等等。随着自然资源管理理念的不断发展，越来越多的专家意识到自然资源的管理和利用不仅仅是纯粹自然科学问题。人们逐渐意识到自然资源不仅仅是森林、草地、河流的集合，更与农村社区的社会、经济和文化活动紧密相连，且农村社区的异质性决定着自然资源管理和利用的地域性特征，即自然资源的管理和利用广泛涉及生物学、林学、社会学、政治学、经济学和心理学等学科知识。实施自然资源管护和经营行为的是当地社区的居民，他们在长期的生产和生活中逐渐形成了一系列知识，这就是与自然资源紧密相关的乡土知识。

由于现代科技的进步，这些乡土知识所具有的朴素的自然观，在很长的一段时间里遭到政府、学者甚至是当地居民的漠视，认为其是落后、愚昧、不科学的象征。人们已经意识到，忽视乡土知识在自然资源保护、管理和利用方面已经造成了自然资源以及经济、政治和社会方面的众多损失。这些都促使研究机构和学者对传统发展模式和发展目标进行反思，开始尝试从人文科学的视角研究农村社区发展，进而取得了一定的进展。至此，人文科学中的乡土知识开始进入自然科学家的研究视野，整个学术界都有人将目光转向乡土知识的挖掘、研究和传承方面。

1. 什么是乡土知识

尽管有许多学者对乡土知识（Indigenous knowledge）给予了广泛关注，但是到目前为止，对什么是乡土知识还没有一个比较权威的定义，目前被广泛认可的有三种定义：

（1）“乡土知识泛指当地人和特定社区的知识。”（IIRR，1996）

（2）“一种特有的、传统的、本土的知识，它是由一个特定地理区域内所世居的男女在特定的条件下发展起来的，并存在于社区中。”（Grenier，1998）

（3）“乡土知识是某个特定地理区域的人们所拥有的知识和技术的总称，这些知识使得他们能从他们的自然环境中获得更多收益。这种知识的绝大多数是由先辈们一代一代传下来的。但是在传承过程中，每一代人中的个体（男人或妇女）也在不断地改编或在原有知识上增加新的内容以适应周围环境条件的变化，然后把改编和增加后的整个知识体系传授给下一代，这样的努力为他们提供了生存的策略。”（IK&DM，1998）

这些定义从本质上阐明了乡土知识的几个最为根本的要素：有别于或相对于在实验室里专家们所产生的知识体系；由某个特定社区所享有；由于是人们长期的经验总结，它是某个社区内人们进行日常生产生活的决策基础；能适应于当地的文化和环境；乡土知识的动态性。乡土知识的特征可以归结为以下几点：

（1）乡土知识是本土的、当地的。乡土知识源于一个特定的地方和一系列经验的积累，它是由生存在这些特定地方的居民所生产和发展的。它具有很强的地方性。如果把它原封不动地推广到其他地方可能会由于环境和社会文化的不同而失去实用性。因而，它与现代科学知识相比，具有地方性、文化特定性和环境局限性；相反的，科学知识在适用上具有普遍性、广泛性和全球性。

（2）乡土知识多是口头传承的，或者通过实践活动的模仿和展示来传承。因而，把它书写下来可能会改变其一些最为根本的属性。

（3）乡土知识是人们每天生活实践的经验结晶，并且农民的经验、教训和试验能不断地使它得到加强、补充和巩固。这些经验是一代一代人智慧的产物和积累。

（4）乡土知识是一种实践性知识，而不是具有理论严谨性的理论性知识。

（5）乡土知识是传统的延续和反复。在很多情况下，与外界的互动能使其增加一些内容。但反复和延续的实践可以检验和补充它。

（6）乡土知识是动态的，它是在不断地革新、适应和试验基础上发展起来的。过去的实践是现在的“传统”，现在的实践是将来的“传统”。传统本身是动态变化的，永远没有真正的尽头。

（7）乡土知识的同享程度较高，要高于其他形式的知识，被称为“人民的知识”，因为掌握乡土知识的人是社区内的大多数人，而掌握科学知识的只是世界上的部分人。

（8）虽然乡土知识的同享程度较高，但社区内对它的掌握程度也是不同的，这就是“对于知识掌握的社会分层”。由于年龄、性别、教育和社会经济地位的不同，个人所掌握的乡土知识不同，这也就是在研究中我们为什么要识别出乡土专家。同时，由于知识掌握的社会分层造成了知识传播和传承的片断性。

（9）乡土知识是全面地、综合地来看待人与自然。它是从总体的视角来看待“技术领域”与“精神领域”、“理性行为”与“非理性活动”、“客观物质”与“文化象征”、“真实世界”与“超自然世界”，它不同于现代科学那样趋于把事物分解成一个个单元来进行解析式研究。

2. 乡土知识的学科基础

1）参与式发展

乡土知识研究起源于参与式发展研究，是在对传统发展模式的反思和颠覆的基础上发展起来的。正是参与式发展对传统发展观的理性思维局限性的反思，才使人们开始认识到原住民所拥有的乡土知识对于社区发展和自我发展的重要性，从而开拓了发展研究的视野，也开创了乡土知识研究的新局面。让原住民在自己熟悉的社区中将自己的知识及技能充分地运用发展是参与式发展的重要原则之一，而正是这一点直接促进了乡土知识研究与实践的蓬勃发展。参与式发展的参与原则为乡土知识研究与实践的基本原则奠定了基础。目前的乡土知识研究与实践都体现了建立“伙伴”关系和社区需要原则，即重视研究过程而非仅关注结果。

2）生态伦理学

生态伦理学是研究人与自然协调发展的伦理学。它利用生态学的原理研究人与环境间的辩证统一关系，以及人类在利用环境时的道德准则和行为规范。

乡土知识研究与实践以生态伦理学为理论基础之一，不仅仅是因为生态伦理学研究中涉及乡土知识方面的内容，更由于生态伦理学奠定了乡土知识研究和实践的理论与原则。如生态伦理学主张关爱生命，强调人与其他生命的平等，是乡土知识研究中的神林保护部分的理论基础之一。生态伦理学认为，人类对自然的利用应限制在大自然再生和自净能力范围之内，这是乡土知识研究中原住民对自然资源的循环利用的理论来源之一。生态伦理学认为要依靠行为主体（即人类自身）的内心信念与舆论谴责来实现对社会的调整作用，是研究原住民的宗教、神话和乡规民约与社区环境保护和利用关系的内在基础。生态伦理学认为人与自然之间应该是平等、和谐统一和相互尊重的关系，这奠定了乡土知识研究和实践中遵循的平等原则。而乡土知识中的原始宗教观念充分体现了原住民对其社区周围的自然物的依赖和崇拜，将神林中的所有自然物都赋予生命而加以尊重，是生态伦理学内涵的体现。

3）文化人类学

乡土知识是文化人类学理论本土化的结果。文化人类学是人类学的一个分支学科，它研究人类各民族创造的文化，以揭示人类文化的本质。文化人类学以文化整体观、文化相对观、文化适应观和文化整合观入手研究人类，是乡土知识研究与实践遵循的主要原则乡土知识研究的立足点——人类具有平等的权利，不存在所谓的种族等级制度，即来源于文化人类学研究的核心原则。

文化人类学的基本研究方法包括实地参与观察法、全面考察法和比较法。实地参与观察法是文化人类学最有特色的研究方法。文化人类学家注重通过直接的观察收集证据。全面考察法即在研究人类行为时全面考察与之相关联的问题。比较法分为3个步骤：先找出同类现象或事物，再按照比较的目的将同类现象或事物编组，最后根据比较结果做进一步分析。

4）民族植物学

民族植物学是研究人与植物相互作用的科学，包括研究人类如何认知、利用植物的历史、现状和未来的动态演变过程，其目的是植物资源的可持续利用和植物多样性保护。正是由于民族植物学率先开展与植物相关的乡土知识研究，才促进了乡土知识研究的发展。不论是民族植物学的研究原则还是研究与实践方法都为乡土知识的研究与实践奠定了基础。民族植物学的研究方法多种多样。定性研究是目前乡土知识研究最主要的方式，采用的工具大部分来源于民族植物学，如文献研究、民族植物学编目、访谈法、参与式调查方法、野外调查资料的定性分析等都已成为乡土知识研究与实践的常用工具。定量研究方法则还处在开拓阶段，目前已经在评估植被类型对特定民族的重要性、不同地区范围内植物的利用或价值、比较不同植被对相同民族的重要性等方面开展了研究。

3. 乡土知识与科学知识

广义上讲，科学知识是基于理性的科学思想、规范的科学方法、严谨的科学研究而逐渐形成的关于自然、社会和思维的知识体系。狭义上讲，科学知识是指“科研工作者的劳动生产出来的科研成果，即科学理论和应用知识”。归纳起来，科学知识是对社会实践经验的理论总结和高度概括，并在社会实践中得到检验和发展的知识体系，是人类社会最重要的知识，是精神文明的重要组成部分。

相对于科学知识，人们对乡土知识有一定的误解，认为其是“落后”和“愚昧”的东西。本质上，乡土知识是农村贫困人民生活的一部分，是农民在长期的生产实践中积累并能世代相传的，是这个群体社会财富的一部分，并非“落后”和“愚昧”的。

表 2–3 从八个方面讨论了科学知识与乡土知识的异同。

科学知识与乡土知识的对比　　　　**表 2-3**

	科学知识	乡土知识
目的和任务	认识自然和社会，探求科学界和社会发展的客观规律，以获得关于自然界和人类社会活动的本质性认识	为当地社区解决生产生活问题提供基本的策略，尤其是对于贫困地区来说，乡土知识系统是村民赖以自然生存的根本
获取途径	通过人对自然界有目的的科学活动而获得	口头相传，或者通过实践活动的模仿和展示来获取
研究方法	通过规范、严谨、求实的科学活动（实验和数理推演等）进行研究。整个过程要求排除主观意志、情感等非理性因素及虚幻等	依靠当地人每天生活实践的经验积累，通过农民的经验、教训和试验不断地使它得到加强、补充和巩固。在世世代代的传承中通过不断的实践补充完善。没有其固定的模式是遵循的法则
成果形式	研究论文、报告、专利等具有规定形式，符合一定标准的书面文字或产品	没有规定形式和制定标准的口头话语，并只在日常生产、生活中得以体现
掌握知识的群体	占人类中的小部分，随着文明的进步得以大面积普及，但是其所占比例依然不可观	全人类的绝大部分

续表

	科学知识	乡土知识
适用基础	基于生产实践，在适用上具有普遍性、广泛性和全球性	一个特定的地方和一系列经验的积累，它是由生存在这些特定地方的居民所生产和发展的。具有地方性、文化特定性和环境局限性
影响力	对全人类的文明进步有着广泛而深远的影响	作为一种地方性知识有其区域局限性，但是作为一个大的知识体系同样惠及全人类的乡村地区，在一定程度上，也影响着城市地区
发展	随着生产生活的需求的变化而不断发展前进，很多时候其发展超越了日常生产需求，成为高深理论，并在未来的某个时间得以应用	随着生产生活需求的变化以及文明的发展而动态变化，以其实用性为根本前提

4. 乡土知识保护与传承

乡土知识涉及面广，它为当地社区解决生产生活问题提供了基本的策略，尤其是对于贫困地区来说，乡土知识系统成为村民赖以自然生存的根本。掌握乡土知识的村民不但可以知道在当地社区现有条件下如何以最低成本方式和有效利用和保护现有资源，同时它也是维系社区内和社区间、人与自然、人与人、人与社会和谐关系的重要基石。因而，它也是全球知识系统中促进可持续发展进程的重要知识组成部分。其重要性可以概括为以下三点：

（1）乡土知识的发展项目有利于通过对当地基层的赋权而达到基层能力建设的目的，最终实现当地的自我发展、自我管理和自决。

（2）乡土知识的利用可以为科学知识的进步提供基础，同时为当地的有效自然资源管理提供不可估量的贡献。

（3）乡土知识的研究有助于知识在社区内部和社区间交流，它能增强跨文化间的交流与合作，促进不同文化间的了解，从而在发展问题中加入文化内涵。同时，乡土知识也是一种重要的“社会资本”，它是社区可持续生计发展的资本基础。

乡土知识与科学知识一样具有其不可避免的局限性，这些局限是乡土知识的保护与传承的障碍，具体归纳为以下四点：

（1）乡土知识的研究人员在开展工作前，都有这样一个假设，即：当地人的生产生活天生地对环境采取保护的态度，并与环境相协调。但是，有的地方的环境问题恰恰是由于当地人所造成的。因而，在研究前，我们不能预先假设某一地方的乡土知识总是“好的”、“对的”、“可持续的”；当然更不能回到原来的认识上，把乡土知识始终看作是“落后”与“原始”。我们应该更为辩证地、全面地来开展研究工作。

（2）乡土知识具有很强的地域性和地方文化性，它是基于当地人与当地环境间长期的互动而积累的经验。因而原封不动地推广乡土知识自然会造成它在其他地方的不适用。同时，如果把当地世居的老百姓移居到另一个地区，在新的环境下他们的乡土知识也同样不能被延续使用。所以，我们应该认真考虑移民问题和知识推广的技巧。同时，鼓励当地试点和试验来增强它的适应性。

（3）乡土知识十分脆弱。在经济和政治的压力下，在外来文化、外来宗教信仰的冲击下，当地的信仰、价值观、习俗和实践很容易受到侵蚀，从而造成乡土知识的丧失。因而，我们应该通过赋权和乡土知识研究来增强当地人对拥有乡土知识的自豪感，从而加强乡土知识的传承和延续。

（4）由于当前自然环境的快速变化，在有的地方当地人的知识虽然能满足他们的生计需要，但往往不能像过去一样适应于当地的环境，也就是说，有可能会造成对环境的破坏。因而，在加强乡土知识的同时，要注意乡土知识与科学知识的结合以及乡土知识创新与革新的问题。

对乡土知识的保护实际上包括两方面的内容：第一，对乡土知识的挖掘、弘扬和传承。对乡土知识的继承和发展首先应建立在对乡土知识的正确评价与尊重上。由于许多乡土知识无法通过现代科学来解释，其知识的传播不符合常规的学习方法，加之外来文化的传入与冲击，致使乡土知识遭到社会甚至其“主人”的偏见和拒绝。许多传统习惯已经不为人知。这一问题已随着人们对乡土知识的社会与经济价值（或潜在价值）的逐渐了解及其商业利用的日益广泛而得到认识和部分解决。越来越多的社会学家和自然科学家投身到与各自领域相关的乡土知识的研究和发掘中，并取得了众多研究成果。其中，在利用乡土知识遗传资源开发生物新品种，采用民族文化、宗教和村规民约等乡土知识对生物多样性实行社区共管保护，传统文化、艺术、图腾、图案的商业化开发等方面，更是硕果累累。

第二，对乡土知识的知识产权进行保护。目前很少有乡土知识的持有者能从乡土知识的商业利用中得到合理的收益，而且商业利用往往没有征得乡土知识持有者的同意，也未向其支付合理的使用费。因此，乡土知识持有者应该能依法享有有关权利：（1）控制乡土知识的公开和利用的权利；（2）在商业利用中获得利益分享的权利；（3）来源得到承认和尊重的权利；（4）防止贬损、攻击和谬误使用的权利。尽管很难采用现行的知识产权保护措施来对乡土知识行进法律上的保护，国际上很多国家已开始研究采用综合手段来有效保护乡土知识产权。

第4节 参与式乡村规划

参与式乡村规划是伴随着参与式发展理论一起发展起来的。参与式发展主要依靠当地现有的资源，包括自然生态、劳动力、知识与技术、当地的生产消费模式以及当地自助组织等自然、经济与社会资源。参与式乡村发展强调以下几个方面：（1）强调乡村社区农业产业的发展，并通过农业产业发展为社区提供就业与收入机会。（2）强调当地利益相关者分析与其参与，重视与社区有关的所有个人、群体及机构、组织的积极主动参与，把满足社区人口的基本需求为发展目标。（3）强调适宜当地的一二三产的培育与发展，强调基本基础设施建设，强调社会治理机制建设。（4）强调人口、资源与环境的可持续发展。因此，乡村的发展是以乡村社区为单元的全面发展，包括经济、社会、文化、政治、机制与立法、人力与性别、知识与技术和环境等方面的变化。

参与式乡村规划是上述参与式方法论在乡村规划领域中的体现。它不同于传统乡村规划，不是有关乡村社区的正式文件、报告或材料，也不是单纯由专业规划人员完成的专业技术方案。实际上，参与式乡村规划是一种参与式发展手段，是乡村社区所有利益相关者不断分析问题，利用当地资源，确立发展目标和发展行动，并在实施发展行动过程中通过不断的监测和评估，然后再界定新的问题、新的发展目标和发展行动等的一整套持续不断的循环过程。参与式乡村规划是一种以解决问题为导向的决策与行动过程。可见，参与式乡村规划强调由所有利益相关者的参与，是以问题解决为导向，以行动为导向的，乡村社区可持续发展过程。

1. 基本出发点

1）规划是以乡村社区为基础

乡村社区是参与式乡村规划的基本单元。参与式乡村规划的范围只是针对某个、几个或小流域等乡村社区，不是大区域甚至整个国家。从这一点来说，参与式乡村规划是由规划乡村社区人口辨识与分析其发展问题，根据其资源禀赋，确定其发展目标并形成乡村发展战略，实施乡村发展行动，通过不断的行动监测与定期评估而继续乡村发展再规划的过程。需要说明的是，虽然参与式乡村规划强调的是由社区人口广泛地、最大程度介入的参与式发展治理过程，但所有利益相关者中还应包括乡村社区以外的、可以为乡村发展提供信息、技术以及资本等方面的帮助的群体（如当地政府、社会企业等），同时，乡村发展战略还应充分考虑如市场、信息等方面的外部关联机制。然而，参与式乡村规划强调的是以满足规划乡村社区中的利益相关者、而不是外部利益相关者的需求和期望，因此规划成果应当是乡村社区的“农民工程”，而不应当是非社区人口的政府或企业的“形象工程”。

2）针对不同目的采取不同规划方法

如前对参与类型（或质量）的分析可以看出，“公众参与阶梯”中梯档越高的参与质量越高。除了最高的三档外，在一些决策中，处在阶梯其他梯档上的较低的参与质量也存在合理性。当用到较高参与质量的形式时，较低的形式可能也需要同时实施，以便使所有利益相关者都被告知或参与进来。公众参与的所有层次，只可能在一定的环境下、针对特定利益相关者时才是适合的。在组织任何形式的参与式规划过程前，必须花时间去分析和计划采用的方法。各参与程度间存在一定的自然交叉和相互联系，强调参与中要建立合作伙伴关系。由于参与中这些复杂性和不确定性的特点，决定了参与式乡村规划必须强调系统性、多样性、综合性和全面性的乡村规划目标，并针对不同的规划目的采取不同的规划方法。

3）规划师技术和乡土“公众利益”的结合

传统乡村规划者把自己看成一个服务于“公众利益”、客观而中立的规划“专家”。但是参与式规划者认识到了乡村社区具有多样性，努力去辨识清楚每个群体的利益所在。参与式乡村规划者通过协调各种文化的多元性与技术统治论调的多元化来服务于乡村公众利益。换言之，规划者通过成为调停者、主持人和沟通者来服务于乡村的公众。纵使这样，规划者单纯奉行多元文化主义观点，要把不同“公众”和“利益”

区分开来仍十分困难，因为一个乡村社区中的人群即使很小，规划者也不可能完全确定这些人群中每个人的利益。

规划者只能求助于“乡土知识”的挖掘与运用。理性的科学知识要最大限度地重视当地公众的需要和关注，由群众自己发展和接受的科学形式要比仅限于通过正式科学方法得到的知识更有效。如果没有现代科技和乡土知识的结合，规划不可能赢得足够的群众支持，公众也不可能经历对制定规划决策做出贡献所必须的“社会学习”过程。

专业规划技术不可能靠自身形成解决方案，无论规划者如何完善自己的知识，也无论规划者怎样提高自然在信息处理、策划和预测预报方面的能力，如果没有在参与过程框架下真正发展社区自身的规划决策能力，向规划中投巨资是徒劳无益的。这就是说，除非规划者（和政府）取得公众对其规划方法的支持，否则这个规划方案将永远不会落地。

4）通过参与式规划进行学习

规划中的社会学习理论也强调参与者通过参与规划过程进行学习。参与式规划的社会学习理论来源于实用主义“从实践中学习”（Learning By Doing）的哲学思想。毛泽东的《实践论》也将强调实践与社会学习相结合，让人民拥有掌握知识和行动的能力。规划中的社会学习理论强调必须把规划作为一个教育过程。整个规划过程中的每个阶段如果没有智慧的参与和理解，规划必然是无活力的。

社会学习是规划师与公众间的“一个持续合作的大胆行动”，它不仅能教育社区，使社区参与到规划中，而且也能教育规划师，这种方法为“互动学习”，规划师扮演协调者的角色，致力于构建一个更自信、政治上更积极的社区。不仅只是规划者，当地政治家们也应当加入到参与过程中来，成为公众对话的发起者和协调者。

5）参与的技术、人员、地点和时期

（1）参与技术：参与式规划不光要选择正确的参与式技术的问题，更重要的是，规划师必须致力于提高所有利益相关者参与到公平的、对问题开展对话的能力建设，目的是找到最佳的解决问题和冲突的办法。目前有大量的参与式技术和工具可用于参与式规划。但需要注意的是，关键在于我们如何使用它们，如果使用不当，它们也可能限制公众在决策中发挥影响。

（2）参与人：许多参与式过程只有利益相关者组织的代表们参与

进来，或者少量的公众参与到管理自己事务当中，这些过程实际上并不能称为参与式过程。规划师（和政府）不得不接过公众的责任，推测大多数人的意愿，这样的规划过程也很难被称为是参与式的。没有广泛参与的"利益相关者参与"企图促进社会学习，但又不可能利用当地知识以达到提高政策效果的目的。早期的参与式规划主要关注向"穷人"重新分配权力，并防止中产阶级主导新的参与机会。现在，参与式规划努力使社区中各类人群和组织（甚至每个人）都能得到参与规划决策的机会。通过规划进行的社会学习理念强调所有公众参与的重要性，至少相当比例的公众要在一定程度上参与（或至少要知道）规划决策。

（3）参与地点：规划中的参与常需要潜在的参与者在不熟悉的地方参与不熟悉的议事，这种安排并不合理。在实际工作中，只有那些感觉自身利益遭受侵害、遭受挫折，很可能已被逼至绝路的人，或者感觉相当满足、有自信的人才会参与进来。为了使公众积极参与乡村规划决策，会议地点必须在当地、对当地人来说都是熟悉的场所。家庭院落非常适合于政治、经济权力的交换，最有效的变革始于非正式场合。在社会尺度上要充分利用家庭资源，但必须依靠当地政府的支持。

（4）参与时期：参与式规划强调公众全过程参与规划。当一个乡村项目要进行参与式规划时，公众参与应当越早进行越好。一些参与式规划一开始会允许公众有尽可能多的机会影响项目的主要目标，但是这些参与式规划过程中的公众参与程度会发生逆转，公众意见只在最后做决定时才发挥一些影响。实际上，包括项目后评估和项目实施期间在内的每个步骤中公众都应发挥作用。公众参与应当从规划项目的启动阶段直到后来的实施阶段等全过程中持续进行，公众应当全面地参与到从高层项目计划和策略制定到当地的项目交接和实施等所有规划决策层面。

2. 规划的目的和原则

一般而言，参与式乡村规划的目的应当是：为实现可持续的、社会和环境适宜的、社会所期望的、经济上可行的乡村发展途径创造前提条件。它是为了推动个人、社区或区域发展决策的制定达成共识的社会学习过程。

参与式乡村规划的概念框架是根据当地法律、制度、自然资源以及当地人口的社会经济条件设定的，它强调自下而上的规划观，把当地人口置于利益的中心，提倡采用简单、低成本的规划技术，来鼓励和推动村民的积极参与和共识建设。外来者的参与被严格限制在对规划过程的协调和调解上，至少一开始这些外来者可能也得扮演社区利益的坚定拥护者和保卫者的角色，如：在社区利益与有权势的外来者存在冲突的情况下。但这并不意味着参与乡村规划活动的政府工作人员有什么特殊的角色优势，任何情况下都不允许参与式乡村规划过程的协调者把解决办法强加给村民或发挥盛气凌人的指挥作用。

按参与式乡村规划的内涵，要称一个规划方法为参与式的乡村规划，应当遵循 10 个原则：

（1）规划方法和规划内容应尽量适合当地实际条件；

（2）要考虑当地特定的文化观念，并建立在当地生态或环境知识之上；

（3）要考虑当地社区内部解决问题和冲突的传统策略；

（4）是基于村民自助和自我负责、自下而上的过程；

（5）要为利益相关者之间创造一种对话的条件，使其能够成功协商与合作；

（6）调查与规划是提高村民及其社区的规划能力和采取行动能力的过程；

（7）要求公开透明，所有参与者无偿使用信息是调查与规划成功的先决条件；

（8）要重视利益相关者的识别和社会性别敏感的方法；多学科合作是基础；

（9）应根据新情况进行灵活调整，是一个反复的过程；

（10）以规划目标和行动可以得到实施为导向。

3. 规划过程

参与式乡村规划方法能鼓励村民参与到当地社区发展规划的决策过程中，以当地条件和农民的意愿为出发点，注意改善当地的社会经济状况，进而达到人口、资源、环境可持续发展的目的。依据参与式乡村规划在中国的实践经验，参与式乡村规划过程可以总结为 5 个阶段，分为 9 个具体步骤（见图 2-6）。

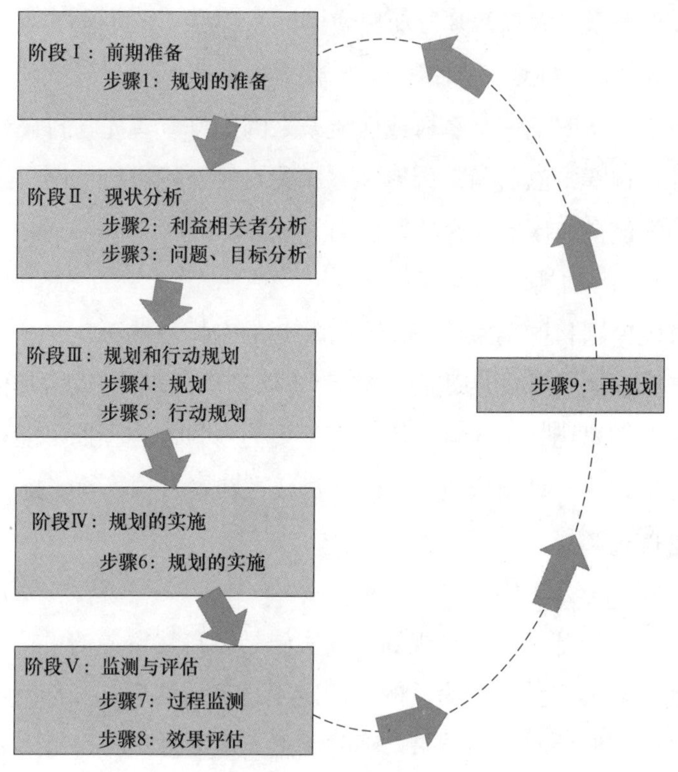

图 2-6　参与式乡村规划的阶段与步骤

阶段Ⅰ：准备

步骤 1：规划的准备

规划前的准备对一个适宜的、可持续的规划来说是重要的先决条件。规划队伍不仅需要收集规划区内必要的基本信息，而且需要评估现有的规划方法，以便将相关政策要求结合到规划过程中。

阶段Ⅱ：现状分析

步骤 2：现状分析

只有规划人员掌握了规划区的现状，乡村规划才能对问题的解决起到应有的作用。通过系统的问题分析，找出规划乡村内的所有问题之间的关系，形成未来解决问题的基础。然后，所有的参与人共同确定规划目标和实现这一目标的途径。该步骤还可以促使当地参与人分析自己的生存现状，意识到他们存在的问题，并找到可能的解决办法。

步骤 3：制作土地利用现状图

该步骤集中分析资源状况及问题。在规划乡村内，村民们分析与现有土地和资源利用相关的环境问题，然后，据此制作地图，形成未来乡村规划的基础。

阶段Ⅲ：乡村规划及其行动规划

步骤 4：乡村规划

乡村规划将明确一个乡村或区域未来的安排。首先与村民讨论提出的每个规划选择，然后与规划专家和相关行业机构进行讨论。经政府批准后，作为该乡村区域未来项目行动的基础。

步骤 5：行动规划

乡村发展项目的实施需遵循乡村规划的安排。然而，并非所有的未来规划选择和决策都能由政府下拨经费实施，有些行动或由其他项目或村民根据规划自己加以实施。因此有必要为乡村制定预期可能得到支持的行动计划，这一计划应包括时间、责任人和资金预算等安排。

阶段Ⅳ：实施

步骤 6：行动规划的实施

行动规划的基础是乡村规划，其实施是以自然资源的可持续管理和促进当地群众的生计条件为目的。确定了行动计划后，按部就班地完成计划，并根据监测与评估结果，随时调整实施的进程。

阶段Ⅴ：监测与评估

步骤 7：实施过程监测

需要建立参与式监测体系对实施过程进行有效的监测，及时控制和调整行动的实施过程。首先与村民一起讨论制定行动管理办法，签订各类实施合同，确定并提供技术支持和培训，促进有关机构对行动的支持，确定财政责任和行动计划、组织和管理资金等。这些过程都由村民选出的监测组实时进行监督。

步骤 8：规划成果评估

为了使规划方法更符合实际情况，并得到进一步的改进，有必要对阶段性规划成果进行评估，并从中吸取经验和教训。它需要回答这样一些问题：我们如何、和谁来实现我们的目标？为什么有些做到了？为什么有些没有做到？我们是怎样做的？应如何改进？不断实践后，经调整和修改后的规划过程将更符合实际，使一个乡村规划更趋完善和具有可持续性。在新规划及其实施时仍须继续得到评估，以便持续地开展乡村建设。

以上 PLUP 阶段和步骤（见图 2-6）是在 PAAF 项目成员共同研究讨论的结果。我们还一起讨论得到了详细的《PLUP 过程手册》，建立了各个步骤具体的、逻辑关系清楚的活动内容、参与人、所用到的方法、可获得的成果以及图表等示例，便于今后操作、修改、完善和推广。在此手册以及多年来取得的实践经验基础上，发展了一个较适合于我国国情，与手册配合使用的《PLUP 培训手册》，并在国内一些项目的培训班上成功使用过。

这里所描述的参与式乡村规划过程只是一种需要根据乡村社区的实际情况、项目的行动时间表和其他重要条件进行调整的框架，这意味着，实际工作中有时一些规划步骤会重复、改变或与其他步骤穿插进行。在执行所有步骤时该方法在时间上也很灵活，但以保证所有利益相关者参与规划过程为前提。

参与式乡村规划方法是一套系统化的参与式方法，在中国主要是在一些国际合作项目推动下实施的。参与式乡村规划能在中国的一些“孤立小环境”中取得成功：首先得益于其采用了新方法、新理念；其次得益于它所处的政策环境非常特殊，如有足够的规划时间、资金，各方的重视程度高；以及项目操作过程有严格、科学的监测体系；项目的实施有严格的规定做后盾；项目财务有严格的监测制度，并且操作认真，也具有灵活性，等等。尤其重要的是，参与式规划方法在能力建设上的影响是成功的，它拓宽不同层面上利益相关者的知识面和他们的视野。虽然参与式乡村规划方法体系还没有被纳入现有中国乡村规划制度领域，但是，在决策制定的各个层面，个体意识和能力建设却在发生着真实的、持续的变化，对各层面机构的影响是积极的。

然而，它与国内传统规划项目结合的试验往往成败参半：一方面，由于国际合作项目往往掌握话语权，将国内项目的资金政策引入乡村参与式规划制度体系中来实施有可能取得好的结果；另一方面，将参与式乡村规划体系成功的一些要素介绍到国内规划项目中时却成功的机会很小。这一结果给我们以下一些启示：

参与式乡村规划方法在中国各地运用时，其所处的社会、政治环境发生了很大的改变，它缺乏被国内规划项目采用的政策环境是难以全面推广运用的主要阻力来源。国内乡村规划“自上而下”运动的管理体制，决定了其实施必然存在着自身无法克服的问题：规划时间仓促、人力资源不足、实施过程当中资金短缺以及年度任务下达不及时等，所以极大地限制了参与式乡村规划方法的结合运用。比如：推广参与式乡村规划方法时，需要参与者一开始就能介入乡村发展项目的总体规划制定和任务申请当中，从项目刚启动时就结合进来，还要有上级机构的支持，依赖于高层善治理念下的制度和政策环境。然而，高层面上的乡村总体规划（如县级）在乡村引入参与式乡村规划方法前就已完成，不存在重新进行总体规划的可能性。

因此，参与式乡村规划在中国的适用性主要看今后社会、政策等自上而下规划管理环境的善治化改造进程。

4. 主要特征

总结以上对参与式乡村规划的讨论，这类规划至少应有七个主要特征（见表 2–4），这些特征组成了促进公众（包括规划师）的社会学习的核心特征，也是通过参与式乡村规划实现可持续发展的核心内容。

参与式乡村规划的主要特征　表 2-4

主要特征	特征的简要描述
广泛性	规划提供更广大公众的参与和教育，而不仅仅是特定利益群体的代表
共识性	规划决策要寻求可持续的、能包容所有意见的解决方案
对话	真实的、开放的、包容的和平等的规划过程，能够鼓励所有人都参与，无论其阶级、性别、种族、宗教、年龄、教育程度还是其他
赋权	无论是政府推动的还是社区主导的乡村规划，参与者要控制完全的决策权，鼓励参与者学习，以更好地理解复杂问题
当地性	在邻里层面上，规划决策能直接来自更多的参与者
多层面性	规划中，公众关注从战略、长期政策愿景到具体项目实施的所有层面
全程性 / 持续性	持续、全程地影响规划决策

作为一种自下而上的规划方法，参与式乡村规划方法正在国内外一些领域和地区逐渐取代严格的自上而下的技术规划方法。它基于的假设是：只要当地人口安排他们社区的各种事务的规划过程是好的，可持续的乡村社区管理就可能实现。与 20 世纪 60、70 年代普遍采用的自上而下的、纯技术导向的传统乡村规划方法相比，这种规划中的参与是一种新型的观点。在中国，传统规划与参与式规划并不是格格不入的，实践中正在走向有机结合。

以问题解决和以行动为导向的参与式乡村一般要经过这些规划步骤或阶段：规划的准备、现状调查与分析、规划与行动规划、行动的实施、监测与评估以及再规划等，看上去这一过程与传统规划区别不大，但二者的实质非常不同。就乡村社区层面而言，如果将乡村规划和乡村管理放在一起考虑，参与式乡村规划明显有别于传统意义上的规划方法，表2–5中对此进行了比较。

传统乡村规划与参与式乡村规划方法的区别　　表 2-5

问题 / 方面	传统乡村规划方法	参与式乡村规划方法
工作层面	较高层面：省、县、流域	当地层面：村级、乡镇、小流域
主要行动者	行业、省级和区域管理部门的技术人员	当地群众、地方管理部门、有技术背景的过程协调员（传统意义上的技术人员）
工作方式	自上而下	基层的自下而上，与高层的自上而下相结合，尤其强调自下而上
焦点	根据科学分析评价制定出最佳的乡村发展方式；并通过采用激励机制或有关指令强化规划的实施	在当地需求、外来者的利益以及国家政策相互间寻找折衷方案并达成协议，来确定当地的可持续的、平等的发展机会。透明度至关重要
主要标准	自然生态、社会经济、政府指令等	公众意见优先、政府政策与科学指导方针等相结合
实施	按规定套路、刚性的方案实施，一般都有一定的时间限制	实施是一个过程，根据村民的步调和时间，分步骤实施
主要目标	按客观标准制定乡村某方面的最佳发展方式	加强当地利益相关者自我发展的能力，以当地的可持续发展为目标

由上表可见，除了在规划乡村内的当地居民外，参与式乡村规划过程中其他的利益相关者还包括政府与相关部门、当地政府与当地现有与乡村发展有关的其他部门、社会组织和相关项目等。在中国与乡村发展有关的部门还包括农业、林业、牧业、国土等部门，各部门都有自己自成体系的规划和发展蓝图。就一个乡村社区内部而言，部门间的规划不协调随处可见。参与式乡村规划应当吸收来自各方的意见，遵循综合规划方法，即把相关部门的战略结合在一起，很容易涵盖了规划乡村（如，一个行政村）内所有乡村发展领域。

5. 规划师的角色

开展参与式乡村发展规划，对从业的规划师在业务素质及基本技能等方面有新的要求，并赋予新的职能，规划师应扮演的角色包括：

1）计划师

规划师要根据乡村发展利益相关各方的共同分析和沟通对话的结果

做出乡村社区未来一定时期内的发展计划。规划师也是非正式的乡村教育者，因为规划师在进行乡村规划的过程中要与众多与社区发展有关的群体进行经常性的调查、研究、讨论以及沟通与交流，在此过程中规划师会为社区带来许多新鲜的思想、知识和技术，社区内的利益相关群体会受到启发或接受某些思想和知识。当然，在规划过程中规划师也会不断地向其他利益相关者学习政策法规或乡土知识，即所谓的互动学习过程。

2）协调员

因为在乡村规划规划过程中涉及乡村社区内外众多的利益相关群体，这些利益相关者具有显著的异质性，他们对乡村发展的想法、提出的问题、期望等都可能有所不同，而最终要在这些群体之间形成大家都认同的乡村发展战略并统一发展行动，这就需要规划师有十分强的协调技能。同时，规划师为了说服某些群体或个人接受大多数相关群体的观点和建议，或者接受规划师本身的某些思路和想法，规划师必须具有很强的谈判技巧和方法，因此规划师有时候又是谈判员。

3）资源的调动者

乡村规划的全过程都需要规划师与其他利益相关群体一起尽可能地调动乡村自然资源以及人力资源，以达到发展社区的目的。

4）管理者

乡村发展规划本身就是乡村发展的管理重要手段之一。

5）主持人

在乡村规划过程中，会经常组织全体村民大会、小组会议以及一系列由社区内外利益相关群体参与的研讨会，此时就需要规划师具有相应的主持技巧，故规划师也是主持人。

6）评估师

乡村规划过程是一个持续不断的过程，在此过程中，要进行持续不断地对规划过程进行监测，还要对规划实施效果进行评估，并且根据监测与评估的结果随时调整规划过程、行动领域及再规划，因此从这种意义上讲，规划师又是评估师。

总之，如何应对变化越来越快的乡村现实，一直是规划师必须面临的问题。规划作为一种强烈的实践与集体过程，规划师的规划事业不仅面临着如何从不同时期的规划思想中汲取营养的问题，还面临着如何努力提高利益相关者或公众参与规划的质量问题。不可否认，虽然当前国内外乡村规划界在参与式乡村规划领域的成功实例并不多，自上而下的乡村规划仍是“主流”，但努力提高乡村规划中的公众参与却是大多数乡村规划师的共识。我国乡村规划界也正在或将不得不面对像西方国家那样的各类利益冲突等一些社会问题，学习参与式的乡村规划方法，对我国的乡村规划与乡村发展具有现实意义。

第 3 章　系统规划论

系统论在“二战”以后就开始广泛传播，虽然“系统思想是规划的要义”的观点已经深入人心，然而直到 20 世纪 60 年代，规划界仍将物质空间形态设计作为规划的主要任务，甚至在今日我们的乡村规划成果中，这种将规划视为只处理主体与客体间关系的操作仍很普遍。为此，本章重点介绍了三部分内容：三代系统论发展起来的主要观点、早期的系统规划思想与方法以及我国系统思想影响下的新型系统规划思想，以澄清规划不仅仅是寻求规划主体与客体间关系的途径，更是探索规划主体与主体间关系的方法，即解决人与人之间关系的社会与政治问题，最终解决以人为主体的生命与环境间相互关系的协调发展问题。

规划界习惯地称系统论、控制论和信息论为“老三论”，这里称为第一代系统论。这一代系统论所说的“系统”仍是以机器为背景的，部分是完全被动、死的个体，其作用仅限于接收中央控制指令，完成指定的工作。任何其他动作或行为都被看作只起破坏作用的噪声，应当尽量排除。当面对生物、生态、经济、社会这类以“活的”个体为部分的系统时，第一代系统论遇到了困难。

第二代系统论称为自组织理论，它主要由三大理论组成：耗散结构论、协同论和突变论等，规划界称为“新三论”，自组织理论以更新的概念和理论方法研究自然界和人类社会中的复杂现象，并探索复杂现象形成和演化的基本规律。然而，当人们试图把第二代系统论思想应用于经济、社会等系统时，还是不能令人满意的。虽然个体可以有自己的运动，这种运动在一定条件下对整个系统的进化起着积极的、建设性的作用，然而这种运动仍然是盲目的、随机的。个体没有自己的目的、取向，不会学习和积累经验，不会改进自己的行为模式，不是真正“活的”个体。随着认识的深入，出现了第三代系统论。

到了20世纪末，复杂适应性系统论把注意力集中到个体与环境的互动作用上，完全颠覆和替代了早期的系统思想，称为第三代系统论。其核心思想是强调个体的主动性，承认个体有其自身的目标和取向，能够在与环境的交流与互动作用中，有目的和有方向地改变自己的行为方式和结构，达到适应环境的合理状态。系统中的个体被视为具有适应性的主体（Agent）。从系统个体或要素到主体概念的改变，是观念上的重大突破，即将复杂适应性系统组成单元的个体主动性，提高到了复杂性的产生机制和复杂系统进化的基本动因的重要位置。同时，复杂适应性系统论还提出了一系列的新概念用于充实自己的理论体系，使它具有巨大潜力来模拟生态、社会、经济、管理等复杂系统，为人们认识、理解、控制和管理复杂系统（如乡村区域）提供了新思路。

站在新规划系统论的观点，王如松院士指出，因为规划面对的人类社会是一类以人的行为为主导、自然环境为依托、资源流动为命脉、社会体制为经络的社会生态系统，那么可持续发展的区域或乡村，就应当是完美结合的自然子系统、经济子系统和社会子系统等相互之间竞争、共生和自生等关系与机制组成的复合生态系统。新规划系统论思想将具有广阔的发展潜力。

乡村规划面向的对象是自然生态系统和人类社会系统，这两个系统的关系是多维度和复杂的，目前还没有哪个学科可以全面解释这两个系统之间的关系。然而可以断言，社会系统与生态系统联合后的社会生态系统可以应用于乡村规划，其唯一合理的应用途径是多学科的协调和合作。按社会生态系统的观点，人是最活跃的因素，积极的或破坏的因素都是人。一方面，人是社会经济活动的主人，以其特有的文明和智慧驱使自然为自己服务，使其物质文化生活水平以正反馈为特征持续上升。另一方面，人只是自然中的一员，其活动都不能违背自然生态系统的基本规律，都受到自然条件的负反馈约束和调节。这两种力量的基本冲突，正是社会生态系统的一个最基本特征。因此，在乡村规划中，只有将人与人的社会生态、人与环境的自然生态统一纳入整体的系统来考虑，这样的规划才有意义。

社会生态耦合的系统论的思想和方法不是一蹴而就的，是系统论思想发展的结果并仍在不断发展和丰富之中。本章将回顾城乡规划的系统思想发展，介绍乡村规划中的社会生态系统的规划观。

第1节 系统规划思想前夜

现代意义上的“城乡规划”应当是从建筑行业里脱胎出来的。直到凯博（Keeble）1952年出版《城乡规划原理与实践》以及1953年吉伯德（Gibberd）的《市镇设计》成为当时规划从业者的教科书，人们才真正开始认识城乡规划。不同时期人们对城乡规划有不同的认识，这与英文中“plan”一词同时含有计划和规划两种意义有关，也与国人从苏联那里学习翻译俄语时的理解有关，总之，目前“规划”与“设计”两个词的使用很混乱。

“二战”后到20世纪60年代期间的东西方社会，完全沉浸在一种和平恢复和社会经济高速发展的气氛之下。从总体上看，这一时期主导的社会意识是乐观的，绝大多数的规划师们忙于工程。在规划物质环境方面，规划师一方面忙于工程实践，另一方面亟需形态设计的理论指导和一套操作性很强的分析方法。大家关心的是如何设计得更漂亮，更美观，更能让业主满足，更能让业主信服。当时的城乡规划体现了规划作为一种物质空间形态设计的思想，规划被视为是一种物质空间形态的规划与设计行为。这一规划思想的内容包括：

1）针对物质空间形态的规划

首先，这一规划思想视规划只针对有关物质空间形态环境的，只规划“物质空间”环境，也就是以实物为对象，如建筑、道路、土地，等等，而其他规划，如卫生、保健及教育等则是“社会”规划。这一定义十分牵强，在当时引起很大争议，被认为存在着相当强烈的意识形态分歧。

其次，这一规划思想尽管认为规划不是社会经济规划，但可以为其他规划实现自己的发展目标提供很大的帮助。那时的规划思想普遍认为，物质空间形态环境可以影响社会及经济生活，甚至认为，物质空间形态与布局可以决定社会与经济生活的质量，后来有人将这种通过物质环境的布局形态可以形成社会生活甚至决定社会生活质量的思想，称为“物质空间决定论”（或环境决定论）。

第三，当时的主流规划思想不承认规划是“政治性”规划的立场，规划基本上是一种“技术性”规划，或是说本身是一种不具政治性的“技术”行为，至少这一行为不带任何特定的政治价值观或承诺。

2）规划的核心是设计

那时的规划从业者基本上都是从建筑业中划分出来的，普遍把规划视为建筑设计的延伸，更接近工程专业。由此，强调规划作为设计，首先表现在重视质量和审美特征；其次是希望通过编制规划来提高环境的美学品质。

3）城镇规划作为综合性的总体规划

城镇规划覆盖一切，编制的总体规划应以统一的精细程度表达土地利用和空间形态结构，形成“终级状态”规划，同时对建筑或其他人工结构环境进行设计。一个规划原则上应该显示区域在未来时段内将实现的功能与空间的特定状态，非常详细。“规划图”描绘了区域的未来发展状态，一种总有一天将达到的终极状态。因此，规划师是了解一切的“通才”。

随着20世纪60年代后生物学发展起来的系统理论与思想逐渐引入规划界，规划思想界深刻反思与批判了物质空间形态规划思想。反思主要为以下几个方面：

（1）对物质空间形态与设计化的批判

将规划视为物质规划，使规划师只关注物质环境的内容，而忽视了人们生存的非物质的社会环境。这不是说规划师们不考虑社会层面的内容，而是说，即使规划师关注到了社会方面，但他们是从物质环境的视角来看待，在规划编制过程中未充分考虑社会环境、规划过分物质化的概念，规划师只会用物质空间和美学的视角看待城乡区域及其问题。

将规划等同于建筑设计或其他设计专业，把规划与设计混为一谈，以设计工作的思想方法代替规划工作的思想方法的思想是错误的。设计作为规划的核心，倾向于使规划在区域实际发展中发挥指令性控制作用；而规划应以区域控制和引导作为思想方法，强调规划在区域发展进程的引导性控制作用，强调区域各系统发挥自身的选择性，规划是向各系统提供正确的发展选择的引导者。尽管规划也存在五年一次的规划修编来调整规划，规划中的有些内容可能被修改，但可能因规划规定的刚性而使一些区域建设遭到破坏，使公众的生活遭到本不必要的烦扰。

（2）咨询的缺乏与价值取向的批判

这一规划思想倾向的一种后果是，规划师的规划与受规划影响的公众的意见不符时，规划师并不认为应当与公众进行沟通与讨论。因为规划师认为自己是“规划专家”，自己的判断较为合理，普通公众对什么最适合他们并没有一个清晰的概念，体现出规划师并没有意识到这种现实和价值观上的根本差异。由于认为规划决策结果只是一个纯粹的“专业”技术判断，规划师认为他们了解什么是最佳的方案，因此，规划师并不需要征询受影响公众的意见，或根据公众关注的内容来制定规划的目标。然而，规划师没有认识到，关于适宜环境构成要素的判断是一个价值判断，而不是纯粹的“技术”行为。由此，规划师由于缺乏对规划价值内涵以及由此带来的“政策化”属性的认识，受到了进一步的批判。

（3）对蓝图式总体规划的批判

蓝图式规划的特点是对区域土地利用进行“一次性”的详细规划和设计，采取的是一种单向的、封闭的、刚性的规划策略，这是一种最终理想状态的静态思想方法，不关注发展的过程，缺乏多种选择性，在土地利用规划时对地块作出明确规定，是不合时宜的做法，这样并未考虑随时间的推移区域发展进程变化的可能性。规划如同一盘棋局，应当作为一个持续的过程，要将其分成一系列的步骤，每一步的行为都受限和取决于其所处的阶段，但每一步都力争为下一阶段的战略布局预留最大的可能，因此，规划应当采取一种“弹性”的规划策略，弹性规划思想方法表现为规模的、时效期的、用地形态上的必要弹性。规划成果是一种动态过程的控制和引导方法，规划管理的控制手段也是一种动态过程。

对其批判的还有许多，无论怎样，构成这些批判的共同主题是对规划师缺乏对他们所面对的真实世界的本质的认识提出的谴责。一些规划理论家对此作出了回应，20 世纪 60 年代以后，系统论被引入规划中来，系统规划思想被大多数规划者作为革命性思想所接受，并显著冲击了此前以物质和设计为核心的思想基础。

第 2 节　系统论的发展

一般地说，系统（System）是由相互作用、相互依赖的若干组成部分结合而成的，具有特定功能的有机整体，而且这个有机整体又是它从属的更大系统的组成部分。在这个定义中包括了系统、要素、结构、功能四个概念，表明了要素与要素、要素与系统、系统与环境三方面的关系。

可见，任何系统都是一个有机的整体，它不是各个部分的机械组合或简单相加，系统的整体功能具有各要素在孤立状态下所没有的性质。

人们将研究系统的一般模式、结构和规律的学问称为系统论，其核心思想是整体观。系统论主张任何事物都是一个系统，系统中各要素在系统中都处于一定的位置上，起着特定的作用。要素之间相互关联，构成了一个不可分割的整体。以系统思想为中心的科学群，包括系统论、信息论、控制论、耗散结构论、协同学以及运筹学、系统工程、信息传播技术、控制管理技术等许多相互间紧密联系，互相渗透的学科。系统论连同这些横断科学一起，不仅为现代科学的发展提供了理论和方法，而且也为解决现代社会中的各种复杂问题提供了方法论的基础。系统观念正渗透到乡村规划等每个领域。

我们在这里认识系统论，是想利用系统规律去控制、管理、改造或创造乡村各系统，使其存在与发展合乎人与乡村的目的需要，用于调整乡村系统结构，协调乡村内外各要素关系，使乡村系统达到优化目标。

1. 第一代系统论

“二战”前后最先发展起来的包括系统论、控制论和信息论的第一代系统论，规划界习惯地称其为“老三论”。

系统论把事物当作一个整体或系统来研究，并用数学模型去描述和确定系统的结构和行为。从系统观点、动态观点和等级观点，系统论认为，复杂事物功能远大于某组成因果链中各环节的简单总和，认为一切生命都处于积极运动状态，有机体作为一个系统能够保持动态稳定是系统向环境充分开放，获得物质、信息、能量交换的结果。系统论强调整体与局部、局部与局部、系统本身与外部环境之间互为依存、相互影响和制约的关系，具有目的性、动态性、有序性三大基本特征。

控制论研究系统的状态、功能、行为方式及变动趋势的技术科学，通过控制系统的稳定，揭示不同系统的共同的控制规律，使系统按预定目标运行。控制论认为，通过反馈实现有目的的活动就是控制，而系统的输出转变为系统的输入就是反馈。它提炼出的基本概念有，目的、行为、通信、信息、输入、输出、反馈、控制以及在这些概念基础上的控制论系统模型。

信息论研究各种系统中信息的计量、传递、贮存和使用的规律。它用概率论和数理统计方法，从量的方面来研究系统的信息如何获取、加工、处理、传输和控制。信息就是指消息中所包含的新内容与新知识，是用来减少和消除人们对事物认识的不确定性。系统正是通过获取、传递、加工与处理信息而实现其有目的的运动的。信息是一切系统保持一定结构、实现其功能的基础。信息有别于物质或能量，既不能脱离物质，也不能脱离能量。是否传递了信息，用系统是否消除了事物的不确定性来量度；是否贮存了信息，用系统的有序度来量度。

系统方法：（1）黑箱方法，是在客体结构未知或假定未知的前提下，给黑箱以输入从而得到输出，并通过对输入、输出的考察来把握客体的方法。（2）反馈方法，是以原因和结果的相互作用来进行整体把握的方法。（3）功能模拟法，是用功能模型来模仿客体原型的功能和行为的方法。（4）信息方法，是指运用信息观点，把系统存在看作信息系统，把系统运动看作得以维持，并不断随之转化更新。系统方法的首要原则是整体性观点，第一，从单因素分析进入系统的组织性、相关性的把握。第二，从线性研究进入非线性研究。第三，从单维度研究进入多维度研究。在一定意义上，系统科学的各种具体方法都是整体研究的基本方法。

第一代系统论时期所说的“系统”是以机器为背景的，部分是完全被动、死的个体，其作用仅限于接收中央控制指令，完成指定的工作。任何其他动作或行为都被看作只起破坏作用的消极因素（噪声），应当尽量排除。而它在生物、生态、经济、社会这类以“活的”个体为部分的系统中遇到了困难。

2. 第二代系统论

20世纪60年代后，建立起来的系统论称为自组织理论，它主要由三大理论组成：耗散结构论、协同论和突变论等，规划界习称“新三论”，其他还有如超循环理论等。自组织理论以新的基本概念和理论方法研究自然界和人类社会中的复杂现象，并探索复杂现象形成和演化的基本规律。

一般来说，组织是指系统内的有序结构或这种有序结构的形成过程。如果一个系统靠外部指令而形成组织，就是他组织；如果不存在外部指令，系统按照相互默契的某种规则，各尽其责而又协调地自动地形成有序结构，就是自组织。一个系统自组织功能愈强，其保持和产生新功能的能力也就愈强。第二代“系统”具有两个新特征：第一，要素数量极大，不可能进行“我推你动”的控制和管理方式；第二，要素具有自身的、另一层次的、独立的运动，使整个系统不可避免地具有统计性和随机性。从这两点出发，第二代系统论拓宽了控制的概念，引入了随机性和确定性统一的思想，讨论了自组织涨落、相变等新概念，对系统的理解深入了一大步。

第二代系统论的基本思想和理论内核可以完全由耗散结构论和协同论给出，二者从宏观、微观以及两者联系上回答了系统自己走向有序结构的基本问题。

耗散结构论主要研究系统与环境之间的物质与能量交换关系及其对自组织系统的影响等问题。一般说来，开放系统有三种可能的存在方式：（1）热力学平衡态；（2）近平衡态；（3）远离平衡态。稳定结构的形成是系统诞生的标志，而系统从一种旧的稳定化结构演变为一种新的稳定化结构则是系统进化的标志。但在开放并远离平衡态的情况下，系统通过和环境进行物质和能量的交换，一旦某个参量变化达到一定的临界点，系统就有可能从原来无序状态自发转变到在时间、空间和功能上的有序状态。普利高津把这种在远离平衡情况下所形成的新的有序结构称为“耗散结构”，如城市、乡村就是建立在与环境发生物质、能量交换关系基础上的耗散结构。一个系统由混沌向有序转化形成耗散结构，至少需要4个条件：（1）必须是开放系统；（2）必须远离平衡态；（3）系统内部各个要素之间存在着非线性的相互作用；（4）涨落导致有序。

由大量子系统组成的系统的可测的宏观量在每一时刻的实际测度相对平均值或多或少有些偏差，这些偏差就叫涨落，涨落是偶然的、杂乱无章的、随机的。在正常情况下，由于热力学系统相对其子系统来说非常大，这时涨落相对于平均值是很小的，即使偶尔有大的涨落也会立即耗散掉，系统总要回到平均值附近，这些涨落不会对宏观的实际测量产生影响，因而可以被忽略掉。然而，在临界点附近，情况就大不相同了，这时涨落可能不自生自灭，而是被不稳定的系统放大，最后促使系统达到新的宏观态。当在临界点处系统内部的长程关联作用产生相干运动时，反映系统动力学机制的非线性方程具有多重解的可能性，自然地提出了在不同结果之间进行选择的问题，在这里瞬间的涨落和扰动造成的偶然性将支配这种选择方式，涨落导致有序的论断明确地说明了，在非平衡系统具有形成有序结构的宏观条件后，涨落对实现某种秩序所起的决定作用。

耗散结构论对远离平衡态的系统演化提出方案；而协同论则对非远离平衡态系统实现的系统演化提出了方案。与耗散结构论一样，协同论也是研究系统演化的理论，都试图找到一个能对系统结构的自发形成起支配作用的原理，并从两个不同的方面，互相补充地说明了系统的演化原理。协同论认为自然界是由许多系统组织起来的统一体，这许多系统就称为小系统，这个统一体就是大系统。在某个大系统中的许多小系统既相互作用，又相互制约，它们的平衡结构，而且由旧的结构转变为新的结构，则有一定的规律，研究本规律的科学就是协同论，研究系统内部各子系统间通过怎样的相互协作而在宏观尺度上产生空间、时间或功能有序的结构。

协同论所指的有序结构的出现不一定要远离平衡，系统内部要素之间协同动作也能够导致系统演化（内因对于系统演化的价值和途径）。在热力学中，用“熵”表示体系混乱程度的参量。但是熵的概念有局限性，而用序参量的概念代替。序参量是系统通过各要素的协同作用而形成，同时它又支配着各个子系统的行为。序参量是系统从无序到有序变化发展的主导因素，它决定着系统的自组织行为。当系统处于混乱的状态时，其序参量为零；当系统开始出现有序时，序参量为非零值，并且随着外界条件的改善和系统有序程度的提高而逐渐增大，当接近临界点时，序参量急剧增大，最终在临界域突变到最大值，导致系统不稳定而发生突变。序参量的突变意味着宏观新结构出现。因此，协同论主要研究系统内部各要素之间的协同机制，认为系统各要素之间的协同是自组织过程的基础，系统内各序参量之间的竞争和协同作用是系统产生新结构的直接根源。

协同论也解释了“涨落”，由于系统要素的独立运动或在局部产生的各种协同运动以及环境因素的随机干扰，系统的实际状态值总会偏离平均值，这种偏离波动大小的幅度就叫涨落。当系统处在由一种稳态向另一种稳态跃迁时，系统要素间的独立运动和协同运动进入均势阶段时，任一微小的涨落都会迅速被放大为波及整个系统的巨涨落，推动系统进入有序状态。

协同论也是处理复杂系统的一种策略，其目的是建立一种用统一的观点去处理复杂系统的概念和方法。协同论的重要贡献在于通过大量的类比和严谨的分析，论证了各种自然系统和社会系统从无序到有序的演化，都是组成系统各要素之间相互影响又协调一致的结果。

突变论通过描述系统在临界点的状态，来研究自然多种形态、结构和社会经济活动的非连续性突然变化现象。物质系统中物理、化学性质完全相同，与其他部分具有明显分界面的均匀部分称为相。与固、液、气三态对应，物质有固相、液相、气相。物质从一种相转变为另一种相的过程称为相变。突变论认为，系统的相变，即由一种稳定态演化到另一种不同质的稳定态，可以通过非连续的突变，也可以通过连续的渐变来实现，相变的方式依赖于相变条件。如果相变的中间过渡态是不稳定态，相变过程就是突变；如果中间过渡态是稳定态，相变过程就是渐变。原则上可以通过控制条件的变化控制系统的相变方式。

突变论通过探讨客观世界中不同层次上各类系统普遍存在着的突变式质变过程，揭示出系统突变式质变的一般方式，说明了突变在系统自组织演化过程中的普遍意义；它突破了牛顿单质点的简单性思维，揭示出物质世界客观的复杂性。

第二代系统论时期重要的还有运筹学、系统工程，等等。运筹学是一些科学家应用数学和自然科学方法参与“二战”中的军事问题的决策而形成的；系统工程则是为解决现代化大科学工程项目的组织管理问题而诞生的。

现在，人们将所有这些描绘系统运动的理论都称为“系统论”，然而此“系统”已不只是第一代的“系统”，而是更综合、更全面的自组织理论。自组织理论基本观点主要有三点：

1）系统内部的相互作用是系统演化的内在根据和动力

系统要素之间的相互作用是系统存在的内在依据，同时也构成系统演化的根本动力。系统内的相互作用，从空间来看就是系统的结构和联系方式；从时间来看就是系统的运动变化，使相互作用中的各方力量总是处于此消彼长的变化之中，从而导致系统整体的变化，作为系统演化的根据。系统内的相互作用规定了系统演化的方向和趋势。

系统演化的基本方向和趋势有二：从无序到有序、从简单到复杂、从低级到高级的前进的、上升的运动，即进化。产生进化的基本根据是非线性作用及其对系统的正效应在系统中居于主导地位。在这一条件下，非线性作用进一步规定了什么样的有序结构可能出现并成为稳定吸引子，同时规定了系统演化可能的分支。从有序到无序、从高级到低级、从复杂到简单的倒退的、下降的方向，也即退化。热力学第二定律表明，在孤立或封闭系统内，这一演化趋势是不可避免的。普利高津指出，对于一个处于热力学平衡态或近（线性）平衡态的开放系统，其运动由玻耳兹曼原理决定，其运动方向总是趋于无序。从相互作用上来理解，退化主要基于非线性相互作用对系统的负效应占有了支配地位。

2）系统与环境的相互作用是系统演化的外部条件

任何现实系统都是封闭性和开放性的统一。环境构成了系统内相互作用的场所，同时又限定了系统内相互作用的范围和方式，系统内相互作用以系统与环境的相互作用为前提，二者又总是相互转化的。在这个意义上，系统内的相互作用是以系统的外部环境为条件的。

系统的进化尤其依赖于外部环境。系统的相互作用是在系统内存在差异的情况下表现出来的。没有温度梯度就不会有热传导，没有化学势梯度也不会有质量扩散。耗散结构论指出，孤立系统没有熵流（即系统与外界交换物质和能量而引起的熵），而任一系统内部自发产生的熵总是大于或等于零的（当平衡时等于 0），因此孤立系统的总熵大于零。它总是趋向于熵增，无序度增大。当一个系统的熵流不等于零时，即保持开放性时，有三种情况；第一种情况是热力学平衡态，此种系统中，熵流是大于零的，因此物质和能量的涌入大大增加了系统的总熵，加速了系统向平衡态的运动。第二种情况是线性平衡态。它是近平衡态，其熵流约等于零。这种系统一般开始时有一些有序结构，但最终无法抵抗系统内自发产生的熵的破坏而趋平衡态。第三种情况大为不同，这种系统远离平衡态，即熵流小于零，因此物质和能量给系统带来的是负熵，结果使系统有序性的增加大于无序性的增加，新的组织结构就能从中形成，这就是耗散结构。例如生命系统、社会系统等。

3）随机涨落是系统演化的直接诱因

稳定与涨落是刻画系统演化的重要概念。由于系统的内外相互作用，使系统要素性能会有偶然改变，耦合关系会有偶然起伏、环境会带来随机干扰。系统整体的宏观量很难保持在某一平均值上。涨落就是系统宏观量对平均值的偏离。按照对涨落的不同反应，可把稳定态分为三种：恒稳态，对任何涨落保持不变；亚稳态，对一定范围内的涨落保持不变；

不稳态，在任何微小涨落下会消失。对于稳定态而言，涨落将被系统收敛平息，表现为向某种状态的回归。在热力学平衡态中，不论何种原因造成的温度、密度、电磁属性等的差异，最终都将被消除以致平衡态。

但对于远离平衡态，如果系统中存在着正反馈机制，那么涨落就会被放大，导致系统失稳，从而把系统推到临界点上。系统在临界点上的行为有多种可能性，究竟走向哪一个分支，是不确定的。是走向进化，还是走向退化，是走向这一分支，还是走向那一分支，涨落在其中起着重要的选择作用。达尔文的生物进化论证明，生物物种的偶然变异的积累可以改变物种原有的遗传特性，导致新物种的出现。耗散结构论和协同学则定量地证明，随着外界控制参量的变化，原有的稳态会失稳，并在失稳的临界点上出现新的演化分支。由此可见，稳定态对涨落的独立性是相对的，超出一定范围，例如在上述条件下，涨落将支配系统行为。如果涨落被加以巩固，那就意味着新稳态的形成。涨落在系统演化中的重要作用说明，系统演化是必然性与偶然性的辩证统一。普利高津指出，"远离平衡条件下的自组织过程相当于偶然性与必然性之间、涨落和决定论法则之间的一个微妙的相互作用"。

从存在到演化，这是科学发展的必然。然而，当人们试图把第二代系统论思想应用于经济、社会等系统时，还是不能令人满意的。原因在于，虽然个体（或要素）可以有"自己的"运动，这种运动在一定条件下对整个系统的进化起着积极的、建设性的作用，然而，这种运动仍然是盲目的、随机的。个体没有自己的目的、取向，不会学习和积累经验，不会改进自己的行为模式，不是真正的"活的"个体。随着认识的深入，出现了第三代系统论。

3. 第三代系统论

到了20世纪末，复杂适应性系统论把注意力集中到个体与环境的互动作用上，完全颠覆和替代了早期的系统思想和研究范式，称为第三代系统论。其核心思想是强调个体的主动性，承认个体有其自身的目标和取向，能够在与环境的交流与互动作用中，有目的和有方向地改变自己的行为方式和结构，达到适应环境的合理状态。

系统中的个体称为具有适应性的主体，简称主体（Agent）。从要素到主体的改变，不仅是简单的名称变换，而是观念上的重大突破，即将复杂适应性系统组成单元的个体主动性，提高到了复杂性的产生机制和复杂系统进化的基本动因的重要位置。在复杂适应性系统中，任何特定的主体所处环境的主要部分，都由其他主体组成，所以任何主体在适应上所作的努力，就是要去适应别的主体。因此，主体与主体之间的相互作用、相互适应成为复杂适应性系统生成复杂动态模式的主要根源。

适应性主体具有感知和效应的能力，自身有目的性、主动性和积极的"活性"，能够与环境及其他主体随机进行交互作用、自动调整自身状态以适应环境与其他主体进行合作或竞争，争取最大的生存和延续自身的利益。但它不是全知全能的或是永远不会犯错失败的，错误的预期和判断将导致它趋向消亡。

主体具有适应性是说主体能够与环境以及其他主体进行交互作用。主体在这种持续不断的交互作用的过程中，不断地"学习"和"积累经验"，并且根据学到的经验改变自身的结构和行为方式。整体宏观系统的演变或进化，包括新层次的产生、分化和多样性的涌现，新聚合而成的、更大的主体的涌现等，都是在这个基础上逐步派生出来的。因此，复杂适应性系统就是由适应性主体相互作用、共同演化并层层涌现出来的系统。当然，造就复杂性的因素是多方面的，适应性仅是产生复杂性的机制之一，并不排除还有其他的产生复杂性机制。

在微观方面，主体在与环境的交互作用中遵循一般的刺激—反应模型，所谓主体的适应能力表现在它能够根据行为的效果修改自己的行为规则，以便更好地在客观环境中生存。在宏观方面，由这样的主体组成的系统，将在主体之间以及主体与环境的相互作用中发展，表现出宏观系统中的分化、涌现等种种复杂的演化过程。

系统演化的动力本质上来源于系统内部，微观主体的相互作用生成宏观的复杂性现象。其研究思路着眼于系统内在要素的相互作用，其研究方法主要是基于大量适应性主题的建模，其研究问题的方法是定性判断与定量计算相结合，微观分析与宏观综合相结合，还原论与整体论相结合，科学推理与哲学思辨相结合。

例如：生态系统中的动植物是系统的主体，即前期系统所指的组成系统的要素。这些主体以不可预测的、计划之外的方式相互作用和相互联系；但是，随着大量相互作用规律的涌现，逐渐形成一种结构，这种结构又对系统进行反馈，并形成主体间交互行为。又如在生态系统中，如果病毒开始耗尽一个物种，这将或多或少影响生态系统对其他物种的食物供应，进而影响它们的行为和数量。生态系统中的所有种群会在一段时间内不断变动，直到建立一个新的平衡。

复杂适应性系统被看成是由用规则描述的、相互作用的适应性主体组成的系统（图 3–1）。图 3–1 中把规则、结构与反馈都放在系统之外，只是为说明问题方便，事实上，它们都是系统内在的部分。

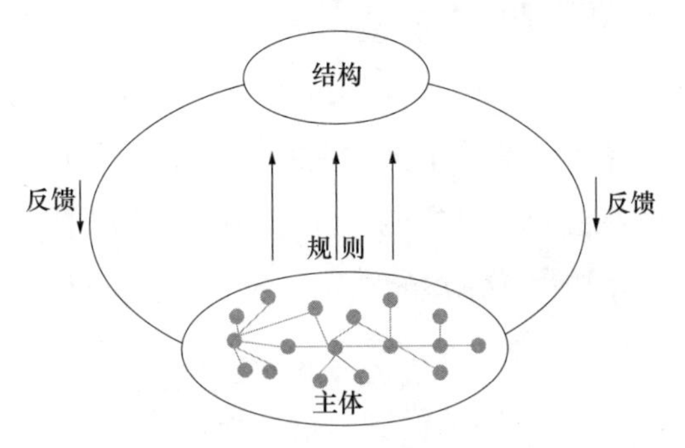

图 3–1　复杂适应性系统示意图

复杂适应性系统论具有其他系统论所没有的更具特色的新功能，有巨大潜力模拟生态、社会、经济、管理等复杂系统，为人们认识、理解、控制、管理复杂系统（如乡村）提供了新思路。

为了完整表达复杂适应性系统的丰富内容，霍兰指出这一理论的 7 个基本观点，分别是针对主体的 4 个特性：聚集、非线性、流、多样性，它们将在主体的适应和演化中发挥作用。还有主体与环境进行交互的 3 个机制：标识、内部模型、积木。同时具有这 7 种性质的系统就是复杂适应性系统。

（1）聚集

聚集有两个含义：第一是指简化复杂系统的一种标准方法，把相似的事物聚集成类；第二是指主体通过“粘着”形成较大的所谓的多主体的聚集体，这既不是简单的合并，也不是消灭主体的吞并，而是新的类型的，更高层次上的主体的出现。原来的主体并没有消失，而是在新的、更适宜自己的环境中得到了发展。这一概念克服了主体与整体之间的对立，体现和发展了系统论中强调主体之间联系的思想。

（2）非线性

指主体及其属性在发生变化时，并非遵从简单因果线性关系，而是呈现出非线性的特征，特别是在与系统的反复交互作用中，这一点更为明显。

（3）流

在主体与环境之间、主体与主体之间存在有物质流、能量流和信息流。这些流的渠道是否通畅，周转迅速到什么程度，都直接影响系统的演化过程。

（4）多样性

在适应过程中，由于种种原因，主体之间的差别会发展与扩大，最终形成分化，这是复杂适应性系统的一个显著特点。

（5）标识

标识是为了聚集和边界生成而普遍存在的一个机制。为了相互识别和选择，主体的标识在主体与环境的相互作用中是非常重要的，因而无论在建模中，还是实际系统中，标识的功能与效率都是必须认真考虑的因素。

（6）内部模型

内部模型代表实现预知的机制，这一概念表明了层次的观念，每个主体都有复杂的内部机制，对于整个系统来说统称为内部模型。内部模型分为两类：隐式的和显式的。隐式内部模型在对一些期望的未来状态的隐式预测下，仅指明一种当前的行为。显式内部模型作为一个基础，用于作为其他选择时进行明显的、内部的探索，就是经常说的前瞻过程。

（7）积木

积木是组成系统的基础构件，它由基本的主体通过各种方式组合而成，并呈现出自身的特性。不是构件的大小和多少，而是构件之间重新组合的形式和次数是产生复杂性的决定性因素。使用积木生成内部模型是复杂适应性系统的一个普遍特征。当模型是隐式的，则发现和组合积木的过程通常按照进化的时间尺度来进展；当模型是显式的，则时间的数量级就要小得多（图 3-2）。

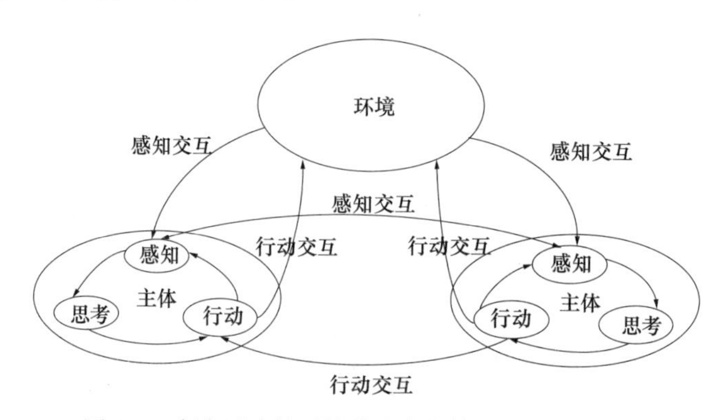

图 3-2 复杂适应性系统论中各主体的相互作用关系

复杂适应性系统还有其他一些特征，最重要的有：

（1）涌现

涌现的本质特征是由小到大、由简入繁。复杂行为并非出自复杂的基本结构，极为复杂行为只是从极简单的主体群中涌现出来的。系统中主体间发生相互作用和影响显然不是计划过的或受什么控制的，而是以随机的方式进行的。从所有这些相互作用来看，结构的涌现形成系统中主体的行为以及系统本身的行为。例如，一个山区古村落有迷宫般相互连通的街巷系统、公共空间、叠罗汉式的农舍等众多肌理结构，历史上也不一定有过什么总体规划，其涌现仅仅是当地先民遵循一些当地的简单规则世代演化的结果。

涌现现象产生的根源是适应性主体在某种或多种毫不相关的简单规则的支配下的相互作用。主体间的相互作用是主体适应规则的表现，这种相互作用具有耦合性的前后关联，而且更多地充满了非线性作用，使得涌现的整体行为比各部分行为的总和更为复杂。在涌现生成过程中，尽管规则本身不会改变，然而规则所决定的事物却会变化，因而会存在大量的不断生成的结构和模式。这些永恒新奇的结构和模式，不仅具有动态性，还具有层次性，涌现能够在所生成的既有结构的基础上再生成具有更多组织层次的生成结构。也就是说，一种相对简单的涌现可以生成更高层次的涌现，涌现是复杂适应性系统层级结构间整体宏观的动态现象。

（2）协同演化

主体从它所得到的正反馈中加强其存在，也给其延续带来了改变的机会，它可以从一种多样性统一形式转变为另一种多样性统一形式，这个具体过程就是主体的演化。适应性主体不只是简单的演化，而且是协同演化。同样，所有系统都存在于其自身环境中，它们也是环境的一部分。因此，随着系统环境的变化，也需要改变，以更好地适应环境。但是，因为它们是环境的一部分，当它们发生变化时，也改变了它们的环境，并且因为环境已经改变，它们又需要再次改变。因此，协同演化是一个持续不断的过程。

有人总结了复杂进化系统与复杂适应性系统之间的区别。前者持续适应其周围的变化，但不从该变化过程中学习；后者从每个变化中学习和演化，并使其能够影响环境，更好地预测未来可能发生的变化，并为它们做好相应的准备。

（3）亚适量

一个复杂适应性系统不一定是完美的，它仍在其环境中不断茁壮成长着。它只要比它的竞争对手稍好，并且所用的能量比消耗的能量多一些即可。一个复杂适应性系统一旦达到足够好的状态，就会权衡每次增加的效能是否有利于达到更好的效果。

（4）必要的多样化

系统内的变化越大，系统就会越强大。事实上，在复杂适应性系统中矛盾和歧义比比皆是，复杂适应性系统利用冲突来创造新的可能性，才能与其所处环境协同演化。民主就是一个好的例证，民主的力量来自于它的宽容，甚至坚决捍卫政治观点的多样化。

（5）关联性

一个系统中的主体与另一个主体相互连接和关联，这样的方式对系统的生存至关重要，因为正是这些关联使结构得以形成和反馈得到传播。主体与主体之间的关系比主体本身更为重要。

（6）简单规则

复杂适应性系统其实并不复杂。涌现的结构虽然可能具有丰富的多样化，但是就像万花筒一样，控制系统功能的规则却非常简单。一个经典例子就是，世界上所有的水系、河流、湖泊、海洋、瀑布等与它们无限的美景、动力和变化都是由简单的规则所支配——水总会自然成为平面，水总是往低处流的。

（7）反馈循环

系统初始状态的微小变化通过几次涌现，称为反馈循环或叠代，反馈循环后能够表现出显著的影响，如，蝴蝶效应；又如，一个滚动的雪球每滚一圈就会比之前获得很多雪，很快一个拳头大小的雪球就会变成一个巨大的雪球。

（8）自组织

在一个复杂适应性系统中不存在命令和控制的层次。虽然没有计划和管理，但是有一个持续的再组织过程，以找到最佳去适应其环境。一个典型的例子是，如果有人把一个城镇中所有商店的食物加在一起，再除以镇上的人数，会发现食物大约够全镇两周的供应，但是，并没有人正式计划和管理过食物供给或控制过食物供应过程，而系统会持续通过涌现和反馈的过程进行自我组织。

（9）混沌边缘

复杂适应性系统具有将秩序和混沌融入某种特殊的平衡的能力，它的平衡点就是混沌状态的边缘。处在平衡态的系统不具备内在动力对其环境做出反应，会慢慢（或快速）死亡；处在混沌状态的系统则会中止成为系统的功能。即一个系统中的各种要素从来没有静止在某一个状态中，但也没有动荡到会解体的地步。因此，最具生产力的系统状态是处于混沌状态的边缘，具有最大的变革和创造力，会导致新的可能性。一方面，每个适应性主体为了有利于自己的存在和连续，都会稍稍加强一些与对手的相互配合，这样就能很好地根据其他主体的行动来调整自己，从而使整个系统在协同演化中向着混沌的边缘发展；另一方面，混沌的边缘远远不止是简单地介于完全有序系统与完全无序系统之间的区界，而是自我发展地进入特殊区界。在这个区界中，系统会产生涌现现象。

（10）嵌套系统

大多数系统是嵌套在其他系统中，并且许多系统都是小一些的系统组成的系统。如果我们仍用上面自组织中考虑食品店的例子，一个商店本身就是一个包括店员、顾客、供应商和邻居的系统，它还属于小镇或更大的国家的食品供应系统，也属于当地和全国零售系统和经济系统，甚至更多。因此，它是许多不同系统的一部分，大多数系统本身又是其他系统的一部分。

复杂适应性系统存在于我们周围，大部分事情我们可以理所当然地认为是复杂适应性系统，即使完全无视其理念的存在，在每个系统中都有主体及其行为存在，但这并不妨碍它们对系统的贡献。复杂适应性系统是我们思考周围世界的一种模式，而不是用来预测将会发生什么的模型。我们几乎可以用复杂适应性系统的理念观察任何情况下发生的事情，这为我们的乡村规划开辟了更多选择，也给我们更多选择和自由。

第3节　早期的规划系统论

20世纪60年代以来，各学科的交叉和横向的发展使规划成为一门高度综合的学科，出现了一大批系统规划思想，规划从过去的物质空间形态规划与设计发展到多学科的综合规划，以系统论的观点进行总体平衡，把物质建设规划与经济、社会、科技文化以及生态环境发展规划互相结合，并采取综合评价。在发展过程中，系统规划思想的发展与区域管理、服务和技术同步。同时，新技术革命、现代科学方法论以及电子计算机、模型化方法、数学方法、遥感技术等对区域规划与建设产生着日益显著的影响。

1. 早期系统规划思想

系统规划论是由麦克劳林（Brian McLoughlin）和查德威克（George Chadwick）提出的。麦克劳林在《系统方法在城市和区域规划中的运用》（1969年）中，详细研究了运用系统方法认识区域与环境、系统方法论的思想和具体方法以及在规划各阶段的运用。查德威克在《规划系统观》（1971年）中，将区域规划的循环过程更加空间化，他尤其强调目标表达问题的可量度形式，对方案评价更具操作性的方法。

图3–3生动地表达了20世纪60年代规划思想方面所发生的激烈变化。凯博著作的封面上，作者构思的一个城市中心设计图，表现了城市规划作为一项物质空间规划和设计活动。与凯博的观点大相径庭，麦克劳林著作封面上的图形比较抽象，代表了一个区域的构思，其中环形和三角形代表在特定地点的一些活动，如土地利用，而线条代表这些活动之间的联系，线条的不同精细代表相互间联系程度的强弱。总之，代表的区域形象是一个积极的、正在发挥功能作用的“系统”。因为麦克劳林认为，区域应被视为系统，一个由若干相互联系的部分构成的系统，规划则是区域功能运作的一项分析和控制活动，因此被称为“系统规划论”。

图3–3　凯博《城乡规划原理与实践》（1969年第四版）和麦克劳林《系统方法在城市与区域规划中的应用》（1969年）两本书的封面

当时，系统规划论将环境视为一个系统，把自然系统和人造系统（如区域）紧密地联系起来，强调理性的分析、结构的控制和系统的战略。如果通过事先了解可以对一个系统进行明智的控制，那么我们就可以将规划视为对一个区域进行系统分析和控制的一种形式。

早期系统规划论的核心是，区域是一个由不断变化的有联系的部分组成的复杂综合体。规划作为一种系统分析和控制的形式，它本身必然是动态的、变化的。规划师必须找到适合的办法，分类、预测这些变化，以便控制它们；规划寻求对个人和集体行为的规范和控制，达到坏效益的最小化，按照规划的总体目标和具体目标，促进良好物质环境的实现。

可见，这种将规划系统论的思想与方法集中体现了理性主义规划的思想。系统规划理论与后面的理性规划理论一起，标志了现代主义思想的高潮，这是在18世纪欧洲启蒙运动时形成的乐观主义浪潮的顶峰，他们相信使用科学和推理能促进人类社会的进步。相较之前的物质空间规划思想，系统规划方法论有以下五大特征：

（1）承认区域是复杂系统

规划先驱者格迪斯（Patrick Geddes）在20世纪初期就认为区域是一个功能整体，一个类似于生命有机体的整体，并依此倡导“调查—分析—规划编制”三段式规划思想，通过对现实状况的调查，分析土地利用的状况并对合理的土地利用关系进行预测，然后依据这些分析和预测，设计一个确定的规划方案，这一方案就是有关区域发展和土地利用模式希望的未来终极状态。但这些预测、分析在当时还不是以系统方法和客观标准为依据，更多是主观猜想，讲究规划师认识和意志的表达。而规划人员面临的现实要复杂而丰富得多，规划人员还是缺乏引导区域走向成功的正确认识和评价。

规划人员可以容易地分析得到区域的运行规律。规划人员可采用系统原理对规划对象实行控制和管理，即令事物发展遵循规划所制定的方向，控制偏离系统目标的变化维持在可允许的限度之内。这一原理强调过程，改变了以往某种终极状态为目标的规划方式要求不断观察以确定区域所处状态，并通过直接或间接的干预、控制、不断调节。

（2）区域被视为相互联系的系统整体

在系统规划论的视角下，一个区域都被看作是包含了许多不同，却相互联系、相互作用和相互依存的要素或部分，要素与要素间、部分与部分间以及部分与整体间存在着各种联系，即所谓的相关性。例如，不同土地利用活动通过交通运输或其他交流中介连接着系统，这一点容易理解。又如，就业与住房本属不同领域，但两者间也有一个联系：当就业水平提高时，住房需求也会相应提高；同样地，这也会对交通、零售和其他相关联的系统产生影响，这就是地理学上所谓的“涟漪效应”，系统的一部分发生改变，引起其他部分的牵连和反馈，甚至可能也会影响到发起人。

因此，系统规划要求规划师在区域规划中把规划对象作为整体，从部分和部分、整体和部分都存在相互依赖、相互制约的关系中揭示区域系统的特征和运动规律。规划前必须首先进行系统调查以了解区域是如何运行的，为系统定出目标，然后应用各种技术方法在动态中协调整体和部分的关系，使部分的功能服从整体最优的目标，然后对新发展可能对其他地区和活动产生的影响进行评估。这样的系统规划师还应接受经济地理学或社会科学方面的训练，从经济和社会方面来分析认识区域在空间上是怎样运行的。地理学上的“区位理论”应作为规划工作的基础理论。

（3）规划要适应区域结构和功能的变化

系统论要求规划师对任何规划对象的研究都必须从它的结构、功能以及各个部分的相互关系和历史发展等方面去进行全面联系性考察，准确把握规划对象在结构和功能上的变化规律，并提出对复杂的系统变化施加控制的手段，以此来实现区域规划过程的方法。

由于系统中存在竞争，追求效益—成本最大化是主体行为选择的标准。这种选择是主体的，不会也不可能考虑整个社会公众利益。这些行为各行其是，相互影响、汇集引起连续不断的回荡反应，使系统变迁，其结果既促进了区域发展，又造成了区域的问题。因此，规划过程就成为一种在系列目标指引下的对各主体行为的管理和控制，以减少其不利影响、发挥积极作用的持续过程。

根据需要，规划可能先为系统定出一个目标，然后应用各种技术方法在动态中协调整体和部分的关系，使部分的功能服从整体最优的目标。规划要建立总体目标，然后将其深化并建立起具体的操作性目标；按照实施要求为衡量标准来检验行动的选择过程和方案，并以目标来进行评价；在此基础上确定优先的行动方案并付诸实施；在实施的过程中，由于存在着大量的决策，这些决策会导致连续的变化，因此，必须按照控制论建立起来的机制对选出的方案和政策进行连续的小幅度修正，并进行阶段性的检测，及时修正所出现的偏差。

（4）规划是一个持续监测、分析和干预的过程

区域系统是动态和不断变化的，规划应坦然面对区域的这种动态变化，规划本身也不应被看作是静止的状态，而是动态的、变化的。规划应当对区域演变进行动态监测、分析和干预，并因此应当更具弹性和便于调整，规划要因势而动，规划的基础形式是关于描述区域在每一阶段是怎样演变（一般五年一次）。这些工具主要是一系列的图表、统计数据和文字，每五年一次地提出对原则性活动的处置。这些规划师对我们希望的动态系统所遵循的必要事件和轨迹的描述，形成由一个个状态连接而成的“轨迹”，对发展过程进行监测、分析和干预，而绝不是为一个区域的未来形态制定“一次性”总规。

这是一种管理程度高和关注控制的规划形式。规划者是“区域的舵手”。一旦一个模型发展形成一个规划的基础，那么它也能提供评估建议。评估建议的核心是搞清楚系统模型中投入（建议）和产出（预测影响）。需要注意的是，系统的动态和演化属性反映在“反馈”中，正如建议（如果支持或反对）需要考虑到的影响。但反馈并不会延伸系统模型本身，因为模型包含了固定的法则，它不会受变化的影响。

（5）规划视区域为相互关联的综合系统

系统规划论认为区域是各种相互关联又不断变动的部分的综合体，这些组成部分或作用因素包括地理、社会、政治、经济和文化等方面。也就是说，规划师应当从物质空间、经济和社会文化等多方面来考察区域，而不仅仅从物质空间和美学方面研究区域。区域规划也不再被认为是物质规划和设计的技术，而更多地涉及社会和经济的规划要求。

此外，早期系统规划论回应了对物质空间规划设计思想和实践的批判，与此同时，它也又响应了这一时期计量革命的发展。20 世纪 60 年代末期的英国，在战略规划层面上使用了抽象的、纯技术性的语言，来谈论数学建模、“优化”等议题，规划师也不再只是涉及物质空间规划和设计的技能。但在地方层面上，设计和美学技能继续发挥着中心作用，这造成理论与实践的分离。

2. 早期系统规划方法

区域为一种系统，可采用系统原理对其实行控制和管理，即令事物发展遵循规划所制定的方向，控制偏离系统目标的变化维持在可允许的限度之内。这一原理强调过程，改变了以往以某种终极状态为目标的规划方式，要求不断观察以确定区域所处状态，并通过直接或间接的干预、控制来不断调整规划。这一动态的过程可以用以下麦克劳林提出的系统规划过程模型来说明（图 3–4）。

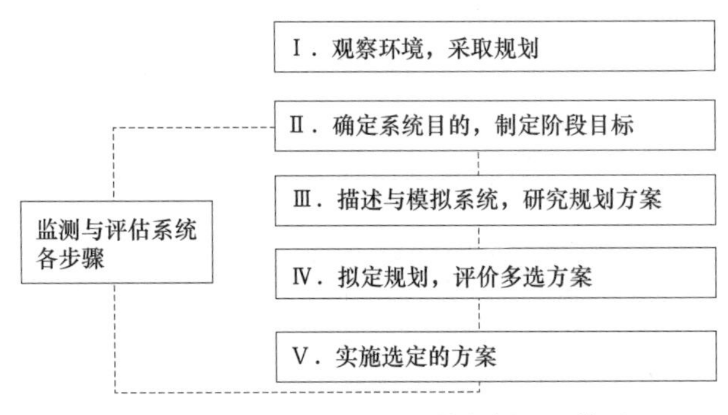

图 3–4 麦克劳林提出的系统规划过程模型

Ⅰ. 观察环境，采取规划

作为整个循环过程的入口。规划是根据政府管理的需要而提出的，弥补了其决策的不足。这也是社会长期发展演变的必然结果。

Ⅱ. 确定系统目的，制定阶段目标

麦克劳林以决策树结构对目标进行分级；将规划目标分为总体目标和详细具体目标两个层面，作为决策的依据。规划目标可以是定量的，也可以是定性的，但必须具体明确。

不同于个人决策，区域系统内各种社会和经济因素是相互关联影响的，规划追求社会的总体效益。规划者力求满足全部或大多数的规划目标，强调系统的综合性：即建设发展项目要与区域系统相一致，评价和衡量项目的成本—效益要以区域总体效益为基础。

在规划目标的制定过程中，由专业人员向决策者提出计划的目标，然后收集有关各方初步的政治反应后进行调整，经过若干次“提出目标—讨论—修正目标”的反复循环过程，最终达成协议，公之于众。

Ⅲ. 描述与模拟系统

描述系统就是通过调查来描述系统的变化状态。根据规划空间及其区位特性，描述包括两方面的内容：即行动的空间布置和交通的联系。

以时间为单位组织所有相关信息，构成一组变量（向量），用以描述所有时间段内的系统状态，还要说明系统随时间变化的过程或轨迹。

模拟系统是指借助预测技术来展现系统变化趋势，制定规划的过程。区域作为一个系统，人们的行为相互关联但又自发随机，所以规划是依据描述性信息，分析其概率性因果关系，提出相应预测结果。预测也具有概率变化的特点，要以某种变化幅度来表示结果。规划是一个连续的制订过程，描述和预测之所以能相联接，是基于一个通用的时间单位，即预测时段来完成。

Ⅳ. 拟定规划，评价多选方案

拟定规划就是根据规划目标，在所预测或模拟的各种未来系统状态中选择最理想的状态。既有选择，就要提供多种可能：规划师通过改变模拟条件，从政府领导和个人响应两方面来得到区域系统的不同发展轨迹，提供多个供选方案。其核心是确定系统状态的发展变化轨迹。

比较选择多种方案是一个复杂的社会和政治过程，规划师既难以明确界定测评所需的社会成本和效益，也难以权衡参与选择的社会群体之间的价值关系。麦氏提出方案评定的总原则：综合评价各个方案达到所有既定规划目标的程度，这时，规划目标是作为判断系统运转状况的指标体系。

Ⅴ. 实施选定的方案，并对其进行调整

规划的实施过程是一种引导式的控制管理过程。依控制论原理，按照统一的时段和变量指标，在保证可比性的前提下，采用变量（指标）对规划目标要求和规划的实施过程和结果进行比较评价，对实施过程和实施结果进行系统控制（过程的监测与阶段性评估），这样的规划控制才能有效，使系统的实际发展过程与规划的发展过程尽可能吻合。如果评估结果证实系统的发展已严重偏离计划轨迹，有两种应对策略：一是直接采取措施调整系统发展；二是需要对原来的规划目标重新加以审议，即开始新的循环。这样，规划就形成一个连续的循环回路。

后来，查德威克和威尔森（Alan Wilson）也分别对系统规划方法进行了发展，提出了各自的模型。总之，系统规划方法论深刻地影响了后来的规划思维方式。规划从原来以“试错”的方法为基础，向依靠分析和综合的科学方法以及逻辑过程的思维方法发展。同时，建立在系统方法基础上的技术手段更加强调理性的运用，形成了后来所称的“理性过程规划”。

在具体规划实践中，系统规划方法论运用大量的模型来开展工作。系统规划论认为，只要我们有足够的理解能力和计算能力，就能对区域建模。如是，建构的模型基于区域是一个“封闭系统”，这样能够比较简单地理解正在变化发展的区域，这一点仍是还原论的思维方式。该理论要求规划师有一定的数学基础，规划部门要有计算机等设备。

1）加大信息与方法的投入

系统规划论出现以前，规划一般是通过直觉和预感来超越这样的复杂性，然而这并不能满足处理区域复杂性的需要。系统规划论认为，规划人员要改变区域建模的方式，首先是提高信息量和方法的投入，如计划和预测，尤其是因果关系调查，有助于发展更加精准而可靠的模型。因此，只掌握人口增长的简单趋势是不够的，还需要知道出生率和死亡率以及人口健康状况、富裕程度、迁徙过程等。

2）做出多种预测，并通过建模将其结合进规划

早期系统规划方法引入控制论思想，而控制论方法主要依赖一些数学模型。规划模型的建立可以说明一些问题和趋势，有助于规划师把握区域的复杂性。任何复杂系统建模的第一步都是对不同的发展条件和情景进行观察、分析、认知和预测，然后针对不同的情景建立模型。这可能会使一种假设引起一系列随时间的合理后果，例如：行人专用通道的建设可能使得零售业和房租水平提高，但也可能引起某些地段的拥挤。可见，原因与后果间的简单关系式并不充分。因此，一个定量的数学模型不仅要能预测，还要能应对一些定性的问题。例如，如果 x 有 1 个变化，可能会引起 y 有 5 种后果。怎样通过数学模型来应对这些定性问题？可见，虽然大部分数学模型本身用处并不大，但是，早期系统规划论确实是强调要遵循这些数学模型的逻辑的。

3）选择那些条件最佳、能计划并模拟未来状况的系统

这是规划师如何从众多模型中选择可以实施的那一个的方式，也就是说，从实用主义观点出发，规划师通过可用的资源（如人力和时间）的组合和联系，模拟出客观上最优化的方案来实现规划。如果客观现实要追求经济增长的最大化，那么就用一定的标准（如经济增长率）来检验各种方法或模型，看它们是否是获得更快增长率的途径，如提高通信水平，为工业增长分配充分的土地等措施。

4）规划选择本身

在早期系统规划方法中，规划选择的方法有很多。就像不同模型的发展，其指导原则是“每个规划怎样来适应规划对象实际的客观状况”，这作为评价规划选择适宜性的方法。该方法对规划的评价通常有三种方法：投入—产业分析、规划平衡表分析和目标达成分析。

3. 早期系统规划论评价

早期的系统规划论在规划实践中有许多问题，规划人员不仅要建立模型，还要负担起把握客观现实和规划目标的责任。随着系统论思想的发展，早期的系统规划论在后来受到一些批评：

1）区域不是线性封闭的系统

系统规划论留给我们一个感觉，那就是如果提供足够的运算能力，区域就能被建模。然而，系统思维本是一种复杂的科学研究结构，是模拟实际事物的模型，而非事物本身。所以必须考虑到其客观制约性和系统属性的复杂程度。

系统是动态的，通过竞争行为而发生改变，这种竞争行为包括有些人采用优化方式（如，尝试投入更多钱，更快地去工作，搬到更大的房子等）。但是，以上这些行为可能会对其他主体和系统内的关系产生影响。如果我们决定建一个超市，它还会对购物模式、交通流向产生影响。系统有适应、转换和演变的能力。大量的个人和群体作出决策，但有时决策后果要由其他人承担。

系统论强调世界是复杂的，为了能管理这些变化，规划师必须找到合理的方法去分类和预测这些决策。有时行动上会有一些约束，例如，我们可能负担不起搬到我们喜欢的地方去，这就是市场约束，就是说我们的需求必须是有效的；法律和社会约束也增加了未来的需求，我们还不得不在社会规则和准则范围内开展行动。

地理学与规划学科有很多共同点，都是试图去模拟复杂的、相互联系的系统，随着计算机技术的发展，都更加强定量化分析。地理学家一直在努力为区域建立模型，而从复杂系统的角度，目前那些区域模型普遍缺乏复杂性。

实际上，要构建真正的复杂系统模型，只是从现实中提取一些简单要素是不可能实现的。后来研究人员增加更多的系统维度，尝试建立更为复杂的系统模型。建立基于实验室式“封闭系统”的小型模型容易，而对一个变化发展的区域建模谈何容易！后来有人尝试建立将离散“封闭系统”模型转换为更易反馈和演进的整体模型，结果并不成功。正如麦克劳林指出的：“我们不可能建立这样的模型，这对我们来说太复杂了”。

因此，区域的复杂性使区域系统很难归结为几个简单的数学模型；即便有大数据技术以后可能会有这样的模型，也难以得到充分的原始数据来充实。规划过程的严密和规划工作的繁琐相伴而生，许多区域信息既不能收集，也不具可比性。如果一味追求这种方法，很可能使我们陷入数据的海洋而毫无头绪。

系统科学发展到今天，麦克劳林最初以线性、可预测的行为为基础的概念被认为过于“简单”，而复杂理论则更多关注不合常规的行为。这并不意味着我们不必“计划”和建模，而是说我们不能将区域简化为简单公式，要以一种温和、有联系的方式，去认识人类行为的整体。换句话说，我们更不能过多寄希望于哪天我们的计算能力足以为区域建立完善的模型。

2）“科学”规划是一个海市蜃楼

科学和规划是非常不同的事业，科学家寻求对事物的观察、描述和解释，规划师正相反，他们的意图是改变他们面对的一切（这一点将在第 4 章中详细解释）。

3）价值观的不唯一性

在规划的两个环节中存在这样的价值观取舍：首先，建构起一定的规划框架并开始信息搜集时，如何评判各种信息的属性和价值；其次，多方案产生后，如何进行各方利益的排序、权衡与取舍。

规划师能考虑的范围是有限的，即使考虑完全，依然会存在很多利益相近、难以判定的决策依据。系统方法容易使规划过程中存在一个或多个“权威群体”来制定目标，并保证系统的运行。这种自上而下的规划过程无法保证社会的平等与公正，在这种理性计算和比较中，极有可能放弃某些利益群体尤其是弱势群体的利益。

4）规划师和决策者的局限性

规划师是否有能力分析预测区域这个复杂且不断变化的系统尚待讨论，决策者的立场和观点也很可疑。麦克劳林后来也坦承：规划不只是一系列理性的过程，在某种程度上不可避免地是特定政治、经济和社会历史背景的产物。缺乏各利益相关方的共同参与，由少数人决定的规划过程一定是不完整的。

在技术理性规划中，规划师仅以技术专家的身份引导决策；而决策者或是代表某种经济利益，或是代表某种政治利益。规划师虽然在规划过程中努力保持价值中立，极力使规划过程成为不受任何群体利益所影响的纯技术决策过程；但同时又将公平合理的理想寄托于政府的决策，即政府运用权力来进行社会调和。这是技术理性的意义与局限，也是系统规划论的局限。

对系统规划存在上述的质疑，这时可能有人会问，是否我们就不需要在规划中进行建模和预测呢？在当今的规划中，尝试建模和预测，确实仍是规划的一部分，如果将早期的系统规划方法作为一种规划工具，仍具有很大的意义。

虽然系统规划论在关注规划的手段与目的上存在混乱，但区域作为复杂系统是毋庸置疑的，它对我们理解区域是怎样运作有一定帮助。在这里我们可以看到，规划决策的影响，不是简单的局部和物质的，人们需要达成一个共识，那就是作为系统的区域，不是通过一种途径来规划系统间各种各样的必然联系。例如，公众参与在系统论中应扮演一定的角色。规划的目标需要通过一个“专家和政治家”间的沟通对话来阐述。

很大程度上“以规划师为中心的”系统论，代替了大量注重抽象和技术作用中的专家观点。在这个过程中，通过分析交通堵塞问题需要更多道路，质量有问题的房屋需要整体出售清空，然后竖起商业大楼，就会得出目标。在这一方面，它同后面的理性过程规划理论，同样遭到了质疑。

正如后来法卢迪（1973年）指出的，麦克劳林以这些原因，评论他的系统工作：“20世纪60年代末提出的系统论方法：专业研究、数学模型和控制论，为官僚体制的专业和它的学术性提供了一个很好的理由。”然而，虽然法卢迪等人拒绝系统规划论，认为系统规划论是不成功的，但是系统论观点，尤其是自然和人类社会中复杂的系统论，在20世纪80年代晚期又被重新应用。面对模型在理解和预测自然和人类社会复杂行为的无能为力，又引入社会学的概念来表明系统中涉及的复杂内容。

从规划方法论的发展趋势看，尤其是在乐观的时代，在实践中如果能与消除利益相关者间冲突，以合作或沟通的方式来开展规划的话，早期的系统规划论思想与方法仍将扮演重要角色。

第 4 节 新系统规划论

人类社会是一类以人的行为为主导、自然环境为依托、资源流动为命脉、社会体制为经络的人工生态系统。由于快速增长的人类需求驱动，导致一些严重的生态问题。现在，科学家和政策制定者们都认识到，将人类在自然与社会等两个科学领域对自然与人类影响的认识综合在一起有多么重要，从此，多种耦合人类社会与自然生态系统的概念框架逐渐涌现。

人类的自然科学知识很多都属于生物科学领域。生态学早已从生物科学中独立出来，并与数学、物理学、化学、地理学、大气科学和系统科学等自然科学紧密结合。不仅如此，生态学的发展早已突破了单纯自然科学的界限，强烈地与社会科学相互渗透和结合，建立了自然科学与社会科学的联盟。从科学管理体制上打破了立于自然科学和社会科学间的屏障，消除了科学家与社会科学工作者间的鸿沟，使他们能够共同面临生态环境问题为中心的城乡新挑战。国内外对“社会生态系统”的理解就是在这样的背景下出现的。

不管人们如何称谓社会生态系统，它们都是指人类社会、经济活动和自然条件共同组合而成的生态功能统一体，是有关人类与生态系统发展与演化的系统理论。最早出现的社会生态系统思想是由马世骏于 11 世纪 80 年代初提出，然后由王如松、欧阳志云等发展起来的社会—经济—自然复合生态系统思想，是近三十多年来国内外对城乡与区域规划影响最为深刻的新系统规划论。

无论对自然科学还是社会科学，社会生态系统都是新的研究领域；同时，社会生态系统更是从各种自然科学和社会科学中迅速获益，对理解区域（如乡村）自然系统与人类系统之间的过程及复杂相互作用的综合科学框架越来越清晰。

马世骏和王如松从我国几千年人类生态哲学中汲取营养，对社会生态系统的内涵研究最为透彻。在总结了整体、协调、循环、自生为核心的生态控制论原理的基础上，提出了社会—经济—自然复合生态系统的理论，指出可持续发展问题的实质是以人为主体的生命与其环境之间的协调发展，共同构成社会—经济—自然复合生态系统。他们认为，人类社会是一类以自然生态系统为基础，人类行为为主导，物质、能量、信息、资金等经济流为命脉的复合生态系统。

马世骏把复合生态系统中各子系统的结构耦合关系描述为，（1）自然子系统：由土（土壤、土地和景观）、金（矿物质和营养物）、火（能和光、大气和气候）、水（水资源和水环境）、木（植物、动物和微生物）等五行相生相克的基本关系所组成，为生物地球化学循环过程和以太阳能为基础的能量转换过程所主导。（2）经济子系统：由生产者、流通者、消费者、还原者和调控者等五类功能实体间相辅相成的基本关系耦合而成，由商品流和价值流所主导。（3）社会子系统：由社会的知识网、体制网和文化网等三类功能网络间错综复杂的系统关系所组成，由体制网和信息流所主导。

三个子系统间通过生态流、生态场在一定的时空尺度上耦合，形成一定的生态格局和生态秩序。复合生态系统内部各要素之间、各部分之间的相互作用是通过物流、能流、价值流和信息流的形式实现的。后经王如松进一步发展，形成完整的复合生态系统理论（如图3–5）。

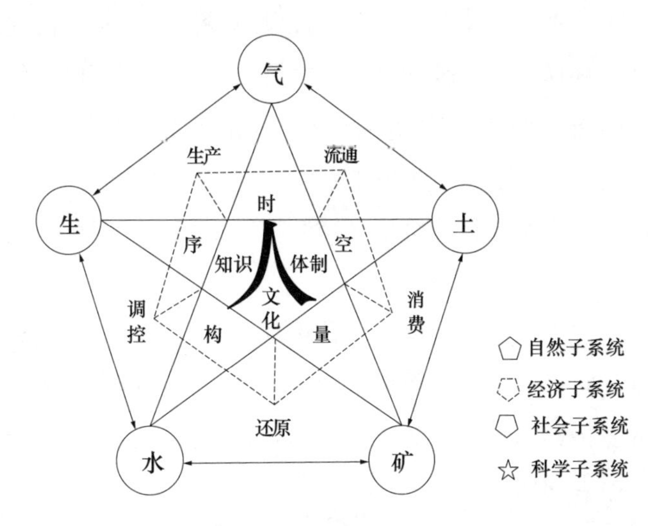

（引自：王如松和欧阳志云，2012）
图3–5　社会—经济—自然复合生态系统关系研究示意图

可持续发展是作为人类共同理想而提出的，其实质是解决以人为主体的生命与其环境间相互关系的协调发展问题。王如松将环境分为：人的栖息劳作环境（包括地理环境、生物环境、构筑设施环境）、区域生态环境（包括原材料供给的源、产品和废弃物消纳的汇及缓冲调节的库）及社会文化环境（包括体制、组织、文化、技术等）。这三类环境与作为主体的人一起组成社会—经济—自然复合生态系统。这一系统具有生产、生活、供给、接纳、控制和缓冲功能，构成错综复杂的人类生态关系。包括人与自然之间的促进、抑制、适应、改造关系；人对资源的开发、利用、储存、扬弃关系，以及人类生产和生活活动中的竞争、共生、隶属、乘补关系。发展问题的实质就是复合生态系统的功能代谢、结构耦合及控制行为的失调。

复合生态系统演替的动力学机制来源于自然力和社会力两种作用力。自然力的源泉是各种形式的太阳能，它们流经系统的结果导致各种物理、化学、生物过程和自然变迁，特别是从主体、种群、群落到生态系统等不同层次生物组织的系统变化；社会力的源泉包括：经济杠杆——资金；社会杠杆——权力；文化杠杆——精神。资金刺激竞争，权力推动共生，而精神孕育自生。三者相辅相成构成社会系统的原动力。自然力和社会力的耦合控制导致不同层次复合生态系统特殊的运动规律。

复合生态系统的行为遵循八条生态控制论规律。八条生态控制论原理：开拓适应原理、竞争共生原理、连锁反馈原理、乘补协同原理、循环再生原理、多样性主导性原理、生态发育原理、最小风险原理。以上原理可以归结为三类：对有效资源及可利用的生态位的竞争或效率原则；人与自然之间、不同人类活动间以及主体与整体间的共生或公平性原则；通过循环再生与自组织行为维持系统结构、功能和过程稳定性的自生或生命力原则。

竞争是促进生态系统演化的一种正反馈机制，在社会发展中就是市场经济机制。它强调发展的效率、力度和速度，强调资源的合理利用、潜力的充分发挥，倡导优胜劣汰，鼓励开拓进取。竞争是社会进化过程中的一种生命力和催化剂。

共生是维持生态系统稳定的一种负反馈机制。它强调发展的整体性、平稳性与和谐性，注意协调局部利益和整体利益、眼前利益和长远利益、经济建设与环境保护、物质文明和精神文明间的相互关系，强调体制、法规和规划的权威性，倡导合作共生，鼓励协同进化。共生是社会冲突的一种缓冲力和磨合剂。

自生是生物的生存本能，是生态系统应对环境变化的一种自我调节能力。中华民族就形成了一套鲜为人知的“观乎天文以察时变，观乎人文以化成天下”的人类生态思想。我国社会正是靠着这些天时、地利与人和关系的正确认识，靠着阴阳消长、五行相通、风水谐和、中庸辩证以及修身养性自我调节的生态观，维持着相对稳定的生态关系和社会结构，使中华民族能得以自我维持、延绵至今。自生的基础是生态系统的承载能力、服务功能和可持续程度，而其动力则是天人合一的生态文化。

竞争、共生和自生机制的完美结合，应该成为我国国情条件下的可持续发展的特色。

该理论的核心在于生态综合，相对传统系统分析方法，其特征在于：将整体论与还原论、定量分析与定性分析、理性与悟性、客观评价与主观感受、纵向的链式调控与横向的网状协调、内禀的竞争潜力和系统的共生能力、硬方法与软方法相结合。强调：物质、能量和信息关系的综合，竞争、共生和自生能力的综合，生产、消费与还原功能的协调，社会、经济与环境目标的耦合，时、空、量、构与序的统筹，科学、哲学与工程学方法的“联姻”。

对社会生态系统的管理就是要运用系统工程的手段和生态学原理去探讨这类系统的动力学机制和控制论方法，协调人与自然、经济与环境、局部与整体间在时间、空间、数量、结构、序理上复杂的系统耦合关系，促进物质、能量、信息的高效利用，技术和自然的充分融合，人的创造力和生产力得到最大限度的发挥，生态系统功能和居民身心健康得到最大限度的保护，经济、自然和社会得以持续、健康的发展。

复合生态系统由相互制约的三个系统构成，因此，衡量此系统的标准，首先看它是否具有明显的整体观点，把三个系统作为亚系统来处理。这就要求：

（1）社会科学和自然科学各个领域的学者打破学科界限，紧密配合，协同作战。未来的系统生态学家，应是既熟悉自然科学，又接受社会科学训练的多面手。

（2）着眼于系统组分间关系的综合，而非组分细节的分析；重在探索系统的功能、趋势，而不仅在其数量的增长。

（3）冲出传统的因果链关系和单目标决策办法的约束，进行多目标、多属性的决策分析。

（4）针对系统中大量存在的不确定性因素，以及完备数据取得的艰巨性，需要突破决定性数学及统计数学的传统方法，采用宏观微观相结合，确定性与模糊性相结合的方法开展研究。

一般说来，复合生态系统的研究是一个多维决策过程，是对系统组织性、相关性、有序性、目的性的综合评判、规划和协调。其目标集是由三个亚系统的指标结合衡量的，即：

（1）自然系统是否合理看其是否合乎自然界物质循环不已、相互补偿的规律，能否达到自然资源供给永续不断，以及人类生活与工作环境是否适宜与稳定；

（2）经济系统是否有利看其是消耗抑或发展，是亏损抑或盈利，是平衡发展抑或失调，是否达到预定的效益；

（3）社会系统是否有效考虑各种社会职能机构的社会效益，看其是否行之有效，并有利于全社会的繁荣昌盛。从现有的物质条件（包括短期内可发掘的潜力）、科学技术水平，以及社会的需求进行衡量，看政策、管理、社会公益、道德风尚是否为社会所满意。

在可持续发展的要求和生态文明建设的新形势下，从新系统规划论的角度，乡村发展方式的转变就是要对乡村的社会生态系统进行有效的管理。正如王如松院士指出的，“就是要在倡导一种将决策方式从线性思维转向系统思维，生产方式从链式产业转向生态产业，生活方式从物质文明转向生态文明，思维方式从个体人转向生态人的方法论转型。”通过对乡村社会生态系统的规划与管理，将单一的生物环节、物理环节、经济环节和社会环节组装成一个有强生命力的乡村社会生态系统，从技术革新、体制改革和行为诱导入手，调节乡村系统的主导性与多样性、开放性与自主性、灵活性与稳定性，使生态学的竞争、共生、再生和自生原理得到充分的体现，资源得以高效利用，人与自然高度和谐。

第 4 章　理性规划范式（一）

一个范式就是一种理论体系，是从事某一科学研究群体（科学共同体）所共同遵从的世界观和行为方式。第 4 章和第 5 章将深入分析几个重要西方规划范式及其主要观点，以期厘清长期困扰乡村规划实践工作者如何进行规划思维的问题。

第 1 节　完全理性规划论

几十年来，工具理性（完全理性）、有限理性和沟通理性以及各种或左或右的社会思潮对规划理论界产生过深远影响。本章从澄清三种理性的内涵入手，首先介绍了基于完全理性的规划论；接着分析了四种规划范式对完全理性规划论的质疑和改造，分别新左翼、新右翼、倡导式和渐进式规划论说明规划范式转换的图景；并介绍了规划界一直秉持的实用主义规划观。加之第 5 章介绍的沟通式规划论，旨在为乡村规划师提供更多的规划视角和价值取向，将乡村规划中必然要面对的村民参与、乡村治理以及多元发展理念及其方法介绍给同行们。

理性思想是欧陆近现代文化传统，它代表着人的自觉、自信与解放，不再依靠上帝。理性思想发展出三个分支：完全理性、有限理性与沟通理性。工具理性关心现实利益，是在目的、手段、后果之间的权衡计算，其原则是趋利避害，其特点是冷静、独立，不受情绪、传统与他人的影响。我们把基于这种工具理性观点的规划论称为完全理性规划模型。有人之所以认为完全理性规划是一种理性行为，就是因为它在目的上或者说在手段上是理性的，即行动者是使用经过理性计算的手段来实现预期的目的，这是其合理性的方面。还因为其简明性及逻辑性，因此一度成为西方介绍最广泛的规划理论范式。其基本出发点是：相信规划师有足够的技术能力去预测和管理未来，规划师作为技术专家可以控制未来的发展，而且规划师有合法的理性代表社会公正来控制管理未来。

然而，完全理性规划论没有认识到，关于适宜环境构成要素的判断其实是一个价值判断，而不是纯粹的技术理性行为。正是由于该规划范式缺乏对规划价值内涵以及由此带来的制度化属性的认识不够，受到了来自多方的质疑和批判。

第 2 节 新左翼规划论

西方规划界对完全理性规划论的反思，开始于他们将马克思主义传统用于规划，对规划官僚职业化的正统性提出了挑战。他们普遍认为完全理性规划论在内容上空洞无物，忽视规划的阶级内涵和民主职能，无助于实现普遍的公共价值和社会公正。其主要观点有：规划实质上用于调和资本主义中各阶级的利益，规划的目标和作用在于消除各类容易激化的社会和群体冲突，和由于对空间资源的垄断所产生的地理竞争。规划是物质、政治、经济活动的综合体，规划不仅用于外在物质生产环境的规范化和合理化，也用于维系不断发展的社会关系形态；规划反映了资本主义社会的矛盾本质，服务于资本主义的再生产。国家可以定义为“大规划者”，规划是一种国家干预形式和意识形态，规划在社会调节中有必要性和良性结果。规划作为社会调节手段服务于两个重要目的：在意识形态层面促进资产阶级整体利益的合理化与合法化；在政治层面服务于调节和组织统治阶级的利益与被统治阶级的压力和要求之间的关系。

这一规划理论对规划师作用的分析十分振奋人心。规划师服务于城乡发展领域中资本利益的归属、组织和合理化，在资本和国家之间提供了一个至关重要的调解联系，但并不是说规划师已经成为资本的直接代理人，要具体分辨规划者服务于资本利益的方式，规划师普遍半独立于资本的直接控制，这使得他们能服务于更广泛的社会利益，要履行社会赋予规划师“失误的纠正者”、“不平衡的改变者”和“社会利益的维护者”的角色。因此，规划师并不只是现状的捍卫者，他们可以通过一定的主观努力去改造社会，他们要做一个“反省式的实践者”，而不仅是流于资本主义国家的附庸或资本主义的对立面和反对者。可见，西方新左翼学者认为规划属于上层建筑，但规划也并不是简单地服务于资本利益，还必然要服从于民主社会的总体格局。

第 3 节 新右翼规划论

新右翼的宗旨在于重新界定关于国家、市场与政治体制之间的关系。

新右翼理论家们都同意需要某种形式来干预（土地）市场，但对于干预机制所实现的目的有两种截然不同的看法，其中一种倾向是强调市场价值的新自由主义，另一种倾向是强调社会秩序的新保守主义，而两者又有相互联系的契合点。

自由主义新右翼规划观认为：规划要运用市场及其价值规律，应促进市场成为发展和繁荣的动力；规划处于被动从属地位，干预在有限的范围之内，尤其应该只在地方层面开展。而新保守主义的规划规则更加强调政治，经济处于从属地位。在新保守主义看来，社会是一个综合协调的有机整体，因此要强调社会的秩序，强调政府的干预，这是为了修正自由市场的缺陷。在规划上，二者都赞成对土地利用要有“一些”控制在，都确信控制应该集中、直接并适应市场，而不是妨碍市场。

新右翼观下出现过一些对规划理论有影响的理论,如: 公共选择理论、环境经济学、规制理论和政体理论等。

第 4 节 倡导规划论

倡导规划论被完整地称为多元与倡导规划论，是相对于规划的主体只有政府规划部门一方的“一元规划”而言的。倡导规划论认为，规划制定过程就如同法律仲裁的过程，规划师不是中立立场的法官，而是某个社会群体的律师。首先，不同的利益相关群体准备各自的规划方案，各自聘请自己的规划师，由专业规划师制定规划；然后，利益群体通过这些规划文本和图纸，参与辩论或者谈判；规划师完成类似法庭上交叉询问的任务；最后，公共规划仲裁机构担当类似法院的角色，来决定最终的规划方案。倡导式规划师服务于各自独立的个人或群体，但他们有着共同的职业道德和行规（不是价值观）。可见，在倡导式规划中，规划应有公开的程序、公平的告知与公听的要求；倡导式规划师为其代表的立场辩护，为专业与政治作协调。

第 5 节 渐进式规划论

有限理性论者称“工具理性”为“完全理性”。政府从来没有拥有也不可能拥有“完全”的权力，随心所欲地设定和推行公共政策；而实际上，政府从来只是对“有限”的政策选择进行“有限”的分析，并且从来不能肯定“有限”的选择已经包括了最佳的解决办法。

渐进式规划论，是一种在不同利益群体间商讨规划问题、寻求折衷方法的规划决策范式。他们认为，人的知识是有限的，人们无法完全了解和掌握信息。这种有限理性的前提假设，是渐进决策理论的基础。规划决策要兼顾社会互动与科学分析，政策形成要考虑各利益相关群体的意见，并依赖他们之间的妥协和调和来解决问题，其结果可能会落在各方的共同基础（即共识）上，然后再做局部的调整，这种以小幅调整来适应现实政治的模式，称为渐进式决策模型。即：每一个参与社会互动的人都是决策者；经由社会互动达成共识；决策如果要为大多数人所接受，则必须立于社会共识的基础上。因此，民主精神的含义在于参与、互动、讨论与共识。

第 6 节 实用主义规划论

实用主义是美国精神的一种哲学理论概括，反映了美国社会求实进取，崇尚科学与民主的精神。实用主义强调以人的价值为中心，以实用、效果为真理标准，以实践、行为为本位走向，倡导教育与社会联系等，其根本纲领是：把确定信念作为出发点，把采取行动当作主要手段，把获得实际效果当作最高目的。实用主义一直是解决规划实际问题的实用方法的一部分。

实用主义规划论在美国是占主导地位的规划哲学，规划师奉行“成事”的办法，反映出在自由民主体制对于现实与“常识性”解决方案的关心，具体问题、具体分析、采取具体措施。它在英国作为规划的主导主题也是“行动”和“成事”。实用主义以关注规划实践著名，并对在规划实践中的微观政治感兴趣，可见这种规划并不寻求揭示真实，注重选择和各种偶然性，是为我们所理解的实用性目标而服务。

实用主义要求规划师要预知困难、及时反应和高效率；对事情的促成要大于对事情的否定。因此，这样的规划要立足于沟通，在这种规划中，规划师扮演的是看门人的角色，应从多种可能性中去做出规划的选择。

在城镇化的大背景下，中国乡村振兴面临着各种压力，其产权制度与公共利益、政府政策与市场机制、公众参与与规划效能等的关系成为乡村规划不得不面对的问题。如何迎接乡村振兴的历史机遇，建立中国本土化的乡村规划体系，须借鉴西方的一些规划理论与方法。

当然，西方规划理论的起源与背景和我们不同，他们是在私有土地产权制度下如何解决市场机制引发的发展矛盾，其规划理论所关注的是如何制约私有的土地产权，发挥政府在发展中的作用以形成有序的空间秩序。乡村规划的本质是在特定社会条件下，应对当时当地社会需求做出某些制度安排。而西方规划理论中有许多探讨关于市场、政府与公民三大基本力量，讨论它们的矛盾运动与规划理论的演进特点，这在中国现在或今后一段时期内都有重要启示。为此，本章与下一章一起，将介绍系统规划论后西方出现的几种重要的规划范式。

范式（Paradigm）是库恩（1962年）提出并系统阐述的。从本质上讲，范式是一种理论体系，是从事某一科学研究群体（科学共同体）所共同遵从的世界观和行为方式，它包括三个方面的内容：共同的基本理论观念和方法、共同的信念、某种自然观，换言之，某一个科学群体是由享有共同范式的个体组成。科学家们自觉不自觉地依循范式来定义和研究问题，并寻求其答案。范式不但为科学提供了研究路线图，而且还对如何来制作这些图起着重要指导意义。

伴随着对已有范式认识的深化，新的概念、理论和研究方法会不断出现。一个稳定的范式如果不能提供解决问题的适当方式，它就会变弱，从而出现范式转换（Paradigm Shift）。范式转换就是新的概念传统，是解释中的激进改变，科学据此对某一知识和活动领域采取全新的和变化了的视角。因此，范式转换是科学进步的动力，也是其必然产物。当一个新范式萌生时，其内容、成分及理论体系一时尚不易清晰可识；而往往是以“轮廓”的形式出现，其发展和充实则有赖于那些能够充分吸引科学群体、对现有知识及未来发展的高度概括和综合。

“范式”和“理论”的界线有时是相对的，从而导致两词在某些时候可替换使用。按既定的用法，范式就是一种公认的模型或模式（Pattern）。简单地说，模式就是解决某一类问题的方法论，即把解决某类问题的方法总结归纳到理论高度，那就是模式。通常把模式定义为：每个模式都描述了一个在我们的环境中不断出现的问题，然后描述了该问题的解决方案的核心。通过这种方式，我们可以无数次地使用那些已有的解决方案，无需在重复相同的工作。模式有不同的领域，如规划领域有规划模式，工程设计领域有设计模式。当一个领域逐渐成熟的时候，自然会出现很多模式。

市场机制配置资源、政府对市场的干预、公众对基本权利的追求构成了区域发展的三股基本力量。这些区域发展的力量的此消彼长造就了不同的社会发展背景，与此时的学术思想一起提供了当时规划范式生长的土壤。规划范式就是以空间规划和土地利用为内容，由市场、政府与公众的相互关系的运动引发的理性分析、价值判断为方法，而形成的“科学共同体”。规划的范式转换即为基于市场、政府与公众三者相互关系变化而引发的关于规划的观念的重新组合。

欧门汀葛尔（Allmendinger）的《规划理论》（2002 年）专著的出版，几乎涵盖二战后西方影响深远的几种规划范式。本书主要参考他的思想脉络展开介绍西方几个重要的规划范式，基本上按照 3 个层面来介绍：范式产生的条件、研究主体和范式的批判。除了上一章介绍的物质空间论、系统论，以及下一章要介绍的沟通理性论外，本章主要介绍完全理性、新左翼、新右翼、实用主义、倡导式和渐进式等几种重要的西方规划理论范式，以期我们对西方规划论的范式转换过程有一个图景式的了解。

第 1 节　完全理性规划论

1. 规划中的理性思想

现代主义思想萌芽于 18 世纪的西方启蒙时代，启蒙运动与理性主义思想紧密相连，理性原则不仅贯穿着社会组织的原则，也驾驭着思维方式。除了理性主义以外，经验主义、科学、普遍主义、进步思想、个人主义、宽容、自由、人性的均一和现世主义等原则都可用来提高人类自身的状况，它们是现代性原则得以建立的基石。

西方现代意义上的规划诞生在现代主义思想的基础上，其核心之一是包含在现代性原则中的理性主义思想。规划是彻头彻尾的现代性，通过积极方式处理问题和解决矛盾，当然，规划恰恰是在有目的的理性这一意义上做出了解答。理性主义思想贯穿现代规划理论与方法论发展的始终，并一度在规划理论与实践中压倒其他哲学思想占据绝对优势，“理性”规划在相当长一段时间内是作为“标准规划模型”而存在的。无论是否支持规划，最终总要回归到同一主题：即规划是否是，以及在多大程度上可以是“理性”的。

“理性”在欧陆文化传统里是一个最重要的意义核心。“理性”最早可以追溯到古希腊时代，即追求真理和认识真理的方法需要“合乎理性的思考和行动”。在十五世纪文艺复兴时期，“理性”作为文化上的主诉求开始萌芽，并逐渐取代了以旧基督教“信仰”与教团生活为核心的欧陆中古文明。“理性”代表着人的自觉、自信与解放，不再依靠上帝来赎罪，开始找到人自己的尊严与优越性。直到现代，“理性”一词本身变化并不大，只是其内涵随时代精神的变化而发生波动。

古典理性表现为一种绝对理性，相信通过哲学推理，人的理性能够解答最根本的哲学问题，其典范是数学和演绎逻辑。到了启蒙时代，则是更多靠人类自身的力量去寻求真理，认为观察和理性可以同时使用，理性的解析从单纯的唯理论走向了唯理论与经验论的综合。启蒙运动以后，产生了一些至今仍影响世界的思想观念，例如：人类社会同自然界一样都是有规律的，都能用科学方法去认知并进行理性的系统论述；科学方法是进行所有研究的唯一有效方法，任何科学与生活的难题最终都能解决等等。这些观念为后世提供了科学研究事物的方法，即理性思想。

现代以来的理性思想发展出三个分支：完全理性、有限理性与沟通理性。马克斯·韦伯区分了我们思维中的两组理性的对立统一体：工具理性与价值理性，以及形式理性与实质理性。工具理性就是在目的、手段、后果之间的权衡计算，其原则是趋利避害，其特点是冷静、独立，不受情绪、传统与他人的影响；价值理性是为了一种非功利的目标（宗教的、伦理的、审美的）而作的考量，譬如为了某种壮丽的理想而献出生命。工具理性与价值理性是一对矛盾，工具理性关心现实利益，而价值理性关心长远、根本利益。相对应，作为外在表现的“形式”与作为事物内在的规定的“实质”是一个事物的两个方面。形式理性是一种对方法、手段、程序及可行性是否合理的考量，它并不关心目标、后果或实质；而实质理性则不关心方法、手段、程序与可行性，只关心目标、结果与实质。这一流派被后人称为“完全理性”，其缺陷是只关注主体（个体或群体内部）行为的合理性（Reason），而不能与现实有效接轨。

有鉴于此，又分别发展出两支对其进行修正的流派，其一是与完全理性相对应的有限理性，考虑合理性的确定程度。其二是沟通理性，探讨主体之间的陈述与沟通的合理性。有限理性认为人受到现实条件（如对信息掌握不足、没有充分的时间收集并处理信息等）的约束，不可能具有完全、充分的理性。有限理性的主要倡导者西蒙把不完全信息、处理信息的费用和非传统的决策者目标函数作为有限理性的核心内容，强调决策者信息处理及预测后果的能力有限性。哈贝马斯在《沟通行动理论》等几部著作中以沟通理性作为对经典理性思想的扬弃，认为理性不仅是主体与客体各自的理性，还意味着主体之间（即人际沟通）的理性。

20 世纪中叶爆发的计量革命，可视为工具理性从自然科学领域向人文科学领域的泛滥，规划理论与实践界的文理工跨学科性质，不可避免地受到这一时代潮流的影响，产生了这种思想基础上的“系统规划论”、“理性综合规划”和“程序规划理论”等完全理性规划思想。他们都认为，规划是一系列经过理性选择的行为，其目的是使相关结果的效能最大化，区域被当成可被规划工具处理的单一、综合、整体的物质实体，规划被视为达成决策目标所必需的一种手段，并与社会、经济及文化区分开来。

基于有限理性的规划思想重点考察在现实约束条件下的决策行为、规划操作以及规划目标的实现等问题，并发展出分离——渐进主义与混合审视模型。其中，分离——渐进主义是对理性综合模式的修正，而混合审视模型则被视为它们之间的“第三条道路”。有限理性中的模型并未否定规划的工具理性内核，只是试图对规划这种“手段”或“工具”的实现方式及有效性进行调整。真正对工具理性规划论提出正面挑战的是沟通理性规划思想。

沟通规划超越了逻辑和科学构建的经验知识原理，主体之间的共同努力是规划合理性的基础，各主体通过沟通来寻求目标。沟通规划理论不仅把规划师看作不同利益群体的调停人，更重要的是，它还把规划当作一种多方沟通及协商的过程。因此规划师的身份不再仅仅是自主的、系统的思考者，更多的是沟通协调者。这种全新的角色定位体现了与以往那种被专家、客户、公众和社会所认定的规划师含义彻底决裂的思想。

总之，现代性与理性主义思想的发展与嬗变，是贯穿现代规划思想的轴线之一。理性主义从工具理性到交往理性的发展过程对规划领域产生了深刻的影响，对我国当代规划理论与实践的探索也具有现实意义，值得进行深入研究。

2. 完全理性规划论

20 世纪 60 年代是西方规划理论发展的重要转折时期。当时西方规划的主流思想是“作为设计的规划”的范式。这一时期到 70 年代，规划被视为一个一般社会管理过程，西方开始出现了将规划视为系统和理性两个视角，规划范式开始发生重大转换。

系统规划论与完全理性规划论同时变得非常引人注目。总体上，它们有着共同的工具理性前提假设，它们共同将规划奠定在科学的假设基础上，并因此显著有别于早期的规划作为艺术设计的假设基础；它们都建立在认为规划有用的信念基础之上，认为可以通过理性的理解和相应的控制行动不断改善人们的生活水平，这与现代主义和自 18 世纪以来的科学信念，以及战后的乐观主义紧密联系，并因此与早期阶段的规划理论有着共同的理念基础。

如前一章所述，早期的系统规划论认为区域是一个复杂整体，是不同土地利用活动通过运输或其他交流中介连接的系统，区域内的不同部分是相互连接和相互依存的，而规划实际上就是进行系统的分析和控制，规划师是系统的控制者。其主要观点这里不再赘述。

3. 完全理性规划范式

完全理性规划论是战后西方规划理论中最具影响力的理论。理性过程规划理论标志了现代主义思想的高潮——这是在 18 世纪欧洲启蒙运动时形成的乐观主义浪潮的顶峰。其代表人物是法卢迪（Andreas Faludi），其代表作是 1973 年出版的《规划原理》。

理性规划论是在西方社会背景下产生的，西方社会的基本特征主要是私有制和个人自由，这决定了其对政府干预的抵触。延续亚当·斯密的“经济人”假设，西方国家当时认可“理性人”假设。“理性人”假设是指作为经济决策的主体都是充满理智的，既不会感情用事，也不会盲从，而是精于判断和计算，其行为是理性的。“理性人”是对经济生活中的一般人的抽象，其特征：一是自私，人们的行为动机是趋利避害；二是完全理性，每个人都能够通过成本—收益原则来对其所面临的一切机会和目标及实现目标的手段进行优化选择。具体而言，在信息充分的前提条件下：第一，理性人具有关于他所处环境的完备知识，而且，这些知识即使不是绝对完备的，至少也相当丰富，相当透彻；第二，理性人有稳定的和条理清楚的偏好；第三，理性人有很强的计算能力，能算出每种选择的后果；第四，理性人能使其选中的方案自然达到其偏好尺度上的最高点，即理性人总是选择最优。总之，由于具备完全的信息和理性，理性人能够找到实现目标的所有备选方案，预见这些方案的实施后果，并依据某种价值标准在这些方案中做出最优选择。所以“理性人”就是会计算、有创造性、能寻求自身利益最大化的人。

理性规划论主要来源于以工具理性为思想指导的决策理论，这与当时西方社会两个重要的时代背景有关：其一，在国家政治追求社会民主的情况下，政府在管理和决策过程中更加注重多方合作，而技术专家的建议在政府管理经济和实施国家福利等方面也开始发挥更为重要的作用；其二，与新的科学信念有关，即认为决策过程同样可以应用科学研究的方法，如波普尔的“假设—证伪”是科学发展途径的思想，也对这一时期的理性规划视角发展产生了重要影响。

“决策”一词通常指从多种可能中作出选择和决定。决策理论是有关决策概念、原理、学说等的总称，是解决公共领域问题的方法论，它包括五个步骤：（1）确定发展目标、（2）设计行动途径和方案、（3）对所有行动方案的各种可能后果进行评估、（4）优选出最合适的方案、（5）付之实施。林德布洛姆（Lindblom）将这种建立在工具理性基础之上的决策模型称为完全理性决策模型，他总结这种决策模型的要点有：（1）决策者面对一个既定的问题；（2）理性人首先应该清楚自己的目标、价值或要求，然后予以排列顺序；（3）他能够列出所有达成其目标的备选方案；（4）调查每一备选方案所有可能的结果；（5）比较每一备选方案的可能结果；（6）选择最能达成目标的备选方案。

当这种决策模型运用于规划领域时，就是所谓的“（完全）理性规划模型”，因为以工具理性为思想指导的，因此也可以称其为工具理性规划模型。在这样的规划中，规划师在规划过程中可以使规划符合逻辑，他们有清晰的目标，而且在规划过程中所有行为都能导致选择那种最能实现目标的备选方案。因此，工具理性规划模型隐含着几个前提假设，其基本出发点是：相信规划师有足够的技术能力去预测和管理未来，规划师作为技术专家可以控制未来的发展，而且规划师有合法的理性代表社会公正来控制管理未来。

工具理性规划模型是迄今为止介绍得最广泛的规划理论。其优点是简明性及逻辑性，因此被认为可以推广应用于一切公共政策领域。理性规划理论者认为：

规划是达成最佳结果的方法，为此，规划者必须像科学家一样在众多的手段与目的之间寻找最好的途径。

规划应成为科学管理的一种形式，规划师对决策过程和资料进行科学理性的分析。在简单的科层体系下，规划者以有效的方法澄清问题、解决问题，面对大量信息与不同观点，决策中是用理性的指标来评断将要采取的行动。

规划需强调国家角色和集体理性的重要性，政府通过规划可以捍卫公众利益，指导社会的进步和发展。理性规划重视规划的社会引导功能，从社会精英的角度出发，结合国家权力，进行自上而下的改革。

规划是代表公众利益的“纯科学”，规划师利用专业化的科学知识，按理性模型的步骤制定规划方案，把经科学分析的方案（结论）提供给决策者选择，即规划师做规划，决策者选择规划。规划师和规划中的决策者（政府）都是价值中立、不带任何偏见的，规划师不对特定的社会阶层负责，不包含他们个人的价值选择。规划师作为“技术专家”来控制整个过程，规划师可以代表“公共利益”，是典型的“精英规划”（见图 4–1）。

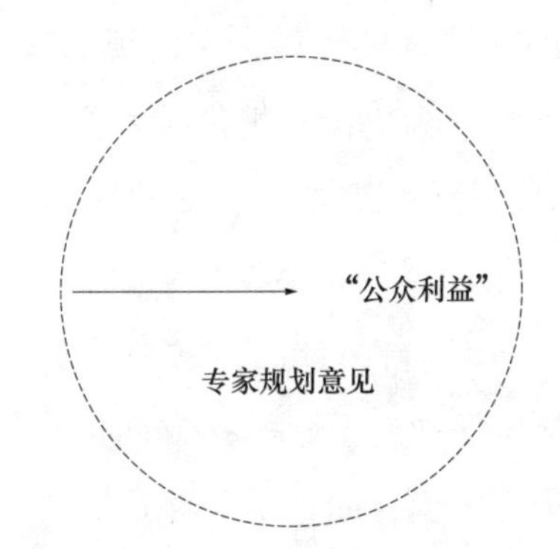

图 4–1　在完全理性规划中，“公众利益”也是规划目标，但被置于专家规划意见之下

据此，我们称为基于工具理性的规划为完全理性规划范式。完全理性规划论与前章介绍的早期系统规划论一起主导了 20 世纪 60、70 年代西方规划界。具体来讲，完全理性规划论还可分为“理性综合规划”和“理性程序规划”两个支流。

4. 规划中的“综合”

完全理性规划在思考问题的方法上，即在解决特定问题时要考虑与其有关的各个方面，采用“综合”的方法，规划追求完整性与总体性。在一定程度上，完全理性综合规划论是针对之前的“物质空间决定论”基础上的规划只关注物质空间形态所进行的批判，希望将区域作为一个整体，把影响区域发展的各项因素包容进来进行统一的安排，使得物质空间的内容能够更好地得到实现。现实世界中，各种事物是相互关联的。不仅区域空间的各组成部分是高度相关的，而且空间的组织利用与社会、经济等问题高度相关；如果没有其他部门的协调，规划不可能被有效地执行。而这些在之前的规划中是很少予以全面考虑的。因此，规划是“综合”的，意味着规划的完整性与总体性。

规划的“理性”是工具理性的特征，理性行为是与演绎方法相关联的逻辑与数学方法。规划首先要依照权重对影响因子进行排序；再根据影响因子评估所有可能规划方案的结果的有效性；最后通过系统比较来选取效用最大的那个方案。

在“区域发展是有规律可循并且是可以控制的”前提假设下，理性综合规划希望通过各种理论及严密的逻辑推理，分析区域中的社会矛盾，并协调综合各方面的利益，以达到最大的平衡。这是一种适用于不同学科背景人员共同协作的“综合规划”，它使规划师不再仅凭直觉和理念而工作，而是作为技术专家为决策者提供技术支持。

理性综合规划具有总体性、综合性和长期性三个特点。第一，总体性：意味着规划所提出的政策和计划是概括性的，并且并不指示出具体的区位或详细的管理。第二，综合性：综合性一方面体现在它是一个完整的规划，不只是考虑社区的一个部分；另一方面指它包括土地利用、住房、交通、公用事业、娱乐等方面，而且更关注这些方面的综合协调。第三，长期性：规划关注点超越了对当前紧迫问题的解答，一般都是五年以上的规划，而更关注于二三十年的问题和可能性的前景。

5. 规划中的“程序”

如前所述，完全理性规划论在思维方式上强调工具理性，即运用工具理性的方式来分析和组织该过程中所涉及的种种关系，而这些关系的质量是建立在通过对对象的运作及其过程的认知的基础上的。这种强调程序（过程）的理性规划论可以称为理性程序规划论。他们认为，规划就是生成结果的最佳方式，理性规划的核心即最优化，规划者需要在大量信息和观点中以理性标准找出最好的模式或程序。

在这种工具理性的视角下，规划成为高级决策程序，是设计出来的一整套方法，通过某种方式提供信息使决策更为理性。它模拟经济分析，对规划的成果进行量化分析，并在不同的规划方案中进行评测与取舍。

分析规划方案效用的方法主要有：成本效益分析。成本效益分析主要通过收益率、净现值和内部收益率等定量指标比较不同规划方案及其实施效果的全部成本和效益，从而得出最优方案，评估目标简洁而明确，即实现经济效率的最大化。然而，社会中很多要素（例如：人的生命）难以用金钱来量化计算，为此，规划中引入成本效果分析，即假设在实现特定目标的前提下，比较各方案所投入资源多寡来得出最优方案；或者将多个决策目标转化成为限定条件，在此基础上得出成本最优方案。成本效果分析解决了决策目标无法统一量化的难题，但仍是一种基于工具理性的方法。

理性程序规划中的工具理性思想体现在决策的程序上，认为规划是一个从目标的形成到实现的完整过程，形成了包含5个主要阶段的理性程序规划论（见图4-2）。（1）分析后明确界定存在的问题或目标，以此引发对一项行动规划的需求；（2）考虑是否存在可选择的方法来解决问题（或实现目标），如果有，将它们逐一列明；（3）是评估那些选择项的可行性，哪一项实现期望目标的可能性最大；（4）规划措施的实施；（5）规划效果的跟踪，评估是否实现了期望的目标。

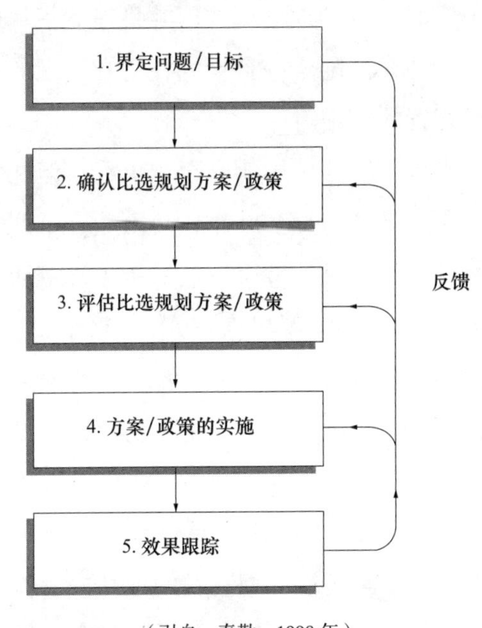

（引自：泰勒，1998年）

图4-2 规划作为一个理性行动的过程

这种方法假定人们能够清楚地界定政策的目标，通过系统全面的分析，人们能够得到实现目标的各种可行方案，对各种方案的比较和选择是理性的和科学的过程。理性程序开始于界定和定义提出来的“问题”，并要分清楚哪个是理性的；为了保证规划的客观性，在规划的机构设置上，规划研究、规划编制和规划决策要各自独立；理性程序规划中的理性思想还体现在其理性行为，即与演绎方法相关联的逻辑与数学方法，这也是工具理性的特征。

在早期系统规划论的影响下，理性程序规划重新认识了规划的概念和过程：规划不只是编制规划方案，也不只是通过立法程序来保证赋予规划以法律的权威，规划实际上就是一个动态的过程，是一种可调谐的控制管理机制。

6. 对完全理性规划的评述

早期系统与完全理性规划范式，表明规划的价值取向从美学价值扩展到功能的价值、社会价值以及经济价值；规划方法从比较静态发展到动态；规划的范围从土地利用，扩展到经济、社会、管理，乃至政治等领域；规划的深度向微观和宏观两个层次扩展；规划的空间范围也从城市扩展到区域乃至国家；规划的时间维度也从过去的终极的发展蓝图模式，发展到动态的实时监控的规划模式；并且建立了从地方到区域、中央的庞大的规划官僚体系。随着综合规划权力和范围的扩张，规划逐步取代了市场对空间配置的作用。

然而，虽然这类规划范式的影响力至今仍在，但它们并没有长期主导西方的规划思想。进入 20 世纪 70 年代后不久，早期的系统规划论与其他完全理性规划论一起，被一波又一波的批评浪潮所撼动，一批新的规划理论范式在西方规划界涌现出来，如：70 年代的新左翼规划论，80 年代英美的新右翼规划论，60 年代的倡导式规划论、渐进式规划论以及 90 年代的沟通式规划论。这些对理性规划的批评主要集中在以下几个方面：

1）完全理性规划的思想基础是工具理性，因此对完全理性规划的批判更多是集中在对其工具理性规划问题的批判：

（1）前提假设的问题：社会上并不可能存在一种所有人都认同的价值序列，只有特定甚至相互冲突的群体与个人的价值，且难以比较和衡量；人类的无限的认知能力只能是幻想。

（2）资源收集的问题：人的认知能力是有限的；完全理性范式无

法了解所有人的价值与偏好；决策者在进行决策的过程中，政策的最终决定也并非如完全理性范式要求的那样，是严格建立在完备信息的基础之上的；金钱和时间的成本过高。

（3）预测能力的问题：现有的科学技术的预测能力不足以帮助决策者了解每一政策方案所产生的后果。

（4）决策者个人的问题：决策者受到诸如专业背景、个人价值观和利益集团等因素的影响。

完全理性实际上成了技术与程序的合理性，人类把本来只是手段的工具理性作为目的来追求，在享受了它所带来的物质丰裕之后，反而丧失了最初目的。工具理性在现代社会的霸权地位的背后，是自启蒙时代以来对形式逻辑、科学准则与定量化的一贯尊崇，而道德、伦理、目的、价值等非理性（或感性）观念却被压缩和边缘化。这就是韦伯对资本主义社会和现代文明的病理学诊断。

批评者指出：从根本上说，完全理性规划是无法实施的。因为该模型提出的五个步骤要求规划师占有全部信息，了解所有方案的可能结果，然后作出优选。这些要求超过了人类的能力因而无法做到。更加困难的是，政治家们的决策往往不是基于理性分析，而是基于此时此地的政治需要，因而他们的决策往往是非理性的，是理性模型无法预测和回答的。

2）目前人们对规划的理解，已经不再把规划分离于政治过程，而是其过程的一部分。完全理性规划将过去的传统生活与文化场所视为迷信与落后，是阻碍进步的因素，有待铲除，应以建立现代化的社会、设施与系统为目标。规划思考过程和最后的决策应由少数专家掌控，专业人士掌握着普世理性工具和科学真理，民众只是被规划、被支配的客体对象而已。因此，这种规划容不得公众的挑战，因为他们认为公众没有能力知道他们需要什么，只有专家知道他们需要什么。

批评者认为：完全理性规划过于关注规划“工具理性”（科学性）的一面，因而模糊了规划“价值理性”（社会性）的一面，满足于抽象的“公共利益”而客观上逃避了规划对一般民众，特别是弱势群体服务的承诺。因为他们无法占有数据和信息，而获得数据和信息对于理性模型来说是基本出发点。模型对“集体理性”的讨论只是停留、满足于建立“科学方法”，而非真正落实。

在理性的外表下，完全理性规划成为当权者和官僚的技术工具，它把政府主导的规划作为对公众利益的反映，普通公众只是均匀、同质的“原子”；它对资料的科学分析当成决策的目的，而非手段，完全无视规划作为政治过程的特征。早在工具理性当道之时，即有人呼吁要用“非理性”因素如公众意志、道德、伦理等来处理完全理性规划方法力所不及的领域。

3）把狭隘而技术性的工具理性引入规划，使规划失去了更近人性和文化的东西。例如：西方战后的规划实践使他们丧失了大量的乡村记忆和精神，而中国正在发生的有过之而无不及……完全理性规划自认为是在理性、客观地去认知规划区域，通过量化的环境模式开展物质建设行动才是最高真理和原则，将一切标准化、规格化、快速化、机械化，完全是物质功利主义式思维，没有其他人性层面、文化层面的考虑。这样的模式，不是以人为本，不多考虑地方和民间的文化价值，更排斥多元文化与空间传统，希望建立一元化的环境体系，并以官方公权力铲除一切未就范者。

因此，这种在工具理性引领下的规划，其思维模式、过程与目标必须得到反思，认识不到这一点而成为规划领域的从业者，其后果将极其严重。基本上，完全理性规划背后是一种“自上而下”单向度的和“由强对弱”支配性的理性，它用独断式的、强迫性的作法，试图要求民众接受官方和专家所认定的单一真理。基本上，乡村与公众等只是作为“被规划者”，忽视他们才是实际生活的参与者，也是有想法、有价值观体系的文化经验主体，而非有待被安排、被支配的物体。

另外，由于完全理性规划仅仅提供了一个延伸的规划定义，没有触及规划在现实中怎样运作或实施的效果如何等话题，因此被批评缺少“内容”，对规划的行动结果（如规划和政策能否被实施）缺乏足够了解，因而被指责是虚假的，貌似“严谨”的规划理论。

然而，必须指出，我们并非要完全否定理性规划。通过上述讨论，我们只是希望充分指出工具理性因受制于客观的现实背景，具有明显的局限性，它往往过分依赖技术工具和经济数据（如 GDP 等），盲目追求单一衡量标准的最优化，被当作解决一切问题的灵丹妙药，而导致滥用与自我膨胀。正如麦克劳林后来指出的：规划不只是一系列理性的过程，而且在某种程度上，它不可避免地是特定的政治、经济和社会背景的产物。因此，理性的事物有时不等于正确的事物，对于乡村规划这个复杂的综合体更是如此。

早期系统规划论对当代规划思想的影响表现在，规划仍然关注建模和城乡相互联系属性。当代对产业、交通和环境等的影响分析，都是不同程度上建立在传统系统方法之上。完全理性规划在当代同样有很强的影响力，它提出的以“科学的”和“客观的”的方式来支撑规划，可以适用于规划实践的所有方面。理性过程规划在当代的延续，因为它主张规划是一个科学事业，伴随着它的是荣誉和责任。完全理性规划论还提供一个对世界的简单和高度结构性的视角，和怎样面对现实复杂性，尽管它遭到很多的批评。

理性规划论本身也在发展变化中，在西方规划界，它越来越多地将政治与规划实践、理论中的价值判断联系。早期的系统规划论中早已融入了复杂理论与适应性理论等新思想，当代规划新技术也不断引入了地理信息科学的新技术手段。法卢迪等人后来也认为：规划中“手段”应该与“目的”分开。人们之所以常常认为完全理性规划仍是一种理性行为，就是因为它在目的上是理性的，或者说它在手段上是理性的，即行动者是使用经过理性计算的手段来实现预期的目的，这是其合理性的方面。

当前由于出现许多对理性概念的不同理解（有限理性和沟通理性），由此也不断涌现许多对规划概念的不同理解，自完全理性规划发展以来，西方已出现几种对其进行局部修正的规划范式，包括西方新左翼论、英美新右翼论、实用主义论、倡导论、渐进论以及沟通论等，本章其余部分将对这些规划范式简要进行介绍，以期我们对西方规划论的范式转换过程有一个图景式的了解。

第2节　新左翼规划论

1. 产生的背景

在完全理性规划论风行的时期被西方规划界称为“官僚职业化胜利的”时期。然而，规划不是一项在真空内运作的、脱离周围世界的自治性活动，西方国家的规划是处在资本主义社会及政府环境中的，因此对规划的“抽象性”论述和解释也是在这样的环境中进行的。

在20世纪60年代末的西方新左翼运动中，激进的青年学生和工人奉马克思主义为反对发达资本主义社会等级制异化制度的思想武器。70年代中期，西方突然出现了经济衰落，这突出了社会民主中“福利国家”的危机，规划是福利国家的一部分。收入、财富和就业机会调整取得的成果非常有限，只是由于整个经济的增长才掩盖了矛盾。随着经济衰落大批失业现象和人均收入下降，资本主义潜在的结构变得更加明显。正是在西方国家这一特定社会背景下，规划理论界对60年代建立起的完全理性规划论开始反思，他们将马克思主义传统与批判理论用于规划分析，对规划官僚职业化的正统性提出了的剧烈的挑战。他们普遍认为完全理性规划理论在内容上空洞无物，忽视规划的阶级内涵和民主职能，无助于实现普遍的公共价值和社会公正。

一些西方规划学者开始运用马克思主义方法系统研究资本主义规划问题，尤其是采用政治经济学方法，这些规划理论被称为新左翼规划论。其实质在于：它认定规划作为研究对象必须与社会相联系，规划是资本主义的反映并帮助构建了资本主义制度。虽然不同的理论家对于规划在多大程度上为资本主义生产方式所左右，有不同的看法，但却程度不同地赞同和运用了马克思主义国家、资本积累、阶级和社会冲突的理论和观点。他们从资本主义发展的不平等和不平衡性出发，通过不同的角度揭示规划与资本主义生产方式的内在联系，批评了完全理性规划论忽视阶级关系，将规划理解或贬低为非政治化工程学的做法。

2. 规划的属性与作用

西方大部分左翼规划论认为，规划不能与社会分离，规划是对资本主义的反应，同时也是资本主义的构成要素。他们认为，马克思主义曾预言的资本主义革命并未在西方发生，是因为统治阶级必须以自身的道德、政治与文化价值来建构共同意识，国家也就无法仅是一种外在强加于被统治者意志的工具，也须有被统治者的合议才能成立。他们从规划的历史条件和国家干预性质出发，客观分析了规划的地位和作用。

从历史上看，区域规划是国家为了预防和消除区域危机而采用的先期工具，它为国家更广泛的规划活动（经济规划和社会规划）提供了经验和模式。那么国家的本质是什么呢？国家的基本功能体现为一种整个社会构成不同层次之间的内聚因素：资本家通常以个人身份而不是作为阶级成员而活动，由于资本家之间的市场竞争，他们往往不能从集体的阶级利益出发，国家便成为协调相冲突的资本利益、致力于资本主义制度再生产的主要组织者。规划作为资本主义国家的一种行为运作，很大程度上反映资产阶级整体利益而不是反映个别资本家的利益，同时也兼顾社会整体利益。据此将国家定义为“大规划者”。

规划是物质空间、政治、经济活动的综合体。它不仅用于外在物质生产环境的规范化和合理化，也用于维系不断发展的社会关系形态。规划不单纯是技术范畴，实际上是一种国家干预形式和意识形态，规划在社会调节中有必要性和良性结果。他们指出，规划反映了资本主义社会的矛盾本质，服务于资本主义的再生产，但他们从总体上并没有否认规划是一种积极的干预因素，有利于照顾社会整体利益。

资本主义国家中规划的作用可以区分为：作为一种国家干预手段以及一种政策制定方式，国家承担的社会责任和国家内在结构所允许的操作方式之间存在着断裂。资本主义民主国家面临着两个潜在的矛盾目标：促进资本积累——资本主义制度的必要条件；维护民主合法性——国家民主形式的必要前提。

而实际上，并不存在任何使国家长期完满地实现上述两个矛盾的目标的决策方法。有三种制定政策的方法：（1）传统官僚机构的决策制定，但这种决策过于程序化；（2）利益群体冲突或政治讨价还价产生的决策，但这种决策容易造成过多分歧和混乱，损害有序的决策；（3）有目的的合理化或规划所产生的决策，即规划是最能够产生促进资本积累的决策，因为规划中的决策标准是一种指定性的有目标结果的产物，能较好地预测对体制的威胁。但是，规划方法在实践中也表现出消极的方面，由于规划过程的技术特征，与“民主”决策的信念并不一致，维护国家民主合法性的能力不强。在规划过程中，单纯依靠“专家”意见和技术原理进行决策，容易破坏民主和自由。规划作为一种特殊决策的方法，人们应探讨国家决策与资本利益和公共利益之间的关系，重视规划形成过程中的利益冲突和国家干预。

区域及其规划所面临的两大矛盾：第一，“所有权矛盾”，即土地的社会性与其私人占有、控制的矛盾；第二，“资本主义民主矛盾”，即区域空间控制社会化的需要与区域土地控制社会化实践之间的矛盾。第二个矛盾产生于解决第一个矛盾的过程中，真正实现土地控制的社会化（或民主化）将对资本利益产生直接的威胁。资本主义规划的发展是在协调这两大矛盾过程中实现的，同时也受到这两大矛盾的制约。

资本主义社会是建立在私有制和市场经济基础上的，规划本身受到价值规律的限制。如 1948 年以后，英格兰和威尔士的所有土地都被纳入国家规划控制中，但由于土地私有制，商业利益仍在区域开发中居于主导地位，造成英国大量新建写字楼闲置，而普通劳动者没有足够的住房。对区域建设和规划中的一些问题，如新住宅区环境的单调、公共交通设施匮乏等，不能只从规划技术和管理上寻找原因，应当发现其中所反映出的社会利益分歧，发现资本主义规划在理念和实践之间的矛盾。

资本主义国家干预存在两个局限：第一，国家不能改变所有关系；第二，国家不能对生产过程进行直接干预。然而也必须看到，马克思主义者所总结的国家干预行为的局限性，并不意味着否认规划实践已经产生的积极作用，如区划在很大程度上削弱了土地所有者的私人财产权，说明资本主义所有关系并不是神圣不可侵犯的，国家对建筑产品（如住房）的规格，质量、销售等作出有关规定（或进行补贴），在一定程度上调节了分配关系，限制了建筑产品的商品属性。例如：城市建成区的首要功能是有利于生产、流通和消费。社会运行的每一个重要原则是其最重要的活动要有利于自我再生产，规划的产生和应用所要达到的重要目标便是保证社会生产和再生产的顺利实现。规划的产生与土地商品的两个属性（即位置的不可移动性和使用上的公共性）有关。土地的价值和使用价值必须经过外来规划的必要调节才能得到保证。

规划可以分为三个部分：（1）规划部分，即书面计划——规划主管部门所采用的说明规划目标的文件；（2）操作部分，即国家对这些规划进行的财政和司法干预；（3）区域部分，即前两个方面的实际后果。然而，需要强调两点：第一，规划文件中制定的目标与其实际执行中存在着“完全的对立”。这种对立的结果是推迟建设或取消某些不赢利或需财政支出的方面（如住房、绿地、学校和其他集体设施等）。这种“规划与实践之间长期的扭曲”随着财政需求的增加而增长。第二，规划的真正“逻辑”和“社会学内容”只能从其作用或后果中来认识，即规划的第三个部分。西方一些国家的政策有利于垄断集团而不利于非垄断集团的利益，其作用是，加剧了目前资本主义阶段垄断和非垄断社会阶层之间的主要矛盾。

所谓阶级就是对社会生产资料占有多寡的不同群体间的一种特定称

谓。阶级是一个经济概念，随着生产力的发展而产生，同样也会因为生产力的发展而消亡，而在两者的过渡中，不同阶级因为对社会生产资料占有的差异，又会在社会活动中体现出不同分量的“话语权”。因此，规划是作为社会调节的手段和具有政治进程的重要特征。

规划作为社会调节手段服务于两个重要目的：在意识形态层面，它通过公共设施（道路、学校等公共设施）的计划和理念，促进资产阶级整体利益的合理化与合法化；在政治层面，它作为一种被赋予特定权力的工具，服务于调节和组织统治阶级的利益与被统治阶级的压力和要求之间的关系。规划的政治性质在于，规划是遵循不同社会利益而形成的社会组织逻辑的一种“宣言”。在最终情况下，当规划机构必须完全服从社会政治的统治力量时，这个宣言代表着共同利益的合理化；作为一种政治进程，规划是各种冲突力量进行谈判、协调的方式，规划是阶级关系和社会冲突的产物或反映，并不意味着否认规划积极的社会功能。

福穆把美国土地利用中的主要利益相关者分为四方：（1）房地产和建筑行业，（2）工业和公用事业，（3）房地产主，（4）地方政府机构。这些群体之间存在着密切联系，对规划决策有着重大的影响。要理解土地利用及其变化，就必须考察社会关系，区分强势土地利益群体，而不是放任的土地自由市场模式。特定的、强势的土地使用者是一批资产阶级分子，他们是构成土地使用的主要因素。

哈维把英国城市中的主要利益相关者也分为四个阶级：工人阶级、资产阶级、资本家、房地产主，它们各自追求和维护自己的利益。工人阶级将建成环境（住房、教育和娱乐设施等）视为消费手段，关心其价格和空间利用；资产阶级既重视建成环境在生产和资本积累中的使用价值，也看重城市建设本身所形成的市场需要（如对建筑钢材等商品和法律、行政等服务的需求）；资本家通过直接的建筑活动获得投资回报；房地产主通过所控制的资源获得租金。在这些阶级之间和内部存在着激烈冲突。规划特定的目标和作用是消除各类容易激化的社会和阶级冲突，以及由于对空间资源的垄断所产生的地理竞争。

城乡结构本身包括其土地利用和活动模式，主要是人类的基本生产活动和资本积累的结果。由于资本主义不断出现经济危机，资本实现过程本身要求国家治理市场经济中的混乱状态。规划是对城乡环境中出现的放任自流的资本主义社会和财产关系无组织趋势的一种历史特定和社会必然反应。国家通过规划，保证对基础设施和区域服务进行“集体供给”，减轻资本活动对社会体制的消极作用。

资本主义规划本身不可避免带有局限性和内在矛盾，往往解决了某个问题而又产生了另外的问题。所有国家干预是对产生于“国家垄断资本主义时期”资本主义发展的经济和社会矛盾的调节。然而，由于这种干预服从“私人资本积累的逻辑”，它总是加剧而不是调节它想解决的问题。因此，所有的国家政策的执行并不完全是一种调节工具，而是社会遭受对立阶级冲突磨难的显示器。可以说，规划是阶级斗争的“积极反映”。

总之，西方新左翼规划学者揭示了规划具有的与其他国家干预形式所共同的特征，为理解规划的政治和意识形态作用提供了有益的启发。其理论方法侧重在社会关系和生产方式的宏观分析，同时也重视规划的具体过程。

3. 规划师的角色

大部分专业规划人员都是为国家机构工作的。这些规划者服务于国家机器，自然也属于统治阶级的“代理人”。资本主义条件下，规划者是如何服务于国家职能的呢？他们有没有相对的独立性或半独立性？

规划师服务于“城乡发展领域中资本利益的归属、组织和合理化，在资本和国家之间提供了一个至关重要的调解联系”。这并不是说规划者已经成为资本的直接代理人或自觉的代表，因为他们通常按照“自己的理由”行动。要具体分辩规划者服务于资本利益的方式，“规划者普遍半独立于资本的直接控制”，这种相对独立的身份使他们能服务于更广泛的社会利益。规划有其亲资本主义偏好，但规划理念既不是来自商人本身，也不是来自国家机器的成员，而是来自后来被称为规划者的人。

规划者分为两个阵营：（1）知识分子改革家和社会批评家：他们影响城市发展趋势的能力下降；（2）管理者、技术官员和社会工程师：他们将自己的任务看作是与那些不可避免事物（资本积累、商业扩展、地产投机）之间的合作。规划者本人经常将这两种不一致的态度结合起来。前者加强了规划者的自我意识（作为社会进步的推动者），而后者虚幻地相信自己的实践效率。任何有社会正义感的规划者都会感到这种“意识上的矛盾”。

哈维对规划者的角色进行了多重分析：

第一，规划者服务于国家干预的工作水平，有赖于其对社会再生产和阶级关系的理解水平。只有认识到空间垄断权力的滥用对社会再生产的威胁，才能从政治上和技术上找到“更现实和高级的”和“表面上合理合法的”方式，履行社会赋予规划者“失误的纠正者”、“不平衡的改变者”和“社会利益的维护者”的角色。

第二，“公共利益”、“不平衡”和“不平等”等概念是根据资本主义社会秩序再生产的特殊需要所定义的，资本主义“合理的社会秩序”概念构成了现存建成环境的价值基础，规划者的世界观必然受到这种基本意识形态的局限。规划者所致力的“平衡”、“和谐”意味着减少社会冲突，创造资本稳定积累的必要条件。在这个过程中，规划者可能受到这个或那个阶级、集团的控制，失去作为稳定者和协调者的能力。

第三，尽管受到某些局限，规划者致力于社会和谐的意识形态和整个规划传统仍具有进步意义，规划者并不只是现状的捍卫者，他们可以通过一定的主观努力改造社会。当社会秩序的再生产无法正常维持时，则必须出现新的改革运动。

西方新左翼规划论不仅能告诉我们规划是什么，而且告诉我们，作为“进步的规划者”，“我们能做到什么，必须做到什么”。该理论强调规划过程中的民主利益和公众参与，如培育社区网络、听取人民意见、教育居民参与、提供基本信息、掌握与冲突背景群体沟通的技能、补偿外来压力。在资本主义社会，如果规划者能够真正认识到区域环境中的利益冲突和矛盾，便会自觉地贯彻以上规划原则和工作程序，帮助劳动阶层。

4. 对该理论的评述

西方新左翼规划理论家们的观点并不一定一致，有些激进，有些温和，甚至有些并不承认自己的新左翼倾向。曾有一些激进的马克思主义规划学者认为，规划是国家统治的工具，它为国家提供了干预社会发展的借口与代表公共利益的外衣，但它并不代表真正的公共利益。规划可能支持资本主义，说服人们接受规划，因为规划代表了他们的“公共利益”，规划只不过是有权势者的利益外衣。然而，从来没有所谓的“公共利益”，只有资本的利益。资本的利益通过诸如规划这样的手段，形成国家的机制，实现对公众的控制。大多数规划实际上是倾向性的规划，即倾向于市场的要求，土地利用规划只是理性的前台，公共利益的决策深藏在市场机制的逻辑之后。

这些新左翼学者对规划者的角色与价值观的主张至今仍被广泛接受，它鼓励规划者做一个“反省式的实践者”。目前规划学者们已非流于资本主义国家的附庸，或走向与资本主义的对立和反抗，一味地加以批判，避免了激进式新左翼规划论所面临的国家集体规划的困境，他们更强调规划要面向实际工作，规划的意义不应当拘泥于短期的物质或政治范围，一切围绕区域的经济活动，为生产而生产，为积累而积累的“异化”行为，而应当从更广阔和复杂的角度予以审视，紧密服务于人类社会的福利与公正。而规划师也不只是流于资本主义国家的附庸或资本主义的对立面和反对者两种角色。

总之，西方左翼规划学者从生产方式和阶级关系出发，说明了规划事业与所规划的社会之间的关系，探讨了国家制定和执行规划的性质作用，解释了规划不平衡发展的原因与后果。规划属于上层建筑，但规划也并不是简单地服务于资本利益，还必然要服从于民主社会的总体格局。

第3节　新右翼规划论

1. 产生的背景

二战至20世纪70年代中期的三十年间，西方的左翼和右翼间存在着广泛的共识，这一时期被称为“社会民主”时期。社会民主的目标是在自由资本主义与原苏联式国家社会主义之间走一条“中间路线”，这是一种“混合经济”，私有部门与公共部门、市场与政府的混合，即社会民主以资本主义和社会主义、自由主义与集体主义的混合为目标。在英国，工党和保守党都赞同“社会民主”这一意识形态。社会民主认同自由资本主义，但为实现充分就业、同工同酬及社会平等的一系列社会目标，政府在监管市场资本主义中的作用也在扩展。表现在将一些战略产业和服务业“国有化”；同国家提供一系列基本福利服务等（所谓“福利国家”）。

新右翼政治运动开始于20世纪70年代后期，其代表人物是哈耶克（Hayek）和弗里德曼（Friedmann）。由于新右翼是作为填补凯恩斯主义的空白而出现的，是70年代上半期世界性大危机的产物。这一冠以“新”的新右翼论是市场导向促进竞争（自由主义）和政府强制干预（保守主义）的结合。

在20世纪80年代后的三十年里，新右翼经济理论被美英等国家所采用，在西方曾经产生广泛的影响。英国的撒切尔首相执政后，英国激进的保守党右翼根据新右翼的种种理论所进行的改革，对英国公共政策产生重要影响。后来美国的里根总统执政，他们推行“新自由主义”的新右翼经济政策，试图重新借助自由市场的力量摆脱经济危机，刺激经济增长。而后来的东欧剧变和苏联解体，也使人们对“需要政府干预市场”的思想根基产生了怀疑。

2. 新右翼规划论

一般认为，新右翼的宗旨在于重新界定关于国家、市场与政治体制之间的关系。新右翼理论家们都同意需要某种形式来干预（土地）市场，但对于干预机制所实现的目的则并没有形成共识，因而形成两种截然不同的看法，甚至是在某些方面相互对立的部分组成。其中一种倾向是强调市场价值的新自由主义，另一种倾向是强调社会秩序的新保守主义，而两者又有相互联系的契合点。

1）自由主义的新右翼规划论

自由主义的新右翼倾向强调市场价值，以新自由主义经济学理论和学说为理论基础。新自由主义主要是一种经济学理论的概念，与凯恩斯主义相对立，有许多不同的学派，单就西方国家而言，新自由主义则表现为对二战后“福利国家”的一种批判。

新自由主义继承了古典自由主义的基本思想，其思想核心是市场占主导地位，倡导自由市场导向促进竞争的自由观，认为市场和市场机制仍是唯一可以自我调节的分配机器。通过收益、价格、竞争和供求创造性的相互作用，市场得以运行并鼓励效率，刺激创新，给消费者提供丰富多彩的商品。市场成功的关键是价格信号，它具有传递信息，提供采用廉价生产方式的动机，以及决定谁能够获得特别的产品三重相互作用的功能。

基于对自由市场的强调，自由主义新右翼规划观认为规划应起的作用在于：

（1）规划应促进市场成为发展和繁荣的动力

社会是一个不能复归的复杂体，市场的相互作用导致自然的秩序，使社会分层。国家的活动不能破坏或阻止自由。规划师不能希望自己去复制社会，因为他们只知道社会的很少一部分。

新自由主义观一度被许多世界性的组织和机构所倡导，在这种思潮影响下，许多国家的政府都进行了所谓的结构调整，政府削减公共开支，许多原有的公共机构调整为私营。规划作为政府职能的一部分，自然也不得不相应地进行调整和缩减，规划变得强调促进经济效益，规划的首要职能就是让市场发挥作用。

（2）规划的关键是要运用市场及其价值规律

市场是最有效的资源分配方式，可以满足每个人的需求，而政府干预不利于发展，政府只有在能够支持市场运作的情况下才被需要。当世界被自由主义思潮所主导时，市场理性和经济效率是第一位的。规划作为"官僚政治"的一部分，运用不好就会成为市场经济的对立面；相应的，其各种规划措施反映出来的就是删改、回避或者更换区域规划体系。

市场规划是所有决策的最好基础。规划的首要职责是增加区域的吸引力，让区域变为适合投资的空间，所以在新自由主义者眼中，规划最重要的职责不再是保障公众利益，规划师也相应地演变为"吸引投资的交易者"。在这样政府削减开支的背景下，政府缺少充足的财政来源来改善投资环境，开始强调与私营机构及社区合作。因此，20 世纪 80 年代主流的西方规划语言是"企业"和"管理"，而不是"公平"和"规划"。

（3）规划处于被动从属地位，干预在有限的范围之内

新自由主义立场要求去除规划的管制，强调个人的自由选择、市场安全与最小政府。这一立场并不是盲目地反对一切国家干预，只是政府和国家的干预应该在有限的范围之内，如法律、基础设施和国防等。在经济领域内，国家在市场经济运行中所扮演的角色是被动的，要从属于市场体系的要求；新自由主义也不反对国家承担有限的调节作用。如：国家可以介入那些市场和自由交换不能提供充足商品和服务的领域；在一些特定的领域，国家应该起到决定性的作用，如在国家安全方面，国家要提供充足的防卫以保障社会安全，防止外敌入侵。

对规划而言，规划并不是自由企业社会的自然本质，而是需要人们干预市场的社会契约。新右翼规划论一方面认同市场的不完美，政府与

国家的干预应扮演矫正市场的角色，像是确保法律规则的维持、提供基础设施和国防，以及作为纷争的仲裁者；另一方面又坚持用市场和市场机制来分配资源，认为通过国家机器创造的自由选择会干扰市场、减少个人的自由与侵蚀法律的原则。

（4）规划应该只在地方层面开展

国家和区域规划由于它们不直接与“邻里效应”相关，所以它们不能被证明是正确的，中央规划一定是危险而无效的，它（虽然不是全部）干预了市场，减少了个人自由，动摇了在国家机器中建立谨慎法律原则的基础。规划应该只在地方层面开展。

由于新自由主义观否定政府和社会整体意志的必要性，所以它从根本上动摇了政府干预和规划的合法性地位。然而，在20世纪90年代末，人们开始认识到一味强调市场的作用，过分强调效率，而忽略社会公平，从长远来看也是一种不经济。人们又重新认识到规划的必要性，开始反思他们曾经大力推行的自由市场战略。

2）保守主义的新右翼规划论

在西方新右翼思潮中也有明显的保守主义倾向，新保守主义是一种以维持各种结构，即等级、地位、荣誉、传统的社会差异或价值准则为目标的思想运动。单就西方国家而言，新保守主义是针对历史上西方自由资本主义而言的，带有“回归”的倾向。

在新保守主义看来，社会是一个有机体，一个综合协调的整体。新保守主义的核心内容是强调社会的秩序，强调强势政府的作用，事物“自然的”和“特定的”秩序是新保守主义政治追求的终极目标。撒切尔夫人曾指出：“没有秩序不可能有自由，没有权威不可能有秩序，面对恐吓、犯罪、暴力，如果无能为力和犹豫不决，权威是不能持久的”。为了捍卫社会秩序，新保守主义强调权威，要求国家拥有严厉的和终极的特权，从而给予冷酷无情的惩罚和严厉的社会控制。

保守主义的立场强调政府干预，它是为了修正自由市场缺陷，重视强势政府、社会威权、规制的社会、阶层与服从。由于战后西方出现了诸如犯罪、无序、破坏公共财物等现象，保守主义新右翼认为只有通过强势政府才能维持秩序。

从总体上说，新保守主义更加强调政治，经济处于明显的从属地位。因为资本主义自由经济已经被证明是不受欢迎的，它威胁到新保守主义所一直维护的社会秩序的稳定。社会秩序的价值要高于市场价值。新保守主义反对自由放任资本主义所造成的无目标、无道德，并不反对建立在私人所有制基础上的资本主义生产方式，因此并不从总体上反对资本主义。新保守主义主张对自由市场经济给予一定约束，但同时又不想国家过分干预资本主义的发展。

3）两种倾向的联合

从总体上说，新自由主义强调经济，而新保守主义更加强调政治。保守主义长期以来又严厉地批判自由主义的个人主义原则。这两种针锋相对的理论到了20世纪70年代却表现出相互联合的倾向，并以新右翼的面目出现。其契合点的基础在于：二者都反对社会主义，而且二者都重视财产权。考虑到战后形成的冷战格局，来自社会主义阵营的压力和威胁是产生新右翼思潮的一个因素。

通过新自由主义和新保守主义的联合，新右翼提出的对策就是："自由的经济，强大的国家"。具体而言，反对国家过分干预经济，恢复市场机制，鼓励竞争，以便实现自由市场同自由的社会秩序联系在一起的目标。然而，要实现这一目标，则要依靠国家的权威。通过强大的，有效的政府，来解脱社会民主和福利国家缠绕在自由经济上的束缚；维护市场秩序；使经济更有生产力；掌握社会和政治权威。

不管是自由主义的还是保守主义的新右翼，在规划上都赞成对土地利用要有"一些"控制在，都确信控制应该集中、直接并适应市场，而不是妨碍市场。新右翼规划论不是原来系统的"补锅匠"，而是建立"好的区划不如没有区划，好的审查是没有审查"的新观念。

新右翼理论今天仍备受争议。随着全球化经济的发展，国家角色正在弱化，真实世界并没有循着新右翼的理论模型运作，而是政治化的过程。不过随着环境问题的恶化，新右翼的一些理论，如公共选择理论、环境经济学对于环境成本外部化，像是污染、噪音和都市生活等对于环境政策仍有重要的启发。

3. 与新右翼有关的几个理论

1）公共选择理论

公共选择理论研究选民、政治人物以及政府官员们的行为，假设他们都是出于私利而采取行动的个人，以此研究他们在民主体制或其他类似的社会体制下进行的互动。公共选择理论认为“政府失效”，经常探讨的议题是：为何有些政治决策最后会导致违背公众民意的结果。

公共选择理论主张在一个民主政体里，由于选民间有着理性无知现象，政府所能提供的公共利益最终无法满足民众的需求。虽然政府的存在纯粹是为了提供公共利益给广大民众，但却有可能有许多利益群体出于私利而进行游说活动，推动政府实行一些会带给他们利益、但却牺牲了广大民众的错误政策。因此，公共选择理论经常被视为是反政府管制的理论。

公共选择理论认为理想的公共行政是一种“最小政府”，它对于公共行政的基本主张如下：扩张公众参与；极大化行政功能的分权化；简化行政程序；彻底地将公共行政经济化：公共计划要以最小成本来考量，进行可行性评估，而非以社会公正为衡量基础；对于公共部门的扩张、行政裁量以及公共组织的目的，加以严格的法律限制；削弱公共行政人员的领导角色，只界定为专家或技术人员；很少或者根本不太关心全国性的规划、长期的运作稳定性以及提升国家目标的有效计划的执行。

当公共选择理论推导和运用到规划领域时，所谓规划就是政府干预市场，解决市场失效的手段的论点是站不住的。政府的干预造成成本的增加，更何况代表不了大众的利益，无法真正提供公共产品。

2）环境经济学

环境经济学研究如何充分利用经济杠杆来解决对环境污染问题，使环境的价值体现得更为具体，将环境的价值纳入到生产和生活的成本中去，从而阻断了无偿使用和污染环境的通路，经济杠杆是目前解决环境问题最主要和最有效的手段。环境经济学就是研究合理调节人与自然之间的物质变换，使社会经济活动符合自然生态平衡和物质循环规律，不仅能取得近期的直接效果，又能取得远期的间接效果。

3）政体理论

政体一般指一个国家政府的组织结构和管理体制，就是公共机构与利益相关者为了制定并执行管理决策而共同发挥作用所采用的非正式安排。政体理论研究对地方发展的动力——地方政府（“政府力”）、商业及金融集团（“市场力”）和社区（“社会力”）三者的关系，以及这些关系对地方空间构筑和变化所起的影响进行了分析。它指出发达市场经济国家面临着一个基本矛盾：经济活动的私有性和政府管治的公共性之间的矛盾。

政体理论基于如下假设：地方政府的有效性在很大程度上依赖于与非政府行动者的合作，以及政府能力与非政府资源的有效整合。由于政府的任务变得更加复杂，他们需要多种非政府行动者的合作。许多影响人们生活的重大决策是由政府以外的、运行在资本主义市场体系中的公司和机构作出的，这是政体理论的前提和起点。它关注的重心是如何在“吸引投资促进经济”和“让广大市民分享到经济发展的利益”之间找到平衡，其理论中蕴涵着社会利益均衡思想及社会公正的诉求。

4）规制理论

政府规制理论为政府制定市场竞争与组织管理的法律法规和改革措施提供了重要的理论依据。它的产生是市场经济演进的结果，是在市场失灵，竞争引起生产、资本集中而导致垄断的出现，以及存在外部性等情况下逐渐发展形成的。政府规制的执行主体是政府，其被规制的客体是企业及消费者等微观经济活动主体，而不是政府通过财政、货币政策进行的宏观调控行为。

政府规制是政府与企业围绕市场而发生的关系，是政府对企业经营活动的监管和规范，用以维护正常的市场秩序。政府规制是行政机构制定并执行的直接干预市场机制或间接改变企业和消费者供需决策的一般规则或特殊行为。规制理论的激励规制理论主要解决如何向以利润最大化为目标的企业提供适当的激励，从而促使它作出有利于提高社会福利的行为。激励规制理论认为规制问题实质上是一个“委托—代理”问题。规制者与被规制企业之间存在着信息不对称，双方进行的是非对称信息博弈。而解决问题的关键是设计出既能充分激励被规制企业，又能有效约束其利用特有的信息优势谋取不正当利益的激励规制合同或者机制。

第4节 倡导规划论

倡导规划论（Advocacy Planning）[①]源于20世纪60年代的美国，其代表人物是作为律师和规划理论家的戴维多夫（Paul Davidoff）。戴维多夫认为，规划师的角色是倡导者或辩护人，他们应该能以身为政府与

① Advocacy本身有辩护、鼓吹的含义。吴良镛先生将其译为辩护性规划，在台湾的文献中称为辩护式规划，这都反映了该理论的某些特点。

团体、组织或个人利益的倡导者身份加入政治过程，特别是代表社会上的“弱势”群体，通过交流和辩论来解决规划问题，对社区未来发展提出政策。因此依该理论的思想，规划师作为倡导者的身份是非中性立场的，无论规划师代表着谁的利益，他们总要以某一种人的身份参与到政治进程之中。

倡导规划论的产生也始于系统理性规划论的批判，是一种结合法庭辩护，并通过公开说明、听证的方式作为实现规划实践的规划方法论。

1. 对完全理性规划论的批判

进入 20 世纪 60 年代，西方社会充斥着反贫困斗争、反越战游行和言论自由运动，民权运动的高涨使整个社会和权力结构及组织形式都发生了变化。科学规划的理性逻辑也开始受到质疑，以往的贵族式的规划对弱势群体无所作为的事实，辉煌的规划不能创造一个健康的社会。许多规划师对专家们所推崇的自上而下（Top-To-Down）的规划表示出不信任。戴维多夫的倡导式规划理论就是在这时代背景下形成与产生的。

完全理性规划宣称他们代表了社会的多数，代表了社会的需求。戴维多夫对这种说法的真实性进行了质疑：（1）从社会状况来看，价值观和规划必须建立并实施在一种不可避免的公众利益分化的基础之上，任何人都无法代表整个社会的需求；（2）从规划实施来看，完全理性规划师在规划方案中有意强化了自己的价值观，而这种价值观其实只代表了一部分“精英”分子的价值取向，被称为“贵族式”的规划。其结果是这种规划方案在实施中被很糟糕地误解了。规划师找不到一种方法将价值观在区域系统设计中进行归类和转译；（3）从社会潮流方面看，谦虚和公开已经被纳入了政治和社会的目标，完全理性规划的专制和粗暴不断引起人们的批评和反感，越来越多的呼声要求减少这种规划的干预。

戴维多夫还注意到，解决问题的途径应该具有社会属性，而不是单纯理性的技术。他的出发点是，既然规划师不能保证自己立场的客观、合理和全面，不能保证完全没有偏见，那么索性就回避规划师恒定和唯一的是非标准，剥除那种公众代言人和技术权威的形象，放弃高度自信、充满优越感的价值标尺，把科学和技术作为工具，将规划作为一种社会服务提供给大众。

戴维多夫认为未来规划的走向将是一个开放地对政治与社会价值进

行调查与辩解的实践，反驳了“规划人员仅被视为科学技术人员”这样“规划价值中立”的惯例。他还提出“价值在理性决策的过程中是不可避免的元素”的观点，所以规划人员所秉持的价值应当要清晰可见。他认为，完全理性规划努力寻找科学技术方法来评估供选方案，而这些科学方法所进行的成本—效益分析实际上几乎没有多大效果，在这种完全理性的方案中，估算规划价值的分析方法无法实践规划的理念。

倡导式规划论第一次号召规划师中激进的左派们进行职业实践，为实现“自下而上”（Bottom-Up）的规划和多元化的规划理念而做一名规划师，它第一次对规划师长期以来引以为骄傲的价值观进行挑战，否定了规划师的“圣者”形象。因此有人认为，倡导式规划是那些“左翼”规划论的方法论和实施途径。

2. 多元主义立场

严格地说，戴维多夫的倡导规划论应该被完整地称为“多元与倡导规划”。戴维多夫指出倡导式规划是“多元规划”，它是相对于规划的主体只有政府规划部门一方的“一元规划”而言的。

“一元规划”认为，规划必须由政府来做，其前提假设是：规划涉及公共利益，政府是公共利益的代表，那么规划由政府来制定就是理所当然的。戴维多夫对“一元规划”的这一“政府是公共利益的代表”的认识前提进行了质疑。首先，“公共利益”是否真的存在？在一个社会构成日益复杂化的社会里，不同文化背景，不同经济阶层的利益诉求是不同的。如果说彼此之间存在着有限的共同利益的话，这些共同利益的产生也需要一个复杂的过程，即不同利益群体之间经过对抗、谈判、妥协来实现。其次，政府是否具有代表公共利益的能力？由于普遍的公共利益变成了由不同群体利益构成的“多元公共利益”，不同的利益群体参与政府管理的能力、机会和意愿均不相同，决定了政府不可能代表全体利益群体。政府只能是某些利益群体的代表。戴维多夫想借对一元规划论的批判说明，政府制定规划所代表的“公共利益”只是一部分群体的利益，势必会影响到另一部分群体的利益。因此，在一个追求公平和民主的社会中，仅仅由政府来进行规划不具有合理性。

从这些戴维多夫对“一元规划”的质疑表明，倡导式规划理论其核心是多元主义的。多元主义论认为，世界之所以是多元的，是因为人与人之间、不同事物之间，不同价值之间存在差异性，而且很多时候这种差异性无法得到统一。在人类社会中可以想到的情景下，不存在任何一种特定的价值始终优先于其他的价值。多元主义认为不存在某个唯一不变的价值，它不以寻求终极真理为目标，否定了传统的真理取向型的思考方式。

多元主义者认为，在现实的民主社会中的权力是破碎的和分散的，在权力分配上存在着许多权力中心和决定者，即有各种压力集团的存在。各种多元主义研究的重点都是利益集团政治在整个政治生活中的作用以及对民主发展的意义。

多元主义者指出，利益的多元性决定了现代竞争世界的复杂性。在现代社会中，个人在政治生活中发挥不了多大的作用，他只有通过以竞争的组织为媒介或斡旋才能在权力分配中有所收益。不同人群组成各种利益群体，他们都选取一些资源来达到其利益。为此，无数中间群体包括商业组织、工会、政党、学生组织、妇女组织等形成了各自的利益集团，进行着“无休无止的讨价还价”，而所有的参与者在不确定性的议价之中，又会回到系统之中。

多元利益群体的活动影响到国家和地方政府公共决策的制定，他们往往能改变社会力量的基本结构。权力分散使政策在制定过程中，通过其不同的部门改变着原有的意义，政治的最终结果在执行过程中，也通过其不同执行部门不断地改变着意义。这说明了政治权力的运作不只在正式的政治舞台上进行。

他们指出，不同利益相关群体的存在并不构成对民主的威胁，相反，他们是表达民主的核心和稳定的源泉。社会中的不平等是分散的，有差异的、竞争的利益群体的存在是民主的平等主义和公众政策发展的基础。无论多元主义者的思想有多大区别，但在一点上他们永远是一致的：他们都把民主解释为一套创造多元利益群体政治，并通过竞争影响和选择领袖，允许多元的少数人统治。

总之，多元主义者都坚持政治生活是多元的，每一个群体都从不同程度上影响着一个地方的未来；规划师的舞台也是多元的，技术和知识应该不仅仅为政府服务，社会弱势群体更需要规划师的“倡导”。规划师要从观念上抛弃以往的“综合”、“整体”的桎梏，积极主动地进行技术扩散和价值观的重构，从而可以有“规划专家”从社会底层阶级的观点考虑问题，自下而上地使规划摆脱与社会政治生活不协调的窘境。

3. 倡导式规划论

倡导式规划认为，规划的实现与法规化是在一种动态的辩论与交易中完成的。作为一名律师，戴维多夫从律师的行业特色中得到启发，他认为，规划师应放弃具有中立立场的法官的梦想，而是投身到某一个社会群体中去，去做一名律师。规划制定过程就如同法律仲裁的过程，不同的利益相关群体不妨准备各自的规划方案。每个利益群体可以聘请自己的规划师，就像被告和原告聘请代理律师一样，由专业规划师为这些利益群体制定规划；然后利益群体通过这些规划文本和图纸，参与辩论或者谈判；规划师在参与辩论时，站在自己利益群体的立场，指出对方规划思路中的不足，这样倡导式规划师可以完成一个类似法庭上交叉问讯的任务。最后，公共规划仲裁机构则担当类似法院的角色，这一仲裁机构来决定最终的规划方案。倡导式规划师与律师的相似之处还在于，尽管他们服务于各自独立的个人或群体，但他们有着共同的职业道德和行规（不是价值观）。

倡导式规划可能并不完美，也不高效，但辩论和争论却隐含着平等的可能性，在不公平前提下的公正性。因此，戴维多夫坚持认为，倡导式规划在实施上有以下几个优点：首先，倡导其他非官方利益群体参与规划，在很多方面可以改进最终的规划，这有利于为各社会群体公开地提供多样化的选择，使这些群体的支持者转变为规划的有力支持者。其次，它强迫公共规划机构改进工作作风，与来自民间的其他规划组织竞争，以获得政府的支持。在一元完全理性规划体制下，政策的消费者只有对规划说“是”或“不”，而这意味着公共规划机构的规划被采纳或者是根本没有规划。第三，在多元化规划思想指导下，那些批评规划的群体不得不拿出更好的规划成果来，而不仅仅将指责规划作为自己的职责。

戴维多夫想表达的并不是这种倡导式、多元的规划方法可以提高规划的效率和技术水平，他只是运用其律师的天赋，以非常策略性的语言掩盖社会改革的愿望，避免对社会现行权力机构的刺激。其精神核心是为公民在多元化政治结构中争取更多的权利和更高的地位，从而完善民主政治体制。在他看来，只要破除完全理性规划论所代表的专制和“独裁”，一切的技术问题都可以迎刃而解。

所以戴维多夫特别强调，必须考虑到所有利益相关群体，其中的弱势群体最需要得到规划师的帮助，这部分人在政治活动中总是输家，规划师为这些群体所做的规划就是与贫穷斗争，就是为这些群体的成员和类似的家庭提供更多的机会。在这里，戴维多夫的目的很明显不是为了争取更多的人来支持规划，而是用规划来支持最需要支持的人。这些都表明戴维多夫的价值观是平等和反贫困的，他的观点不是没有原则地分散技术，不是不要进行主观的评价和选择，而是反对现有规划制度中不顾社会底层，不反映人性的那一部分，反对与他头脑中的"民主"不相符的部分。

可见，戴维多夫还强调倡导规划中公开、平等的理念。他指出："作为倡导式规划师应当为其自身与其当事人就美好社会的观点提出看法并为其辩护"。因为"适当的规划决策是通过公开辩论的过程而决定"，正确的规划做法应该是公平性而非技术性的问题，即规划师必须让规划的事务公开、公平，而不只是钻研分析方法，因此公开而透明的规划程序将使公民能较积极地参与地方公共事务，从而达到规划的真正目的。

戴维多夫的倡导式规划对规划理论的贡献在于：

（1）倡导式规划师为其代表的立场辩护。既然规划无法中立又不能独立于政治之外，加上规划者无法不受人们的价值观的影响，那规划者就应放弃价值中立的假设，为其所坚持的规划理念或代表的群体所辩护。这一构想的提出，使得当代欧美的规划过程中允许多个计划同时研究和制定，通过建立起的规划仲裁制度来最终取舍计划。

（2）规划应有公开的程序、公平的告知与公听的要求。倡导式规划包含正当法律程序的理念。公开的程序、公平的告知与公听、支持证据的制定、反诘辩问等均是倡导式规划所追求的理念：一个正义的决定。规划的辩护代表着一个个人、群体或组织，它提供可理解语言的证词给其当事人以及所寻求要证明的政策决定者，因此在选择规划最终方案时，应该有一个立场独立、超然的委员会为其裁决。

（3）为专业与政治作协调。规划的主要目的是要协调区域许多分离的机能。这个协调需要规划师为专业与政治做协调。规划是一连串每天都在进行的决策制定过程，因此相关的居民或其所属的相关群体应有参与的权利，规划应是一个"携手合作的过程"；规划更应作为专业与政治之间的沟通桥梁。

当然，戴维多夫非常清楚，倡导式规划的实施必须依赖于人们思想观念的变化，尤其是规划师的思想方式的变化。他试图通过以下两个方法来解放规划师的思想。

一是充实规划结构体系。一个规划的好坏取决于它对消费者的社会、经济、物质和心理的影响，当物质产品与其使用者相分离的时候，这种产品（环境）不再具有意义或价值。以往的规划职业被局限在现有的社会和经济条件，忽视对未来社会、经济的预测和分析，从而导致规划师在了解现象和结果之后，并不去寻求或训练自己去理解这些社会经济问题产生的原因和解决方法。规划部门要接纳那些不作物质性规划的人进入到规划的群体中来，将眼界放大到整个公共领域，既覆盖全部社会群体，又覆盖全部的知识领域。戴维多夫指出：一个被土地利用和物质空间形态规划思路束缚的规划师不是一个真正的规划师，真正的规划师必须综合和把握人类活动、政治、社会、文化和经济制度以及诸如此类的一切因素，这样做的目的是使规划更为真实地贴近公众的需求。

二是改革规划师的教育。为适应扩大的规划领域，规划教育需要培养多种人才。要实现多元化的规划，规划师的思维也必须是多元化的，至少可以理解别人的需求，并在谈判中有充足的理由说服对手。规划教育要训练规划工作者表达自己的意愿和需求的能力。同规划技术的先进性和全面性相比较，也许规划师思维的目的性更显得重要一些，如果我们连自己行动的意义都不清楚的话，我们就算很清楚地知道这些行动的后果又有什么用处呢？（见图 4–3）

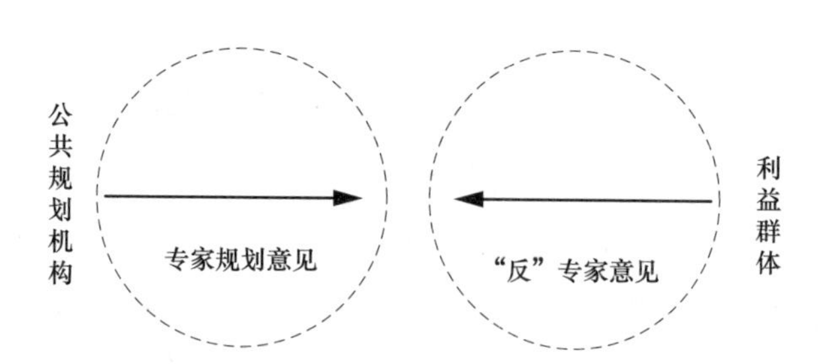

图 4–3 倡导式规划中专家规划意见（公共规划机构）与“反”专家意见（特定利益群体）之间存在对抗性关系

4. 对倡导式规划的评述

1）意义

戴维多夫打碎了这样一个幻觉，那就是“如果一个好人全面地思考一个问题，那么就会产生一个好的解决办法”。他提出多元化社会中社会价值观的分离使我们必须承认也许“根本就没有一个完美的解决办法”。多元化倡导式规划指出衡量规划优劣的技术手段的失灵，成本—效益等技术分析手段不能用来衡量规划中所蕴涵的价值，在衡量一个规划的过程中没有中立的立场可以遵循。长期以来规划被科学理性所压抑的社会属性终于恢复了其本来的面目。

倡导式规划提倡规划师为广泛的社会群体服务，从实践上否定了规划师原有的贵族式的工作作风，希望扭转规划工作者的观念，提高规划“真实的合理性”，肯定规划师本身具有自下而上的社区赋权潜力。可以说，戴维多夫从信仰上挽救了规划师，他指出社会并不像它所表现出来的那样反感规划师，否定规划技术；社会反对的是专制和不人性，规划师可以通过改变工作作风而发挥自己的社会价值。尽管除了在规划专业的课堂上，倡导式规划从来就没有在社会系统中严格地实施过，但我们却不能下结论说它失败了。

在整个多元化的思潮引导之下，经过多种流派的规划理论家们的共同呼吁，规划作为一种社会工作重新树立了其工作范围和工作程序。显而易见的是，20世纪60年代以来，公众参与制度开始在各个工业化国家内被采纳和发扬，并成为现代规划引以为荣的组成部分，这是这一代规划理论家和规划师们的共同贡献。正如戴维多夫所说：规划中的倡导早在规划和更新影响到越来越多的人的生活时就已经出现了。在规划过程中，对于公众参与采取更加鼓励与开放的态度，多元化与倡导规划观相结合存在着很大的潜力。

戴维多夫关注到这种参与是在没有规划师作为技术支持的条件下发生的，只有受过教育的社会群体和学生组织才经常参与其中，而贫穷、种族和由此导致的无知使一些人们无法真正地拥有平等的参与权。规划师不深入社会，那么他拥有再崇高的平等观念也会忽略许多人的需求。在这个平民化的时代，戴维多夫为规划师的职责和义务重新做了一个解释。这种实践观点也就是评论家们认为倡导式规划具有那些左翼规划理论所不具有的划时代性的原因，也是戴维多夫的历史意义所在。

此外，戴维多夫对规划的涵盖范围、对规划教育的出发点的论述在规划教育界也有积极的影响。自20世纪60年代末始，规划开始把教育深入到政治、经济、文化、社会领域。

2）批评

西方理论界对戴维多夫的质疑主要来自两方面：一是对于倡导规划如何实践的问题，包括如何选择供选方案、规划组织类型、规划者与业主的关系以及规划与国家法治等，有很多规划真实的议题是戴维多夫未能进一步深究的；二是来自新左翼规划论者的批评，规划者缺乏对于自身专业与专业组织形成的自我批判，经常是掩盖了规划者对于被规划者间的权力关系，特别是国家与规划体制间的共生互利关系。这体现出倡导式规划论本身具有一定的折衷性和矛盾性，相当多的地方充满理想主义的色彩。

戴维多夫一方面植根于平民文化，积极地鼓吹多元化的合理和民主的优越，要求规划师对多元化的现状进行适应，放弃庞大、辉煌的系统与完全理性规划观；另一方面，他又不满足于社会结构的现状，要求改善现实中的不平等状况，希望规划师扶植弱势群体，这肯定是要求规划工作者有更高层面的信仰和追求，有超乎分散的社会群体的总体价值观，这就造成了其规划理论中不可回避的矛盾。

倡导式规划论中回避了讨论规划师应该有什么样的价值观，反而有相当大的部分在解释没有了统一的价值观，会对规划师产生什么样的影响。他对规划职业的看法很多地方都有“律师”的影子，他主张倡导式规划师要完全地投入到雇主的立场观点中去，但如果雇主无理怎么办？他说：“倡导式规划的好处之一在于它为规划师提供了一种可能性，那就是规划师可以找到一个与自己具有相似价值观的规划机构工作。”

倡导式规划论有一个皆大欢喜的结构体系，它或许是一个地方发展的共和与民主的途径，它可能有各种交流的、独立自由的规划，支持私人市场的规划，支持更有力的政府控制的规划。但这种目标如何实现？这种体制如何运作？如何处理各种冲突？没人做过阐述。戴维多夫只阐述了用公平的政治手段解决曾经是技术范畴的规划问题的可能性。但在后人来看，这种规划思潮被批破坏性大于建设性，与实践相脱节。

规划师的谈判会议能够取代“已经过时”的规划委员会的地位吗？尽管对现行的规划委员会制度有着各种各样的批评，可一旦要将它改变为民主的规划会议还是令人感到不安。担忧来自三个不同的方面：一是，规划师在这种制度下，取代了大部分政府应该承担的职责，因而我们要承担规划师蜕化成为操纵者的危险；二是，规划师会变为无意识的受骗者，没有了规划中介机构，各种利益群体会利用规划师更为直接地获得权力，使他们成为那些妄图在交易中获得政治权力的人的工具；三是，一个没有权威的辩论会议也许能保证民主，但可能付出的代价是效率。

政府到底在其中起了什么样的作用？在倡导式规划论中，政府依然起着至关重要的作用，政府如同一个法官，听来自各个方面的申诉和证词，权衡其中的利弊轻重，而后确定这项交易的最终形式，并用法规的形式使之成为公共的行为准则。问题在于，政府就能够避免一元的公共规划机构会犯的错误吗？显然，戴维多夫在这里只是将原先公共规划机构所具有的权威上交给了政府，也把犯错误的机会交给了政府，没有任何一个规划师做决策，因而规划显得纯净了。实质上，在实践中还是有人要决策的，那就是政府或是别的什么，难道要通过倡导式政府来解决问题吗？从政治思潮上看，戴维多夫还处在一个“慈善政府”阶段，在他之后不久，结构主义思潮就开始怀疑政府的真实性，揭露政府的软弱无能，新左翼和新无政府主义规划理论的结论是除了自身的经济政治利益，并不存在公平优先的公共政策和决策过程。

关于规划经过辩护后其裁决效力的争议。戴维多夫忽略了倡导式规划在概念上的重要瑕疵：“法定辩护之所以能取代法院或法庭，是基于它在一个必须负责任的法官或一个陪审团，由法律与证据呈现的观点而达到公正的决定”。所以在这个假设前提下，它是被诉诸裁判而确认者，也就是将计划的决议作为一个正式判例的情况；然而，若将计划的决定作为集结于多数不同利益的冲突之下，所形成的争议裁决，将使得规划委员会的职责、权限则将受到质疑[①]。倡导式规划发展至后期产生了一些问题，最关键的是规划审议与一般法庭不同，规划并没有正式的法官来判决各群体间的相互利益，也缺乏类似司法的上诉程序；另外，若规划者具有公务人员身份而为社会群体代言，其适法性亦受争议。

3）理论修正

虽然象征多元主义的倡导式规划其主要目标是要让所有的社会群体在规划制定与决策过程中都能追求其所属利益，进而唤起各群体的自我意识，使得该理论渐渐与社会学习理论相互结合，成为20世纪70年代

---

① 在三权分立的系统下，规划委员会下属行政体系，但倡导式规划则是将计划的决定通过类似司法辩护的方式进行裁决，会造成行政权与司法权的争议。

的主流。倡导式规划后来与相关理论结合，发展出许多不同的规划模型，如进步式规划与公平式规划等，他们皆与戴维多夫有共通的理念——强调正当的程序。

倡导式规划理论家们后来对自身的理论进行了修正，认为规划应程序公开，规划者应扮演保障民众权利的角色，让市民在决策中扮演积极的角色。规划师应当代表并辩护许多群体的计划是基于需要而建立一个有效率又能兼顾公平的民主，其中公众应该在公共政策决定的过程中被赋予权利。

倡导在规划过程中应该被广泛地运用，在辩护中规划者致力于保障民众参与的权利，并协助他们准备仲裁协议书，研究真相与表征，为当事人解释专业用语、图形上的意义以及提出原则与评判的理由，也就是说与民众一同参与规划以增进公共的福利、保障私人的权益，这些才是倡导式规划所坚持的理念。

基于上述论点，倡导式规划所探讨的，实际上是一种"保障民众权利的规划参与方式"；并强调在民主的过程之下，经由规划辩护制度且遵循法律程序所做成决定，比完全理性规划所作的目标，更符合规划的目的。

总之，倡导式规划演变迄今，其倡导的理念如公开的程序、公平的告知及公听的要求都已逐步落实在英美等国的法制体系中，辩护制度与和行使听证权等，成为规划审议阶段的必须的手续。

第 5 节 渐进式规划论

1965 年林德布洛姆（Charles E.Lindblom）提出渐进决策模型，其核心是"党派相互调适"的公共决策模式。渐进决策模型引入规划界就是渐进式规划论，一种在不同利益群体间商讨规划问题，寻求折衷方法的规划决策范式。与前节介绍的倡导式规划论一样，它也是在对完全理性规划进行批判中产生的。按林德布洛姆的观点，规划是一种涉及实质利益分配的公共政策决策行为，有强烈的多元主义色彩，这一点与倡导式规划论相同。而与其不同的是，作为政治学家和经济学家的林德布洛姆从政治决策的角度启发了规划界的渐进主义思维、开拓了规划的新思路和新方法。

1. 理论背景

决策理论是随着管理科学的发展而兴起的，成为当前各个学科领域中应用范围最广的“分析方法”和“科学概念”。在决策理论的视域内，完全理性决策模型来自三个新模型的挑战：第一是来自西蒙（Herbert Simon）的有限理性决策模型；第二是上节介绍的戴维多夫的倡导式模型；第三是本节将讨论的林德布洛姆的渐进决策模型。

西蒙认为，人类理性是有条件的和相对的。虽然理性在数学中可能是无与伦比的，但在实际的社会活动过程中，人们不可避免地会受到直觉或判断、经验、信息的准确程度、价值判断取向等等因素的影响。因此，“理性就是要用评价行为后果的某个价值体系，去选择令人满意的备选行为方案”，而不是去追求最优、最大值的所谓客观理性。因为客观理性的决策模型只是理性决策模型的一种假定模式，只是一种形式理论，而不是真实世界中的政策方式。

有限理性决策理论认为，决策过程中必须区分事实与价值，因为价值偏好并不能代替事实；必须区分手段与目的，因为一定的政策目标只是更远大政策目标的工具，理性只存在于这样一种系列式、层级式的手段—目的的动态过程之中。事实上，政府从来只是对有限的政策选择进行有限的成本—效益分析，并且从来不能肯定有限的选择已经包括了最佳的解决办法。除此之外，政府从来没有拥有也不可能拥有完全的权力，随心所欲地设定和推行公共政策。据此，有限理性决策理论认为，现实政策分析和政策决定的选择标准、评估标准不应当也不可能是最佳的，而应当也只能是满意的或次佳的。只有建立这样的政策标准，才有可能实现政策理论与政策实践的统一，进而提高公共政策的质量。

林德布洛姆也对完全理性模型提出疑问：

（1）澄清问题时的困难

因为决策者并不是面对一个既定的问题，而是必须发现并明确他们的问题。由于种种原因，在“问题”是什么这一点上有各种争论。没有任何可以通过分析来解决这一争论的方法。因此，决策分析就有了一个局限，而决策中的“政治”和其他非理性的东西也必须有一个进入决策的时间。

（2）问题的复杂性和不充分的信息

完全理性模型实际是对现实社会复杂问题的束手无策。对于复杂的社会问题，人们几乎完全不可能掌握关于其全部理论和知识。人类的智慧是有限度的，不可能获得充分足够的信息。一个明智的决策者并不试图去完成这些步骤，因为澄清和组织所有有关的价值观，排列所有重要的、可能的政策选择，探究每个选择可能产生的无尽后果，然后将每一选择的多种后果同阐述的目标进行比较……所有这些都超越了人类的智能，超越了一个决策者为解决问题所花费的时间和精力，实际上也超越了他所能得到的信息。另外，做出一个决策也不能不考虑到时间限制和分析的成本等一系列其他问题。

（3）确立目标或价值观的困难

做出一个决策，必然涉及分析者的价值观问题。每一个人的价值观不可能是相同的。因为价值观无法被经验地证实，终极的主张无论在原则上还是在实际上都是不可能被证实的，因此，分析既无法证明任何人的价值观，也无法命令人们统一其价值观。人们不能够区分在特定条件下价值的重要性序列，更不用说去量化它了。决策者在决策时很难将事实和价值分开。更何况涉及种种不同的利益群体的切身利益，在政策标准上达成一致意见更是一件不可能的事情了。

（4）对政策分析的抵制

人们以冷漠和敌对的眼光来看待政策分析，原因在于决策者在政策分析过程中并不是完全理性的。当存在多个决策者，而每个决策者都按经验分析得到某个最优决策时，他们对价值和预期成果之间的分歧是不可弥合的。官僚们往往不能承受社会和政策的巨变，这既超出他们的经验能力，又使他们的地位受到威胁。此外，人们不可避免地一直受到那些想操纵他的人发出的大量信息的干扰，受到来自于外来环境的干扰。

另外，机构也阻碍了令人满意的分析，机构中的等级差别妨碍了信息交流；通才与专才的竞争播下了互不信任的种子并成为偏见的来源；机构的录用政策可能吸引不了能干的人；升职的基础或许是与机构一致，而不在于有分析技术等等。

林德布洛姆曾描绘过一个完全理性的规划师。他首先要搜集所有规划可能涉及的方方面面，按它们的重要性对所有方案进行排序。评审时专家说话了：你怎么把那个什么重要问题给忘记了？他连忙认错，再列出几个方案。然而此时，他已找不到用什么理论来判断哪个方案更好，最后也只得凭经验确定一个实施的方案。这还没完，方案总是有利有弊，混合了多种价值观和风险，他还得继续选择确定实施方案手段和对象。但不幸的是，等到实施时大环境又变化了，他的设想只能实现一部分，他不得不回头重来一遍这样的过程。

林德布洛姆对完全理性决策模型的质疑的基础上，提出了渐进决策模型，直接针对的就是上述完全理性决策模型中解决问题的模式。

2. 渐进决策模型

林德布洛姆的理论最初称为渐进主义，后演变成渐进调适科学，终又修改成分离渐进主义，名称虽各异，其内涵其实是一致的。林德布洛姆认为，决策的过程只是决策者基于过去的经验对现行政策稍加修改而已，这是一个渐进的过程，看上去似乎行动缓慢，但积小变为大变，其实际速度往往要大于一次大的变革。他反对政策上的大起大落，认为欲速则不达，否则会危及社会稳定。

1）渐进决策模型的发展

（1）渐进主义的提出

1953年，达尔（Dahl）和林德布洛姆共同提出社会政治过程的四种基本形态：价格体系；科层体系；多元体系；议价体系。这四种基本型态的决策方式，除了在科层体系形态，上级可以经由科层体制单方面的思考分析来做成决策，并命令下属执行外，在其余三种型态，决策是彼此间互动所形成的，没有任何一方可以单独做出决定。在这种情况下，如果要做决策，必须讲求策略，站在所有利益相关者的共同基础（即共识）上做决策，才能比较周到，为大家所接受。从目前共识的基础上逐渐推进发展，称为渐进主义。

（2）渐进分析

林德布洛姆认为渐进分析是从较现实的观点来进行的，其内涵主要有下列四点：渐进分析只要注意几个重要变量并且考虑少数几个方案即可；价值与事实在渐进分析中交互作用，难以完全厘清；政策必须配合现实政治情况，不必过分依赖理论来作为政策制订的指导原则；政策必须着重社会上既有的政策前提，才较有可能为社会上一般人所接受。

（3）渐进调适的科学：连续—有限—比较

人们总是认为治本的方法才是解决问题的根本办法，但是这种完全依靠技术的决策模式在实践中是不可行的，有时治标的方法同样可以达到目的。他找到一个治标的方法，即连续—有限—比较这种渐进主义的方法，就是渐进调适的科学，公共政策（包括规划）的目的不在于确定宏伟的目标，以及对这一目标做完全理性分析，而只需要根据过去的经验对现行的政策做出局部的边际性的修改，从边缘的改进最终趋向一种整体的和谐。

1959 年，林德布洛姆比较了完全理性模型和连续—有限—比较模型的不同。其比较结果如表 4–1 所示。

传统完全理性模型与渐进主义模型比较表 **表 4-1**

标准	完全理性模型	连续—有限—比较模型
1. 目标与行动	明显区分 明确的目标是政策方案分析的前提	不区分 相互混淆
2. 目的与手段	由目的与手段的分析后，确定目的，再找手段	不区分 目的手段间的分析不适宜且有限
3. “好”政策	“好”政策是由实现目的的最佳手段产生的	“好”政策是由共识产生的
4. 分析的情形	完全的、周全的	极有限：忽略了重要成果、可行方案、价值标准
5. 理论关注点	过分依赖理论	由连续比较，减少了对理论的依赖

（4）分离渐进主义：从政治决策型态所发现的事实

1963 年，林德布洛姆与他人合作又提出分离渐进主义，以修正其连续—有限—比较理论中缓慢“连续”的弱点。分离渐进理论是在每一项政策制定之前，社会上对其已达成了基本共识，可行的备选方案已经基本框定，对这些方案，根据情况的变化，再重新检查资料，片断性地修改目标。

他们将决策型态分为四种情况：

（1）决策者想要使决策能够产生巨大的改变，且其所做的决策有充分的信息做为基础。这种以完全分析概念为基础的决策型态超出了人类本身的能力，在历史上并未曾发生过。

（2）决策者在充分的信息作为引导下，想进行小幅度的改变。这种决策，通常由行政人员指派具有充分信息的专业团体来做决定。

（3）决策者所做的决策，可以解决小幅度的改变，但是这种决策并没有充分的信息作为引导。决策者即使想要对社会问题做大幅度的解决，他也不会采取一次性的解决策略。反之，他会根据过去的经验，作许多连续性的政策设计，以便摈弃社会的不良情况。

（4）决策者有意完成重大的改变，但没有充分的信息和目标作为引导，是最具冒险性和革命性的决策，在人类历史上亦不多见。

（5）党派相互调适：政策形成的方式

1965 年，林德布洛姆指出政策是由党派相互调适而形成，即通过社会互动的方式来进行的。党派是指解决一件问题或进行一个决策中的参与者。参与者可能是一个个人、群体、政党、或由数个政党所联合的团体。党派相互调适作为只关注自身利益的多个参与群体间的博弈规则，用以寻求多利益相关群体间的帕累托最佳值[①]（见图 4–4）。党派相互调适最能够反映多元民主社会的决策过程。

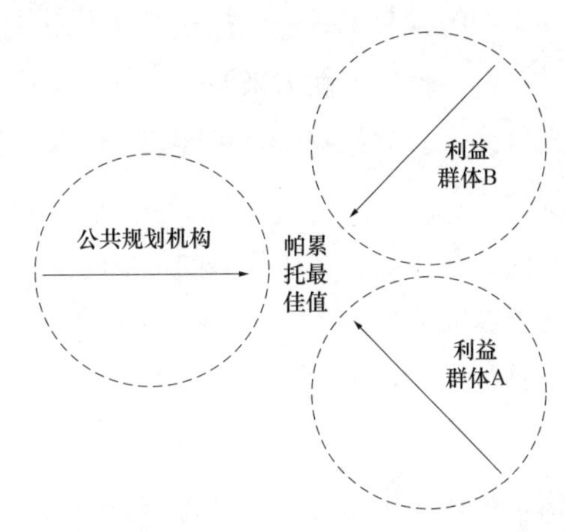

图 4–4　党派相互调适寻求多利益相关群体间的帕累托最佳值

（6）渐进政治：民主社会的政治事实

1979 年，林德布洛姆对渐进政治和渐进分析的层次两个概念加以深入阐述，以此来反驳渐进政治是保守的、渐进分析不是科学的等批评。事实上，党派相互调适和渐进政治紧密相关。一个社会上之所以会采用渐进政治，与该社会有各个权力中心或党派有明显的关系。政治决策要得到各党派的支持，便不可能脱离党派既有的共识太远。只能在各党派共同的认识上作局部的调整，才能形成渐进政治。可见，渐进政治是民主政治所必需的，其原因在于，民主政治的决策必须遵守大家所共同接受的博弈规则和有关的基本价值。

2）渐进决策模型

决策者处理问题的办法就是有限一比较。在面对几个备选方案时，决策者们往往通过观察其不同部分来做出取舍。对于这些方案的不同部

① 帕累托最佳值是社会资源的使用达到最有效率的程度，即社会资源最佳配置所实现的值。

分所代表的那些政策后果，决策者无需费尽心机去考虑那些共同的部分代表了什么，从而保证了在其视野中考虑的因素是有限的。对于普通决策者，最简单的解决办法是比较不同方案的边际价值，寻找这些差异中还有哪些是趋同的，也就是共识达成的方向。

当多个利益相关群体在价值观的评价中遇到分歧时，“好”并不意味着最大的效益，而是意味着共识。如果大家坚守自己的价值标准，就难以达成共识，那么再好的建议其价值也等于零。共识是实践中衡量一个方案好坏的唯一标准，但官员们有可能并不承认这一点，因为这可能向公众表示他们通过交易丧失了“好”的理性标准。

决策者们的知识和经验与工具理性技术专家不同，他们不是以某种理论来判定未来的趋势，他们的能力来源于对前一个政策所产生的后果的学习，他们信任这种经验并依赖于这种经验，因而，就产生了实际生活中连续比较的现象。

林德布洛姆认为，在衡量方案所代表的价值时，谁也不能绝对地说哪个政策代表了什么，除非使用一个方法——比较。有了比较才有发言权的实践精神，从理论上否定了完全理性规划先确定目标再确定实施方法的工作路线。

因而林德布洛姆说，评价与分析、目的与手段，其实是人们同时选择的。因此先有目的再有手段的决策方式未必科学，即使确定了目的，决策者也未必有足够的知识和能力来判断目的和价值之间的联系。随着社会的进化和社会分工的细化，每一个社会群体都有自己的监察人，他们都会制定出一个最符合自己利益的备选方案，这些方案的集合代表了社会的整体需求，他们为了自己的利益群体相互协商、妥协、让步，最终在某一水平上达成共识，从而实现了有限的理性。从这点上看，除了最终协商妥协这个环节，林德布洛姆与戴维多夫几乎是同一个思维模式。

渐进主义者的共识主张其实体现了一种双赢的理念。坚持己见的争吵，其通常的结果是使双方的效益都为零，而接受了渐进理念的谈判者则不那么执着于某个细节，最终使双方在某个程度上都获益了，这意味着磋商的效率和效益。

在渐进式决策的理论框架中，没有目的并不意味着放弃了对公众利益的追求。事实上，林德布洛姆是依赖于民主的智慧来达到社会和谐与进步。在这里，他的多元主义精神得到了充分体现。

综上，渐进决策模型是逐渐发展而成，其核心围绕渐进模式、互动分析与民主政治的概念。归纳其要点如下：

（1）知识是有限的，人们无法完全了解和掌握信息。这种有限智慧能力的前提假设是渐进决策理论的基础。

（2）政策形成要考虑党派与利益相关群体相互调适。决策者必须依赖社会互动，也就是党派相互调适来解决问题。因此，在进行政策制定时，就要考虑政党、利益群体或利益相关者的意见。

（3）现实的政治是由各党派相互妥协、调和的民主政治。社会上的多数决策既是由各党派相互妥协调和所达成的，党派相互妥协调和的结果很可能会落在各党派的共同基础（即共识）上，来做局部的调整。这种以小幅调整来适应现实的政治，称为渐进政治。

（4）决策要社会互动与科学分析兼顾。决策是由社会互动来达成的，但是如果互动要做得更好，必须依靠科学分析来补救。科学分析在社会互动中可以发挥的功能有二：其一，参与互动的人，可以运用思考分析，以确定自己在社会互动的过程中要扮演什么有利的角色，以及运用什么策略扮演好此种角色；其二，参与互动的人可以通过科学分析，来说服或控制其他参与者支持其所偏好的政策。

（5）通过渐进分析可以造就渐进政治。渐进分析的结果必然造成渐进政治的事实，渐进政治又偏向于渐进分析，两者相互循环不已。虽然渐进分析和渐进政治较为保守，其每次所造成的结果也较小，但是决策者绝不能轻易忽视点滴的突破。毕竟，“持之以恒，滴水穿石”。

（6）渐进政治较符合民主政治的精神。民主政治的特点在于“人人可以作决定”、“决定众人之事，必须经过讨论”、“讨论过后，会比较趋于一致的结论”。同样的，渐进政治也强调：每一个参与社会互动的人都是决策者；经由社会互动造成共识；决策如果要为大多数人所接受，则必须立于社会共识的基础上。因此，民主精神的涵义在于参与、互动、讨论、共识。

3. 渐进式规划评述

1）多元主义观

20世纪60年代后，在规划界对完全理性规划批判的背景下，林德布洛姆的理论始终坚持分散与多样的多元主义观。与戴维多夫一样，他反对专制的工具理性权威，认为平等与自由是民主社会的第一需求，每个群体和个人都有权发表自己的观点，其观点、利益和价值也都应该得到充分的理解与重视。但是为了达到这一目标，与戴维多夫不同，他从理论的高度，在政治决策过程中，对工具理性进行了全面而系统的批判，在方法论上建立了渐进主义理论。其多元主义观点主要体现在以下几个方面：

（1）渐进式规划师们是政策的购买者，通过议价和投标，用可接受的价格向政策的提供者购买一个规划或者决策，尽管这个规划不是最好的一个。

（2）在渐进式规划师眼中不存在不可调和的矛盾，甚至可以说他们认为有矛盾才有均衡，没有了差异，他们反而要自动消亡了。

（3）林德布洛姆是自由主义者，在他眼中，官僚生来就是本位主义、智商有限、推诿责任的，所以他们只能作有限的选择。这体现了一种更纯粹否定政府权力的社会潮流。

（4）林德布洛姆对工具理性的否定和对多元主义论的贡献很大，他深入地观察了官僚决策的心理过程和经验体验，认为在任何一个决策过程中，理性都不一定比非理性的渐进有效率，工具理性远不如市场化的民主理性重要。这就不仅是对工具理性专制的否定，更是对整个理性社会的一种颠覆。

（5）林德布洛姆对政府的精确描述使多元论者有了更清醒的认识。林德布洛姆与达尔对公共决策做的进一步调查，揭示了所谓民主社会中，也并不是像多元论者脑海中的那么平等，其中商业占有一定的特权。这种观点后来形成了新多元主义。后继的新左翼论者指出资本积累和私人市场是政治的中心。从这个理论发展的脉络中，可以看出林德布洛姆是一位承前启后的多元主义理论家。

如果要对渐进调适模型对规划的影响做一个评价的话，除了以上几点之外，我们还必须指出，林德布洛姆对于现有政策决策体系的描述直接影响了规划师对于规划的看法，他们开始明白，他们无法综合，也不必要去综合，规划师的地位降到了对渐进决策做咨询的高度，最终还是由政治家讨价还价地做出折衷选择。渐进主义及有限—比较已经或多或少地成为规划师的工作方法之一，它对规划的系统与工具理性是一种极大的背叛。由林德布洛姆的决策模型与规划的结合，我们也可以发现规划与政策科学之间有如此的紧密联系。

2）实用主义观

从对行动与实施的注重及其都包含自由民主主义这两点来说，林德布洛姆提倡的渐进式规划可称为是实用主义规划一般方法论的同义词。

实用主义重视批判理论等的概念性研究。林德布洛姆采用了实用主义（在一般意义上的词语）或者渐进主义的方法进行政策分析和规范性描述，来分析和描述规划师和其他人应当怎样应对政策问题。

林德布洛姆方法的中心，就像前面提到的，是政策制定者既不能也不要"想得太大"的观点，最重要的是达成协议或共识。像实用主义者一样，他认为在自由民主的社会里，谈判和相互调适就是民主和开放，它也导致这样的状况，即一个特定政策的实施更可行，因为更多的人民"在船上"。

决策必须制定于选择与政策的基础之上，彼此之间都会有所不同。没有什么远大的目标或愿景，这与日常事务和问题只有一个焦点是一样的。此类方法强调以实验和证伪为基础，实用主义者对这种直觉知识多有讨论。为此，林德布洛姆改进了此类方法，用于促进渐进主义决策，并关注和简化复杂问题：分析一些相似选择的限制性；以经验主义的问题分析来确定过于纠缠的价值和政策目标；重视对诟病的补救而不是要解决的目标；从实验和失误中学习；分析大量的选择及其后果；动员不同的团队来对政策进行分段式分析。

必须强调，虽然渐进主义和实用主义之间存在相似性，但它与实用主义存在着不同的理论基础。林德布洛姆的早期研究忽视权力关系中的不平衡现象，缺乏批判意识；而实用主义者更关心权力的不平等性。林德布洛姆后来开始接受不平等权力关系的观点，更多地站在批判的立场上。林德布洛姆也存在着越来越向完全理性规划方法靠近的风险。

3）对该理论的批评

对林德布洛姆的理论，赞成者有之，反对者也不在少数。毕竟，在摆脱传统决策科学的理性化倾向上，林德布洛姆的渐进决策模型是一个巨大的进步，他并没有完全否认完全理性决策分析的价值，而是从实践的角度，发现了一条被传统行政学家忽视的政策分析和决策的新角度。这本身就是一种创造性。这种模型具有重视现实的可行性，注重人们可控制的因素并持续不断的努力改进的特点。这种渐进式的决策模型，不会引起重大的社会动荡。

对于林德布洛姆的批判集中在两点：一是渐进式理论前进的步伐太过缓慢；二是对社会目标的忽视。对于这二点林德布洛姆都做了辩解。对于前者，他提出了分离渐进理论，后者就可以用他的市场民主哲学来解释，但这些辩解显然还不够有力。

渐进式理论被批判为政治上的保守主义和“集体机会主义”。与自由主义民主理论相一致，渐进主义潜心于对目的和方法不做任何明确规定，只考虑尽可能少的选择，而且只对现有政策做微小的或渐进的改变。这种安排对那些满足于现状，特别是满足于保留现存社会权力安排的人们是可以接受的，但是，这种方法并不适合于处理当地的环境和社会等问题。

无论怎样，我们应当注意到，林德布洛姆的渐进决策模型比较适合于一个高度稳定的社会，只有在各种社会问题得到比较妥善的解决、民心相对安定、经济持续发展的局面下才能持久地进行渐进式的改革。因此，渐进决策模型的使用就受到了很大的限制。渐进决策模型不能适用于处在社会急剧转型和重大变革的社会，这是它最大的缺点。一旦社会发生骤变，特别是在诸如人口膨胀、资源匮乏、环境污染、社会动乱、战争爆发等政策领域内，渐进决策模型更显得无能为力。特别是在具有发达的技术官僚体制的国家，渐进式的决策和改革可能会遇到来自于官僚体制的强大阻力，从而越来越起阻碍作用。

第6节 实用主义规划论

1. 实用主义简介

实用主义早在十九世纪末就形成于美国，可以说，它是美国精神的一种哲学理论概括，反映了美国社会求实进取，崇尚科学与民主的精神。实用主义强调以人的价值为中心，以实用、效果为真理标准，以实践、行为为本位走向，倡导教育与社会联系等，顾名思义，实用主义主张经验而非理论才是真实的裁判。实用主义的代表人物很多，如早期的皮尔斯、詹姆士、杜威以及后来的罗蒂等。

当代哲学划分为两种主要分歧，一种是理性主义者，是唯物的、刚性不动感情的、凭感觉的、悲观的、无宗教信仰和相信因果关系的；另一种是经验主义者，是唯心的、柔性重感情的、理智的、乐观的、有宗教信仰和相信意志自由的。实用主义则是要在上述两者之间找出一条中间道路来，是经验主义思想方法与人类的比较具有宗教性需要的适当的调和者。

实用主义的根本纲领是：把确定信念作为出发点，把采取行动当作主要手段，把获得实际效果当作最高目的。特点在于把实证主义功利化，强调生活、行动和效果，它把经验和实在归结为行动的效果，把知识归结为行动的工具，把真理归结为有用、效用或行动的成功。

实用主义的主要论点是：强调知识是控制现实的工具，现实是可以改变的；强调实际经验是最重要的，原则和推理是次要的；信仰和观念是否真实在于它们是否能带来实际效果；真理是思想的有成就的活动；理论只是对行为结果的假定总结，是一种工具，是否有价值取决于是否能使行动成功；人对现实的解释，完全取决于现实对他的利益有什么效果。

实用主义者认为，文化、传统和社会对人类的思想和观点产生重大的影响。早期实用主义学者认为当人类决定应当相信什么时，不是因为它反映了现实，而是因为脑子里的某种理想和信念根据直觉判断认为可以相信。人们若变化自己的理想和信念，是因为出现了新的更具有说服力的理想和信念。根据实用主义的观点，如果通过选择得出一个理论或一种解决问题的办法，并有一定的迹象表明这种理论或办法存在正确和成功的可能，这就足够用于实践过程中。实用主义强调个性和自由。实用主义规划论就是在这种基础原理上发展起来的。

2. 实用主义规划论

在西方，由于规划过程中的理论多元化，以及市场经济中的多元主体和不确定性，完全理性规划论已无法解释规划实践中的许多问题。20世纪80年代后期在这样的背景下，实用主义规划论在美国作为一种反完全理性论的规划思潮出现了。对规划来说，实用主义是一个操作性很强的方法，它强调在特定的条件和形势下对特殊问题的直接行动。因为在美英盛行，实用主义着重自由主义与科学方法，自由主义提供适于实用主义的政治与社会框架，而科学方法强调持续的批判和反思。

实用主义规划论是在美国占主导地位的规划哲学，规划师奉行“成事”的办法，反映出在自由民主体制对于现实与“常识性”解决方案的关心，针对具体问题，进行具体分析，采取具体措施。在英国，规划的主导主题也是行动和成事。正如在新右翼论中介绍的，新自由主义的美英政府在20世纪80年代前后的十多年中推行的是反国家和规划的方法。在公共规划部门里服务的许多规划师发现他们不得不证明他们存在的必要性，并以实际行动来实现。因此，实用主义本身及其解释作为一种规划范式或实现规划的途径，起源就具有反抗新左翼规划思潮的倾向。

霍奇第一个倡导和解读了实用主义思想与规划的关系。霍奇的观点主要有三点：在实践中，强调经验比理论更适合作真理和实际的仲裁者；实践中得到的答案是真正问题的实际答案；实践的方法要通过社会共识和民主的手段来实现。这与美国的多元主义社会性质有关，多元主义社会中的各种相互冲突的思想都要经过实验，最有效和最受欢迎的思想都要经过运用，这样的方法以自由主义为核心。实用主义设想自由主义如何会成为最便利的实用主义和最具实践性的民主。在霍奇看来，这样一种社会包括“大量社区通过不同形式的协议、传统和惯例联合起来，通过民主的自由主义来达成”。显然，霍奇的观点是独特的北美观点。

实用主义规划的“成事”观念制造可观、可感的切实成效，它视规划为一种高度实践性的活动，其基础是解决问题并使事情发生，它注重实效，讲究实际运用与常识性解决办法，研究政策、策略在实施过程中的问题，评测各种可能性和困难等，从而解决问题并促使预定目标实现。实用主义规划论批判完全理性规划论中不重视或忽略规划的实际执行情况，强调要对规划的实施加以更多关注。实用主义引导规划与设计立足现实矛盾，把确定内涵的具体目标作为出发点，追求可见成效。实用主义规划强调个人与社会之间的协调和实践与行动的社会性。实用主义让规划创新，广泛糅合不同的立场观点，使规划的发展表现出明显的调和与折衷趋势。

实用主义规划论的意义在于它相信发展是不可预见的，而且有时是非理性的。矛盾时时刻刻存在，并且无处不在。所以需要采用有一定倾向性的观点。市场经济中政治与权力中心是多重的，为实现规划目标，规划师不得不采取具有倾向性的方针和方案。

实用主义规划论对于理解规划面对的诸多实际问题提出了很好的思

路，但是一些人指责实用主义过于保守，以及它无视社会中更深层的力量和众多结构性影响力，对规划问题的复杂性和相关性分析明显不够。然而，近二十多年来实用主义的发展已证明，实用主义作为一种哲学并非简单地“成事”，而是发展了对于复杂性问题的方法。

霍奇对实用主义规划思想有一些批判性认识，更多的是融合了福柯的权力话语理论。霍奇批评纯粹的实用主义者时认为，实用主义无视权力，在坚持而不是克服社会问题上存在着危险性。霍奇认为，规划专业人士在动员与支持更多公众参与中应发挥更大的作用。而大多数规划专业人士服务于国家官僚政治，这限制了他们的作用；而且，由于权力的中央集权化和绑定的专业人士的利益，期望专家去鼓励更多的公众参与是不现实的。对霍奇来说，主要由于权力的问题，实用主义只是一个有用的理论见解，而不是一个有价值的规范性立场。

福雷斯特的实用主义观点中融合了哈贝马斯的研究，自称为批判实用主义的理想话语形式的思想。福雷斯特的批判实用主义尝试解决实用主义忽略现实社会不平等的难题，他把实用主义与沟通行动理论和多元主义结合起来，让规划实践和规划过程更加平等、开放、民主，在规划中更强调多元化的意见和声音。对于福雷斯特来说，规划是一种基于解决问题和落实行动的非常实际的行动，而比起纯粹的实用主义方法，福雷斯特认识到，在工作中确实存在着巨大的力量，能使规划实践只不过再次产生新的不平等。因此，在实用主义的规划中添加了一个规范的尺度，这个规范以一种更开放、民主的方法使规划更开放，能听到更多元化的声音和意见。

福雷斯特认为，规划师要预知困难、及时反应和高效率；对事情的促成要大于对事情的否定。因此，这样的规划要立足于沟通，在这种规划中，规划师扮演的是看门人的角色，应从多种可能性中去选择。

由此，福雷斯特认为，规划必然是一种实用主义行动，并受权力所约束和影响。规划师需要认识这些途径，他们在其中可以“有效地预测实际的障碍和响应，虽然难以保证，但必须培育而非忽视这样一个充分的民主规划过程”。这种规划是基于与作为看门人角色的规划师的沟通，规划师面对多种可能性从中做出选择后采取行动。而且，像实用主义者一样，福雷斯特认为这种行为发生于自由主义之中。“规划师无法改变这样的框架，因为他们一直忙于处理纠纷，解决随时打进来的电话，与其他同事争论，判断优先的事情，在这讨价还价，在那组织事情，努力理解其他人（或一些文件）的意思”。

福雷斯特将规划视为潜在的一种“非零和博弈”[①]，他认为，开放地沟通必然会达成协议，这会使每个人都成为赢家。本质上，福雷斯特提倡更开放和民主的过程，在此过程中，规划师在揭示和挑战强权利益中发挥着积极的作用。

如何既是实用主义者，又具有价值观和信念呢？

实用主义哲学通过它的两个基本原则来实现：自由主义原则和多元主义原则。自由主义原则作为一个争论和商讨的舞台；而多元主义则作为一种比试想法和立场的原则。自由主义原则拒绝共识的观点，采用相对主义来接受不同的观念与意见，如同后面讨论的沟通式规划是强调合作，实用主义也重视语言与讨论。多元主义原则提供一个基于“共享问题与共同目标”的方法。福雷斯特的批判实用主义解决了实用主义忽略现实社会不平等的难题，结合实用主义与哈贝马斯的沟通理性，让规划实践不流于再生产不平等关系，而是加入规范性的方面，使得规划过程更加开放、民主，打开规划更加多元的声音与意见。

总体上说，实用主义规划有以下一些特征：

（1）实用主义可为规划师提供反省自身及其行动的观察角度，强调批判性机制，以用作规划师的作用的反映以及重新描述和看待形势的途径，它视规划为一个演变的活动，其目的将随时间而改变。

（2）规划并不寻求揭示真实，而是为我们所理解的实用性目标而服务。规划的作用是要用一些标准来鼓励、反对并最终决断相互对立的理论和观点。

（3）实用主义关注规划的实践，对在规划实践中的微观政治感兴趣。因此实用主义的规划对抽象的理论不太注重，更强调规划的实践性，考虑的是实际中应该做什么，而不是理论上是怎么说的或理论上告诉我们应该怎么做。

（4）实用主义注重选择和各种偶然性，缺乏抽象地强调伦理的思维。这不是说实用主义不鼓励伦理考虑，但它表现得不像其他方法那样去说“这是对的或错的”。

---

① 非零和博弈（non-zero-sum game）：双方利益并非针锋相对的局面；如不妥协则两败俱伤、如妥协则对双方都有好处的局面（即双方得分的总和不是零而是正数或负数的局面）

（5）实用主义坚定地强调用人类行动来反对理想主义、现实主义、马克思主义等这些抽象的思想，更关注实践性的方面。

3. 实用主义规划评述

目前来看，实用主义作为一种实践的哲学并不仅仅是“成事”，它在规划领域已发展成为解决复杂和困难问题的一种方法论，这种方法围绕规划师及其所使用的语言。

在权力的压力下，规划实践经常不得不满足某些利益相关群体的要求，可能产生不平等的现象。实用主义规划论提倡的是一种具批判主义的观点，仍然关注行动，但行动的途径更追求包容性的方式，而非（默认的）长期保持不平等性。通过采用实用主义规划方法，可以形成更为公开民主的方式，可以使更多的利益相关群体参与到规划过程中，获得更多的声音和意见。从这方面看，实用主义的规划方法应与下面讨论的沟通式规划论有相似之处。

多元自由市场经济中有不少的决策者，决策过程必然要考虑所有这些利益相关者的利益。这使得实用主义的规划方法在实践运用中比完全理性规划方法更为现实和有效，因为多方参与意味着多种不同的意见。完全理性规划适用于计划经济，而不适宜市场经济。不同利益相关群体和主体之间复杂的关系，以及他们之间的矛盾可能最终造成远期和综合目标的丧失。完全理性规划论的目标追求因此而失去方向，或变得面目全非。

实用主义规划在市场经济中能更有效地实现发展的目标，特别是在竞争的环境中。福雷斯特将规划当作权力结构中或其影响下的实用型活动。规划师应当确定认识问题的方法，了解什么是制约因素，并相应作出实际和有效的对策，这就需要实用主义的规划方法。另外在比较缺乏民主的规划条件下，规划师应当发挥看门人的角色，避免某些最坏事件的发生。

实用主义规划论实际上具有深刻的理论性。在实用主义被介绍到规划理论中后，它已经通过不同的解释受到空间的干预，在权力不平等性面前得以实践。因此，美国的方法在批判现有权力关系的同时，已深植于自由民主的框架之内，而与此同时，欧洲对它的解读则对现有体制的现实和被替代的可能性更为敏感。这种差异已成为批判实用主义方法的一部分。

这一结果在表面上看起来是哲学、理论和实践简单的有力融合，但是更深层次上并非如此，尤其是近期的发展，仍存在一些通过实用主义规划方法所不能解决的问题。这些悬而未决的问题招致对它的批判，针对的还是实用主义对权力的无视。

实用主义规划在操作过程中，很可能出现忽视某些群体的利益，例如弱势群体的利益，忽视远期的、后代人的利益。因为实用主义的规划强调个性和自由，根据信念做出判断。在我们具体的现实社会中，由于多种原因，包括自身的利益所在，或对压力的屈服，或自身价值观的影响，规划师忘记了规划的最基本原则就是公平性和可持续性。这是实用主义规划的弱点。因此虽然实用主义规划论可以面对发展的不确定性和多元性，在快速发展的社会中具有很大的操作性，但是单独使用这种方法论包含一定的危险性。

实用主义规划中对科学方法的使用，被批评为无视科学方法入侵政治与社会的领域，成了专家统治论（专家治国论）的基础。尽管有这些批评，实用主义一直是解决规划实际问题的实用方法的一部分。

第5章　理性规划范式（二）

对“理性”的不同理解贯穿于大多数的规划范式研究。第5章将介绍“沟通理性”，它是对工具理性思想的扬弃，并讨论沟通理性思想对规划范式的深刻影响。

工具理性（完全理性）将主体与客体对立起来，这种主体为中心的理性，基本源自人的主体对客观自然世界认知的能力，是建立在人的经验主体对物质客体的一种静态的、单向的、支配性的关系上。在社会实践和生活中的理性，却是建立在人与人之间、主体与主体之间的互相理解之上，这种动态的、双向交流的理性称为沟通理性。沟通理性的意义在于，它认为理性不仅是主体与客体各自的理性，还意味着主体之间（即人际沟通）的理性。可见，除了批判与检讨先前的规划理论之外，沟通理性更具有积极而正面的建设性，因而受到规划界广泛关注。

沟通式规划是沟通理性在规划领域应用的结果。它的思想来源主要有三：第一，也是最重要的，是哈贝马斯的研究，他寻求重构“现代性未完成部分”。哈贝马斯质疑日常生活中工具理性的支配地位，认为应重新强调其他的理解与思考的途径。第二，是福柯等人关于话语及权力的学说，他们寻找隐藏在语言、方法背后以及潜藏在现有权力关系中占据潜在主导性的内容。第三，吉登斯及新制度主义学派的研究，他们考查通过社会关系建立彼此关系的方法以及我们能够在社会中合作存在的方式。第四，实用主义也是沟通式规划论的思想来源之一，并强调哈贝马斯理论的重要性，二者共同构成了沟通式规划范式的哲学基础。

对规划中理性范式转换的分析，基本可以断定，在当地与乡村规划层面上的规划，应当向沟通式规划发展。从决策者和规划师的精英式规划转变成普通公众（包括农民）的规划；规划的作用从工具理性的作用转变到公共事务中组织群众、社会学习、协调不同利益相关者的作用；用赋权、透明和治理的新理念取代僵化的自上而下的规划；规划师由客观、中立的完全理性规划师变为公众参与规划的沟通者、协调员和主持人。

沟通式规划在国外的运用也主要在“小规划”中，同时在乡村发展中的公众参与有众多国内学者已经进行过研究，沟通式规划与参与式乡村规划在非常多的方面不谋而合。因此，作者认为，沟通式规划在我国乡村规划或乡村振兴中应具有其特殊的适用性。沟通式规划的实用主义与沟通理性视角，能够适应各地乡村的地域差异性，同时能促进农村规划中的公众参与和基层治理。沟通式规划无论作为一种规划范式还是规划方法论，能够帮助规划师了解和掌握当地农民的感情诉求。同时，沟通式规划应对目前并不令人满意的基层治理状况也是一种途径。

沟通式规划基本可以适用于我国的正在开展的乡村规划，能够解决我国目前乡村规划中存在的一些问题，对于推动乡村振兴的伟大事业具有积极意义。

对“理性”的不同理解贯穿于大多数的规划范式研究。无论是支持还是反对规划，最终总要回归至同一主题：即规划是否是，以及在多大程度上可以是“理性”的。本书第 4 章首先介绍了完全理性思想，它一度在规划理论与实践中压倒其他思想占据绝对优势，理性规划在相当长一段时间内是作为“标准规划模型”而存在的；同时，我们以有限理性的思想为主线，介绍了从完全理性规划向其他规划范式转换中的几种主要范式。这里，我们将介绍对完全理性提出又一轮挑战的沟通理性，并讨论它与其他理论对沟通式规划范式的深刻影响。

沟通式规划的倡导者们大都直接从哈贝马斯（Habermas）的沟通行动理论中获取智慧的源泉。沟通式规划论的出现可以说，标志着世界范围内的公众参与已开始进入了成熟期，基本上完成了从 20 世纪 60 年代的社会运动化向 90 年代的理论化和制度化方向的迈进。同时沟通或合作转向形成了新的规划范式，并且在 80 年代之后在规划论话语方面形成主流。

本章将介绍几个深刻影响沟通式规划的重要思想来源，分析其对沟通式规划范式的贡献，并将介绍沟通式规划的主要观点与未来的发展。

第 1 节　思想来源

沟通式规划是沟通理性在规划领域应用的结果。它的思想来源主要有三：第一，也是最重要的，是哈贝马斯的研究，他寻求重构“现代性未完成部分”。哈贝马斯质疑日常生活中工具理性的支配地位，认为应重新强调其他的理解与思考的途径。第二，是福柯（Foucault）等人关于话语及权力的学说，他们寻找隐藏在语言、方法背后以及潜藏在现有权力关系中占据潜在主导性的内容。第三，吉登斯（Giddens）及新制度主义学派的研究，他们考查通过社会关系建立彼此关系的方法以及我们能够在社会中合作存在的方式。另外，实用主义也是沟通式规划理论的思想来源之一，并强调哈贝马斯理论的重要性，二者共同构成了沟通式规划范式的哲学基础。

无论如何，在这些不同的思想来源中，哈贝马斯的研究最具奠基性作用，被认为是沟通式方法的主要支撑，是规划沟通途径的主流，深刻影响着作为沟通式规划的有关研究和实践。哈伯马斯对现代性未完成部分的重构，使得现代主义理性部分得以回归，改良的现代性和后现代性在两个方面达成共识：一是社会是个复杂体，需要更多的了解；二是“科学的”完全理性占据思想和知识的统治地位，并不是由于它自身的客观性。因此根据以上思想应运而生了公众参与、政策分析及区域与地方治理等沟通式规划的基础理论。

沟通行动的概念在1989年首先被福雷斯特（Forester）引入规划领域。1989年，福雷斯特出版了《权力面向的规划》一书，在对传统的将规划看作是技术手段的观念进行批判的基础上，提出规划并非是在价值中立的立场上，而是处在权力运作的过程中并发挥作用，要从根本上重新认识规划和规划师的行为。规划师是在一定的政治制度内工作，要受到政治制度的限制，并对政治问题产生作用。

福雷斯特之后，萨格尔（Sager，1994年）最早正式使用沟通式规划一词。以美英著名学者希利（Healey）、英尼斯（Innes）等为代表的先驱者在理论和实践两个层面对规划中的沟通行动进行了探索。福里斯特对规划过程中信息及信息的歪曲与权力关系的进行了分析，英尼斯对沟通行动和共识形成机制进行探讨，希利对社会、政治、规划制度进行了分析，但是作为一个整体，将这些研究成果发展迅速发展成较完整的沟通式规划理论，逐步建立起沟通式规划的基本框架，打造出沟通式规划这一种新的理论基础、规划范式模型和操作手段，使之在过去的二十余年中取得了规划理论的中心地位，也成为当今西方规划领域中一个令人瞩目的课题。

沟通规划范式建立前还经历了好几次理论的转变与命名的差异，从文献中看，有过多种称谓。费希尔和福雷斯特（1993年）曾称其为辩论式规划（Argumentative Planning），福雷斯特自1999年后又用协商式规划（Deliberative Planning）。希利1992年时还用通过辩论的规划（Planning Through Debate），1993年就用沟通式规划（Communicative Planning），1997年又用合作式规划（Collaborative Planning）。英尼斯（1996年）曾用建立共识的规划（Consensus-Building Planning）。泰勒（Taylor，1998年）用话语模式的规划。弗里德曼在1973年用过谈判式规划（Transactive Planning）。目前来看，一般在美国文献里多用沟通式规划或协商式规划，以福雷斯特为代表；而在英国的文献里多用合作式规划，以希利为代表。另外，国内规划学界的翻译也很混乱，常见的有联络性规划、沟通型规划、协作规划等。

沟通式规划称谓的不同反映出这一规划范式自身的复杂性。主张这一理论观点的规划理论家们虽然都利用了哈贝马斯的沟通理论，认可沟通理性的思想，但他们在对沟通转向的理解上存在差异，呈现出多元化发展的态势。原因可能在于每个人所持的观点不大一致，如：希利被认为哈贝马斯是其理论观点最主要的影响者，但她自己认为，其思想的基础更多出自于吉登斯的结构化理论，吉登斯关于结构与主体之间的持续相互作用以及互构的概念，也体现在她研究规划实践时获得的个人领悟中。另一个原因可能是各个规划理论家自己所处国家制度的存在差异，例如：福雷斯特所处的美国背景是一个非正式协商的规划架构，他的理论随着一种美国的规划意识而发展，因而用实用主义加以补充，在制度上、过程与结果上都更加不同和更加灵活；而希利所处的英国背景是一个限制参与过程的典型正式制度，解释更加英国化、更加统一，通过更加具体的过程与制度来帮助形成产出与结果，因而关注“结构”。他们各自从不同的视点探索着诸多的实践问题，这是西方规划体系内部变革所带来的结果。

尽管有上述的差异，但各个理论家们都仍强调沟通理性转向的不同方向：一些理论家把沟通式规划视为一种科学分析（相对于抽象的理想语境），一些把沟通式规划视为一种解决方案，一些把沟通式规划视为一种规范理论。

第 2 节　沟通行动理论与规划

1. 沟通行动理论

哈贝马斯（1979 年）的沟通行动理论，以沟通理性作为对工具理性思想的扬弃。工具理性将主体与客体对立起来，哈贝马斯认为，这种主体为中心的理性，基本源自人的主体对客观自然世界认知的能力，是建立在人的经验主体对物质客体的一种静态的、单向的、支配性的关系上。他发现，在社会实践和在生活中操作的理性，建立在人与人之间、主体与主体之间的互相理解之上，他将这种动态的、双向交流的理性称为沟通理性。沟通理性的意义在于，它认为理性不仅是主体与客体各自的理性，还意味着主体之间（即人际沟通）的理性。主张以实践理性来替代先验理性，从而维持内部批判的民主力量，去抗拒单一向度原则的潜在支配。

根据哈贝马斯的观点，“沟通”是行动者个人之间以语言或非语言符号作为媒介的一种互动，“媒介”是行动者各方理解相互状态和行动计划的工具，相互理解是沟通行动的核心。两个或多个人之间要进行有效的交流与沟通，需要满足一定的条件，即沟通的“有效性要求”。哈贝马斯把这种沟通模型称为“理想语境”，它为现实生活中的规划程序提供了检验与衡量的标准。理想语境用于决定接受或拒绝某一断言的真理要求，其目标是要达成“真理共识”。

1）沟通行动

要理解哈贝马斯所说的沟通理性和沟通行动，我们须知道哈贝马斯理论中几个基本的概念：

（1）话语

“话语”一词大致的意思是指对事物演绎、推理、叙说的过程。从狭义上，“话语”可理解为“语言”的形式；从广义上，它又涵盖了文化生活的所有形式和范畴，因此，对“话语”的分析同社会生活的各个方面都有着密切的关联，如政治、经济、文化、社会制度等。语言与权力斗争相关，因为语言妨碍了什么是真决定，什么是伪决定。哈贝马斯认为，隐藏于话语背后的权力得源于资本家的生产模式，因此，不仅话语与权力有关，而且它也是一个行使权力的途径；语言是一个保持或发展权力关系的途径，但它也有揭露这些关系的潜力。在哈贝马斯的理想中，沟通行动的权力分布应该是均衡的，但这在实际中具有乌托邦的色彩，很难达成。其在话语与权力思想方面的不足，沟通行动理论家们用福柯的哲学思想加以完善。

（2）生活世界和社会系统

人类生活于其中的、大家在一定程度上共同拥有的、一组庞大而并不明确的社会文化背景就是生活世界。生活世界是每个人都拥有的，是一个系统化的网络，属于个人关系的领域。在其中，通过分享实践知识、合作开展社会行动，各主体之间相互作用，它成为文化资料的储存库，是文化复制的场所，为人类的沟通交流提供了可能。生活世界一方面代表着一种规范人类互动的整合准则，人类共同接受的价值理念，同时也构成了个人行为取向的养料；另一方面，生活世界被理解为另一个研究架构，代表着研究者同时是社会参与者，采取了一个介入自己价值判断的研究近路。由于生活世界的存在，沟通与沟通才得以可能。

哈贝马斯指出，生活世界包括文化、社会和人格三种结构。生活世界理性化是指文化、社会和人格三者的相互关系及其各自的界线变得愈来愈清晰，人类亦开始懂得用不同的架构和演绎角度沟通，而人与人的沟通是通过理性的讨论多于受权威的制约。我们可以从三个层面看生活世界理性的过程：生活世界结构上的区分；其结构上之形式与内容的分离；符号意义层面上的复制过程之反思性增加。这三个层面的变动是显示理性化过程的进展。所谓生活世界结构上的区分，是指文化、社会与人格这三种结构不再笼统地受具有神秘色彩的世界观所控制，而是各自顺应着理性沟通的角度独立起来。这些生活世界上结构的变动，是随着人类以沟通代替对权威的盲从才成为可能的。对应着生活世界结构上的区分，是其形式与内容上的改变和分离。这显示着人类思维和理解能力上的提升和抽象化。符号意义层面上的复制过程之反思性增加也就是说，在不同的文化领域、不同的社会制度里、甚至是教育下一代的过程中，人与人之间的沟通和理性上的反思日益占据着主要的位置。

社会系统与生活世界相对，它有两个意思：其一是指影响人类生活的社会的制度或组织，影响人类的生活；其二是与生活世界一样，作为研究社会世界的分析架构，社会系统也指研究者采取客观观察者的视角去分析和了解社会现象；同时也代表一种系统分析方法，把社会作为一个系统去了解，重视其结构和功能的层面。如资本主义经济或官僚行政管理系统，是通过权力和利益来运作的，形成生活世界在其中运作的背景。现代社会的困境的其中一个主因，是社会系统控制了生活世界。用哈贝马斯的话说，是“生活世界殖民化”。要清楚了解这一个现象，就要考察社会系统的理性化过程。哈贝马斯将社会系统的理性化过程分为四个阶段：平等式部落社会、等级制部落社会、政治阶级分层社会、经济阶级结构社会。这是生活世界理性化发展的两难之处：一方面是个人的理性认知能力和自主性的增加；而另一方面，此种情况导致社会系统日益复杂和扩张。这是现代社会发展的悖论。

虽然社会系统是由生活世界的理性所创造的，但是，社会系统主导着生活世界，限制着沟通行动的范围。沟通行动允许人们去“开发、确定和更新其在社会群体中的成员及其自己身份的确认”；而且，沟通行动与我们经历的集体行动（例如：规划过程，包括权力、资本、妥协等达成协议的过程）不同，沟通理性在实现共同行动上期望采取完全不同的方式。

（3）行动与合理性

哈贝马斯将行动区分为四种类型：工具式行动、规范调节行动、戏剧式行动、沟通行动。工具式行动是行动者通过选择一定的有效手段，并以适当的方式运用这种手段，而实现某种目的行动；规范调节行动是遵守共同社会规范的行动；戏剧式行动是在公共场合有所意识地展现自己的主观情感、品质、愿望等主观性的行动；沟通行动是至少有两个行动者通过语言的交流，求得相互理解、共同合作、协调相互之间的关系的互动行动。其中，沟通行动作为沟通行动理论的核心，它在本质上比其他三种行动更具合理性，因为它综合考虑了前三者。沟通行动把语言首先作为直接理解的一种媒介，语言的所有功能在这种行动模式中得到了充分的应用，只有在沟通行动中，语言才同时担任认知、协调和表达功能，语言作为相互理解的中介，具有独立意义。

哈贝马斯为分析沟通行动的概念，他提出了沟通语用学和话语伦理学，认为沟通行动是指两个或以上的主体通过语言的协调互动而达成相互理解和一致的行动；并提出只要维持推理过程中充满活力的批判，那么通过生活世界与社会系统之间的交互和广泛的协作治理，就能够达成共识并达到利益均衡和利益最大化的目的。沟通行动的目的是行动者为了协调相互之间的行动而进行的行动，这种协调又是行动者相互之间以语言为中介，通过相互沟通而达到的；也可以说，沟通行动是人们相互之间的一种运用语言进行沟通的行动，是使用语言的行动，即言语行动。

哈贝马斯提出沟通行动的概念，其最终目的是为了提出他的沟通合理性理论。哈贝马斯试图通过区分工具合理性和沟通合理性，来合理地解释现代社会进程。

哈贝马斯从对人类的行为分析入手，把人的行为活动以两大范畴进行区分：一为劳动，二为相互作用。所谓劳动又称工具理性行动，它按照技术规则来进行，其合理性标准为生产力的提高、支配技术力量的扩大；所谓相互作用又称沟通行动，它以语言为媒介，通过对话，达到人与人之间的相互理解和一致，它按照社会规范来进行，其合理性标准为人的解放程度和自由沟通行动的扩大。沟通合理性是沟通参与者相互协调的问题，其合理性程度是以沟通理性的发展程度为基础的。随着人类理性发展，又出现了现代社会的悖论，出现了“生活世界的殖民化”。生活世界殖民化原本属于私人领域和公共空间的非市场和非商品化的活动，但被市场机制和科层化的权利腐蚀了。哈贝马斯认为实现沟通合理性就可以走出生活世界殖民化的困境。

哈贝马斯认为，工具理性主导了被权力和金钱扭曲的人际沟通，工具合理性模式的错误在于，这种视角仅看到了人类行动处理主体与客体关系的合理性，而忽视了主体与主体间关系的合理性。不同于工具理性，沟通理性首先是一种对话式的理性，是以主体间的平等的对话为基础的；沟通理性是一种借助于更佳论据的力量进行反复论证的理性。可见，沟通理性是一种有反省、批判和论证能力的理性。哈贝马斯强调，沟通理性并不完全代替工具理性，而只是把工具理性限制到一个从属的角色。而沟通行动通过话语建立一系列人们共同遵守的规则，因为只有符合与其他人达成相互理解的有效性要求时，某种事物才是合理的。为了揭示沟通行动中潜藏着的沟通理性，哈贝马斯提出要分析沟通的“有效性要求”。

2）有效性要求

两个或多个人之间要进行有效的对话与沟通，需要满足一定的条件，即有效性要求，这是沟通行动不可或缺的假定或预设，是构成沟通行动继续进行的背景性共识。

沟通的有效性必须满足四个条件：可领会性要求（选择可领会的表

达，以便说者和听者之间能够相互理解）；真实性要求（提供一个真实陈述的意向）；真诚性要求（真诚表达意思以便听者能相信说者的话语）；正确性要求（选择一种本身正确的话语，以便听者能够接受）。当A要与B交流时，A首先需要遵守这四种假设：表达是可以理解的，命题内容是真实的，意思表达是真诚的，沟通话语是正确的。这四种前提条件是可以存在于每一个人的身上的，而且是可以在实际生活中进行的，达到了这四种要求才能具备良好的沟通能力。

然而，在进行沟通行动时，常常会因为双方的不同背景，而有不同的共识，当不同的共识存在冲突时，往往会导致沟通行动的中断。一旦沟通中的参与者对于上面某一项沟通行动的有效性要求有所怀疑时，亦即不再视之为理所当然而接受，则有效性要求就成为沟通中的参与者注意的焦点。在这种情况下，某些问题可能出现：假若某一项表达的可理解性成为问题，B会问：A这句话是什么意思？我应该如何来了解这句话？假若一项表达的真实性成为问题，B会问：事情真如A所说的吗？为什么会如此？假若一项表达的正当性有疑问，B会问：A为什么要这样做？为什么不那样做？假若在一个互动情景中，B怀疑A的诚意，B会问：A是否在欺骗我？ A是否在自欺？这些干扰沟通行动的问题会导致沟通行动的中断，这时就需要马上想办法补救，需要进入理想语境。

3）理想语境

沟通行动能够顺利进行，除了要求行动的参与者具有沟通能力之外，还取决于能否有一个自由、平等的沟通环境，即“理想语境”（理想的言语情景）。理想语境是用来检查受到质疑的有效性要求的讨论。在理想语境中，双方各以论证来支持或驳斥该有效性要求，希望最后能达成一致的意见，以决定是肯定或否定之。因此，若想使沟通行动继续，必须在预设“真理共识”是可以达到的前提下，沟通双方进行反复性辩论，使其在互相辩论和讨论中消除分歧，重新达成一致性的意见和共识。这种反复性辩论必须置于沟通的理想语境中才有可能。在理性争论的过程中，所有潜在的参与者都有相等的机会进行沟通的理想语境。理想语境的实施有一定的条件，理性讨论的参与者都必须有相等的机会，他们：（1）使用表达性的言语行动，以便进行解释、说明、质疑、反驳与辩解，没有任何预设概念可免于被检讨和批评；（2）使用表意性的言语行动，自由表达自己的态度、意向及情绪，以便参与者能互相了解；（3）使用规范性的沟通行动，如命令、反对、允许、禁止等，以便排除只对单方面具有约束力的规范，即排除特权。

沟通行动与理想语境虽然是两种不同的沟通形式，但却不是互相独立、毫不相关的，其间存在着一种辩证的关系。

当沟通的有效性要求受到质疑时，人们会面临两种选择：或中断沟通，转向策略性行动；或是通过理性讨论达成共识。理性讨论不再以相互理解为目的，或通过论证活动，或通过提供论据为沟通行动的继续进行做努力，这就是理性讨论的过程。理性讨论的过程是一个沟通参与者寻求更佳论据的力量，证明自身的合理性过程。

一旦这种理想的假定受到质疑，如果沟通行动不被中断，或者沟通行动不转向策略性行动，则理想语境是唯一的补救方式。在理想语境中，借着反复的论证，达成一致的意见，以恢复原来的背景共识，或建立一个新的背景共识，因而又回到正常的沟通轨道。因此，在理性沟通中，沟通行动与理想语境之间的关系是一种辩证的交替。

4）真理共识

理想语境的目标是要达成共识，以决定接受或拒绝某一论断的真理要求。理想语境所包括的一些论证与反论证，来支持或驳斥某一沟通行动的真理要求。而论证则无所谓真或假，只能说有道理与否、有无说服力，或确切与否。

在一个沟通行动中，"达成理解"是指至少有两个说话或行动主体，以相同方式理解同一表达内在思考的行动，如：当B接受A的沟通行动，就表示在A与B这两个说话或行动主体间已经达成了共识。哈贝马斯认为，由批判所形成的客观知识，要从沟通行动的要件和理想语境之间的关联来看，其目的在于共识的形成，也就是指对于某些被认为理所当然的必要条件。哈贝马斯也指出，真理共识并不是一个静止的理念结构，而要以反省和批判的态度不断地修正与辩论，使它成为了解社会真相的源泉。

沟通行动理论中，达成共识的情形分为以下四个层次：（1）规范一致性：说话者在规范情景下表现一种适切的沟通行动，以便建立一个互为主体的合法性关系。（2）共享命题知识：说话者进行真实的陈述，使听者能够接受并且分享说者的知识。（3）主体真诚互信：说话者真诚地表达他的信念、意图、感觉和期望等，以取得听者的信任。

（4）意义可理解性：说话者在沟通行动中，选择可理解的语言表达方式，以便和听者在某事上达成共识，且让自己能被人所了解。

真理的问题是一个互为主体的问题，必须以理想语境来解决，以期获得共识。哈贝马斯说："真理即意味着达到一种'合理的共识'的希望"，又说："'合理的共识'是真理的判断基准。"实际上要达成共识，必须在理想语境下才是合理的共识或真正的共识。

基本上，哈贝马斯的哲学思想并不是另一套的意识形态，因为他强调的是人们能够自主、负责而理性地进行思想行为以及沟通行动，是人们理性的沟通能力的直接体现，而不是作为某种理论或符号系统，从而对人们的思想行为和沟通行动具有自然因果般的决定作用。

总之，沟通行动是社会主体相互理解的行动，而且是以达到意见一致为目标，这种达成共识的理解，是以沟通理性为基础。理解的行为是语言行为，理解的过程是交谈、对话的言语过程。

依据哈贝马斯的观点，沟通理性的基本内涵，可归纳为下列七点：

（1）沟通理性是哈贝马斯对工具理性与实践理性辩证的综合。

（2）沟通理性是重建人类生活世界理性化的基础。

（3）沟通理性寻回人类自我尊严和意义价值，是走向理性社会的先决条件。

（4）沟通理性是一种为追求真理共识的理性，通过反复辩论的民主沟通程序。

（5）沟通理性是一种启蒙的理性，其目的在于批判、反省被社会系统所扭曲的沟通，以重建人类沟通的潜能。

（6）沟通理性具有民主性、多元性、开放性、整体性、普遍性与实践性的特征。

（7）沟通理性通过教育启蒙，追求培养具有自主、成熟、负责的完整人格理想。

因此，沟通行动模型为现实生活中的规划过程提供了检验与衡量的标准，极大地影响了20世纪80年代末以来的规划思潮，形成了规划学界中的"沟通转向"。

2. 沟通行动理论下的规划

沟通规划论的最重要思想来源是沟通行动理论，沟通式规划首先是沟通理性在规划领域应用的结果。福雷斯特（1989年）率先将沟通理性引入规划理论界。沟通行动理论对规划理论来说既是重要哲学，也是重要实践论，除了具备批判性、足以批判现代社会与检讨规划理论之外，它还具有积极而正面的建设性，通过更本质的理性手段、更深刻的知识建构方法及思维模式，引导社会及规划再向下一阶段演进。可见，沟通理性下规划范式的萌生，是理性原则从现代性发展到后现代性的一种体现，也是自二战后物质空间决定论下的规划范式与完全理性规划范式被质疑、反叛、扬弃与超越的结果。

一般来说，规划是以一种积极的方式来解决问题和冲突，进而提出一些解决方案。沟通式规划论者们在积极探索着沟通理性下的解决方案。沟通行动之所以可能，是以语言作为中介，将说话者隐藏的意义做一个假设性的重建，进而形成一种共识。在沟通主题有所交集，才能达成有效沟通的结果。规划中，沟通最主要目的是取决于双方对沟通的态度，而不完全在于双方或一方的沟通技巧。

沟通理性与沟通过程密切相关，但也可将二者分开。福雷斯特发展了哈贝马斯的四个理想语境的有效性要求（可理解性、真实性、正当性、真诚性）作为沟通的基础，并且需要注意（要谈论什么样的）内容以及（在何时和在何种情况下来谈论的）语境。

在规划制订的一整套特定的行动计划中，构建该行动计划制订与实施的公共领域是必不可少的。沟通理性和理想语境在规划实践中的核心是“公共领域”的概念。规划决策讨论会在什么地方举行，在什么样的讨论会和场所上，社区成员如何参与进来？场所的问题在传统的正式政治、行政管理、法定和立法系统中不是问题，这些是由权力控制方来决定，他们在其他工作开始前认定规划社区的空间，然后他们决定邀请哪些参与者，讨论他们需要的过程和参与的可能途径。

沟通式规划作为一种理想沟通语境的追求，英尼斯等建议“最有效的变革始于非正式场合”。为了使公众能主动参与规划发展定位决策和规划行动决策，会议地点必须设在社区，在当地人都熟悉的场所中进行。弗里德曼认为，家庭院落非常适合于政治、经济权力的交换。由于规划师可以促进当地家庭获得社会权力，在社会尺度上要充分利用家庭资源，尽可能获得当地政府的支持，因此在家庭层面上有效地赋权社区后，规划才能实现真正意义上的变革。同样，在实际技术操作中，大众传媒或许是推进沟通理性渗入规划的一个比较好的平台，社会舆论对推动共识的达成会起到积极作用。以报刊、学术团体、宗教、网络等各种正式或非正式媒介，作为规划行动空间的"公共领域"所形成的舆论，确实起到了社会可以在正式政治安排之外达成某种统一和协调的作用，这是不容置疑的。例如：保护绿地和开发新区会存在矛盾，一旦社区得悉政府在制订环境保护规划，公众的环境意识就会上升，促使开发商自发地改进开发方案，因为他们会担心社会舆论，也担心环评不合格的项目长期批不下来而影响工期。这对保护环境、保护绿地都是好事，客观上实现了环保的规划目标。

实际上，希利在英国规划背景下也注意到了沟通理性和理想语境在规划实践问题，除了场所的问题，她还注意到规划中必须考虑的其他四个问题，还尝试性地给出了一些答案：

（1）讨论以何种形式举行？哪种形式最可能使社区中的成员能够找到措辞，以"不同的语言""开放地"讨论，表达自己的意愿。在现有体系下，这可以被视为规划的"调查阶段"。所需要做的就是问题的"开放"，能够了解它们对不同人群的意义是什么，以避免强化老套路，限制议事议程以及疏远与公众的关系。其中有三方面是很重要的：形式（谁什么时间讲、他们讲了什么、房间的使用等等）；语言（理想语境的使用、翻译等）；召集（尽量平衡讨论，以避免讲话多的人主导讨论）。

（2）怎样对讨论中纷乱的事件和观点进行分类，包括混乱的问题、论点、警告、做事的想法？会上会有大量的问题提出来。按照惯例，这些问题会被规划师加以筛选，以便归结成更容易理解的观点。这需要比当前更"丰富"一些：价值和道德需要由规划师去发现，他们的主要作用就是帮助其他人更清楚地认识到这些。

（3）怎样使一种策略成为一种新的话语？在区域中的空间与环境变化如何进行管理？这需要使其他人能参与到讨论中来，包括争论问题、行动目标以及对投入—产出的方式进行评估，而不只是依赖规划师的专业意见。以乡村景观化为例，尽管人们还不是很清楚它是如何改善人居环境的，但是看起来这已经是社会上一种主导型的"话语"。希利认为，这是计划过程中最危险的方面，新的话语需要、也必然需要受到持续的批评，以避免它们成为主导话语。

（4）政治性群体如何能够在战略性观点上达成一致？并随着时间

的推移，维持这种一致？分歧是必然会有，这就需要有一个解决的方法。解决办法在于，这需要广泛利益相关群体参与规划的全过程（这里略去原因）。

规划中引入沟通行动理论，意味着规划必然是一个动态的过程。这有两层涵义：一是指规划面对的乡村和乡村问题在不断变化，因而要相应动态地调整规划；二是指参与决策的各方利益相关者对乡村问题的态度也在不断变化。他们对问题态度的变化是由于他们在参与规划决策的过程中，越来越深入地了解了该乡村问题，了解其他各方参与者对该问题的不同立场，并依此修正了自己的立场。正是由于沟通式规划的这个过程改变着各方参与者的态度，因此这是规划一层面上的动态过程。由此看来，规划的产出不仅是一堆文本或图纸，而这个动态观点改变的过程本身就是规划的重要成果之一。如果没有规划过程，那么参与决策的各方的态度也不会有变化。而决策过程中各方态度的转变，是消除分歧、达成共识的根本所在。这样，规划的作用就体现在：使参与决策的各方能够得以沟通、联络、协商、协调、达成一致意见。而所谓“沟通式规划”所指也在这里。

沟通行动也意味着规划是一个集体互动的过程。在处理应对环境变化的方法与程度的共识方面，提出和解决如何行动的问题。在相互交流的、合理的、多向度的、在生活世界中“思考与行动”的思路下，规划意味着什么？我们无法预先确定规划所必须完成的任务，因为它们要在具体行动中加以发现，通过相互交流的过程去学习和理解。

规划的目的就是要平衡这些互有联系但又相互矛盾的目标。但是，是什么在特定时间和场所中构成了“平衡”却无法提前得知。这就要求我们必须将注意力从规划的实质目标转向规划的实践，而目标的产生、行动的鉴别和付诸实施都要通过这些实践。目前，还没有人能完全说清楚一个沟通过程或制度最终会是什么样子的，因此规划师要认识到权力的分布是不均衡的，要不断地寻求新的选择。

规划是沟通和相互理解基础上的一个起点。沟通的过程不仅仅生产出物质资本、还积累社会资本，即达成共识的社会组织能力，它增加了社区的自我组织性和自律性，可以更加有效率地对应未来复杂而不可知的变化。为此，公众通过沟通进行学习是规划的重要内容和形式。

规划在进行沟通的行动时，因各方的不同背景，而有不同的共识。

当不同的共识形成冲突时，必须在预设理性共识是可以达到的前提下，沟通各方“理想的沟通情境”进行“反复性辩论”，使其在互相攻错中消除歧见，达成新的一致性的意见和共识。而人的沟通行动一旦发动，与他人沟通时，必须要设法满足可理解性、真实性、真诚性和贴切性四种要求，才具备了良好的沟通能力。

参与规划的各利益主体保持开放的心态和意识相对化状态。个人与他人或群体的利益一旦相互关联，发生意见调整、交涉和渗透，事先持有的观念也随之调整、改变而孕育出新的构想。因此，相互作用并非简单的意见和利益的交换博弈，而是通过相互理解和共同学习使各参加者的观念、态度、利益相对化和重构的过程。

话语和对话参与必须是真实的、开放的、包容性的和平等的。所有人无论其阶级、性别、种族、宗教、年龄、教育程度还是其他都能参与、也应当鼓励他们参与。

共识是指一个社会不同阶层、不同利益的人所寻求的共同认识、价值、理想。共识含义包括普遍同意以及达成普遍同意的过程。由于规划的参与各方对信息形成、解读的理解渐渐接近，共识就逐步形成。最终决策不是由决策者一人定夺，而是基于各利益相关方的共识。共识是一种主要关注达成共识的这个过程的决策方法，因此，共识决策是指一种决策过程，不仅追求参与者的多数的同意，而且还解决和减轻少数人的反对以达成最多同意的决策。这样就赋予少数派、有反对意见，但难以迅速阐述的，以及缺少辩论技巧的人以更多的影响力（权力）。

沟通与对话既是达成共识的手段，还是知识生产的重要途径。规划就是在不同的观点和利益相关者之间架设一座桥梁，打通多利益相关主体间的相互联系。参加主体自身的利益和要求也必须经由沟通之后才能最终被把握。

在实际操作层面上，沟通式规划将一个乡村理解为由多利益相关主体所构成的社会共同体，规划是一个博弈的过程，而所谓共识，就是共同体成员通过各自的策略选择而达到的一个均衡结果，它不是最优化结果而是满足化结果。因此，沟通式规划常常借用博弈论的原则，视规划参加者为博弈中的参与人，通过各方面对面的充分交流，最终达成真理的共识。

规划中，知识和行动之间是连续的直接对应的关系。由于规划实施先期的公众参与，一旦形成一致的政策，政策的实施立刻自然发生。换句话说，学习、决策和行动之间没有分界，共识本身就使决策与行动的效率大为提高。

图 5-1 直观描述了作为寻求共识的沟通规划，它通过不同利益群体间的沟通式理性论述，从而在各利益群体间达成共识。图中不同利益相关群体的要求和主张在一开始时并不明确。

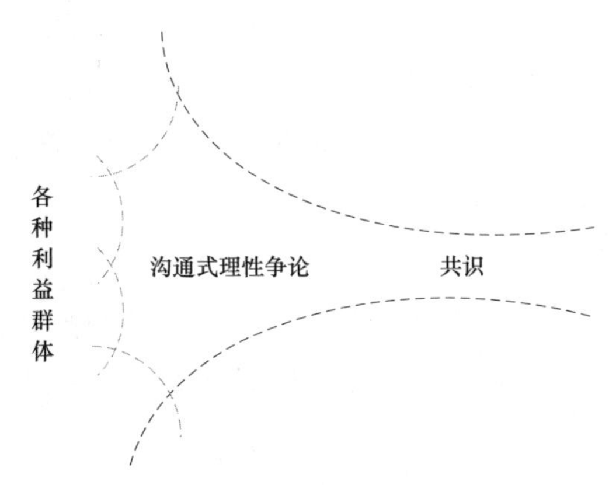

图 5-1 通过沟通式理性争论，寻求各利益相关群体间达成共识的沟通规划过程

从上面寻求共识的沟通规划中可知，参与者相互合作安排任务和提出目标，向所有人摆明各自的利益，分享对问题的理解，就他们需要行动的事情达成协议，并按协议去完成一连串的行动和任务。

第 3 节 权力话语理论与规划

1. 权力话语理论

福柯（1980 年）对“话语”做过深入研究，最主要的研究是权力与知识的关系，以及这个关系在不同的历史环境中的表现。

权力一词并不特指统治阶级或者执政当局，更多地是指强力、征服力，或者说冲撞力、创造力等等。一般来说，权力是指一切控制力和支配力，它是一种网络关系，弥漫于人类存在的全部领域。它包括有形的如政权机构、法律条文，无形的如意识形态、道德伦理、文化传统和习俗，还包括思想、宗教等的影响。它是一种对人们思想行为的控制力、支配力，它们形成一个庞大的网络，任何人都不可能独立于这个网络而存在。在不同的文化和历史时期这些权力是不断变化着的。当然，权力不应该仅仅被理解为负面，它的功能并非只是压抑、控制、禁止等，相反，正是因为有了权力，才使许多东西从无到有，从不可能变成了可能。

福柯认为，话语是通过语言生产的知识，虽然话语本身是由实践产生的（话语实践），即实践的内涵。话语是权力的表现形式，是知识传播和权力控制的工具。权力如果争夺不到"话语"，便不再是权力。"话语"不仅是传播知识和施展权力的工具，同时也是掌握权力的关键。可以说，福柯赋予话语在政治文化分析中的特殊含义。话语不过是对事物的论述，论述中必定包含了对事物的价值判断，话语也一定需要逻辑、句法、语义等，而所有这些都是由权力提供的。

福柯把话语与权力结合在一起进行考察，认为社会制度、权力机制对话语实践有着不可忽视的影响。在任何一个社会里，话语一经产生，就立刻受到若干权力形式的控制、筛选、组织和再分配。我们通常看到的某种历史性表述，都是经过具有约束性的话语规则的选择和排斥后的产物。其实，语言本来是无阶级性的，但作为话语却无不打上主观情感烙印，它与政治、权力及意识形态相互交织，构成一个巨大的网络系统，牵制着人们的思维和活动。所以说，话语并不是一种客观透明的传播媒介，而是一种社会实践，是社会过程的介入力量。语言不单纯反映社会，它直接参与社会事物和社会关系的构成。

有什么样的权力就有什么样的话语。权力是强力意志，它启动了话语，话语积累起来、扩展开来形成学科，学科又组成公共机构（如高校、医院、监狱）；反过来，学科和公共机构又成为话语栖居和生产的场所。权力推动了话语，话语也加强了权力。权力话语的活动生产出了传统意义上的知识，权力是知识生产的原初动力。知识的生产有一个系统，有人把权力—话语—学科—公共机构看成这个系统的有机组成部分。知识生产系统推出的观念、价值、意义渗透到全社会，牢牢地控制着人们的心灵和行动。

2. 权力话语理论下的规划

前几年，学术界对沟通理性的各种应用模型在实践中的可操作性持一定怀疑态度，认为以下缺陷会影响其实施：第一，沟通规划对权力的忽略；第二，完美理论和行动之间的鸿沟；第三，参与讨论过程耗时过长。针对上述不足，有人提出以福柯的权力分析学说对沟通规划论进行补充与修正，通过正视社会冲突，将规划范式从完美状态转入现实状态中来。这种方法或许能够破除各种规划论一经提出就总是被批判“忽视权力因素”的魔咒。

基于权力话语理论，工具理性被认为是一种逻辑，带有经科学武装的知识霸权，被揭示出具有凌驾于其他存在与领悟方式之上的支配权力，因而排挤了道德与美学方面的话语。理性化的权力掌控了以民主行动之名建立的制度，即国家的官僚机构。按照福柯的分析，规划应当通过国家官僚机构与系统化的理性这种支配性力量发生联系。从农民被上楼，到渠化的乡村河道以及缺乏公共空间的村庄住区，这类证据随处可见。

沟通式的规划范式转向不仅要分析“胜者与败者”，同时也要分析该规划是如何得到的，规划的内容是什么，内容是如何表达的。规划的选择是从不同的话语中产生的，在一个规划中这些选择是如何产生的以及建立在什么基础之上？通常并不清楚。沟通理性方法认为，因为这样的选择并不透明，它们可能基于有限工具理性标准和（或）被社会中的强权势力（在明里和暗里）所扭曲。由于选择的基础并不是很清晰明确，所以我们不知道，如何能够避免这些？

希利（1993 年）在英国的开发规划中，发现了规划中的意义体系，及其话语与话语群体（参与者）。她针对以上开发规划，提出了简单的解决方案。规划师们所要做的就是要清楚地知道，要选择哪种意见以及为什么要选择它。例如：一个问题存在 A、B、C 三个争议，如果我们选择 B，那么权力话语理论就是之所以选择 B 的原因。希利称，在一个简单的规划中有可能存在多个相互矛盾的话语，例如：社区中有两类人的意见，一类是想要保持乡村的现状，另一类是想推动农村经济大踏步向前发展。这些话语将如何在规划中得到解决与展示是沟通理性的核心问题。

规划所寻求的是在各类群体中进行沟通、对话，对各种不同的价值观、生活方式和文化传统在空间层面上寻求解释，并将这些内容转化为不同的空间形态，然后通过协商和谈判，建构起一个协同的纲领。

在规划的沟通过程中，正式的科技知识只是知识系统的一部分，另一部分知识来自复杂多元的生活知识，如文化、历史、故事、神话、经验等当地知识。同样，规划过程中的数据的分析统计很重要，而这也仅仅是规划的一种方法，多元化的价值观、经验、直觉等相融合的公开议论与意见交换也是重要的规划方法。在分别独立而公正的信息分享过程中，通过合理运用正式与非正式的知识与规划方法，包括规划师等参与决策的各方，逐步达成共识，形成解决问题的方案。可见，信息不只是包括如定量分析的正式信息，也包括非正式信息，如各参与者的背景、观念、对该乡村问题的个人经验及立场等，这些非正式信息往往会对最后决策产生重要影响。

当然，沟通式规划并不排斥传统规划技术方面的专业知识，相反，该规划过程中同样注重传统的定性研究与定量分析方法，吸收政策制定与管理科学上的先进方法，进而使参与者共同期望建立的规划目标能更加合理。只是沟通式规划更能考虑规划实施的可能性及实施的有效程度究竟会如何。当乡村在未来面临多种可能的发展条件时，更合理地为其提供差异性的发展对策。

正式的规划文件（报告、图纸）其作用具有有限性，然而沟通式规划仍认为规划机构制订这些文件还是十分必要的。因为在准备正式规划文件的过程中，参与文件准备的各方对问题的理解会加深，对问题的认识会改变，其所持的立场会变化，这为最后达成规划共识打下了基础。这些改变具体发生在以下几方面：（1）参与决策的各种机构（政府部门、社会团体、社区组织）在形成规划文件的过程中相互之间增进了解，建立起关系，并共同学习该乡村问题的知识，从而整体上增强了参与者的决策能力。（2）在形成文件的过程中，促进公众参与，尤其是帮助弱势群体（低收入者、低教育者、外来居民等）的参与，这使得最后的规划解决方案考虑的方面更全、更公正。（3）各相关政府部门，尤其是分别管理乡村某功能的部门（如交通、住房等部门）在参与文件准备的过程中，可以改变单纯只从自己局部出发考虑问题的部门片面性，加深对问题的理解。（4）由于有多方参与文件准备，会营造强大的社会舆论，为推动共识的形成发挥积极作用。

在现实的体制下，真正对决策者的决策起作用的因素，往往不是最后的规划报告和图纸，而是决策者自身的价值观，即他对某一乡村问题的特定看法，对该问题解决方案在政治上、经济上得失的权衡。同样，决策者的价值观也是与正式规划文件所不同的非正式信息。这种非正式信息因素如同眼镜片，决策者正是透过这些镜片来观察问题、听取规划汇报或审查规划方案的，其重要性远远大于正式规划文件，因为越是影响力大的因素，往往越是看不见其藏在背后的那些因素。所以，当某一乡村问题出现后，规划并不是最后通过提交若干解决方案来影响决策者，而主要是让决策者更多了解该问题所涉及其他利益相关各方的态度和意见，通过使决策者在理解问题的长期过程中，潜移默化地形成对该问题的正确看法，而不只是靠最后提交的文本或图纸。

第 4 节 结构化理论与规划

1. "第三条道路"

吉登斯与哈贝马斯等思想家一起引领了二十世纪中后期全球社会理论的发展。吉登斯所主张的"第三条道路"影响尤其深远。进入 20 世纪 90 年代以来，第三条道路作为超越"左"和"右"的独立政治主张，迅速传播开来，对欧洲乃至世界各国的政治进程和政策走向都产生了实质性的影响。

第三条道路的主要观点包括：中左派的政治立场；经济领域强调政府与市场力量的均衡；建立积极的福利社会和投资型社会；推行政府改革，培育公民社会，建立新型民主国家；迈向全球化时代的全球治理思想。这种思想是立足于资本主义前提，解决公平与效率矛盾的一个新的、现实主义的解决思路，这一思路比起单纯强调左或右的道路，既克服了两条道路各自的缺点，同时又吸取了两条道路的有益内容。应该承认，吉登斯的第三条道路是私有制前提下解决公平与效率的矛盾的最新探索，也是迄今为止相对来说更合理的探索。

吉登斯第三条道路深刻反映了他建立在行动与结构二重性基础之上的结构化理论。

2. 结构化理论

结构化理论主要论说了社会结构和个人主体这两者之间的关系及其一些独特见解，是探究个人的社会行动及其能动性与社会结构之间关系的理论。吉登斯通过对各相关学派思想的批判性总结和创造性话语，表达了自己的结构化理论。

维特根斯坦指出，世界是由许多"状态"构成的总体，每一个"状态"是一条众多事物组成的锁链，它们处于确定的关系之中，这种关系就是这个“状态”的结构。在社会学传统中，行动与结构二元对立思想是讲结构理论与行动理论的对立。结构理论中的社会结构是指独立于有主动性的人并对人有制约的外部整体环境，与个体的能动性相对立。它注重整体研究，主张摒弃个体的主观因素，从宏观的结构入手对社会现象进行客观描述。社会现象不能归结为个人因素，行动并不表现为个体的主观选择，而是由社会结构所决定的。与此相反，社会行动理论认为，社会问题都是在人们的社会行动中发生的，社会秩序和结构是社会行动的结果，行动的关键是个人的选择而不是宏观结构情境。韦伯指出，社会行动是整个社会结构的基本构成，社会是由行动者构成，要想研究社会结构就要研究个体行动者，行动是结构的形成基础。

吉登斯反对社会学的二元论观点，认为宏观与微观、个人与社会、行动与结构、主观与客观双方都是相互包含的，并不构成各自分立的客观现实，提出社会结构只有经过结构化过程才能得到说明。吉登斯的观点体现在结构化理论的核心：行动与结构的二重性原理中。

第一，吉登斯恢复了具有认知能力的人类行动者的概念，揭示了人类行动者的能知和能动的特点，树立了行动者在实践活动中的主体地位和作用。

吉登斯通过阐明行动者的意识图式揭示了行动者的能知特性。在意识层面上，行动者具有无意识动机、实践意识和话语意识。无意识动机源自行动者的本体论安全感（信任他人和消除焦虑），是激发行动动机的原动力。实践意识是行动者只可意会、却不能言传的意识，话语意识是行动者可以言传的意识，实践意识和话语意识构成了行动的反思性（即根植于人们所展现、并期待他人也如此展现的对行动的持续监控过程）。人类行动者的反思能力始终贯穿于日常行为流中，只在一定程度上体现于话语层次，在多数情况下存在于实践意识之中。行动动机、实践意识和话语意识构成并贯穿于行动者的有意图的行动过程，虽然行动者不能完全认识行动的各种条件，行动的诸多后果也是超出预期的，并且成了后续行动的条件，但是，行动者对于行动的各种条件依然具有相当的认识，并且成了行动的构成要素。

在行动层面上，行动具有反思性、非决定性和社会性。行动不是互不联系的单个行为的总和，人的行动是一种持续不断的行为流；行动并不是由一堆或一系列单个分离的意图、理由或动机组成的，而是一个我们不断地加以监控和“理性化”的过程。在这个意义上，反思性是人类行动中一个十分明显且重要的特征。

行动者在任何时候都“本来可以以别的方式行动”，即行动的非决定性，这体现了行动的能动作用。吉登斯对行动能动作用的阐述是与对权力概念的重构相关联的。在吉登斯看来，传统的权力概念存在巨大的缺陷，它不折不扣地体现着主客两分的二元论，权力是实现某种结果的能力，亦即能动作用。个体有能力“改变”既定事态或事件进程，这种能力正是行动的基础；资源（即实施人对人的控制的权威性资源与实施人对物的控制的配置性资源）是权力之源，提供了权力实施的现实工具和手段，行动者或多或少总会掌握和运用一定资源，因而主体实施权力达到某种结果的能力获得了现实的可能性，由不断发生的事件所构成的世界因此并未具有一个确定的未来。行动不仅具有能动性，而且具有规范与沟通的一面，因为行动涉及规则与规则的遵守，而且既然它隐含着规则，那么所有的行动都是社会的，即行动是社会性的行动。

吉登斯强调了实践意识在主体意识中的重要地位和作用，从而改变了关于普通行动者“无知”的错误观念。同时，吉登斯改造了旧的权力观，突出了主体行动的非决定性，强调了主体的能动特性。

第二，吉登斯引入了时空概念，把时空视为实践的内在构成要素，阐明了实践活动的时空特性。

社会生活中的时间具有三种维度：日常生活的可逆时间，日常生活具有某种持续性和重复性，时间也只有在重复中才得以构成；个体生活的单向时间，个体的生活不仅是有限的，而且不具有可逆性；制度性时间，即制度性时间的长时段。从实践活动的时空形式来看，可以划分为例行化实践和制度性实践：例行化实践（即日常活动）是行动者在固定的时空之中反复发生的社会活动，社会日常活动中的某些心理机制维持着某种信任或本体性安全的感觉，通过完成各种例行化的活动，行动者维持了一种本体安全感；制度性实践是行动者在确切的时空之中伸延程度最大、影响最为深刻的，并且不断反复发生的活动。制度性实践不能脱离日常活动，它也不仅仅是制约日常活动的条件，而是蕴含于日常活动之中，体现为日常活动的产物。因此，社会生活是由日常实践活动组织起来的，虽然各种互动情境总是丰富多样的，各种互动形式也是千差万别的，但是，日常行为不断趋向例行化和区域化，形成了稳定的依赖性和自主性的交互关系，那些跨越最深远时空的人类实践活动（即模式化的社会关系）则构成了社会的制度。社会制度是跨越最深远时空的持续不断的人类实践活动，它具有横向生长的特性，时空伸延程度体现在社会系统的各项制度之中，社会系统的制度形式也反映了时空伸延的程度。

在吉登斯看来，社会理论的根本问题是“秩序问题”，即社会系统如何能“束集”时间与空间，包容并整合在场与不在场，这又与时空伸延（即社会系统沿时间与空间的“延展”）的问题紧密相关。时空是社会实践的构成部分，也是社会系统得以维系的基本因素。吉登斯明确地把时空关系引入实践之中，从时空来具体分析和考察实践活动的两种基本形式和社会系统的制度生成，揭示了人的心理机制和活动的例行化、区域化以及制度化之间的内在关联，并且赋予时空在实践活动和社会系统中的构成性地位和作用。

第三，在吉登斯看来，社会结构并非外在于个人行动，而是由规则和资源构成。吉登斯重构了规则和资源的含义，把它视为实践的手段，是行动得以实施的方法论手段和工具手段。

在结构化理论中，规则和资源属于社会系统的结构特性，既是人类实践活动的条件，也是其结果。规则包含了管制性和构成性两个层面，“是在社会实践的实施及再生产活动中运用的技术或可加以一般化的程序”，是人类社会实践活动中所运用的实践性知识（即实践意识），构成了人类“认知能力”的核心，并且体现为社会互动中的“方法性程序”。规则是实践的方法论手段，是实践的特性，它所提供的是行动者在实践活动中运用意识来实现沟通与制裁的能力，因而它体现了人与人之间的意识关系，并且人运用意识来实现沟通与制裁是人类社会实践活动的重要形式。

资源包含了配置性和权威性两种类型，是对各种物质现象和行动者产生控制的各类“转换能力”，是权力得以实施的媒介，是社会再生产通过具体行为得以实现的常规要素。配置性资源，指对物体、商品或物质现象产生控制的能力，或者更准确地说，指各种形式的转换能力；二是权威性资源，指对人或者行动者产生控制的各类转换能力。配置性资源是实践的工具手段，它所提供的是人对物质世界的控制和支配的能力，因而它体现了人与人之间的经济关系；权威性资源也是实践的工具手段，它所提供的是人对人的控制和支配的能力，因而它体现了人与人之间的政治关系；配置性资源和权威性资源作为权力得以实施的媒介，是行动者得以扩展其对自然和人的控制和支配的主要手段和基本工具，因而它们在实践活动中具有重要的地位和作用，也是人类社会变迁的两大杠杆。

实践作为具有能知和能动的行动者在一定时空之中运用规则和资源持续不断地改造外部世界的行动过程，它主要由规则、权威性资源和配置性资源等要素所构成，内在地包含了经济关系、政治关系、意识关系这三重关系，并且经济活动和政治活动是实践活动中相当重要的层面，因为二者对于权力的生成具有重要的意义。由此可见，吉登斯通过规则和资源的重构，既强调了资源是权力的媒介，同时也强调了权威性资源的重要地位和作用。这实质上是吉登斯结构化理论的基本观点。

据此，结构化理论的核心思想，“社会系统的结构性特征，既是其不断组织的实践的条件，又是这些实践的结果。结构并不是外在于个人的……它既有制约性同时又赋予行动者以主动性”。

3. 结构化理论下的规划

吉登斯的第三条道路思想，正在深刻地影响着规划界的发展方向，为沟通式规划论注入新鲜思想，在这方面的规划研究实际上还不多，而他的结构化理论对规划思想的影响更大。

吉登斯指出的权威规则结构、资源分配结构和观念这三大核心关系促进了规划中主体的理解并推动社会结构不断演进，这就为规划中利益相关者主动参与规划讨论和决策制定提供了理论基础。

希利的规划思想大多出自结构化理论。吉登斯关于结构与主体之间的持续相互作用以及互构的概念，体现在希利对规划实践的研究中。通过关联因素（权威体系、配置体系和参照体系），结构得以在持续不断的实践中形成并得到维持。她对这些因素的看法，随后已被规划实践与土地、房地产开发过程的制度研究证实是一个有意义的框架。吉登斯的结构化理论吸取了马克思主义、现象学与文化人类学，它们也激发希利去了解规划中权力关系的社会嵌入，吉登斯提供了一种方法，可以在这样的结构化过程中，把焦点放在互动关系的性质上，对参与治理的人的积极工作进行定位。

沟通式规划是一个利益相关各方动态合作的过程，规划通过面对面的对话解决不同利益相关者之间的利益冲突。

沟通规划者认为，成功的合作关系包括以下几个特征：强调合作，弱化政府的强制性管理，尽可能采用公共协商、咨询方式以减少利益和权力争端；合作伙伴关系体现为共同发展目标与准则，可以使用合同等法律形式来保障其实施；良好的合作关系会使得整体运作成本降低，对各利益相关主体的每一方都是明智的选择。

希利从系统制度设计的角度，选择了五个因子，来判定规划过程与规划实施是否具有可合作性。这五个因子包括：承认利益相关者间合作来源的多样性；扩展并适当地分散政府机构的权力；积极为当地非正式组织提供发展机会；鼓励、培养社区的自我治理能力；以上所有过程必须持续、公开进行，并公开加以解释。

利益相关者间合作的过程包括互惠与协同。由于解决规划中各利益群体协调、近远期目标安排等问题的解决方案不可能一劳永逸地一次性获得，所以必须设计出一种能够不断产出暂时性方案的程序，这种程序必须发挥以下功能：（1）使某利益相关群体中的每个成员都能自由地表达自己的真实意见；（2）杜绝某一种意见凌驾于其他意见之上的可能性；（3）使各种不同的意见最终能够汇总为一种为整个共同体所接受的一致性意见。

实际规划中，要找出一个符合每个人利益的、被普遍接受的完美规划决策是很困难的一件事，甚至是不可能的，因此沟通规划者们转而寻求规划决策过程的普遍支持，过程与决策结果本身同样重要。因此沟通式规划需要找到规划过程中管理冲突的解决方案。希利指出，在规划过程一开始，就要对可能出现的利益冲突的处理办法做出大家都接受的承诺；即使经过大家的努力，已通过对话达成了共识，此时利益矛盾仍可能存在。不是把矛盾提交给法院去解决，而是方法本身就应当能行使参与者法庭的功能。

一个人有可能对某项规划决定不赞同，但仍然可能接受它，因为他知道这项决定是在公开沟通的条件下达成的，这样会使隐藏于推理背后的争议暴露出来，公开参与者各自的利益，还努力协调不同利益。一个人能够尽量去理解其对立面的意愿，这不是为了对问题有一个大家都同意的解释，而是为了提出彼此矛盾的意见，承认各自存在的权利，这样参与者就会从彼此矛盾的利益中找到大家共同的利益。

作为冲突管理的规划不仅要使规划中的矛盾在一定条件下能够得到

解决，而且在矛盾解决不了时仍能合理把握存在的矛盾，以寻求新行动的可能性和合理性。这一点可以用意义体系（Meaning System）的概念加以解释：不同社会阶层的众多成员必然各自具有不同的意义体系。它与“利益”的概念有所不同：“利益”在特定规划情景下是一个具体的目标、态度或需求；而“意义体系”是从利益中提取出来的基本价值取向和理解，是在规划中的姿态和需要。在众人各自不同的生活中，通过在一个具体的任务中“一起找寻生活的意义”，各种利益可能集聚在一起，而意义体系永远是不可调和的，即基于规划事件的不同利益间的解决办法是从不同意义体系中而来的。

作为冲突管理的规划，规划理念本身就怀疑在不同意义体系间达成广泛共识的可能性，因此它的前提假设是，即使已找出了相互都适合的解决办法，不同意义体系的基本目标也永远保持不同。共识并不意味着一定是完全同意，规划中的对话过程不是一定要形成持久、深入的共识，而是为了创造多重“意义体系”间平衡共存的条件。这种条件需要一次次地从一个规划项目到下一个项目中创造出来，因为不可能通过一个简单的对话式规划项目就把不同意义体系结合在一起，而只能是一定条件下的部分解决。

在作为冲突管理的沟通规划中，从一个规划作业到下一个规划作业，进行着渐进式的发展（见图 5-2）。在这一过程中，不同意义体系虽然并不会完全统一到同一立场上，这些毫无保留表达出来的各种利益必然仍存在着冲突，但是在这一过程中，逐渐建立起了合理解决这些冲突的能力。

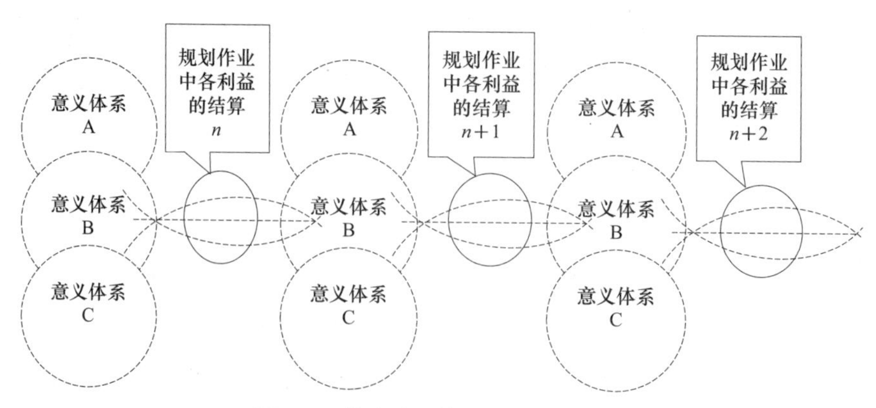

图 5-2 作为冲突管理的沟通式规划

通过冲突管理的沟通式规划过程，只要社区中的每个成员都认识到，终极真理或每个人都完全同意的方案是不可得的，他们就会接受这样一种观点：由正当规划程序所得出的结论都具有一定的合理性。所有人会相信，在这一过程中会提高其能力并满足其利益，同时也改善了集体福利。他们实现这一结果主要不是通过争论，而是通过合作、角色转换和利用手头现有的工具，拼凑起所有成员中的各种意见、信息和经验，所有成员都提供创造性的办法，这有助于打破规划过程中可能形成的僵局。

规划过程只有利益相关者的代表参与，或者只有很少一部分公众参与到自己社区事务的规划中，这种过程实际上并不能称为沟通式规划。一个规划问题往往受多种利益的左右，而且这些利益相互交织，有少数几方利益相关者很难达到目的。实际上，此时只要通过增加利益相关者的办法就会达成最后的一致，一个公开、公正的过程能促进参与者间的相互学习，并最终从中获益。广泛的利益相关者参与是沟通式规划最突出的特点之一。

沟通式规划十分强调利用当地知识，促进真正的社会学习。桑德库克（Sandercock）分析了规划中促进多元文化参与的问题。她指出，除非采用公开包容的方法，否则总会有一些群体有可能被排除在有效参与范围之外。通过规划进行的社会学习理念，强调所有公民的重要性，至少相当比例的公民要在一定程度上参与（或至少要知道）规划决策。这一观点是基于巴伯的权利概念和公民责任：公民至少要在一定时间内、一定公共事务中自己管理自己。此观点还以社会学习理论为基础，为了保证参与过程的成功，无论是富人、穷人、还是一小部分利益相关者组织的代表，所有公众必须有一定程度的参与。

可见，规划中合作的主体不再是只有政府部门和规划师，治理思想还要求政府部门及非政府组织在共同发展框架下走到一起，共同为获得规划目标而努力。因此，合作主体还应包括私人部门、公共部门、专业机构与经济客户群等更广泛的主体。

第 5 节　新制度主义与规划

20 世纪 70、80 年代，西方社会科学领域“重新发现”了制度分析在解释现实问题中的地位和作用，进而形成了新制度主义分析范式。大体上说，新制度学派的学者都采用制度分析或结构分析说明社会经济现实及其发展趋向，而且他们都对资本主义制度的现状与矛盾进行了客观的揭露，提出要从结构方面来改革的设想或方案。20 世纪 90 年代以来，新制度主义分析范式遍及经济学、政治学、社会学乃至整个社会科学的分析路径。

1. 新制度主义

吉登斯及新制度主义学派的研究，都是考查通过社会关系建立彼此关系的方法以及我们能够在社会中合作存在的方式。吉登斯认为制度化实践是指在时空之中最深入地积淀下来的那些实践活动，把在社会总体再生产中包含的最根深蒂固的结构性特征称之为结构性原则，而将在总体中时空伸延程度最大的那些实践活动称之为制度，所以制度这一概念是包含于结构中的，因此，结构化理论关于结构和行动之间关系的论述也同样适用于制度和行动之间的关系。新制度主义的理论的主要内容：

1）制度：从规则到观念、资本与规制

制度是新制度主义的核心概念，也是制度分析方法的理论基石和逻辑起点。制度表明一种已确定的活动形式或者结构的结合。

在新制度主义的理论框架中，对制度的最初理解是将其看成是一系列的规则、组织和规范等。制度是一系列被制定出来的规则、守法程序和行为的道德伦理规范，它旨在约束追求主体福利或效用最大化利益的个人行为。制度提供了人类相互影响的框架，它们构成一个社会，或更确切地说，构成一种经济秩序的合作与竞争关系。这种制度定义强调的是一种关系，是一种约束。如约束婚姻的规则、政治权力配置规则、资源与收入的分配规则，货币、公司、合作社、遗产法和学校等都是制度。作为一种规则，制度通常被用于支配特定的行为模式与相互关系。当制度是一种或者几套行为规则时，这种规则就有正式与非正式之分。正式的制度如家庭、企业、工会、医院、大学、政府、货币、期货市场等等。相反，价值、意识形态和习惯等就是非正式制度安排的例子。

制度还体现为某种结构性的安排，如组织。在政治生活中，主导着人们政治生活的基本因素就是组织，现代经济和政治体系中的主要行为者是各种正式的组织，法律制度和官僚机构是当代生活的支配性角色。国家、政党、议会和官僚机构等都是社会生活中的制度安排，政治制度、政治组织在塑造个人行为动机和偏好方面发挥着重要作用。

随着全球政治、经济和文化生活复杂性的增强，社会科学领域各学科相互渗透的密切，制度的内涵也开始逐渐扩展开来。首先，观念变成了制度的一种表现形式，它是影响政策发展和制度选择的决定性变量，观念分析逐渐变成了制度发展经验性工作的重要成分。观念是政治合作的资源、政策行为合法化的手段、政策选择结构的认知框架、政策工具和制度变迁的催化剂。

在社会学制度主义中，制度不仅包括正式的规则、程序或规范，而且还包括符号系统、认知规定和道德模板。文化也是一种制度。它们把组织和文化两者间的分裂融合起来，把文化理解成为组织所拥有的一种共同价值观和态度，理解成为惯例、符号或认知的网络，为行为提供模板，提供一个"意义框架"来指导人类的行为。

同时，制度还表现为一种资本形式。作为具备约束性的规范，制度减少了人类行为的不确定性，规范体现了一个密切联系的群体或共同体中成员的兴趣和偏好。规范作为资本，支持着人与人之间的信用和信任；一种基础良好的信仰，不会总让你在支持私人的短期收益中受损失。遵守社会群体的规范就是使规范成为一种资本形式。

制度包括三种基本内涵：首先，制度是一种均衡，制度是理性人在相互理解偏好和选择行为的基础上的一种结果，呈现出稳定状态，稳定的行为方式就是制度。其次，制度是一种规范，它认为许多观察到的互动方式是建立在特定的形势下一组个体对"适宜"和"不适宜"共同认识基础上的。这种认识往往超出手段——目的的分析，很大程度上来自一种规范性的义务。其次，制度是一种规则，它认为互动是建立在共同理解的基础之上的，如果不遵守这些制度，将会受到惩处或带来低效率。

总之，制度或者是一种规则，这种规则可以是正式或非正式的。规则基本上表明了一种双向互动的制约关系，制度是人类行为的结果，但人类行为也受制度的约束。宏观层面的规则包括有产权、契约、科层制和宪政规则，等等。微观层面的规则包括存在于社会团体和人际交往中的规范、工作程序、指令、纪律等。制度或者是一种组织，家庭是制度，企业、工会、政党等也是制度。制度是公民社会的普遍存在形式，它构成了现代国家的基础。观念或文化也是制度，长期存在的价值理念、习惯、风俗等认知网络为人类行为提供了意义框架，约束着人类行为。现代组织所使用的规则、规范、程序是特定文化的一种实践形态。这些形式与程序很多都应被看成是文化的具体实践模式，类似于某些社会中设计出的神话与仪式。在某种程度上，它们是与文化实践模式的传播相关联的一系列过程模式的结果。即使在外表看来最具有官僚体制特征的组织也必须用文化术语来进行解释。

2）制度变迁与制度同形性

制度变迁理论是新制度主义理论中的重要组成部分。新制度主义认为，制度变迁不是泛指制度的任何一种变化，而是特指一种效率更高的制度替代原有的制度。制度变迁的动力来源于作为制度变迁的主体计算。主体只要能从变迁预期中获益或避免损失，就会去尝试变革制度。制度供给、制度需求、制度均衡与非均衡形成了整个制度变迁的过程。制度的供给是创造和维持一种制度的能力，一种制度供给的实现也就是一次制度变迁的过程；制度的需求是指当行为者的利益要求在现有制度下得不到满足时产生的对新的制度的需要。制度的变迁首先是从制度的非均衡开始的。

制度变迁的模式主要有两种：一种是自下而上的诱致性制度变迁，它受利益的驱使。诱致性变迁指的是现行制度安排的变更或替代，或者是新制度安排的创造，它由个人或一群（个）人，在响应获利机会时自发倡导、组织和实行。一种是自上而下的强制性制度变迁，它由国家强制推行。强制性制度变迁由政府命令和法律引入和实行。

诱致性变迁具有渐进性、自发性、自主性的特征，新制度的供给者或生产者只不过是对制度需求的一种自然反应和回应。在诱致性变迁中，原有制度往往也允许新的制度安排渐进地出现，以保持其活力。而强制性变迁则表现出突发性、强制性、被动性，主要是因为制度竞争的需要。在强制性变迁中，创新主体首先是新制度安排的引进者而非原创者。就本质而言，诱致性变迁只是在现存制度不变的情况下做出制度创新，即制度的完善；强制性变迁往往要改变现存的根本制度即实现制度的转轨。

制度变迁理论的发展就是新制度主义学者开始关注制度同形性问题。作为一种制度形式，其组织及多样性一直是诸多学者强调的重点。现代组织在形式和实践上表现出极大的相似性，一旦组织领域形成，就会产生同质性的巨大动力。而理解这种同质性现象，最恰当的概念就是制度同形性，它是指在相同环境下，某一组织与其他组织在结构与实践上的相似性。制度同形性概念是理解渗透于现代组织生活中的政治和仪式的有用工具。

制度同形性包括三种基本形式：（1）强制同形性。它来源于其所依靠的其他组织以及社会文化期望施加的正式或非正式压力。这种压力可以是强力、说服或邀请共谋。例如，制造商服从环境控制而采取新的污染控制技术等。（2）模仿同形性。不确定性是鼓励模仿的强大力量。当组织技术难以理解、目标模糊时，或者当环境产生象征性不确定性时，组织就有可能按照其他组织的形式来塑造自己。尽管都在寻找多样性，但只有很少的变量可以选择。新组织模仿旧组织的现象遍及整个经济领域，管理者也积极找寻可以模仿的模型。（3）规范同形性。它主要源自于职业化，即大学创造的认知基础上的正规教育与合法化，以及跨越组织并且新模型可以迅速传播的职业网络的发展与深化。

制度同形性理论有助于解释我们观察到的事实，即组织变得越来越具有同质性，同时也能够使人们理解组织生活中常见的非理性、权力失败以及创新的缺失。关注制度同形性还能强化关于争取组织权力和生存的政治斗争的观点，对相似组织策略和结构传播的考察应该是评估精英利益影响的有效途径，而对同形过程的思考也使我们关注权力及其在现代政治中的应用。

新制度主义要解释的问题是：制度的性质以及制度如何影响人的行为。新制度主义提出了社会科学的经典问题，即组织、结构、文化、规范、习俗是怎样构成社会行为，如何在行动者之间分配权力，以及怎样塑造个人的决策过程和结果的。因为制度内涵的广泛性涉及几乎整个社会科学领域的新制度主义，也触及经济、政治、社会和意识形态多方面。

2. 新制度主义与规划

从整体上说，新制度主义能够给规划学科带来新的洞见。在某些情况下，有效应用新制度主义甚至能产生新的规划理论。这些再次说明规划理论的发展，离不开来自规划学科之外的理论、理论工具、已有规划理论和规划实践者的联姻。

1）把规划视作是一种带有地方性的特殊制度和一种治理能力形成的过程。

希利被认为是在规划理论中引入新制度主义思想的代表。她从新制度主义中的“社会构建”的框架下研究规划。希利认为，这一框架是规划师更好地理解治理这一概念的重要工具。一方面，规划就是要寻找面向未来的“转变轨道”；另一方面，规划也是治理的一个方面和一种特殊的制度。因此，制度被希利看作是“治理的柔性基础设施”，它和规划有着密切不可分的关系。

具体地讲，希利认为新制度主义给规划以四点启示：（1）制度作为一种柔性基础设施，影响着规划师所关注的未来的种种可能性。这些可能性，一定程度受制于制度自身自我更新和再造的能力。新制度主义提供了看待这些柔性基础设施及其更新、再造的系统框架；（2）地方性的制度能力、治理能力和社会能力，形成了规划置身其中的小环境。对未来可能性的预测，需要系统考虑这个小环境；（3）新制度主义在全局上和具体情形中，能够帮助规划师超越传统部门的界限，让他们学会如何在复杂的制度领域内，学会言行（得体）；（4）新制度主义帮助把规划定位为一个地方性的，一个小环境内的延续不断的治理形成过程。这个定位，让规划理论家能够把规划的概念和潜在的物质和概念的现实、制度、社会能力和地方性等相互联系起来。

希利认为，沟通式规划是利益相关者对影响其共同利益的行动取得一致意见的过程，其目的是通过批判来更新讨论的见解，试图通过对话和合作转变治理文化，通过各种群体间开放的、反身的对话和基于对可获取信息的辩论来接近真实和实现价值，并促进交互学习。在这一意义上，规划制定可以被重新定义为主体间在公共领域沟通的过程。

希利认为，社会关系贯穿于地方性中，因而“目前规划的主要任务就是在治理的背景下把地方关系的概念和专家—市民关系的概念联系起来”。制度主义主张具体的实践应主动嵌入更广的社会关系背景中——通过这些活动，生活在超越了正式的组织结构和社会背景中的个人能够建构他们自己的思考和行动的方式，制度则成了一种为表达特定社会问题而建立的方式，在社会生活中具有更持久的特征。

有关制度主义的研究都在寻找一种方法，来处理治理事件和宏观社会经济学以及政治背景之间的相互关系。特兹（2007年）指出：规划和新制度主义都关注集体选择和组织结构这样的问题。规划学科是一门关于公共、私人决策的知识、职业实践和政治的学科。因此，规划师一直都对制度，也就是集体决策的结构、法律和社会规则有着强烈的兴趣。他们认为，制度对人们的选择和决策有着深远的影响。因此，对于规划师而言，即使是没有新制度主义的兴起，他们依然会关心制度及其对规划本身的影响。在短期内，新制度主义也许对指导规划实践和促进规划理论的发展影响有限，但是，从长期看，应用新制度主义，将有助于规划理论家更好地解释为何规划在人口增长和资源短缺的形势下，应有一席之地，并能够为解决有关人口增长过速、资源日益短缺的矛盾添砖加瓦。

2）新制度主义有助于回答一些规划理论中最重要的问题，例如，规划为何存在，在什么时候需要和如何规划？

我们为什么需要规划？亚历山大反对从政府对市场失效的干预的角度，来解释规划存在的原因。制度分析的方法，特别是交易费用的理论框架，能够更好地解释规划为何存在。在亚历山大看来，规划首先不能简单地看作是“个体或者个体对个体的活动”，或者简单地看作官方的行为和政府事务，规划应该被视作治理的一个层面和一种特殊的制度。在这种修正规划定义的基础上，亚历山大提出了一个解释规划为何存在的新框架。在这个新框架内，规划之所以存在，是因为它能够帮助地方政府以一种市场不能做到的方式协调各利益相关者的投资和选址行为。这种方式有效降低了各方的交易成本。在不完善的市场内，这种交易成本下降的情形更加明显。因此，简单地把规划当作是市场的外部化行为，或者简单地把规划作为市场的补充，都是不全面的。

规划在何处发生？亚历山大指出，规划发生在社会复杂的有机网络之中。新制度主义的观点，有助于人们更好地解析这一网络。传统规划论把规划和市场简单区分为两大块的做法，忽略了上述网络的存在。亚历山大认为私有化和“第三方治理”（即非政府组织的治理），已经让公共部门、私人部门和市民社会之间的界限变得模糊。这种趋势的出现，降低了整个社会治理的交易成本。

人们该如何规划？亚历山大认为人们需要更多关注制度的设计。在传统规划里，制度设计常常不被人们所重视。新制度主义关于“制度”的全新定义，能够帮助人们从新的视角看待和处理上述设计。例如：人们需要考虑不同的规划模式，自下而上规划模式所带给社会的全部交易成本；又如：在人口增长和资源短缺的矛盾中明确规划的地位，并让规划在解决这一矛盾中，起到有力的作用。

3）新制度主义者提出的“社会—文化人”假设，对现实的规划辩论与决策过程有重要启示。

古典经济学家亚当·斯密将所有的人类都假设为“理性经济人”。他认为，“各个人都不断地努力为他自己所能支配的资本找到最有利的用途。固然，他所考虑的不是社会的利益，而是他自身的利益”。对“理性人假设”的批判与思考自从其诞生以来就一直是各界争论的焦点。新制度主义提出了“社会—文化人”假设。诺斯指出：人类行为比经济学家模型中的个人效用函数所包含的内容更为复杂。有许多情况不仅是一种财富最大化行为，而是利他的和自我施加的约束，它们会根本改变人们实际作出选择的结果。他把诸如利他主义、意识形态和自愿负担约束等其他非财富最大化行为引入个人预期效用函数，从而建立了更加复杂的、更接近于现实的理性人假设——社会—文化人。

诺斯认为，人是社会的人，人在不同时间、不同地点会处于不同的制度环境中，在不同的制度环境中，人的具体回应是不同的。同时，由于人总是社会中的一员，在一个人的生活目标中，不可能仅仅只有自己，也就是说，人的行为目标是复杂的、多样的。因此，人的决策不是也不可能是使个体利益最大化因素，而是取决于周围环境的制约，以及本能、习惯、习俗、从众等非理性因素的影响。用“社会—文化人”来取代“理性人”，即用具有多重目标、并且其目标在形成过程中受到他人决策及文化结构和意识形态影响的人，来取代单纯追求经济利益最大化的独来独往的人，无疑是一种意义深远的努力。它揭示出了人的多面性和复杂性，把对人的假定向现实又推进了一步，并且把人们的研究目标从给定的一种效用或福利函数引向研究个人目标或偏好的形成过程。“社会—文化人”假设无疑为规划讨论与规划决策制定中参与者如何做出决定提供了理论依据。

4）新制度主义理论面向现实，引入关系地理学的新理念，可能会颠覆规划领域一些固有的概念。

一种建立在后结构主义上的关系地理学引起了新制度主义者的关注。关系地理学家试图创造一种新的、由网络、关系、流构成的拓扑地理学。现实在不断生成。关系地理学认为：（1）事物是关系的产物，而不是它本身，反对割裂事物之间的联系去单纯追求事物本质；（2）对地理学传统概念如空间、地方、尺度等提出新解释：空间是活跃的、动态的、相关关系组成的、不断生成的，而非死寂、封闭、静态和一个结果的；关系的地方开始考虑权力、排斥与差异，地方是关系建构的产物，其形成更多是由于外部，是相互依赖的地方；尺度传统被视为规模等级的层次体系，这是一种想当然，尺度实质是一种社会建构；（3）非表征理论，强调事件是连续不断生成的，情感是不能表征的，非表征性却是影响事物发展的主要力量。强调概念的模糊性，知识生产的背景性，理论面向的自我反省性，以及“关联性而不是表征性的解释”，知识也是相对的，所谓主流、代表性的、决定性的解释其实都只是一部分而已，不是全部。所以，尺度、地方、空间、非表征等等是想反映和刻画现实。

新制度主义与关系地理学建立了密切联系，认为个体的身份和偏好乃至关系本身都是在社会背景中被建构起来的——无论是通过社会实践还是通过意义体系（即情境定义）。英尼斯提出了关系产生知识资本、社会资本和政治资本的方式，认为沟通式规划实践中的信息通过嵌入到理解、实践和制度之中而产生影响，信息产生和共识达成的过程是关键；社会网络则既是一种任务完成的渠道，同时也是承载意见的流。我们都在这个关系中，关系一直生成着地方、空间和我们，只有生成没有表征，这是最真实的现实，也是今后理论的困境（抑或前景）。

第6节　沟通式规划师

福雷斯特认为，规划师真实的日常工作是这样的，他们面临着：不明确和未充分定义的问题，不完全的供选方案的信息，不完全的问题基线和背景信息，不完全的价值、观点和利益范围和内容信息，有限的时间、有限的技能和有限的资料。

在完全理性规划思想指导下，社会中的权力过分集中，规划师不得不面对他们处理不了的权力压力，规划师们临时拼凑并改变目标，对问题做出响应，调整优先事项及其努力，在道德上是即兴表演者，他们解释各种指令、义务、承诺与威胁。规划是各种“话语”与权力的结果，不同思想通过语言来创造出一个特别的观点或计划，使得各种思想叠合在一起。

权力的社会、政治和经济结构不仅决定着谁的声音最高，而且决定着谁的声音能被公众听到。这也是规划师期望的完全理性规划受到的限制。由于信息不明确，目标不清晰，对规划师来说还必须考虑在实践上和结构上对完全理性限制的后果。规划师只能满足于从最佳中获得成功的期望，利用社会和组织网络，吸取其他群体和参与者尽忠的责任，去协商和调整目标。

福雷斯特认为，分析规划过程中信息及信息的歪曲与权力关系是找到新解决方案的关键。参与规划决策的各种机构，包括政府部门、社区组织等在形成最终文件的过程中应相互理解、相互沟通，并建立一定的关系。规划师在形成、交流、传达信息这些行动的本身就是规划中的沟通行动。

规划师传达信息不只是把报告、建议转达给决策者，由他们选用。当规划师提交分析报告，指出存在问题时，他已经在参与问题界定的过程了。在规划师的报告中，表达意见时用词的贬褒，也会对报告的阅读者的态度发生影响。当规划师列举其他典型案例，并与当地进行比较分析时，他已经在暗示他的意见倾向（比别人好或差？差在哪里？为什么差？）。所有这些貌似技术性的传达信息，其实已经在进行规划工作，影响对乡村发展的决策。

规划师在规划过程中不只是向决策者提交技术报告，还直接参加各方面的讨论。首先，他们向各界介绍技术数据，分析在技术问题背后的政策含义；其次，规划师接受参与者的质疑；再者，规划专家之间也会有争议，经过沟通和交流，规划专家的意见也可能改变，但改变的不是事实或数据，而是对事实和数据的解释和解读。

因此，规划师改变了完全理性规划中的精英地位，他们不只是政府或开发商的技术顾问和代言人，更充当着讨论的推进者、调解斡旋者和解释者、综合协调者。

规划师在沟通式规划中的作用是多方面的：（1）规划师是新主张的首倡者。他们提出新观点，然后努力为实现新观点而向各方面做工作。（2）规划师是组织者。他们寻找解决问题、实现规划的关键人物或关键部门，然后把他们引到讨论桌上，组织交流协商，以求共识。（3）规划师是说服者。他们和相关各方一一沟通，听取他们的意见，化解矛盾，帮助达成共识。（4）规划师不断地寻找、发现专家，让学术上和政治上不同倾向的专家发表意见，力求全面地反映全社会各方面的观点。因为规划是跨学科的，所以吸收各专业的行家是十分必要的。（5）规划师要做大量的文字工作，从收集各界的意见写成报告，到起草提供给各方讨论的协议草案，到形成最终共识的决议文件。

福雷斯特认为，规划过程在创造政治权力关系，规划机构的所作所为使信息分配产生不平等，因此规划师充当的角色极其重要，他们要对倾听和设计进行实际应用，与公众一起工作，而不是刻意为公众工作。规划师的工作应是沟通式的，在信息调控和不同利益群体的协商中进行规划。他关注对话和沟通过程，以及有冲突立场的人群如何通过有组织的对话过程使不同利益群体逐步达成一致。

在沟通式规划过程中，规划是一种利益相关者广泛参与的沟通行动，规划师扮演着多种类型的角色，这是与以往基于完全理性的规划范式完全不同的。正是通过规划师的协调，人与人之间相互作用和真诚对话，使公众丰富多彩的生活需求得以明解。所以，规划师的主要工作是和上下各方交流联络，规划者大部分的时间都是在说话和交流，创造性对话的孕育就成为新规划的重要目标之一。

强调规划中的公众参与并不意味着要放弃规划者的权力，相反，沟通式规划通过构筑规划者与政府决策者间的新关系而使规划者直接走入决策层而拥有更大的权力。因此，规划师的主要工作是和上下各方交流联络，这个过程也是参与决策的过程，而不是退在二线，靠提出报告和图纸去影响决策。

福雷斯特对沟通理性在规划中的应用做了引申和发展，提出了沟通伦理的概念，认为规划师并非权威的问题解决者，而是公众关注程度的组织者（或干扰者），这种关注经过精挑细选并被加以讨论，以此为行动提供各种选择，或者是支持或反对方案的特定辩论。

福雷斯特指出，规划师应当这样去思考规划：培育社会联系沟通的网络；认真倾听；特别注意规划过程中没有组织做依托的人的利益；教育公民和社区组织；提供技术和政策信息；保证非专业人员得到资料和信息；鼓励基于社区的群体对提交的规划方案施以压力；提高与其他群体共同工作的技能；甚至在协商之前，就加强建立社区组织自己的权威性；鼓励独立的、对基于社区的项目的反思；预测政治与经济压力。

福雷斯特早期的研究就指出，规划师要成为真正的沟通式规划师，需要：（1）学习价值：承认想象的作用、探索性的作用以及辩解的作用；（2）发现分歧：不接受任何表面的价值，人们所说的、发现的、探明的；（3）仔细考虑目的与手段；（4）实践性判断就是重构和证明正当性：

关注问题是如何架构的、感觉的、认识到的，而不是证明选择的正当性；（5）在面对权力时进行公众审议：审议需要基于沟通，公众的声音是沟通的重点，实践性判断变得很少依赖于工具计算，更多地依赖于可能的允诺；（6）在参与中的包容性与价值的感知和赏识之间建立联系：毫无价值认知的情况下，参与者可能无话可谈；毫无公公众参加的情况下，审议没有什么合理性。同样，在批判性的现有状况与提供的选择之间存在着紧张关系，这不会像终结统治一样结束它所代替的系统或过程。

沟通式规划论不仅要求不同利益相关者之间采用辩论与分析的方法开展规划工作，而且必须要建立一套动态的监测与评估的方法，才能通过合作而非无序竞争的方式来达成规划共同的目标。

规划的监测与评估一般包括过程监测和效果评估两部分。过程监测侧重参加者的广泛代表性、议题及议论进程的主导性、充分性和自我组织性、提供信息的真实性和全面性等，体现为时间上的连续监测；效果评估内容则主要包括对项目的知识资本、社会资本、政治资本方面进行评估，它的类型包括在时间轴上逐渐展开的初期效果、中期效果、终期效果，甚至后期效果。

第7节　沟通式规划论的发展

综合上一章与本章对规划中理性范式转换的分析，基本可以断定，在当地与乡村规划层面上的规划，应当向沟通式规划发展。从决策者和规划师的精英规划转变成普通公众（包括农民）的规划；规划的作用从工具理性的作用转变到公共事务中组织群众、社会学习、协调不同利益相关者的作用；用赋权、透明和治理的新理念取代僵化的中心化规划；规划师由客观、中立的完全理性规划师变为公众参与规划的沟通者、协调员和主持人。从这些意义上来说，沟通式规划理论与参与式规划是一致的。

沟通规划范式其内核具有广泛的思想传统或哲学来源，将各种思想传统或理论体系寻找其共性，其实它们之间的差异性仍十分突出。对于目前西方规划理论界的多元态势，这些正处于发展状态中的思潮，我们还不足以利用中国的经验提升。然而，对上述观点整理后，从不同面向，有人勾勒出沟通式规划论的一些特征，尤其通过与完全理性规划论的比较，这些特征就更为明显（见表 5-1）。

完全理性规划与沟通式规划的比较　　表 5-1

方面	完全理性规划	沟通式规划
规划主体	主体—客体	主体—主体（主体间交互性）
理性类别	工具理性	沟通理性为主，工具理性等从属
规划特点	指示性表达	交互式角色
规划过程	封闭、线性 目标—手段—行动间明确分离	开放、试错 目标—手段—行动间无清晰界限
规划本质	最优化行动计划	满足化行动计划
规划目标	问题解决、普遍化的人民需求	环境学习、特定区域的公众利益
规划依据	科学原理、分析和统计数据	相互理解与共识（可能包括统计数据等多种方式）
分析模式	效率、竞争	对话的有效性要求
方法论前提	外在的观察者、价值中立者	内在的参与者
控制媒介	非语言（权力、货币）	语言
知识系统	一元主义的科技知识	科技、生活经验、文化历史等多元的综合知识
规划结果	知识（技术性）资本	知识、社会、政治资本，行政、公众、专家间的公平交流，多元公共领域的创造
动作方向	自上而下	自下而上＋自上而下
规划者职责	为决策者提供依据，精英模式	积极、直接参与决策，与参与者一起规划

西方主流规划思想从开始对完全理性规划论的批评，发展到多元主义规划论以及近年来的沟通理性规划论，其中最大的一个转变就是把规划中所涉及公共利益的决策，从过去的工具理性的主张，转为强调应由政治决策来认知。这个转变的结果造就他们主流规划话语共识的形成，而再也不会有人怀疑“规划决策是一个政治过程”的论断。

沟通式规划论所强调的规划议题主要集中在决策行为的过程上。由于对规划决策的强调，使得其特点就在于提出合理的规划过程。这背后的一个假设在于：规划师所能做的只是合理规划过程设计，而合理规划过程的提出就可预期到一个合理规划结果的到来，只要过程是好的，那么结果也差不到哪里去。显然，西方主流规划思想对规划决策过程的强调，矮化了规划的专业知识，更加重视规划所要影响的社会、经济、政治与空间问题的深层讨论。

沟通式规划论者彼此观点都有差异，但都有一个很强的共同点，沟通式规划是这样一种努力，寻找一条规划发展的道路、改善规划的现状，并提供一个规范性的基础，将所有不同的意见叠合在一起寻求共识。这质疑了规划专业教育的基础。

规划作为一个沟通过程，其实要求建立在参与式民主形式之上。佩特曼早已指出，参与式民主下，人民直接参与到关键社会制度的制定中，政治形式的体验促进了人类的发展，增强政治效能感，降低与权力中心的疏远感，培养对集体问题的关心，建立一个知识化的平民体系，从而使其在政府中获得更积极的利益。然而，熊彼得等认为，不见得普通老百姓都对国家决策感兴趣，因为他更愿意离家近一些；而且，许多自由民主的关键制度（竞争的政党、政治代表、定期选举）是成为一个参与式社会的不可避免的要素。直接参与和掌控当地、在政府事务中由政党实施和利益群体的竞争，能够切实推进参与式民主的原则，这在西方社会也是正在探索之中。

上述对沟通式规划的讨论对中国的乡村规划有重要的启示。

沟通式规划范式应用于我国城市规划或大区域的规划中的可能性，目前看来并不大。因沟通式规划在国外的运用也主要在“小规划”中，同时在乡村发展中的公众参与有众多国内学者已经进行过研究，沟通式规划与参与式乡村规划在非常多的方面不谋而合。因此，笔者认为，沟通式规划在我国乡村规划或乡村振兴中应具有其特殊的适用性。

首先，沟通式规划的实用主义与沟通理性视角，能够适应各地乡村极大的地域差异性，同时能促进农村规划中的公众参与和基层治理。从国家法律、制度与政策层面上，我们早已十分强调乡村规划应当从农村实际出发，尊重村民意愿，体现地方和农村特色。而沟通式规划通过促进规划中农民的参与，能够更详实有效地将地方具体情况和特色融入乡村规划，避免把城市中“千城一面”的规划“复制到”乡村，出现“千村一面”的恶局，因此具备更强的针对性和指导性。另一方面，我国各地经济社会发展水平差异极大，我们的政策早已要求乡村规划要面向地方乡村公共政策，已经不仅仅将规划视作一个纯粹的规划技术行为，受乡村规划影响下的村民参与规划决策已是他们的基本权利。多年的实践证明，纯粹自上而下的乡村规划其可操作性并不强，沟通式的乡村规划也许是寻求新规划途径的一种新思维。

其次，中国的乡村与大多数城市不同，他们世世代代生活在他们的村庄中，农村居民对于他们的村庄聚落有着更深厚的感情，农民有着很浓的乡土之情，许多城市居民也仍有浓浓的“乡愁”情结，情感上没有完全断了与农村的联系。历史悠久的村落在中国必须长期存在下去，保留与发展他们的文化，也是中华文明的起源与发展动力。因此，沟通式规划无论作为一种规划范式还是作为一种重要的规划方法论，能够帮助规划师了解和掌握当地农民的这些感情诉求。同时，沟通式规划应对目前并不令人满意的基层治理状况也是一种途径。

总之，通过对沟通式规划理论范式的性质探讨，揭示出其基本属性，从而使该规划范式能够更好地应用于中国乡村规划实践的各个层面当中。虽然是一种西方正在发展的新规划范式，而沟通式规划基本可以适用于我国的正在开展的乡村规划，能够解决我国目前乡村规划中存在的一些问题，对于推动乡村振兴的伟大事业具有积极意义。

第6章 乡村规划新思维

乡村振兴战略对乡村规划已提出全新的要求，我国规划体系的顶层设计与机制改革也已日渐明朗，而基层的乡村规划体系仍不清晰，还是一项亟待破解的难题。中国是一个人口大国，可照抄照搬的乡村规划经验并不多，亟待来自基层的经验和实践创新，付诸创造性的探索行动。

在自上而下规划传统依然强大的背景下，本章从乡村振兴与乡村发展的视角，反省传统自上而下的和自下而上两种典型乡村规划范式的得失，试图探索一种在基层能够上下结合的乡村规划新范式，尝试构建上下结合乡村规划体系框架，提出其规划沟通和运行过程，重新定位各利益相关者在乡村规划中的作用。

上下结合乡村规划体系构想，是由高层自上而下的宏观规划引导到县域层面后，在基层构建上下结合微观的乡村规划框架体系。这一体系构想以保持高层自上而下规划体系为背景，以自上而下的县域乡村总体规划为前提条件，乡村自下而上开展规划，并以乡镇为沟通桥梁，构建一种县域内上下结合、协同演化、彼此关联、反馈循环的乡村规划新机制。

这一乡村规划新思维，应当能够通过乡村规划的正常运行，明确规划要解决的问题；达成各利益相关各方共同的目标；构建起适宜的政策和规则的实现环境；形成县、乡、村各层面上下联动的运作机制；构建公开的信息沟通机制；能够客观对待利益相关者及其不同目标；有各利益相关方协商的平台，保证他们的知情权、参与权和决策权；规划的实施仍以村民为主体；有一套相对灵活的规划程序；有内外结合的监测与评估制度；体现地方和农村特色；赋予乡村与城市居民平等地参与规划决策的权利。

上下结合的乡村规划途径，首先改造了传统自上而下的规划体系，下放部分规划权和建设权，并引入第三方力量，同时充分借鉴参与式乡村规划的工作途径。通过社区内生动力的培育、自下而上的公众参与、社区自治及多方协作，构建起与传统规划体系相交融的、上下结合的新型乡村规划体系。

第1节 对乡村规划的新要求

我们共同面对的最艰巨、最繁重的任务在农村，最广泛、最深厚的基础在农村，最大的潜力和后劲也在农村。在我们这样一个近14亿人口的大国，实施乡村振兴战略，实现乡村振兴，现成的、可照抄照搬的经验并不多，因此，必须总结过去的成功的或不成功的经验，探索改革的思路与创新的方法。在这样的背景下，如何在基层开展乡村规划成为中国规划界的一项新挑战，我们需要重新审视乡村规划的框架体系与思维途径。

乡村振兴战略作为今后我国"三农"工作的总抓手，要求我们必须以一种城乡整体融合的系统性思维来解决"三农"问题，乡村振兴战略的实施，应从政治、经济、文化、生态、历史等要素整体复合的角度，探索系统性的解决之道。乡村振兴战略以农业农村现代化为总目标，以农业农村优先发展为总方针，以产业兴旺、生态宜居、乡风文明、治理有效、生活富裕为总要求，以建立健全城乡融合发展体制机制和政策体系为制度保障。随着乡村振兴战略被摆入国家优先位置，以及近期不断有相关法律和细化政策出台。按乡村振兴战略的实施要求，乡村规划必须要处理好以下关系：

（1）长期目标和短期目标的关系。要遵循乡村建设规律，按规律办事，坚持科学规划、注重质量、从容建设。

（2）顶层设计和基层探索的关系。顶层设计已渐明朗，各地符合自身实际的实施方案，要把握差异性，因乡制宜，发挥农民主体作用和首创精神，总结基层的实践创造。

（3）充分发挥市场决定性作用和更好发挥政府作用的关系。新一轮农村改革，政府作用在于规划引导、政策支持、市场监管、法治保障等方面。

（4）增强群众获得感和适应发展阶段的关系。要围绕农民群众最关心最直接最现实的利益问题，加快补齐农村发展和民生短板，让亿万农民有更多实实在在的获得感、幸福感、安全感，同时要形成可持续发展的长效机制，坚持尽力而为、量力而行，不能脱离实际的目标，更不能搞形式主义和“形象工程”。

我们共同面对的最艰巨、最繁重的任务在农村，最广泛、最深厚的基础在农村，最大的潜力和后劲也在农村。在我们这样一个近14亿人口的大国，实施乡村振兴战略，实现乡村振兴没有现成的、可照抄照搬的经验。在这样的背景下，如何在基层开展乡村规划成为中国规划界的一项新挑战，我们需要重新审视乡村规划的框架体系与思维途径。

我国目前的乡村规划体系其实并不清晰，乡村规划方法也还未成熟。在乡村振兴的大背景下，基层采用什么样的乡村规划体系迅速成为一项亟待破解的难题，需要基层有所实践创造。

在当今世界的绝大部分发达国家都有适宜自己国情的规划体系，各国的规划体系也很不相同，因为规划体系是各国历史文化传统与社会经济发展的产物，并借助法律条例、社会传统与规则对资源禀赋、社会状况和政治状况在时空上的表达。我们国家正在对规划体系进行顶层设计与深刻的机构改革。从近些年来的情况看，中国的发展规划已经和社会主义市场经济融为一体，已经是市场经济的规划，而不是过去计划经济下的计划。在高层面的规划中，至少一些共识已经基本形成：

（1）规划更加重视人的发展与可持续发展。现在的规划，已不再是单纯的经济发展规划，而是经济发展、人的发展、可持续发展“三结合”的规划，而且人的发展和可持续发展的分量越来越重。

（2）规划是要发挥市场决定性作用，同时政府的作用已非常明确。现在各级层面的规划，已经明确了哪些是引导市场主体行为的，靠市场配置资源实现的，哪些是政府依据其职责必须完成的。产业发展的内容，政府只根据发展阶段和趋势，给市场主体指明一个方向，至于企业是否按照规划确定的方向发展，完全是企业自己的事。政府的任务是创造相应的制度环境和政策环境，希望向这样的方向发展。而政府还必须确保完成的，只是公共服务和环境保护等政府应该履责的规划内容。

（3）规划只提出预期性和约束性指标要求。预期性指标是国家期望的发展目标，主要依靠市场主体的自主行为实现；约束性指标是针对政府履行职责的，是中央到各级政府在涉及公共利益领域对地方政府和中央政府有关部门提出的要求。

（4）规划更注重制度的改革与建设。如：根据主体功能定位和省级空间规划要求来编制市县级规划，划定城镇空间、农业空间、生态空间三类空间，明确城镇建设区、工业区、农村居民点，以及耕地、林地、草原、河流、湖泊、湿地等的保护边界，实现一个市县的土地规划、城乡规划、生态环境保护规划等的“多规合一”。

（5）规划编制的方法和程序开始更加规范化和制度化。虽然现在规划法尚未修订完成，但一些规划纲要的编制方法和程序，已经基本形成不成文的制度。目前各级各类规划编制的各个环节，包括衔接、批准、颁布、评估、调整等规划过程，以及规划编制过程中各级党委、人大、政府、规划主管部门、行业主管部门各自的职责等，都是按不成文的惯例进行的。

作者受自身研究与实践领域的限制，无意过多讨论规划的顶层设计，相信中国的空间规划体系会逐步走向完善和成熟。这里只根据自己在基层多年的研究、教学与实践，并结合国际和国内经验，就乡村规划中基层层面的一些问题，提出一些自己的探索性思考、认识与建议。

第2节　自上而下乡村规划的得失

中国拥有两千年连绵不断的自上而下的国家治理传统，20世纪又经历过几十年计划经济体制，中国的规划体系目前基本上是一种集中规划体系，即各级政府与部门的规划工作人员，基于明确的自上而下科层体系，自上而下地编制和执行指令性规划为特征。在此过程中，所有的规划决策都是由管理高层做出的，同时高层又批准其他下级决策建议；下级的任务是实施上级政府的规划指令。因此，乡村规划体系实际上仍脱不开这样的体系背景，是在这样的体系中运行的一种基层规划。

这种自上而下的规划机制应当属于完全理性下的规划技术范式，是典型的技术官僚控制下的规划。在这种范式下，规划的目的在于评价实现目标时最好的选择是什么，并开展试点和比较分析研究；基于这些信息，政府决策者决定应遵循的行动过程；实施后再评价政策的效果，提出改进建议。基层规划技术人员从来不做的一件事情就是提出目标，因为目标是在他们开始分析工作之前就已经由上级决策者确定下来的。

在这一范式的典型版本中，规划技术人员要收集和评价所有重要的选择、信息，并加以充分考虑；建议客观、科学的信息，完全依赖定量数据、建模信息和类似的规划方法。规划技术人员一般都相信存在获得精确信息的可能性，开展科学规划，用以完美展示其所做的工作。他们还完全相信自己的能力，相信通过自己的科学分析技能，完全能找出一个存在着的事实。规划者中有一个不成文的观点：一个好的规划一定是通过高质量的数据和分析才能达到的，规划的成功与否一定要靠科学的系统管理才能获得。还必须指出，在规划编制中，地方领导的话语权很大，并没有充分听取企业、社会组织、居民的意见。因此，规划编制还未走上程序化和法治化的轨道。

这种完全理性的规划实际上仍是一种理性功能主义的规划范式，是建立在一个源自系统工程、管理科学等技术领域的典型工具理性的产物，其与同样出于唯科学主义的环境功能主义，都是我国规划界人士所热衷的方法论和价值立场。这种规划范式的价值取向，自 20 世纪 60 年代早期以来已在西方饱受过批评：企图以自然科学方法解决社会问题的谬误；对事实与价值分离立场的质疑；突出整体目标优先性，而忽略了企业与当地居民的合理角色、政治与社会的可行性，更无法涵盖达成共识的过程；将规划概括化为“价值中立与无所不能的技术”，将规划者角色贬抑为“没有多少主体性的技术官僚”，将规划工作的正当性局限于“证明来自政府部门维护公共利益的合法性”，以及将规划专业的实践单一化为“必须依附于国家公共权力与资本”。

实际上，中国传统自上而下的规划，大都是从上到下各级政府目标的简单重复，只有战略目标，没有规划（战术）目标，更没有行动（战役）目标，内容重复而雷同，上下一般粗，上级规划只能为下级规划提供政策依据，并不针对具体地方的具体问题；而且下级规划很少能对上级规划提出反馈，也不能很好落实上级的规划要求。因此，中国的规划体系是有完全理性规划范式的理想，即使这种规划范式饱受批评，但距这种典型的规划范式仍有一定距离。同时，规划编制过程中各级党委、人大、政府、规划主管部门、行业主管部门各自的职责等都没有成文的规定或惯例，由综合部门编制的规划与由行业主管部门编制的规划十分不协调，规划审批程序也没有明文规定，时有变动，因而带来规划工作中较大的随意性、部门间政出多门、互相“扯皮”甚至相互掣肘。

由于这样的规划体系不能灵活地根据当地具体情况进行调整，在执行乡村规划中问题会进一步放大，出现更多的问题，如：上级规划中的乡村决策与乡村社区或群体相隔离；上级规划难以真正发现乡村存在的所有相关问题；规划机构是按科层的，只对上负责，很容易忽视乡村的需求，更难以调和乡村社区期望的发展目标；基层规划者缺少综合的技术方法，只突出技术方面而忽视实施制度和机制构建方面的考虑。

即使这种规划范式发挥了出严格合理的技术功能和严谨的科学方法优势，在不涉及社会价值等方面的问题时有技术效益。但是改革开放四十年来，我国许多农民走出家园到城市打工。当他们一部分人再回到家乡时，他们从外部世界带回的不仅仅是经济收入，还带回许多先进的观念和对社会的重新认识。同时国家乡村振兴战略的实施，当今政治和经济环境都要求城乡融合发展。这些外部的冲击，促使农民自我意识开始觉醒并逐步增强，他们质疑“（外部）要我做”的传统，对基层政府和部门在与他们直接相关的乡村项目不征求其意见还指手画脚、在其家园里任意规划和实施各种活动的行为感到越来越不满。这一点也是国家乡村振兴战略要求中十分强调要“治理有效”的原因。

在社会价值与乡村发展多元化的今天，每个乡村规划都会涉及不同利益相关群体的情况下，完全理性规划体系明显力不从心。由于这种规划范式的目标是由“上”面制定的，方式是“自上而下”的，其过程又排除任何技术以外的目的和价值，自然不会充分兼顾“下”的诉求，这种主观上把“下”排除在规划之外和客观上与“下”不可分割之间的矛盾，必然使规划落地困难，也达不到振兴乡村应有的效果。

也必须看到，以往由政府主导的自上而下乡村规划项目中，也尝试着考虑当地群众的利益，激发他们执行规划的积极性，并为确保规划执行效果也采取了一些社区动员的措施。但是这些规划的执行主体——乡村居民的真正地参与仍旧十分有限，其过程的参与质量多是“伪参与”或“功能性参与”的。同时，由于采取短期物质刺激的政策并没有真正保证乡村居民的获得感，又由于缺乏相应的社区治理能力建设，因此乡村居民对于政策的理解和执行方式的认可也很有限，获得感和拥有感并没有形成。

在自上而下规划范式的乡村规划中，规划人员的心态和认识在本质上也阻碍着农民的真正参与。对规划人员来讲，为了达到上级“公众参与”

和“乡村治理”的要求，他们可能只在以下两个时段对村民的意愿有所考虑：一是确定乡村发展项目或战略目标时，二是确定目标过程即将结束帮助确定最后的行动选择之时，而且可供村民的选项可能只是选也可、不选也可，并且这些考虑也只是依自己的经验和理解对村民意愿做出判断，可见村民参与的质量并不是他们工作的有机组成。他们通常倾向于把村民的参与看作是他们不得不按上级规划要求去完成的事情，有些人可能还私下里把村民参与当成一种讨厌的事，一件不得不完成的任务、对其工作毫无用处的烦心事。有些规划人员也可能把村民参与当成取得社区充分谅解其目标和价值观的有效途径，当成弥合基层政府领导为达自己的目标，并劝告乡村居民采取官方政策的一条有效途径。有时规划人员也想把优秀的当地乡土知识结合到他们的规划分析中，但来自当地村民的乡土知识并不“高大上”，这令规划人员心怀疑虑，担心会因此冲淡其规划中科学分析的完整性和中立性。

自上而下的乡村发展，实质上系统地忽视乡村整体的社会发展，以外部动因推动，发展主体的农民仍处于被动地位。外部居高临下的眼光和身份驱动下的农村发展，会从体制上排斥乡村内部因素与动因，没有做到以当地人为本的发展，忽视社区的自主性动员，忽视乡村社会自主的发展，近期可能物质环境也许有所发展，但乡村长期仍不可能全面发展，也不可能实现人的发展。无论自上而下规划如何架构，也无论从业者怎样努力，都无法真正实现乡村各利益相关者的充分参与和利益的均衡。由于这种规划对当地利益相关者系统性的忽视，完全理性规划范式施行只能严重脱离具体乡村的实际，抑或造成乡村规划实施中浪费严重、实效性差等问题，城乡差距进一步扩大，只能流于“纸上划划，墙上挂挂”的结局。

乡村振兴战略提出后，国家对乡村的投入力度瞬间增大，也宣告乡村新时代正式拉开序幕，乡村发展进入机遇与挑战并存的关键时期。国家经济社会发展到现阶段，如何构建政府、市场与村民三者之间利益的动态博弈的关系必将成为今后乡村规划的关注焦点。乡村规划既要因地制宜地考虑各地乡村区域间经济状况、自然环境、社会文化等方面的差异，又要充分考虑村民主体利益与发展，还要不脱离“以乡为本、因乡制宜”的原则，更要达到治理有效新要求，发挥农民主体作用和首创精神，总结基层的实践创造。因此，乡村规划不能单纯依赖自上而下的规划，需要基层深入反思，并亟待付诸创造性的探索行动。

第 3 节　自下而上乡村规划的得失

在一些国家也有采用自下而上规划体系，有些被称为分散规划体系。为了达到在基层建立善治的规划决策制度的目的，较高管理层把一些规划管理权限和部分经费的支配权下放到了基层管理层，甚至下放到乡村社区。这种规划体系是以当地居民为出发点，他们根据自己的实际情况制定自己社区发展的规则，然后在区域层面上把这种规则与上级政策联系起来，并与国家发展战略相协调。这种体系的前提是，社区自治能力与决策机制较为完善，各利益相关者依赖于适宜的社区发展协调机制，有能力开展平等合作。在自下而上的规划过程中，地方规划努力通过相适宜的制度建设，充分考虑各地的实际情况，然后将其纳入更高的区域总体规划体系中。然而，这么复杂的规划框架结构是社会治理体制长期调整与积累的结果，需付出巨大的时间、成本和精力，还只适合区域较小的范围，大多数国家无法达到，对中国这样的近 14 亿人的国家更是如此，因此，这种规划体系的效率和可行性受到限制。

参与式乡村规划是一种强调自下而上，并试图与高层自上而下相结合，但更强调自下而上的规划范式。这种规划范式是在反思自上而下规划体系中忽视利益相关者参与、忽视乡土知识以及忽视当地农民主体性的基础上提出的，是一种在规划编制与实施过程中都与利益相关者沟通交流，共同寻求未来乡村发展可能性的沟通式规划，最终目的是实现规划过程中乡村中村民个人、群体、社区以及基层公私机构等各主体间的互动与合作。参与式乡村规划既是物质空间重构的过程，也是社会关系重构的过程，规划专业人员基于规划使用者的社会背景，扮演专业的协调者角色，并整合寻求未来可能性的沟通规划过程。参与式乡村规划通过动员村民参与村庄事务，发挥村庄内生动力，消除自上而下传统规划模式的弊端，为提高规划实效性创造可能，同时易于符合乡村发展需要与国家政策导向的要求。

参与式乡村规划实际上激发了当地居民公共道德的乡村治理机制，通过亲身参与和对公共事务的讨论、说服或监督其执行，人们共同创造了一个公共领域，使自己原来局限于个人的观点得以在参与过程中转化成具有公共导向的意见。在这个过程中，可以学习到自己认识不到的地方，可以说服别人接受自己。因此规划不仅有教育及创新的作用，还可以增强群众获得感、幸福感和安全感，并让农民个人领悟到沟通、协调、讲理、容忍等公民道德。

参与式乡村规划促进乡村的参与式发展，这是一个当地公众受益的过程，其核心价值是当地人的充分参与，而对参与重要性认识不充分的原因是缺乏对乡村发展真正意义的理解。因此，参与式乡村规划作为重要的参与式发展的方法与工具，遵循其背后的本体论、认识论和方法论基础，应当对其有全面的掌握才有可能灵活加以运用，否则会有误用的风险。

参与式乡村规划引进我国只有短短的三十年，之前我们并没有这样的规划传统与理念。在各地开展的参与式乡村规划多从物质空间改造、人文环境提升、产业优化升级及机制体制创新等方面展开。由于各地乡村资源禀赋、政府政策等方面存在差异，每一个规划的侧重内容及实施方式都有所不同，引导规划的主体也呈现多元化趋势，除了由村民自治组织牵头外，还有由当地政府、社会资本、乡绅乡贤等主体牵头推动的形式。由于这种规划模式的一系列优势在一定程度上弥补了自上而下乡村规划的不足，一段时期内在多地有过井喷式发展。国内参与式规划研究和实践已广泛地应用于扶贫、资源管理、乡村社会经济评估、社区发展和管理、乡村发展计划、小流域治理、小额信贷和农村医疗等各个领域。

在中国，参与式乡村规划作为规划方法只限定在村级社区层面，依然缺乏与上级规划的联系，更谈不上有机结合。虽然许多这样的项目非常希望并有过许多试验性尝试，但乡村社区规划协议可能只有部分内容在外力下得到过上级的支持。又由于跨村庄社区的规划间职责与权力重叠等缺乏协调的问题，各种相关外部利益冲突依然未得到有效调整。

造成这一局面与中国超级强大的自上而下规划体系不无关系，直接原因可能还在于，人们并未充分认识到乡村规划中所有利益相关者参与的重要性和这种乡村规划范式巨大的社会动员潜力有关，它直接面对的是乡村规划治理制度的严重缺位。

同时，我国参与式乡村规划实践本身也出现过一些问题。参与式发展本是在本体论、认识论、方法论上较为完整的发展范式，不能简单地将其割裂为碎片只吸纳形式上的方法与工具，从理念中抽出所谓“参与”

的实践部分。早期有些参与式乡村规划实践中对参与式发展的断章取义令人感到失望并遭受质疑，后来参与式发展工作者也不断做出回应和调整。这些质疑与回应可以归纳为以下几个方面：

（1）要防止参与过程被操纵

如果参与只有形式而不重视质量，参与过程可能成为被人操纵的实践。例如：公众听证会原本期望引入公众的参与，但结果却正相反。因为听证会的提议方掌握着技术和资金资源，对事件的了解远远超过普通百姓，信息有时并不透明，很难保证公众的信息知情权，并没有赋予真正的参与权，更无法保证公众参与决策。听证会实际上成了“教育”用户去接受规划者观点的工具，不过是规划师为了方便其工作而搞的公关而已。这其中的原因极有可能是某些当权者担心失去手中的权力。为了保证参与过程的质量，乡村社区的参与应以当地居民为主体而不是其他的外来者。权力关系极不均衡的现实，是乡村规划中强调必须赋权村民的重要原因。

（2）参与数量不能代替参与质量

由于中国引进参与式发展理念较晚，并未得到社会上的广泛认同。至今还有些人认为，群众运动式的参与或人数众多的参与就是“参与”，如一些基层林业部门在造林季节时组织场面轰轰烈烈的全民造林运动。我们不能把参与简单理解为“参加”，即每个人参与到每个集体行动。要正确理解参与，就必须超越简单的“参加”，准确把握各种“参与”的程度。在项目的不同阶段或不同活动中会有不同的参与质量要求，对参与质量的准确把握与理解成为参与式规划成功与否的关键。

（3）参与放弃所谓一定的“效率”是为了提高参与质量，以便“从容建设”乡村

既要让参与者充分表达意见，又要倾听他们不同的想法、了解他们的事实、假设与经验的差异，再设法找出大家都一致的方面，确实不是一件容易的事情。因此，有人指出参与费费力，其可用性和有效性值得怀疑；还有质疑道，村民参与做出的决定很可能并不见得反映乡村社区的长期利益。这方面的批评从效率的观点出发，认为公众参与的作法缺乏效率，无法适应现今社会的快速发展变化，无法应对现代社会的突发危机。

而参与论者们认为，效率不是公共政策的终极价值，共识形成的过

程虽然漫长辛苦，但一旦共识形成，有责任感和团结意识的村民集体行动的力量才是永恒的。若从社会资本角度来分析，信任、规范和网络可以使社会的运作更加协调、更加有效率，通过公民的参与和合作，可以累积社会资本，更有效率地承担人们之间的计划。参与式规划的一次性的投入巨大，看上去费时、费钱又费力，但它所能达到的效果远比外部主导下的规划遭遇的多次“便宜”的失败的投入总和要合算得多。这也是乡村振兴战略中十分强调“按规律办事，坚持科学规划、注重质量、从容建设”的深层依据。

（4）赋权不充分会造成村民参与热情不高

还有一些对参与式发展的批评是针对公众参与热情的。参与要求村民直接介入其公共事务，进行其公共议题的讨论，但这要求村民素质必须相当得高，村民必须普遍具有积极参与的热情、清楚陈述自己观点的能力以及一定的论辩技巧等等；此外还要求村民要有足够的闲暇来参与公共事务讨论，而不是贫于应付自己的生计问题。

然而，许多成功的参与式乡村规划实践表明，村民的积极性会很高，无论是男是女、是贫是富、识字还是文盲、是老是少都能介入项目的各项活动，而且成效非常大。对于一些尝试参与式规划而出现了村民参与热情不高的现象，正恰好说明，对村民赋权的程度高低在很大程度上决定着村民参与热情的高低；同时，运用参与式方法和工具是否适当，以及参与过程的质量也极大地影响着村民的参与热情。显然，对参与式规划中村民参与热情不高的质疑是从参与式方法的不成熟实践或误用中得来的结论，不充分的赋权动机和赋权过程导致了参与者热情的下降。因此，对村民充分赋权是乡村规划治理中的关键。

（5）通过规划沟通的过程，促进村民的获得感

由于许多乡村公共事务多样化程度高，很复杂，专业性也很强，因此村民是否有足够的决策能力受到许多人的质疑。如：有人怀疑当地居民判读当地影像图的能力，认为这些是高科技的东西，从事这些领域的工作是专业技术人员的专利，像地理信息这样的技术不可能被没有受过多少教育的当地人所利用。但参与式地理信息系统（PGIS）技术的发展证明，村民判读他们村影像的能力远高于技术人员。

可见，参与式乡村规划完全不同于传统规划，对于大多数乡村规划专业人士来说，要他们在短时间内完全接受新规划理念与方法确实存在

困难。每位专家、学者或技术人员都有各自专业背景及研究训练，必然也存在特定的世界观以及由于其专业训练所必然存在的偏见。因此，首先要从消除一些人对这种规划范式的偏见看法做起。偏见是狭隘的传统专业训练与自大的结果，只能表明这些专业人士对其专业领域之外乡村问题的无知。如果只是简单地把参与式理念不加分析地直接植入传统专业操纵的自上而下的科层规划体系当中，必然会失去其自发性、灵活性和有效性，也是难以被人接受的。

目前，分散全国各地的参与式乡村规划实践依然是一个个“成功孤岛”，并没有像当初它的推动者们设想的那样，只要积极地与自上而下精英规划有机结合，就可以成为中国乡村规划的主流。

自下而上乡村规划范式作为一种沟通理性的规划论，其巨大的价值已成为国内外规划界的共识。当今，相对完整的沟通理性方法论观点所指向的乡村规划应是一个公正、开放、反思与学习式的讨论与调和过程；而乡村规划要解决的所谓公共事务，则应被看成规划过程中各方利益相关者追求共识的愿望的动态过程。乡村规划者只有在其中将个人经验、人文学科以及自然科学三类性质不同的知识与价值整合起来，才能作为乡村规划作业与决策的重要依据。

在自上而下规划传统依然强大的背景下，作为一名负责任的乡村规划者，我们必须从乡村振兴与发展的视角，反省自下而上的乡村规划范式，探索上下结合的乡村规划范式新途径，并重新定位自己在其中的作用。

第4节 上下结合乡村规划框架构想

乡村振兴战略正在实施，乡村规划事业作为乡村振兴的重要组成部分，基层乡村规划机制应如何改革与创新，规划者应如何重新定位自己的角色和调整自己的心态，是当前乡村发展的一项重要课题。

既有的自上而下的指令性规划思维方式目前依然十分强大，其在基层乡村规划中固有的一些矛盾和问题难以在现有体制内得到根本改善。同时，后来引进的自下而上规划范式虽然可以有效地开展乡村社区规划，但由于其潜力在传统规划体制下受到种种限制，在乡村规划中的运用并未得到重视。因此，我们认为，中国乡村规划体系的改造之路，只能是在现有自上而下规划体系下，寻求自上而下与自下而上规划方式以某种机制在基层的有效结合。只有在县、乡、村等层面上开展上下结合的规划途径，才有可能应对乡村规划将要面临的一系列重大机遇与挑战。

在某个县级层面上，县域乡村规划是一种从上级对本县域的乡村目标定位为出发点的综合性总体规划，其目的是组织好当地城乡融合的土地利用与功能关系，平衡环境与经济协调发展的需求，达到产业兴旺、生态宜居、乡风文明、治理有效、生活富裕等的多元发展要求。因此县域乡村总体规划是当地空间规划的重要组成部分，做到县域、机构和组织机制的全面协调，也与所在地域其他规划的协调一致。

而对于这个县域内的村级层面的乡村规划，它应当是由村庄自己组织的乡村规划与建设，并寻求与县域总体规划的相衔接，获得上级政策与资源的支持。乡村生产与生活等的微观决策与具体建设活动应由村民、农场主、企业家等相关群体共同开展的。

乡村振兴要求重塑适应城乡融合关系的乡村规划制度，重塑的制度必然是由高层自上而下宏观规划引导到县域层面后，在基层构建上下结合的微观乡村规划框架体系。

1. 国内外经验

近些年来，国内规划理论界通过在各地的一些理论和实验性探索，建议在我国构建上下结合的乡村规划体系，并寻求通过乡村规划途径促进有效的乡村治理。这与一些国际组织的研究相一致。

在这种不同于以往的重构规划体系中，不同乡村规划之间以及乡村规划与区域内其他规划之间应有横向的（从乡村到乡村、从区域到区域等）和纵向的（乡村和区域、区域和国家）紧密联系（见图 6–1）。

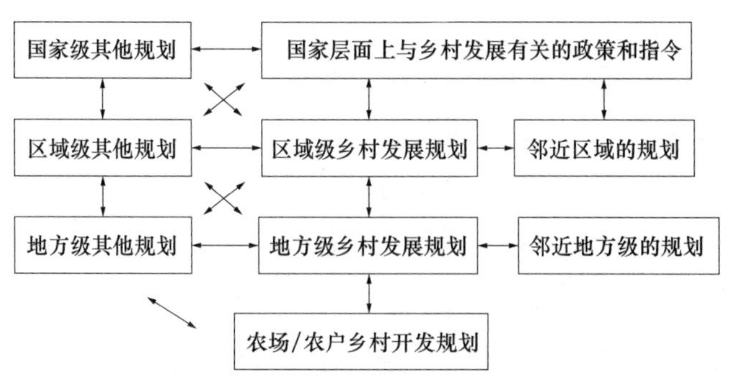

图 6–1　（上下结合的）乡村规划纵横联系

联合国粮农组织（FAO）和一些国际组织曾研究国家、区域和地方三个层面上的土地利用规划的结合与联系（图6–2）。FAO的研究认为，土地利用规划在国家、区域和地方三个层面上与负责规划决策的各级政府部门相对应；不同层面政府部门决策的内容不同，因此不同的层面规划方法和内容也有所不同，但在每一层面上，都应指明规划的优先领域、对应项目以及可操作的土地利用战略和政策；各层面规划之间的关系越紧密越好；信息流动是双向的；各层面的规划之间是连续性的，且规划层面越低，规划内容越详细，公众参与程度越高。FAO的模式是基于逆向流动原理的信息反馈概念提出的。

“纵向”联系的焦点是：怎样把上级战略性规划指令与当地的具体情况结合起来？下级做出的决定在多大程度上需要得到上级的批准？怎样防止第三方对村级决策的干扰？“横向”联系的标准是：部门之间解决冲突的机制如何？现在已经存在的规划框架（如总体规划）与其他规划框架（如部门规划）结合的程度如何？

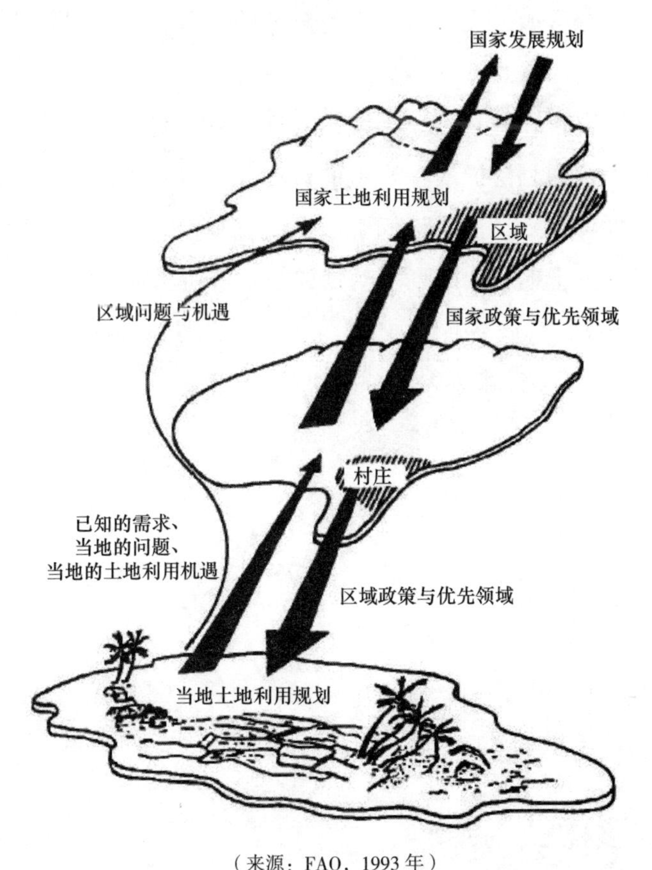

（来源：FAO，1993年）

图6–2　三个层面上土地利用规划、信息流与其他规划的双向关联关系

国家层面的规划主要考虑国家目标和土地资源的分配问题。在大多数情况下，国家级土地利用规划并不考虑实际的不同土地用途的分配问题，只提出区域层面上土地开发利用项目的优先领域。

所谓的区域层面，不是一个行政区域的概念，而是指界于国家与地方之间的所有层面。通过分析土地利用的多样性和适宜性，该层面的规划要落实国家层面规划中的相关内容，并解决国家和区域之间的各种冲突。

地方层面上的规划相当于本书所指的乡村层面，其范围包括一个或几个村，或者一个小流域。这一层面上的规划就要真正考虑当地乡土知识和农民的建议，并充分体现他们的需求。在区域层面规划确定了与地方相关的土地利用变化方面后，由地方规划来解决诸如做什么、在哪里、何时做和谁来做等具体操作问题。因此，地方规划非常详细，所有利益相关者都可以直接参加到规划决策过程中来，乡村内部传统又非正式的土地利用协议变得十分重要，国家干预只限于地方传统体系发挥不了作用的地方（如跨区域冲突等），因为某地的土地利用规划与其他地方或与上级的规划活动之间有许多交叉和重叠。

GTZ 的研究也表明，国家和区域的规划目标是地方土地利用规划的前提条件，上级规划层面决定当地的资源和经费安排；如果当地能够组织起有效的地方规划，那么他们可以据此获得上级规划中安排的资源和经费，来支持其土地利用规划活动（如图 6–3 所示）。

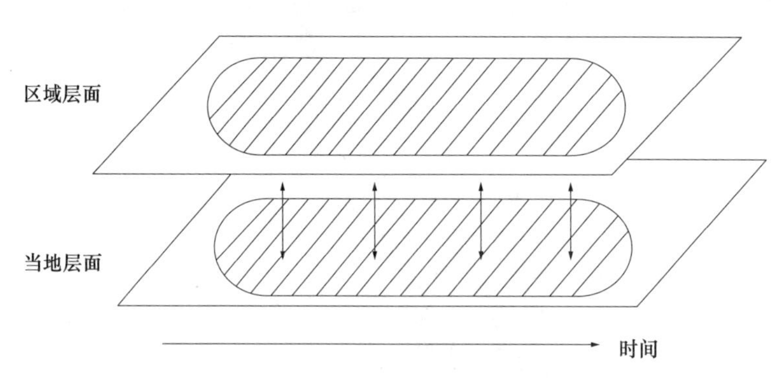

（来源：GTZ，1993 年）

图 6–3 区域规划与当地规划相互支持关系

2. 上下结合乡村规划的框架

本书所指的“上下结合乡村规划体系”构想，是在我国自上而下规划体系保持强大的背景下，以自上而下的县域乡村总体规划为前提条件，乡村自下而上开展规划，并以乡镇为沟通桥梁，构建一种县域内上下结合、协同演化、彼此关联、反馈循环的乡村规划新机制。这一框架构想是希望，从根本上转变以往政府包办一切，单向度的自上而下的规划行为过程和建设范式，能够激发出各地乡村社区蕴涵的巨大能量和参与热情。因此，综合国内外研究，县域内上下结合的乡村规划框架至少应当满足以下几个框架建构目标：

（1）在乡镇层面上纵向协调上位规划与下级规划；

（2）县域内各相邻乡村、流域、功能区之间的横向协调；

（3）政府（公）、市场（私）与乡村社区（民间）主体间的合作互动；

（4）县、乡政府部门间党政、计划、财政、监督、审计的协调统一；

（5）全县乡村发展基金的一体化管理；

（6）全县发展战略定位、具体方案与支撑项目的协调；

（7）所有乡村规划与执行机构与组织的协同步调；

（8）规划中多学科的协调与合作。基于以上目标，上下结合乡村规划框架试图将传统自上而下规划与村民自主参与的自下而上规划在进行有机结合。构想中的上下结合乡村规划体系的基本框架见图6-4，其基本内容包括：

（9）在较高管理层面上（从中央到县级），仍以自上而下的指令性规划过程为特征，依自下而上的信息反馈和时空等情势变化，适当调整规划政策。由县域党政主导的乡村规划只将重点放到乡镇层面，不再细化到具体的村庄层面，也不涉及村庄的空间和功能布局。

（10）在乡村层面，由当地政府通过一系列的制度政策安排，放权到乡村；由乡村社区自主组织乡村规划，以自己的乡村社区为单位，由村干部、村民代表、党员骨干和乡贤等组建规划委员会，并在规划师协调下，积极响应上级政策与县域规划要求，完成自己社区的规划和实施项目设计，并自主实施规划，自我负责。

（11）在乡镇层面上，乡镇是联系上级和乡村规划的枢纽和桥梁，主要发挥承上启下、上传下达的管理沟通职能，并根据上级政策与规划要求，引导所辖乡村根据各自的具体情况开展规划。对下，它们与村级规划委员会联系，将中央和上级的政策思路传达给村民自治规划组织中间；对上，它们沟通县级规划机构，将村民的意愿和想法反馈到县级层面；同级，协调乡镇一级的其他相关机构，做到平级互动。

（12）按市场规律和政府规则，政府与乡村引导市场力量介入乡村的具体建设项目；

（13）多学科规划师（团队）协调政府、村民和市场，公开透明地协助上下结合、互动交流；

（14）在政府与乡村自我日常规划监测的基础上，聘用的外部第三方评估机构对规划与项目建设效果进行评估。

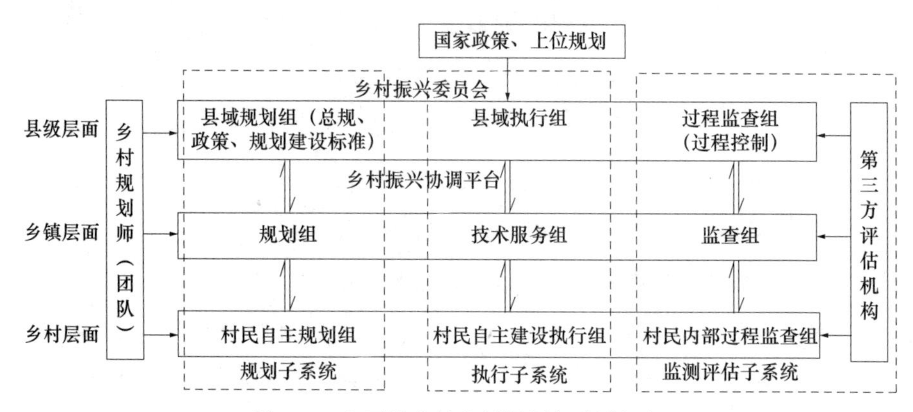

图 6-4 上下结合的乡村规划与建设框架

这一框架作为一套综合乡村规划体系，包括三个横向平行层面：县级政策制定与执行层面、乡村规划与建设层面以及乡镇上下结合枢纽层面。三个层面上分别运行各自的规划过程，均包括规划方案编制、规划实施和监测与评估等阶段，县级主导的是自上而下的规划过程，乡村社区主导自下而上的规划过程，在乡镇层面执行这两个规划过程的上下结合过程。

依规划三阶段顺序，在纵向上又可以构成上下运行和沟通的三个子系统：上下结合的规划编制子系统、上下结合的规划实施子系统以及内外结合的监测评估子系统。

多学科结合的乡村规划师（团队或机构）在三个层面间发挥着协调与沟通作用；受聘的第三方评估机构基于县域内部的规划评估机制，阶段性地对规划与建设效果进行外部评估。因此，上下结合的乡村规划过程是在县级、乡镇和乡村三个层面上分别开展并上下有机耦合。

在这一规划框架构想内，县级层面主导上层规划，只发挥规划引领作用；乡镇级在上级与乡村中间进行沟通与联系，发挥桥梁枢纽作用；在规划师协调下，而村民自主组织自己社区的规划；同时，市场也介入其中的建设项目，各方紧密合作，共同构建县域乡村规划与乡村建设的合作治理体系。

3. 主要利益相关者及其作用

上下结合的乡村规划虽然不一定能够彻底解决所有复杂而陈年积累的乡村问题，但是从今后一段时期的发展情况来看，应当是乡村振兴规划过程中最合适、最优的选择，可以用于消减或弱化自上而下规划制度下的众多不确定性。这其中最重要原因是，它的规划过程将利益相关者参与放在了中心位置，应当能够唤醒他们的参与热情和获得感。

在这一规划机制构想下，县域乡村建设中的决策参与者主要包括以下几个群体：县级政策制定与决策者、规划师与专家学者、乡村参与者、其他利益相关者（包括其他公众、企业、评估者和其他利益群体）（见表6–1）。

县域上下结合乡村规划过程中应当参与的主要利益相关者　　表6-1

相关参与者	利益相关者
县级参与者	县委、县政府、县国土局、县其他政府部门（包括发改、农牧、城建、交通、林业、水利、扶贫等）
乡镇参与者	县辖乡（镇）党委、政府官员及其工作人员、驻乡镇相关机构
乡村参与者	村民、社区组织、在本村生活的外来者
企业参与者	电力、银行、电信等公共服务性企业，市场取向的参与者，包括外来的投资者、私人部门、开发商、建筑商、返乡投资者以及其他从乡村建设结果中获利的人或人群
规划师与专家	政府或乡村聘用的规划师（团队）和相关工程技术人员、规划评审专家、第三方评估机构的专家等
特殊利益相关群体与个人	环保组织、经济开发社团、当地农民、市民、邻里等有特殊利益的民间组织（个人），以及大众媒体

1）县、乡政府的角色

当地政府、市场和乡村社区之间的关系，在乡村规划情景下，实际上主要是政府和市场的关系以及政府和社区的关系。处理好这两对关系，可以促进政府职能的转变和乡村发展投入渠道的多元化，这是乡村振兴战略各项目标可以达成的基础。政府在乡村振兴过程中当了“裁判员”就不再当“运动员”，这是乡村振兴的前提，这样才有可能提高农民自主规划的积极性。

上下结合的规划，要做到摒除以往上下信息不能有效传递的弊端，做到上下互动，完全理顺体制，还需要治理有效的乡村发展机制作为支撑和保障。这就要调整当地县级政府的组织架构，转变政府职能。政府决策者主要负责界定县域问题和限定决策的总体范围；负责最终决策，以积极和透明的决策方式（集体决策机制或决策方法）确定乡村管理的可能方案，包括方案标准的筛选和管理中的政策性判断；通过政策性判断确定方案的优先性排序，解决乡村管理的复杂性和不确定性，并负责后续的政策落实。同时，乡镇工作人员负责上传下达，平级互动，发挥政府与乡村沟通的桥梁作用。

县级政府的主要责任体现在：一是辨识当地乡村发展的限制因素，构建乡村产业与社区发展激励机制；二是积极构建并保持此项上下结合规划制度的框架，以保证所有的利益相关者（包括许多代表部门利益的组织）能够有效地参与到每个决策层面及每一发展议题当中。具体需要采取以下行动：

第一，制定政策时，辨识并公布所有相关政策；辨识并排除限制因子；形成需求导向的规划与工程技术程序；建立充分的信息公开机制；为基层乡村管理过程中提供必要的信息。

第二，建立规划项目实施的技术支撑体系，为不同的利益相关者提供有效的技术支持，比如：县级各专业部门的技术人员下沉到乡镇，充实乡镇技术力量。

第三，不同机构之间（部门、人员等）建立起统筹的多样化联系渠道，规划之间的纵横联系才会有效沟通，保证有效信息交流的双向性。

第四，建立独立的内部过程监测与评估机构，负责监测规划与建设过程的执行情况；并鼓励乡村组建监测委员会；聘用外部第三方执行成效评估机构等，赋予其特定的权利和法律地位。

第五，将县域乡村规划与管理纳入更大区域的乡村振兴计划之中，如土地政策与资金的使用，为形成必要的政策环境提供基础。

由政府发起的新自上而下规划应由县政府领导，并协调各相关部门与乡镇，从县域协调发展的角度，立足于乡村公共事务，全面进行从县域、县城延伸至乡镇社区中心的产业发展、公共服务、基础设施等的规划，包括供水供电、交通、文化娱乐、公共教育、医疗卫生、环境保护、生态建设等方面。在确定目标的基础上，各部门协同联动，市场互动。动员条件成熟的乡村社区开展乡村规划，以动员包括村民在内的一切社会力量，实施规划行动，放手给市场与乡村社区，透明行动计划与进程，做到人人心中有数。

转变职能后的政府在乡村规划中应当起到协调和引导作用，除了优化政府职能结构、统筹部门规划外，政府应积极通过规划引导，利用合同契约、公开协商等手段，发挥政府在政策引导、市场监管、法治保障等方面的作用。这方面国内有许多成功经验，例如：政府在乡村建设资金的管理中，可以将多渠道多部门的乡村振兴建设资金集中起来，设立乡村公共服务与基础设施建设专项基金，由政府规划部门统筹。除了一些跨村庄区域的大型公共服务或基础设施建设项目外，乡镇社区中心以下至村组需要申请这类资金，只能由村民自主参与制定的、自下而上的参与式村级规划中列项后，并由村集体自治组织来申请，并公开使用。上级党委、政府和立法机构应相应地制定各类规划法律、引导性规范和建设要求，帮助乡村社区开展乡村规划和建设的技术支撑。相关的规划和建设工作，应大胆地放手由村民自治组织来承担。如果确需专业企业或公司等市场介入的，由村民自治组织牵头，村民参与协商并决策是否引入。

政府通过对该规划与实施的科学性、合理性、可操作性等方面的考核，对符合要求的申请予以审批，并负责监督该项目后续的落实和建设进度。建立完善的奖惩制度，对于落实情况比较到位、村民普遍反映较好的规划，可以以返还部分自筹经费或对今后的规划建设进一步资助等形式进行激励。为保证乡村建设过程的公平、公正和公开，政府同时需要编制相应的基金申请、审批、实施与验收等办法，向全社会公开。其实质也是通过村民参与来完成政府职能的转变和实现投资渠道的多元化。同时，还可以促进村民相互之间的合作与交流，提高村民自主规划的积极性。

有必要在县级层面上组建独立的乡村建设监测机构，作用于乡村建设全过程的监测与质量控制。有必要聘任第三方乡村建设成效评估机构，定期（如年度）对所有乡村建设项目成效进行独立的外部评估。

2）村民的角色

乡村振兴的主体是乡村居民，政府必须将乡村的规划权和建设权下放给乡村社区和每个居民，让村民在乡村规划中发挥能动和带动作用。乡村居民帮助确定自己的问题，其最大的贡献在于确定乡村方案筛选的标准和其利益和价值的评定，并对最后的政策选择提出建议。

具体到某个乡村的规划要由乡村社区组织，由他们自己决定聘用哪个规划师或团队；规划的实施建设阶段，也由他们决定采用何种方式开展建设行动或聘请哪些相关工程技术人员，政府只提出相应的政策、标准和要求就可以了。村民自主组织自己社区的乡村振兴规划和建设，规划过程中强调村民主动参与，因为只有当地居民才知道他们需要什么，知道他们应当怎样生活。在规划师和技术人员等利用其专业知识协助下，与村民就他们最关心的问题、困难与想法进行沟通并达成共识，并由他们认为胜任的人员来实施建设项目，这是乡村振兴中村民自愿参与规划与建设的基础。

这期间参与式乡村规划的理念、方法与工具就派上了用场，当然与此同时，要培育和壮大村民各类经济和社会自治、互助组织，保证参与过程的有效性、效率和质量，使乡村社会治理有效，同时对于维护乡村的社会稳定和谐发展也将起到积极的促进作用。

3）规划师的角色

规划师、专家和工程技术人员主要与利益相关者沟通，利用其专业知识与掌握的政策性取向，识别和评估可供选择的乡村建设与管理选项，提供政策措施和评价标准，整合各方意愿形成规划方案，为决策全过程提供技术与社会学习支撑。

规划师团队应保证是多学科背景的合格人员，他们全过程参与乡村规划，主要发挥协调者的作用，通过他们的有效沟通，针对乡村发展所面临的内部、外部环境进行的研究与讨论，达成乡村规划与发展的共识，这也是乡村振兴对转变乡村规划管理权限提出的新要求。规划师一方面要承担起乡村规划的技术工作，对村民自主参与的乡村规划进行指导；另一方面，规划师要由技术性角色转变到公共事务中，扮演汇集村民意见和协调不同利益相关群体的角色，使自己成为村民与政府间沟通的桥梁。这就要求规划师们在了解乡村振兴建设的方针、政策和要求的同时，还要接受与村民有效沟通技术的规划理念与技术教育，熟悉乡村建设方面的乡村治理业务。只有这样，才能在规划过程中，既能正确指导乡村各方面的规划建设工作，又可为乡村建设提供各方面的技术服务。

在乡村规划调查与分析数据时，规划师要分析所有利益相关者的作用与需求，利益相关者除了当地社区中的居民、当地企业家，还要对积极参与规划的有关机构和社会组织进行分析，即使他们不在规划范围内，这些分析包括对与乡村有关的现有规划和某些发展项目或活动进行分析评估。在制定乡村规划时要把这些情况考虑进去。

在乡村规划的编制过程中，受当地规划决策影响的利益群体代表，在规划师协调下参与此讨论过程，将各方的规划目标都要反映在乡村规划中；规划师还要澄清当地发展目标与其他地方利益相关方以及上级规划目标之间的冲突，以便提出所有利益相关各方都可接受的解决方案。在乡村范围内的其他重要事项，如：自然保护区、国道等都要在规划中有所反映。

为了实施规划的乡村项目，规划师有帮助社区向上申请资金，公开并上报规划逻辑框架和项目，得到上级乡村管理部门的政策支持，确保乡村规划项目的优先实施。

总之，与传统意义上由政府主导的规划不同，上下结合的乡村规划是政府、市场与乡村社区共同参与下的，更能发挥“规划引导”的作用。这样的乡村规划，协调了所有利益相关群体间的利益与冲突，为乡村振兴建设工作的实施提供规划制度保障。这种规划制度安排，与之前讨论过的乡村规划的主体间性的特征是相一致的，通过“以人为本”（指所有利益相关者）建立的有效乡村治理机制，也是建立健全城乡融合发展体制机制和政策体系的保障性安排。有了这种“桥梁”性利益相关者间沟通的机制安排，村民可以据此进行他们社区空间上的衔接和功能布局上的配套规划。这样形成的一套县域系统性乡村规划方案，使城乡整个系统的各个层次都能够有效地分工和协作，达到统筹城乡的目标和效果。

4. 上下结合乡村规划的过程

上下结合的乡村规划之所以能有效促进乡村治理，主要仰仗县域自上而下乡村规划过程与自下而上乡村规划过程的有效沟通，以乡镇为桥梁，通过透明、共享的乡村管理权力和责任、促进所有利益相关者间的合作和参与。

如果将规划过程中的三个阶段划分为：规划方案编制阶段、规划实施阶段以及监测与评估阶段，那么，上下结合乡村规划过程就包括三个子过程：县级主导的自上而下规划、乡村主导的自下而上规划以及上下规划在乡镇层面的结合过程等。这一多层面协同并进的规划过程也与传统方式有所不同。

1）新自上而下过程

县级主导的自上而下的规划（具体见图 6–5 上部的县级过程），它是在规划师（团队）协助下，由综合的县级乡村振兴委员会主持，各相关部门和乡镇参与下进行的，其步骤如下：（1）组成多学科规划组等规划准备工作；（2）确定本县乡村发展重点；（3）编制县域总体规划以及分乡镇规划；（4）制定乡村规划与建设标准和实施要求；（5）融合各方力量，成立乡村建设专项基金；6）确定优先项目领域；（7）过程监控与质量监测；（8）组织阶段性第三方外部评估。

其中：第（1–3）步属规划方案编制阶段；第（4–6）步属规划方案实施阶段；第（7–8）步属规划监测与评估阶段。

2）新自下而上过程

在乡村社区主导的自下而上规划中，也是在乡村规划师（团队）协调下，在某个乡村内，由村民参与编制规划、主持实施建设项目，并完成自己社区的监测与评估任务。其具体步骤见图 6–5 中的下部，1）开展村庄调查与信息收集；2）利益相关者、态势和问题等分析；3）确定各方需求与规划目标；4）制定规划逻辑框架；5）确定规划活动与可能的项目；6）村庄主持实施获批的项目；7）村民自己进行全过程监测与实施效果评估；8）接受外部的阶段性第三方评估。

这一过程强调村民自治管理，由村民分别组成规划组、建设组与监测组等三个小组或委员会，它们之间相互促进又相互监督，保证全过程的透明、公正和公平。

3）上下结合的平台

乡镇层面是结合上下两个层面规划过程的关键枢纽，是实现上下结合规划体系中的“交互式”桥梁。乡镇在规划过程中的作用见图 6–5 的中间部分，这一层面无需编制他们详细的乡镇规划。在这一平台上，多学科组成的规划组负责：参与县域总体规划并对县级制定的规划建设标准和要求提供反馈意见；审批乡村上报的规划逻辑框架（相当于乡村总体规划的简化版）和依据这一逻辑框架提出的具体规划行动或项目。多部门技术人员组成的工作组负责：根据县级确定的优先项目领域和资金情况，审定乡村上报的行动和项目；从技术等方面指导乡村实施获批的项目。过程控制组监测乡村建设项目过程；结合乡村监测与评估结果，上报全乡镇的监测结果；并配合外部第三方评估机构开展评估。

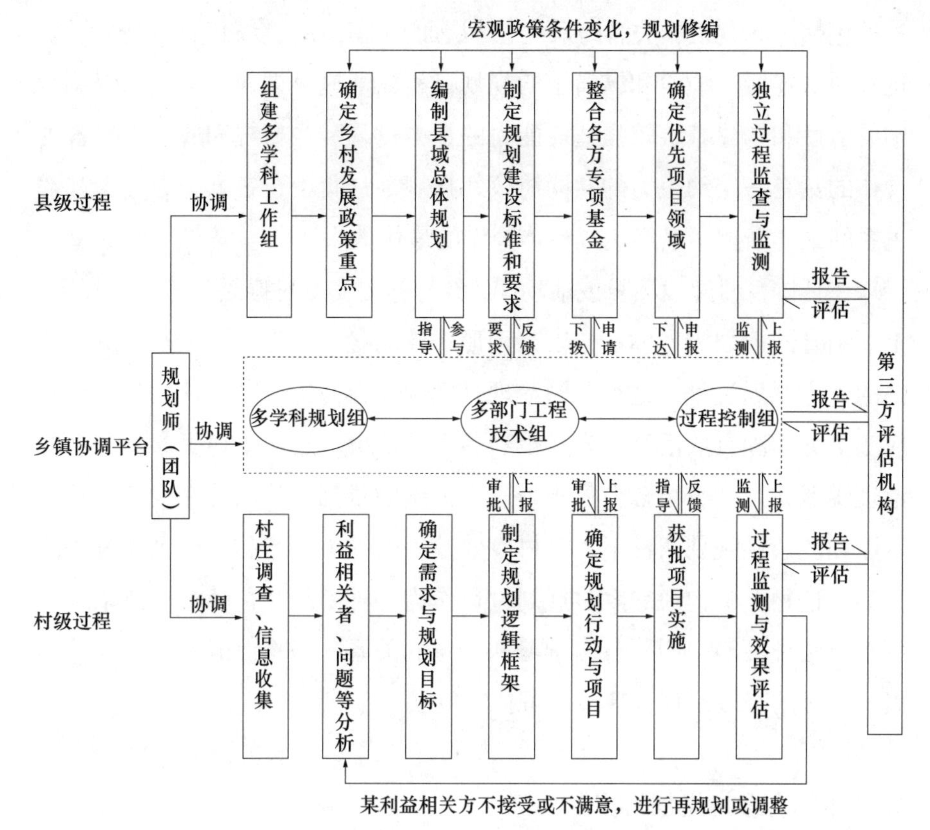

图 6–5　县域上下结合的乡村规划与建设过程示意图

规划师（团队）是由规划的主导方聘任的，或协调县级层面上的规划，或由各村庄依据县级要求和社区的实际聘用。规划师（团队）全过程协调规划，提供规划技术和社会功能上的服务，如果某利益相关方不接受、不满意编制的规划时，他们协助乡村及时进行规划的调整；同时根据县、乡、村三个层面上的过程监测结果以及第三方外部效果评估意见，修编规划或项目申请；如果宏观政策条件发生变化，也需对规划进行相应的修编。私人部门（企业等）介入建设项目的实施，也应由规划主导方确定，在相关技术人员指导下，或由社区自己执行建设项目，或通过招投标程序确定。

另外，县级外聘的第三方评估机构阶段性地评估规划成效，提供专业的评估报告，并为规划的修编提供专业意见。总之，这一措施的设计是要体现建设权的主体性、公开性和公平性。

以上的规划过程，不再是自上而下的政府要求和专家控制的过程，而是在容纳、吸收和整合各利益相关主体的利益、特征和目标的基础上，对规划中各方利益格局重新调整的过程。上下结合的乡村规划过程应是一种包括不同利益相关者跨尺度、跨层面交互作用的乡村治理程序系统，这些网络连接（横向和纵向）的规划过程，通过反馈促进学习，强调鼓励灵活性和构建基层较强适应能力的社会过程。乡村规划成了引导各方合作的具有一定约束力的共同协议，在规划过程中，各方努力寻求利益关系的最小摩擦，最终达成整体合作的最优效果。

在具体乡村建设项目或活动中，参与各方在乡村振兴中多元目标下，上下结合的规划治理体系中以某种形式共同参与规划、实施及监测与评估的整个规划过程。这类共同治理过程因其在知识生产、社会学习和适应变革方面固有的活力，容易得到各方的认可。近年来村民参与和乡村治理实践，是上下结合乡村规划过程提出的依据，代表着在变革、不确定性和复杂性规划条件下，乡村有效治理的一项可行的重要创新方法的兴起。这种上下沟通的乡村规划过程作为一种维持乡村社会生态系统的创新性治理策略，明确各方学习和合作的关系，必将促成乡村的人的发展、社区的有效治理与环境的可持续发展。

5. 上下结合乡村规划的特点

上下结合的乡村规划途径，首先是改造了传统自上而下规划体系，将部分规划权和建设权下放，并引入第三方力量，同时充分借鉴参与式乡村规划的工作途径，通过社区内生动力的培育、自下而上的公众参与、社区自治及多方协作，构建起与传统规划体系相交融的、上下结合的新型乡村规划体系。上下规划能够帮助规划师在了解上级的政策需求的同时，也掌握了农民的诉求与期望，将二者很好地纳入一个整体的规划考量当中。这是当前乡村振兴新形势下，在基层探索解决城乡融合与乡村社区发展中众多矛盾的一种新途径和乡村振兴长效机制。这种乡村规划应具有以下特点：

（1）规划需解决的乡村问题明确，目标是各方达成的共识。清晰的乡村发展目标是各利益相关者共同达成的，目标是宏观乡村政策与当地社会发展阶段结合后的认识，直接针对当地乡村问题而提出。这样，共同的目标一旦达成，规划的其他细节就容易确定得多。

（2）构建起适宜的政策和规则的实现环境。规划所处的实现环境是对所有层面上规划决策制定和目标实现的系统环境，乡村发展规划目标确定后，可以与国家乡村发展政策衔接，体现上级政策要求，与国家政策相一致，以获得上级的有力支持。

（3）形成县、乡、村各层面上下联动的运作机制。上下结合的乡村规划体系一个主要策略，是将部分决策权下放到与实现能力一致的尽可能的最低层次（或是乡镇，或是乡村）。这种方法中，县、乡、村乡村规划与建设委员会（组）对各自层面上的乡村规划和建设决策负责，上下互动，并通过鼓励村民参与，具有调动社区资源和乡土知识，并有效减轻基层政府负担的双重优势。

（4）具有可获取的包括替代方案在内的自然条件、社会经济条件和法律框架的信息。信息是有效沟通的基础，村民有充分的知情权。如土地资源状况、问题和潜力、所有利益相关者和社区的需求和目标、组织与法律框架、利益相关者的权利以及获得更多信息和协助的领域，以及财政状况等都容易被所有利益相关者获取。

（5）客观对待利益相关者及其不同目标。不同利益相关者可能有各种各样的目标，容易出现各种利益的冲突。上下结合的规划有效地管理了冲突，并得以有效调解。

（6）有各方协商的平台。利益相关者参与的本质是所有受乡村发展影响的群体在乡村社区内部或与乡镇的讨论中得到公平对待。为此，县级层面上的乡村振兴委员会要建立和坚持一致性的规划标准和要求。这首先意味着每个人得到公平对待，具有决策权；其次是每个人有有效参与的机会，获得参与权；第三是保证他们得到足够的有关关键问题的信息，具有知情权。

（7）规划的实施是由村民为主体。在村民自治的法律要求下，村庄社区本就有完全的项目建设权。村民最了解他们的社区问题与需求，在规划师的协调下，乡村振兴的外部需求可以通过这一上下沟通的规划过程，将政府乡村建设的优先领域与社区自己的需求结合，确定最合理的乡村建设项目，并由村民主导建设过程和成果，保证乡村建设的有效性和可持续性。

（8）有一套相对灵活的规划程序。上下结合的乡村规划体系要求对规划过程持谨慎的审视态度。显然，自上而下规划过程虽然经过了改革，但仍采用一些传统技术方法，例如涉及公众参与和土地权益人的目标分析，仍需要十分谨慎。

（9）作为一种综合的规划方法，对规划内容与建设项目实行内外结合的监测与评估，避免过去执行完规划后由政府主导的事后验收，政府做了“运动员”就不再担任“裁判员”。监测与评估体系应该是乡村规划过程中的有机组成部分。

（10）乡村规划应当从农村实际出发，尊重村民意愿，体现地方和农村特色。农村特色的一个重要方面就是当地的历史文化和人文风情，而上下结合的乡村规划通过促进规划中当地村民的参与，能够更详实有效地将地方特色融入乡村规划，克服了自上而下规划中很难避免的一刀切，避免了“千村一面”的问题，具备更强的针对性和指导性

另外，县域规划范围内的城乡居民都深受规划的影响，上下结合的乡村规划赋予乡村与城市居民平等地参与规划决策的权利。与城市居民相比，乡村社会结构较为稳定，社区内外联系较紧密，多数村民对于他们的乡村居住地有着更深厚的感情，上下结合的规划范式应当会促进村民长期在乡村居住下去。采用上下结合的乡村规划模式，不但有利于统筹协调各方利益相关者的利益和诉求，还可以通过增强乡村居民参与社区事务的意识，形成对自身资源禀赋和文化价值认同的当地社区意识，产生社区凝聚力和集体行动能力，进而促进乡村人口的稳定回流，保障乡村发展能够有实质性进展，实现城乡的互动共赢以及乡村社区的可持续发展。

这里，接下来本应当讨论开展上下结合乡村规划的方法和技术，但因本书后几章将就此展开介绍，这里不赘述。需要指出，适用于乡村规划的方法和技术众多，下面几章的介绍也是选择性的。

第7章　乡村调查

从本章开始,只重点介绍由乡村主导的自下而上的规划的调查、分析、规划、实施以及监测与评估等步骤。

本章介绍参与式乡村规划的调查方法。主要以实例展示的方式，介绍参与式农村评估方法（PRA）、参与式地理信息系统（PGIS）等社区制图技术以及乡村知识挖掘与利用等方法，尤其介绍半结构访谈、群体访谈、参与式观察、社区绘图等调查工具在乡村规划中的运用，将乡村村情、乡村知识、景观历史等以往不易获取的信息作为介绍重点。

如前述，上下结合的乡村规划大致可分为规划方案编制、规划实施以及规划与建设过程监测与成效评估三个阶段。沿规划的三个阶段，乡村规划过程包括三个子过程：县级主导的自上而下规划、乡村主导的自下而上规划，以及上下规划在乡镇层面的结合等。从本章开始，只重点介绍由乡村主导的自下而上的规划的调查、分析、规划、实施以及监测与评估等步骤。

各地的乡村千变万化，由于乡村规划的目的和用途不同，实际操作中会采用不同的调查方法，一般地说，乡村调查的方法很多。本章借鉴参与式乡村规划的调查方法，主要以实例展示的方式，介绍用于乡村规划的参与式农村评估方法（PRA）、参与式地理信息系统（PGIS）等社区制图技术以及乡村知识挖掘方法等，尤其介绍半结构访谈、群体访谈、参与式观察、社区绘图等调查工具在乡村规划中的运用，将乡村村情、乡村知识、景观历史等以往不易获取的信息作为介绍重点。总之，通过多学科调查方法的引入，保证乡村调查结果的真实性与广泛性，确保乡村背景分析信息的全面性和有针对性，将以往由乡村规划师做规划，逐步引导规划师与村民一起做规划，有条件时甚至达到规划师辅助村民自已制定发展规划。

乡村规划需涉及乡村的自然生态、环境、经济、社会、政治与历史文化等方面，必然是一项多学科合作的调查，以往此类调查内容更强调物质“客体”方面，而这里介绍的方法更强调各主体及主体间性等以往容易忽视的方面，如不同村民意愿和各利益相关群体意愿调查。

第1节 乡村规划的准备

一般而言，乡村规划的准备是与乡村规划目的相匹配的。一般的乡村规划是为实现当地可持续的、社会和环境适宜的、当地社会所期望的、经济上可行的乡村发展提供前提条件，它应当是能推动村民、社区或地方公共决策的制定并达成共识的社会学习过程，促进当地的乡村振兴。

建立一个上下结合的乡村规划概念框架（如图6-5所示），是充分考虑特定的当地制度、自然资源以及当地人口的社会经济条件设定的。上下结合的乡村规划强调自下而上的乡村规划方式，首先把乡村的居民置于利益的主体，然后才是与自上而下常规规划的结合。它提倡采用简单、低成本的规划技术，以鼓励和推动村民的积极参与和社区发展共识的达成为目的。社区外部的参与者被严格限制在对规划过程的协调和调解上，至少一开始这些外来者要扮演社区利益的坚定拥护者和保卫者的角色，如：在社区利益与外来强势一方存在冲突的情况下，参与乡村规划活动的政府工作人员或规划师不应当有什么特殊的角色优势，任何情况下都不允许规划过程的协调者把自己的解决办法强加给村民或发挥盛气凌人的指导作用。

无论什么样的乡村规划，为使规划真正发挥其应有的作用，建议在调查与规划的实际操作中，应考虑尽量遵循参与式乡村规划的原则（详见第2章）。

上下结合的乡村规划的准备由县级和乡镇层面来主导进行，相关机构和有关技术人员参与准备，但很少有村民能够参与进来。这是由上下结合的规划性质只到乡镇层面决定的，对具体的乡村不进行空间与功能的规划。在由村民主导的自下而上乡村规划开始前，县域乡村总体规划应当基本编制完成，至少，县、乡政府及其部门间党政、计划、财政、监督、审计以及相关技术部门要有一个协调领导机构或组织，如县级成立有协调乡村振兴的委员会；政府、市场与乡村社区各主体间的合作与互动框架要建立；一体化的乡村发展基金管理机制要建立；纵向与横向协调制度要明晰；多学科、多部门技术合作机制要构建等。这样，乡村规划与建设标准和要求、乡村发展政策重点、乡村优先发展领域、乡村规划与建设等一系列管理机制得以初步形成。

在县域总体规划与管理框架完成以后，乡村层面上的规划准备就可以在乡村社区主导下开展。这一时期首先由村庄按全县的要求聘用或组建能够胜任的多学科规划队伍；成立由村干部、村民代表、乡贤、党员等社区成员组成的规划、建设与监测等小组。同时，根据本社区的实际和上级的要求，参加或组织有关政策与技术培训，收集相关二手信息等。经过规划准备后，村庄应有一支规划师协调下的合格的规划队伍。

第2节 乡村调查与方法

与自上而下的常规规划相比，具体到乡村的规划一直以来并未受到各界重视，乡村社区调查与分析更是非常薄弱的环节。由于乡村规划与管理要面对的是乡村社区居民，城市规划中常用的调查方法对村庄往往无能为力，难以了解到村庄真实情况。同时，常规的乡村调研方法常常受到质疑，在调查中以规划人员为主体，经过走访和问卷调查获取信息，而作为直接利益相关者的农民因知识结构不同、信息渠道不畅等因素限制，自身意愿和想法得不到充分表达，导致调查过程流于形式，获取信息深度不够。为此，我们需要找到一种有效的调查方法，从自然生态与社会生态等多方面综合而全面地了解乡村，作为后期乡村规划与管理的前提和基础。

中国乡村社会生态的调查方法尚处于探索阶段，虽然有许多方法，但都没有被大家广泛接受，更未形成较成熟的技术体系。

然而，无论决定采用哪种方法技术，开展乡村调研时可以参考以下一些选择标准。我们采用的技术方法需要：符合乡村发展政策和特定乡村的发展规律；被社区参与者认为是帮助自己找出问题的方法，而不是收集有关自己的信息和为上面的外来者提供信息这么简单；使所有利益相关者参与到数据收集和分析当中；与参与者的技能和能力相匹配；调整到适应人们日常活动和能负起的责任范围内；为村民决策者提供适时的、他们需求的信息；产生可靠的结果，即使不是定量数据，但要是足以让他人相信、可靠性高的数据；资金投入要视规划的复杂性而定，以满足不同调研的需要为目的；促进乡村社区团结、合作和参与；只收集需要的信息，不是所有的信息。以上与参与式乡村规划的原则一致。

根据上述调研技术的选择，因为每种方法和工具获得的信息不同，需要不同的资源和技能。所以，根据所需要的信息、工作的目的、可利用的资源等，把不同的方法组合使用很重要。组合后的技术有利于数据间的交叉检验，这样比较、审核或代替信息就成为可能。

当然，乡村调研过程不是终结于信息收集过程，与信息收集同样重要的还有：分析和评价调查到的结果，使规划的行动计划能利用上调查结果，提高、改革及学习、考虑逐渐深入的调查步骤，评估整个调查过程，掌握所取得的成果等。总之，通过调查，为以后的规划与建设步骤奠定信息基础，使乡村规划与管理过程更具可持续性。

随着多学科调研方法的不断介入和相互借鉴，参与式方法和技术被认为可以用于乡村调查、分析与规划，它们许多是从管理学、社会学、人类学、生态学、地理学等学科的方法中不断相互吸收借鉴得来的。这里重点介绍参与式农村评估方法。

参与式农村评估方法（PRA），是国内外农村发展领域中常用的一类调查方法。其应用的前提是规划师承认农民拥有与自己生存环境相适应的、特有的乡土知识、技术和对社会的认识。在乡村调查中，本着“参与、互动、讨论、研究”的原则，与村民一起工作，从而促进村民提升对自己所生活乡村社区未来的看法，逐渐承担起自己村庄规划和建设责任，达到善治和赋权于民的目的。

除了其他一些乡村调查方法，本书建议在开展乡村规划中尽量采用PRA 方法，立足于促进详细了解和获得所需要信息的过程。该方法不仅有助于了解村庄资源、社会、经济、文化等方面存在的历史与现实问题与机会，而且为通过规划来解决乡村问题提供可靠的第一手资料，更重要的是它调动了村庄内村民的自主性、积极性和自信心，确立村民在乡村发展中的知情权、参与权与决策权。PRA 方法的应用，不仅会使乡村居民体会到自身的力量、知识及认知在发展过程中的价值，而且该方法启动了双向学习过程，改变传统的单向式学习范式，使规划中的知识系统更加完整合理。

PRA方法可以分为六大类工具：访谈类工具、与空间相关的工具、与时间相关的工具、与社会结构相关的工具、与打分/排序相关的工具、分析类工具等。

1. 访谈类工具

访谈类工具可以分为结构式访谈、半结构式访谈和非结构式访谈等。

1）结构式访谈

结构式访谈通常被用来做民意调查，也称为标准式访谈或调查式访谈，调查人员事先准备好调查问卷，按统一的问题依序访问，避免受访者之间的不同产生误差，并增加结果的可比性。调查问题列表是事先设定的题目顺序且是封闭式的问题。封闭式的问题是说受访者必须在事先设计好的答案中选择做答，例如："明年您会种植玉米吗？"，其答案"会/不会/不知道"，是事先设计好的选项。研究者可能较容易整理资料，成本也较开放式问题为低；在结构式访谈过程中，受访者与研究者的关系与互动性是非常重要的。

调查者原则上控制访问的流程与资料的记载，受访者接受问题并做出反应。这一访谈方法的主要缺点是有些问题较没有弹性，无法让受访者有充分表达不同意见的机会，或许开放式问题可以弥补这方面的缺陷，但受访者不同的反应可能有更多的问题产生，例如造成资料整理的困难以及成本的增加等。虽然在乡村调查中采用面对面的访谈会增加问卷的回复率，但其过程的信度和效度经常被质疑。如果调查者靠与受访者建立相互信赖关系与沟通，但通常过分的亲密关系，对调查者保持中立客观者的角色有负面影响。

结构式访谈由调查者事前拟好具体的问题，访谈时只需跟着这些问题来进行便可以了，这种方式与典型的问卷调查类似，不过受访者的答案没有预设的格式而已。虽然这样比较缺乏弹性，但因为问题格式统一，故此访问结果便于用作比较分析。

在乡村规划调查中，由于结构式访谈是一种外来者对访谈过程高度控制的访问方法，访问过程是高度标准化的，即对所有受访者提出的问题、提问的次序和方式以及对被访者回答的记录方式等是完全统一的，因此在参与式乡村调查中较少采用。

2）非结构式访谈

不同于结构式问题设计及强调问题的先后顺序，非结构式访谈主要着重于访谈者与受访者之间的互动情形来搜集信息，像日常对话一样，但非结构式访谈范围缩小在调查者感兴趣的领域内，基本上访谈过程控制较小，但需掌握受访者的反应，要针对调查问题的经验及态度等。非结构式访谈以闲聊或与知情人谈话为主，谈话内容没有严格的限制，可以由调查人员或被访者就某项主题自由交谈。这种方式有利于拓宽和加深对乡村社会问题的理解，因为它可包涵一些在原来的调查设计中没有考虑到的新情况。

3）半结构式访谈

参与式乡村调查中主要采用半结构式访谈。它可以是个人访谈、关键知情人访谈和群体访谈等。它主要是乡村调查者针对较宽泛的乡村问题作为访谈目标，经过系统化充分准备，指导访谈过程的进行。访谈大纲或访谈列表通常在访谈开始前就被设计出来作为访谈的架构，但大纲的用词、访谈方式、问题的形式和顺序、访谈对象回答的方式、访谈记录的方式和访谈的时间、地点等都没有具体要求，由访谈者根据情况灵活处理，因为最主要的内容与调查问题相符，所以研究的可比较性可能降低，但优点是它可以较真实呈现受访者的认知感受。

调查者采用半结构式访谈获取信息时，鼓励访谈者和受访者间相互交流、相互学习，访谈者在访谈过程中只起引导作用，不将自己的想法和观点加入其中。对村民访谈的整个过程以村民为主导，体现农民的主体地位，而不仅是被动参加，并充分利用村民拥有的与自己生存环境相适应的独特的乡土知识、乡土技术和对社会的认识，使调查者所获取的信息更具准确性和时效性。

访谈对象主要是知情人，它们是指对事件或事情有深切了解的人士。知情人并不一定是参与活动的人士，但接触大量综合信息，对事件有较宏观的理解。假如你想了解果园经营户对果品市场的观点，则知情人包括果园种植户、果品营销人员、果品店店主、从事有关研究的学者等；要了解村庄的景观变迁史，只能是村里的老人，尤其是当过村干部的老人，或称为关键知情人。

这里重点介绍两种主要的访谈方法：群体访谈和深入访谈。

群体访谈是调查者设法使一群受访者聚集在一起，为共同的调查主题而彼此对话讨论，可以采用焦点访谈、半结构式访谈或深入访谈等方式。群体访谈不仅仅只是探索问题的答案，它也牵涉到调查的急迫性，例如样本数量的限制、经费及时间的局限等。而其主要的功能在于通过访谈得到探索性及一些研究现象学的资料。

焦点群体访谈是一种非常省时的调查方式，可以在同一段时间内收集一群人的信息。通常是小群体（6～12人），调查者先当讨论的起始者或主持者，它先要介绍讨论的主题，起始整个讨论过程，中间鼓励受访者参与讨论，但自己不参与讨论。这种访谈方法的优点在于：能快速获得研究资料，比一对一的个人面谈方式更经济性，而更重要的是让每一个参与者能对研究问题有所反应，并对其他成员的反应也有所回应等，尤其是当研究者期望评估村民的互动情况时（社会与群体），整个过程皆可以呈现出来。它的缺点也很明显：在小组讨论中，个人可能受到其他成员的影响，他表达出来的意见或看法也可能受到主要成员的影响；一些成员的反应还可能受小组讨论地点及环境的影响。因此，如何选择成员及小组的组成必须依据调查问题的性质而定。

研究者必须慎重选择这个群体的成员，理想的群体成员来自对特定议题的代表，这有助于参与者间的互动；异质性的群体，可能在特定议题中代表不同方面，可能会有不错的热烈讨论，在焦点群体讨论的过程中，讨论的主持人必须掌控好讨论的地点、环境和群体的组成等。讨论的地点要接近参与者工作或居住地，最好不要有紧急事件的干扰，要有茶点供应。讨论要有舒适的环境和让参与者都能够相互看到，空间太大、太小容易也会影响互动效果；空间背景尽可能单纯，会引起分心的事物，如海报或装饰品应该取下来。依据调查目的的不同，参与讨论的成员组成在年龄、彼此关系上要有所不同；例如：同龄人会产生较轻松的反应、关系过于亲近对研究主题的忠诚度会有影响；基本上群体的成员是平等的；主持人尽可能避免成员间的冲突或被少数人操纵着讨论。开展焦点群体访谈中应当注重以下几个方面：

（1）调查者要非常清楚调查的问题，他必须确信焦点群体法是提供此研究最佳的资料收集方法，一旦确立此方式可以获得预定的目标，调查者可以着手选择群体成员。

（2）开始访谈前，此群体必须先进行彼此认识，例如倒茶等，这可以让研究者有机会去欢迎参与者，并进而观察到此群体中谁是领导者（或非正式），或那些人是需要多鼓励增加参与感等；要留意参与者座位的安排，例如非常了解问题或怀疑的应安排在调查者的两侧，这可以使调查者更易控制程序，这种技巧的使用也将使其他的人较易参与。

有掌控欲的人最好不要安排在调查者的对面，以免造成目光过度集中，造成偏差，这个位置应该留给较害羞或具质疑个性的人，这样调查者较容易用眼神来鼓励他们参与。

（3）当所有参与者坐定后，调查者要先介绍讨论的问题与相关的伦理上的考虑，例如隐私权、不计名，参与者随时皆可以离开讨论而不会遭到处分，以及每个人皆有不回答或讨论的权利。

在乡村调查中，有时需要开展调查者与受访者交互式、面对面重复的访谈，就是深入访谈。它基本上以半结构式或开放式的问题为主，访谈技巧类似，访谈中可以以较客观的角度来了解受访者的真正观点与想法，受访者能够用自己的语言表达他们对其社区生活、经验或情况的观点等。深入访问事先不预定表格、问卷或定向的标准程序，由调查者与受访人自由交谈，访谈中可以提出任何问题，受访人可以任意表示自己的意见，有时并不受调查者问题的影响。

深入访谈主要的假设为：调查者与受访者之间有重复性接触，可能花费较长的研究时间；调查者与受访者的接触较平等，不同于以往调查中双方地位的不平衡；从受访者的角度出发并被赋予高度的价值；以及采用受访者熟悉和自然的语言，以了解其内心的真实观点。深入访谈主要用于：调查者无法直接接触或了解的社会活动和事件，必须通过受访者的角度去了解；用于个案分析，通过受访者与研究者的合作以探索生活经验中的特殊事件等；研究者与受访者接触，获得更宽广的情境、人物或场所的视野；重要方面的调查，例如村史可以作为规划决策的依据；深入访谈可以与多位受访者同时接受访问的方式进行，期间可以了解群体互动情况，用以了解其共识或冲突情况。

无论是开展焦点群体或是深入访谈，采用的半结构访谈方法有准备、实施与回顾三个阶段。

（1）准备阶段

决定在某村开展半结构访谈后，要做好小组准备和访谈大纲，包括：确定访谈的主题；组成的采访（2～3人）小组，并明确分工；确定访谈大纲；制订访谈工作计划；事前联系预约可能的受访对象等。

注意访谈主题与受访对象的关系。例如：对村干部进行访谈，要了解的方面包括：基本数据、资源；当前的土地利用和土地权属情况；农事活动；非农活动；村庄的收入分布；村庄组织构成；政府服务；他们认为的主要问题等。而开展农户访谈时，按贫困、中等和富裕三等选择农户。希望通过不同类型的农户访问，取得关于农户状况和他们的主要经济活动细节的信息。大多数的农户访问是在受访农户的家中进行的，同时与几位家庭成员进行讨论。农户访问主要包括以下主题：农户基本信息；农户所拥有的资源；农事活动；土地权属情况；交纳税费情况；基本建设和社会服务网络。

在问题准备时，要注意遵循三个原则：一是问题要是开放式，即给受访者的不是"是"与"否"的回答，而要他们自由而没标准答案的回答；二是问题要是单一的，即每次只问具体的一个问题；三是问题要是共融与中立的，受访者能了解问题而后回答谓之"共"，站在受访者的立场，尊重受访者的知识、态度、经验与感受谓之"融"，调查者对受访者的反应内容要保持中立，只能顺势引导受访者回到访问的问题上来谓之"中立"。

在以上问题设计的开放式、单一的和中立的三原则下，任何主题都不过是以下几类问题，经验或行为问题、意见或价值问题、感受性问题、知识性问题、感官问题、背景性或社会人口问题等。访谈大纲中的问题，要将没有什么争议的经验问题先提问，其余的摆在后；受访者的主观感受可以优先处理，否则不容易让受访者发挥；调查者与受访者建立信任关系后，再问"事实性"的问题；先问现在的问题，再问过去与未来的问题；背景性问题最后处理。

在进入社区实地开展访谈前，调查人员应有准备一些物品，包括记录本、地图、访谈表、各种访问时需要的图表、送给受访人的礼物等。

调查人员需要经过一定的训练，这也是半结构访谈的一个难点。训练包括一起讨论访问题纲、整个访谈计划，学习主持访谈的技巧等。如果经验不成熟，在访谈开始阶段，先选择 3 ～ 5 人进行访谈练习，采访人员在访问后大家一起讨论访谈效果，经确定没有失误后，才开始大量进行访问。

（2）实施阶段

访谈组一般由 2 ～ 3 人组成，如果两人一组，可由一人主导发问，另一人以记录为主；如果三人一组，可由一人主导发问，一人记录，第三人或补充发问或辅助记录。这一阶段的步骤大致为：确定受访者；预约受访者；介绍（采访者、采访的目的、信息用途等）；征求意见；致歉；营造气氛；进入主题；展开提问及深入交谈；被采访者提问；结束采访 / 致谢（预约下次采访）。

访谈时采用聊天的方式，但主持人心里要有所控制，根据大纲进行，提问中不能包括可能的答案，不能有诱导性的问题。访谈时尽量使用六个问题“助手”：谁、什么、为什么、什么时候、在哪里、怎么样。还要注意出现的新的问题和相应的信息或观点，记住对问题进行深究：如果……，会怎么样呢？但是为什么……？您再说得详细点……？还有呢？发问人要随时联想下一个问题应如何发问。

访谈时，采访人员要尊重受访对象，对社区成员所知、所说、所为、所示要感兴趣，提问时要谦虚有耐心，不鲁莽、不打断对方，为对方设想，使受访者轻松作答，注意多听、少说，忌讳用自己的观点诱导，鼓励受访者表达、讨论。记录要有诚实、客观的态度，尽可能详细记录受访者的发言。另外，采访人员穿着要舒适、整洁、得体。

当受访者不针对问题回答或拒绝回答提问时，采访人员临场反应就显得相当重要，是否能再从其他较易回答的问题着手，重新在访谈的过程取得受访者的信任，打开受访者的疑虑，才可能获得受访者的资料。有时由于受访者的关系，给采访人员的时间非常少，所以采访人员在非常少的时间内，如何赢得受访者的信任回答关键性的问题，就显得相当重要。

（3）当日回顾

由于记忆的问题，当日一定要完成访谈结果的整理，尤其在一天内进行了多场访谈之后。当日访谈结束后，调查员必须在休息前回顾一天的访谈：访谈收集和了解到了什么信息？通过多种来源是否收集到了相同的信息？信息准确吗？通过一天的工作出现了什么新情况？怎样才能收集到有关这种新情况的信息（改进方法）？还有什么信息需要收集？第二天的工作计划是什么？

一般地说，访谈资料处理的原则是：求真（有多少资料，就作多少分析；如果还有下一个阶段的深入访谈研究，再逐渐补充。）、解释（在已有的资料中，阅读再阅读相关的有意义的字句、概念，归纳出比较重要的概念，进行对已有现象的注释。）和访问资料不进行定量化处理（在有限的深入访谈的资料中，是个人经验与见解，不宜作普遍化的推论。)。

在访谈中，采访人员只能在受访者的同意下记录，做到受访者不希望录音时，应绝对配合。采访者可以现场尽可能详细地记录，如有必要，两人分头记录，事后相互对照彼此遗漏之处。如果现场不准记录，事后应马上补记。

总之，半结构访谈是乡村调查与规划中最广泛运用的收集资料的方法之一，乡村调查工作者除应具备一些基本的定性调查知识外，更需要有一些正确的认知，比如：不要曲解受访者的观点，避免过度从受访者的观点来解释事由，避免选择极端化意见，不要以单一成因来解释原因，要认识到事实往往有文化因素的影响。

2. 与空间相关的工具

与空间相关的工具有很多，这里只能以资源图和剖面图为例加以说明。

在调查人员的协助下，可以由村民来绘制社区地图，共同分析社区与空间有关的现状与问题。社区地图是用直观的形式将社区状况表达出来的一种工具，同时也是使社区内参与者的空间观点得到合适表达的一种有效途径。这类地图的内容包括：村庄分布与规划、自然资源状况、地理地貌、土地利用状况、基础设施及有关地方文化等，因此也称为资源图（如图 7–1 示例）。

通过社区地图，会使社区内外的参与者通过这一过程，对社区的全貌有一种更深刻的了解，建立起对社区状况的一种整体的图景，并使参与者能够借此对社区内的问题及潜力等进行分析。

这里介绍一种绘制土地利用规划图的绘图方法。

参与绘图的调查人员以往要从事过野外调绘工作，熟悉地形图（或影像图），了解参与式方法或有与村民打交道的经验。调查人员先准备正射影像图，并利用二手资料，在底图上用铅笔初步确定村界。其制图过程如下：

步骤 1：在村中选择对村庄情况比较了解的 4 ～ 5 名村民，与 1 ～ 2 名调查人员一起，进行野外踏查和调绘，并与村民首先确定调查行进路线。

步骤 2：在野外就权属界线、土地利用现状、土地权属、土地利用（潜在）冲突等方面的问题，与共同工作的村民边讨论、边调绘，同时逐步引导、鼓励同行的村民参与到土地类型的识别和图的判读上来。（以往经验表明，几个村民中总有可以识图的村民，虽然并不完全可以识图。）

步骤 3：在野外把土地利用现状调绘在图上，并不断征求同行村民的意见，进行反复核对，尤其是造林地块等。

步骤 4：初步标有图例等信息（合理利用各种颜色）。

步骤 5：回村后，协助同行的村民向其他村民汇报调绘结果，征求其他村民的意见。

步骤 6：内业整理及量算面积：在室内，按制图要求将外业调查手图进行清绘，完成本村的土地利用现状图，并量算面积，建立图斑台账。如果面积量算有困难，可以采用两阶段资源制图法。

两阶段资源制图法是将从资源图（手绘草图）中的信息转换到常规地形图上的方法。即在绘制完成资源图（手绘草图）后，在农民（5～6人）的帮助下，技术人员将资源草图中的信息转绘到地形图上。

手绘资源图的最大优点是人们容易理解，但位置等信息不准确，也无法确定图斑面积。而地形图上的信息，对大部分村民来说不易看懂，但位置等信息很准确，有利于面积的量算和准确位置的确定。两阶段资源制图法促进了外来者和社区内人群间的交流，因为交流的平台是大家都能理解的地图（或草图）。要将信息从资源草图上转绘到地形图上。信息转绘到地形图上以后，一定要将图上的信息与二手资料等土地资源数据进行比较，以确定信息的准确性。

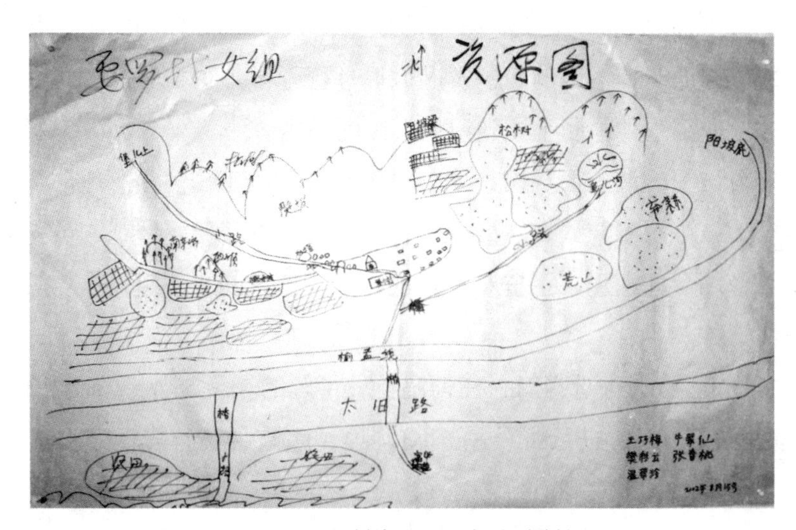

图 7–1 要罗村资源图（妇女绘制）

剖面图是一种反映特定乡村生态系统的横切面图，并具有文字描述及其构成部分的分析说明。剖面图是与当地知情人一道走过所调查区域并与之观察和讨论其特点。在剖面调查期间，调查人员与关键知情人一道系统地横跨调查区域，观察、询问、倾听、讨论并了解不同的区域、乡土技术、引进技术，找出问题、解决问题办法和可能的机遇。调查中发现的土壤质量、生物资源、土地利用、水土流失、居住方式、劳动力分配和其他相关情况都记录在剖面图中。行走剖面的线路可以有许多，如沿高山、沿河床、穿田地和森林等。制作过程如下：

步骤 1：沿着一条线路穿过特定地形地貌来收集信息。这条线路可以向任何方向延伸（向北、向南、高低、森林或沙漠）只要是主要的生态和生产区域被覆盖就可以。可能需要做一个以上的剖面图，这依地形地貌的复杂性而定或者依社区的大小而定。剖面线路可以通过瞭望点、地图或遥感影像图来确定。

步骤 2：选择约 6 ～ 10 人组成一个小组做社区剖面。说明做此活动的原因，需记录的内容（土壤、树木、作物以及适宜的线路等），并与关键知情人共同选择剖面线路。

步骤 3：如果小组成员在做剖面的过程中与社区成员进行非正式的访谈，所问问题要清晰并做必要的练习。

步骤 4：将此小组分为三个观察小组，分别观察土壤、作物种植以及农耕地大小；水资源、山地和排水状况；社会经济指标等。用当地用语对树木、植被和土壤分类进行阐述。如果调查区域较大并且车辆无法到达，可以把此小组分为 2 ～ 3 个小组。

步骤 5：在剖面调查期间，对每一个生态带需花一定时间对知情人进行简短和非正式的访谈。在此公开的访问期间，重点要放在土地经营，土地权属、水的程度或其他当地居民关心的问题。访问者应该问一些问题但要让这些知情人掌握他们的讨论，勿匆忙。

步骤 6：调查结束后，调查组人员要编辑外业记录，并在纸上画出图表来促进进一步讨论。

步骤 7：把发现的问题和其他可能的解决问题办法添加到已有的问题明细表中。

随着地理信息科学与技术的兴起，参与式地理信息系统技术（PGIS）也发展了起来，大大地改进了社区空间制图的手段，然而，在乡村调查中，调查人员与村民一起制作的资源图、剖面图等手绘图依然有着巨大的生命力（图 7–2）。

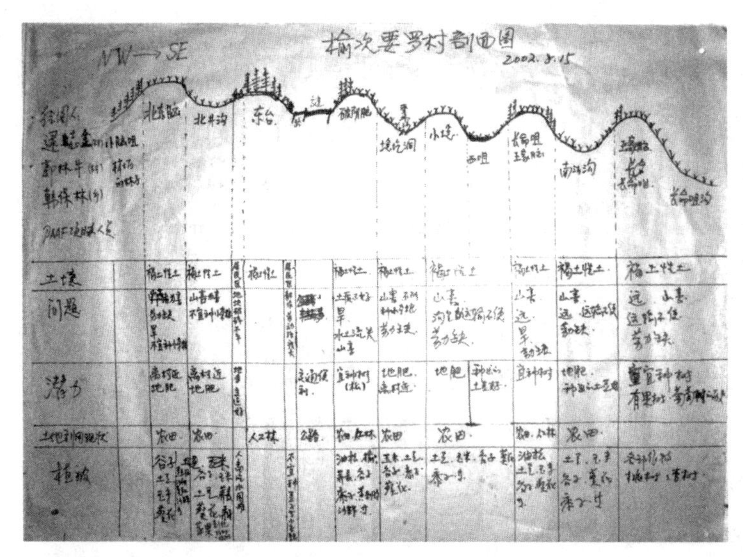

图 7–2 要罗村的剖面图

3. 与时间相关的工具

在乡村调查中，经常使用的与时间相关的工具有大事记、季节历和每日作息等图表。

1）大事记

大事记是针对受访社区影响较大的事件所进行的访谈，把所有发生过和正在发生的能够对调查社区的状况产生重大影响的事件作为访谈的主题。这种方法是认为能够从历史事件中找到现在状态的存在原因。大事记的优点是能够较快地弄清楚研究对象的历史发展过程，为规划分析提供重要的背景资料。

大事记结果往往是一张时间序列的大事记录表（示例见表 7–1）。

下畈村大事记 **表 7-1**

时间	事件
730 多年	村庄葛姓已经存在 730 多年之久，葛姓祖先老大在 XX 村定居，老二在湖头村定居。（与 1700 多年前的葛洪不一定存在关系，这里的葛洪文化主要是政府与媒体推出的宣传）
400 年	周姓有 400 年左右的历史，周姓祖先最早是从河南三门峡搬迁而来
300 多年	童姓有 300 多年历史，传家 19 代
1894 年	周葛两家合修祠堂

续表

时间	事件
中华人民共和国成立前	村内没有地主和富农，都是贫农
中华人民共和国成立初	贫下中农当家做主，全村共有 24 户；解放后村庄第一任书记叫葛友吉，参加过中共游击队
20 世纪 70 年代	砍伐了一棵大樟树旁边树龄在 700 年左右的甜槠树；在村北也砍掉了棵 700 年的莲香黄树
1958 年	大跃进时期，XX 村与湖头村分成两个村；将村内河道改道，以防水患（新坑河道）
1964 年	种马尾松
1966 ～ 1976 年	1966 年村内有 120 户人家，360 人。村内寺庙被改建养兔子；庙堂走廊有一棵金桂树，现在已不存在；文革时期村内民众分派系
1980 年	承包土地，总耕地面积上报 318 亩，其中水田 225 亩，旱地 93 亩，人均总土地约 0.34 亩。
1985 ～ 1990 年	在村北宗祠附近大面积建造农房
1986 年	村内开始大规模盖房，到目前为止还没盖房子的有十多户人家（继承房产、在外买房、有几户 1986 年前盖过房）；村小学合并到湖头村三宜小学
1988 年	第一次调整土地股份
90 年代	重建寺庙。在村东侧建了成排的楼。在村北种了 100 亩雷竹林。第二次调整土地承包
2000 年	村内党员在村子周围义务种香樟树（村庄开始复兴，村集体有力量）
2001 ～ 2002 年	第一次“旧村改造”，拆了 2 个老院子（传统建筑开始消失）
2003 年	政府开始对村庄进行大规模基础设施建设投入。包括：村村通公路，总长度达 1.2km，路宽 5m，覆盖面积达 6000m^2。环境整治项目——宁波市全面小康示范村：拆掉 30 多老旧房子，拆除露天粪坑 100 多座，新建公厕 2 座。社监会正式化（80 年代挂牌），社监会主任由党支部成员中选择
2005 年	种红豆杉，分布在村东和村南；修桥，寺庙出资建余庆桥；全面整治大樟树周边，环村路四周清理猪圈 30 多座，硬化街巷路面 7000m^2
2006 年	开始获得大量荣誉，名声在外，政治地位提高；村西北立 46 吨大石头，成为村庄标志地物。市委书记、市纪委书记来访；2005-2006 年获得许多荣誉：“村庄财务公开示范村”、“宁波市卫生村”、“浙江省级卫生村”、“省级文明村”、市高新区与村结对每年 10 万元，是大金主
2007 ～ 2008 年	第 2 次“旧村改造”，周家墙弄打开 8m
2014 年	“县环境整治提升村”项目：墙立面改造和公园改造，总计 300 万元。“垃圾分类”项目（2014 年全市试点）：投资 100 万元。成立股份制经济合作社，书记兼社长。股份实行生不补死不抽政策，12 月 31 日前的大学生有股份，但不享受计划生育、宅基地政策
2014 ～ 2016 年	村委大楼开工到竣工。（2008 年村委建了一层，停了，直到 2014 年重新开工，2016 年竣工）
2015 年	“污水管道、湿地处理”项目，总计 135 万元
2016 年	“省级美丽宜居”项目（300 万元）；“省精品村”项目（400 万元）；“36 条”发源于村庄
2017 年	县级（农办）“一事一议”工程：建文化祠堂，补助 50 万元，高新区补助 20 万元

续表

时间	事件
2018 年	"白改黑"工程：村内道路改造，共150万元，使用现场会专用款。"枫湖景区"项目：两村一起，一事一议，共 400 多万元，其中市财政部拨款 280 万元，其余由镇里承担。水利局的"小河道整治项目"：后门溪河道改造，共 1400 万元。目前村内有低保户 9 户，共 14 人。存在低保边缘户。最近十年，有车有房，生活水平提高。村庄环境变好，绿化提高，水质变好，国家投资改善环境。老年协会，村委为其提供红白喜事的做饭用具，老年协会出租用具赚钱，并开着麻将馆，8 元 / 桌
未来 1 年	• "老年活动中心"（宗祠改造）：预算 200 万元

2）农业季节历

季节历是通过完成以一年或一个生长季为周期的图示表明主要生产或经济活动，发现主要问题和机会，并确定最困难的月份或对人们的生活有重大影响的月份。季节历可总结出以下事情：气候、作物生长阶段顺序、主要作物、树种等的农事活动、其他增加收入的活动、主要农事活动对男女劳力的需求和分工、主要农产品或生产资料价格、移民（季节性劳动力转移）、收入与支出等。村民被分为 3 ～ 5 个人的小组，每个组选择 1 ～ 2 个关键知情人。知情人将被问及当地特有的情况，尤其是他们的种植类型、主要农作物病虫害等情况。然后，要求知情人写出按日历的（有时按农历）一年的农事活动，请求其他志愿者就这一季节历发表意见并随时增加其他信息。实例见图 7–3 和表 7–2。

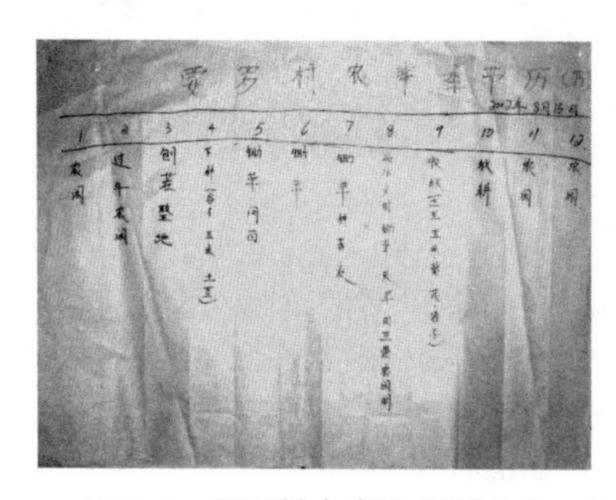

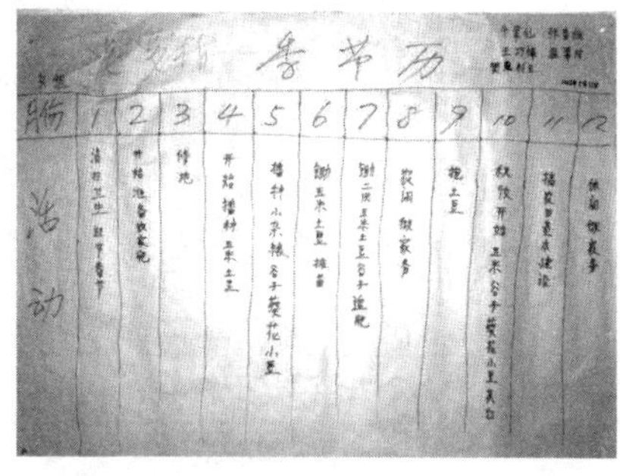

图 7–3 要罗村农事季节历（左：由男村民组绘制；右：由女村民绘制）

潘家庄村（农事活动、羊养殖活动）季节历 **表 7-2**

月份	农事	羊养殖
1	准备年货打扫卫生	圈养、留种
2	冬闲过年、年后走亲戚	部分产羔，饲养管理
3	春季备耕、备种、准备肥料等生产资料	抓绒，产羔结束
4	翻地、下种	抓绒

续表

月份	农事	羊养殖
5	翻地、下种	育肥、饲养管理
6	田间管理	驱虫、育肥、种草
7	田间病虫害防治	放牧、种草
8	庄稼后期管理	放牧
9	秋收开始	放牧
10	入场、加工、入库	肉羊出售、部分配种
11	秋耕地	配种
12	农闲	母羊怀胎、饲养管理

3）每日作息图

每日作息图用来辅助收集和分析社区成员的日常活动方式和每日作息时间安排，是对某人某天全部活动的简单而完整的记录。同一个村民在农忙和农闲期可能会有不同活动内容，不同性别、不同年龄的村民在同一时期也有不同的活动，这些情况可以分别绘制在不同的每日作息图中，便于根据需要放在一起进行比较分析。

村民每日作息调查，有助于乡村规划与实施符合村民生活习惯，使规划行动运行顺利而高效；为乡村项目实施评价提供详细的信息，与其他记录方法互相补充；有助于农户对自己活动的认识与反思，在农户文化水平不高的社区可以用图来表示（示例如图 7–4）。

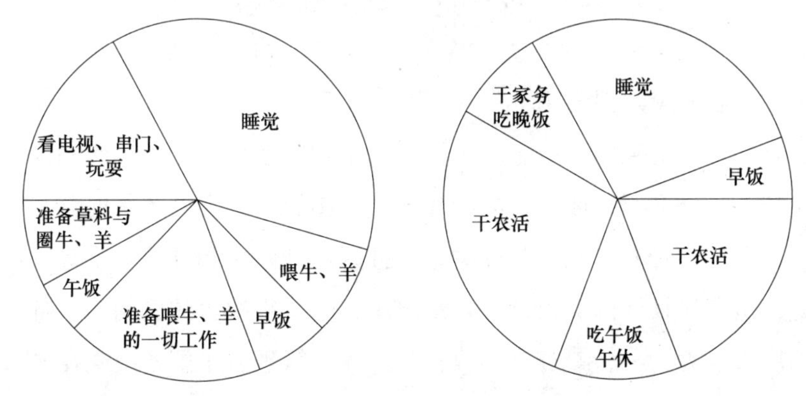

图 7–4　双扣子男村民农闲季节（10 月初～ 2 月底）和农忙季节（3 月初～ 9 月底）每日作息图

在实际调查中，访谈村民的过程中，如果获得一些定量信息，调查人员也可以现场制作图表，以帮助所有参与者加强对所讨论问题的直观理解。如图 7–5 和图 7–6。

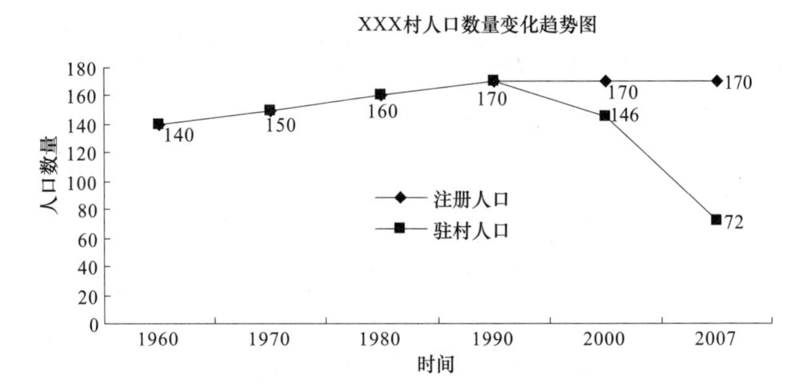

注：近年来当地人口常年外出打工，实际驻村人口大量减少。

图 7–5 双扣子村人口数量变化趋势图

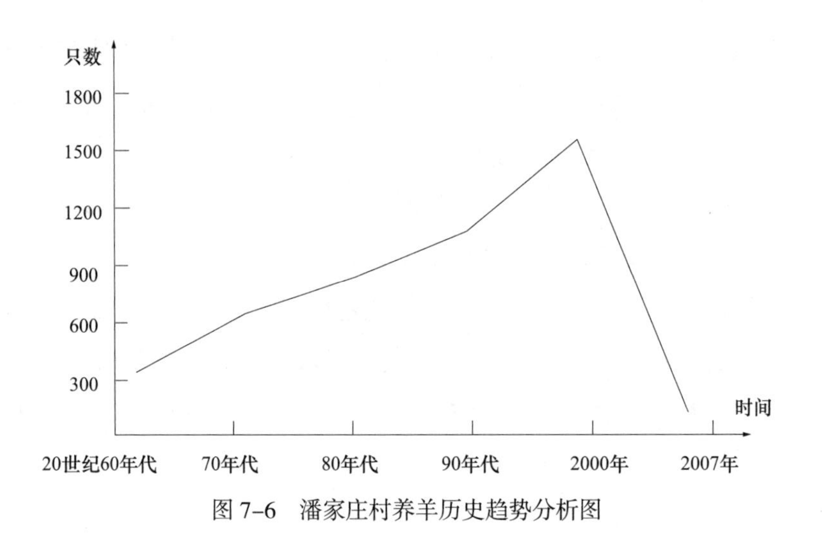

图 7–6 潘家庄村养羊历史趋势分析图

4. 与社会结构相关的工具

公共机构关系图是用于展示社区与影响其乡村生产、生活的个人、村庄与各种公共组织或项目的相互关系的图解。这类图解帮助调查人员了解社区与各种机构和组织的关系，社区对外联系和开放程度等；帮助调查人员了解社区的党组织、自治组织与经济组织等的机制，了解各机构的决策能力，分析参与机构等；帮助乡村管理方了解各组织在乡村发展中的作用，了解发生冲突的根源等。见图 7–7 示例。

另外，能够反映社区内部某个农户或个人的社会活动空间状况的图解的农户活动图，也能对规划分析有所帮助。

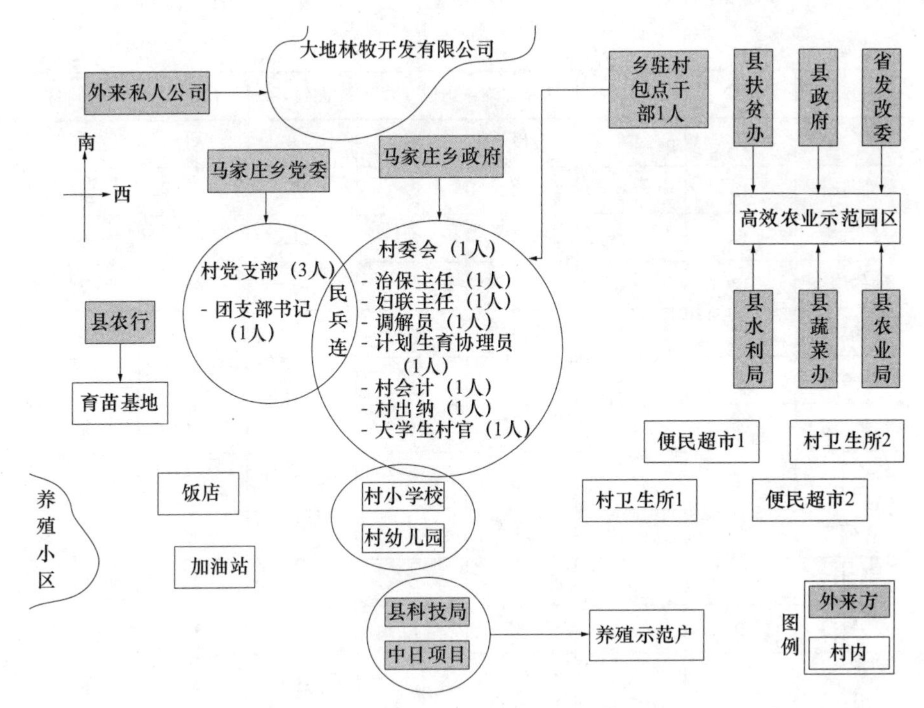

图 7–7　马家庄村公共机构关系图

5. 与排序相关的工具

排序类工具的形式有许多。它是 PRA 方法中常用的一类工具系统。排序主要是基于参与主体对被评价事物或对认知程度的评价结果。排序主要表现为对评价对象的打分与排序两个部分。该打分与排序工具被广泛用于对问题的优先度选择、方案的优先度选择、技术选择等的快速评价活动中。因为打分与排序比较直观、简易、快速，因而对乡村社区的发展活动具有相当适用性。

这类工具一些在已经充分了解当地社区情况后，在规划人员与当地村民已建立了良好的信任感以后进行的。以往这类评价都是由专家和规划师的专利，他们通过考察、收集信息，最后得出结论，而这里的工具是广大村民参与下，共同进行分析与判断后得出的结果，所分析的内容和方法都可以根据具体情况灵活设计（表 7–3、表 7–4）。

张家庄村参与式土地利用规划活动选择排序表　　表 7-3

活动	便宜	易实施	迅速实施	利于环境	高效益	总得分	得分排序
打深井	5	20	43	19	37	124	①
种枣树	20	19	25	16	27	107	②
种核桃	8	17	17	13	23	78	③

续表

活动	便宜	易实施	迅速实施	利于环境	高效益	总得分	得分排序
酸枣嫁接	18	17	12	6	14	67	④
种药材	12	14	10	5	23	64	⑤
种杏树	14	16	13	8	11	62	⑥
种仁用杏	12	14	13	8	14	61	⑦
牧场规划	6	10	14	14	6	50	⑧
养殖业	5	12	12	2	15	46	⑨
种桃树	6	10	10	9	10	45	⑩
发展大棚蔬菜	2	9	10	5	17	43	⑪
种葡萄	8	9	9	7	9	42	⑫
种花椒	6	9	9	7	9	40	⑬
种牧草	9	9	5	12	4	39	⑭
防护林建设	8	5	8	13	3	37	⑮

双扣子村民对其发展问题的打分与排序结果 **表 7-4**

排序结果	打分结果	发展问题	村民的描述
1	52	没有圈养设施	
2	32	缺少良种羊	
3	16	灌溉用水不足	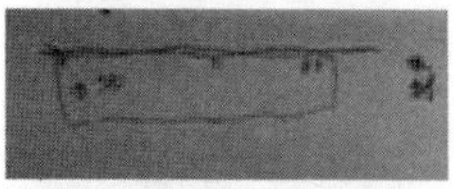
4	15	缺少草地和饲料	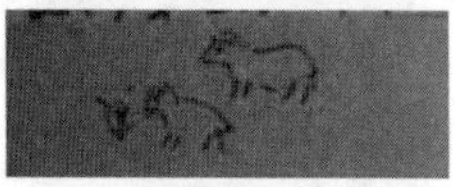
5	12	缺少土地	
6	10	缺少饲料加工设备	
7	9	医疗问题	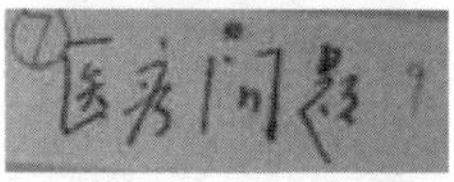
8	7	需要修护村河坝	

续表

排序结果	打分结果	发展问题	村民的描述
9	5	羊饮用水缺乏	
10	2	人饮用水缺乏	
11	0	缺少养殖技术和专业人员	
12	0	村里没有学校，上学不方便	

注：18名村民参加打分与排序，其中：男村民14名，女村民4名。村民共提出12个问题，但在打分时无人投票，因此最后两个发展问题打分为“0”。

6. 初步分析类工具

SWOT分析法与头脑风暴法

在调查初步分析阶段，有一种SWOT分析和头脑风暴法相结合的方式，相得益彰，使得调查结果有效性大大提高。

头脑风暴法是采用会议的方式，利用卡片等可视化工具，鼓励集体思考，引导每个参加会议的人围绕某个中心议题，广开言路、激发灵感，在头脑中掀起风暴，畅所欲言地发表独立见解的一种创造性思考的方法。通过该方法，调查组成员可以识别存在的问题并寻找其解决办法并且识别潜在的改进的机会；使用头脑风暴法可以引导调查组成员创造性的思考，产生和澄清大量观点、问题和议题。

SWOT分析法或称为态势分析法。它是一种能够较客观而准确地分析和研究村庄现实情况的方法。包括优势分析（Strength），劣势分析（Weakness），机会分析（Opportunity）和挑战分析（Threat），利用这种方法可从中找出对乡村发展有利的因素以及不利的、需要回避的方面，发现存在的问题，找出解决办法，并明确以后的发展方向。SWOT分析具有较好的针对性和系统，克服了乡村规划中容易将问题分析、目标分析、项目方案分析彼此割裂开的缺点，具有很强的直观表述效果。

乡村调查组成员在访谈结束后，对访谈内容进行细心整理、归纳，主要对乡村的区位条件、自然资源、基础设施、日常管理等方面进行了SWOT讨论分析，达到对调查结果初步分析的目的。

沙村 SWOT 分析结果 表 7-5

优势（Strength）	劣势（Weakness）
人文旅游资源丰富： 名人多，名声在外：有故居，有宗祠 红色旅游：鄞州区第一个党支部 乡村文化：堤坡、古树 • 小桥流水人家：水系、洞桥、古院落 • 穿行竹林、茶园体验 • 游梅溪水库 **丰富的自然景观：** 登望海岩：观日出，观沧海 登观景塔、 名人效应（沙氏兄弟）使得村庄在外有一定知名度 **村庄自身优势：** • 村庄有经济活力，村民普遍富裕 • 人口结构多元，年轻人数量多 • 林地、建设用地等村集体土地存量多 • 村民见多识广 • 村落布局保留完整，有依山傍水的村落格局 • 街巷肌理：依山就势 • 饮用水质量好且免费 **区位：**离市区近，适合周边旅游 **政府支持：** • 鄞州区乡村旅游扶持力度大	**基础设施不完善：** • 道路破损，出村道路不畅，西北方向道路缺维护 • 排水存在严重的问题，下雨天路面冲刷严重 • 网络信号差，尤其是西北老建筑附近 • 村庄水系缺乏维护，需要提升 • 停车困难、无序 • 村西北无照明设施 • 防洪差，村庄有被水淹没的风险 **村容村貌差：** • 小作坊白天噪声太大 • 小作坊分散、量多（64 家） • 厂房面积过大 • 绿化差，尤其小区绿化和停车位设计不合理 • 垃圾处理不当（堆在小溪正上方） • 卫生环境差（作坊灰尘大；村民不爱护） • 作坊私搭乱建，村貌杂乱 • 房屋密度大，街道狭窄 • 老建筑缺乏维护（危房） • 流浪狗多且凶悍 • 对有历史意义及标志性的树保护不当 **旅游设施不完备：** • 标识系统不完善 • 服务设施不完善 **村庄治理问题多：** • 村干部想法零乱 • 村集体收入不多 • 历届村委任期短，无法推进长期项目 • 村庄缺乏长远规划 • 村民间缺乏合作 • 村庄内部矛盾较多 • 老宅空置率超过一半 • 产业单一，大多数村民收入依赖小作坊 • 外来务工人员多，超过 200 人 • 承接的政府项目少
机会（Opportunity）	**挑战（Threat）**
• 浙江省正在搞民宿带建设 • 宁波市住建委将本村拟列为乡村规划三个试点村庄之一 • 鄞州区将出台系列乡村旅游发展政策 • 村民对发展乡村旅游积极性比较高 • 现任村干部对发展乡村旅游积极性高 • 周边乡村游可以形成集群优势 • 村民基本同意异地安置小作坊 • 村民对改善人居环境的呼声高 • 乡村旅游资源开发潜力较大 • 村民有自己开发民宿旅游的潜力 • 老宅空置率高，开发民宿时，重新安置村民的压力小 • 有引入梅溪水库的水入村内水系的可能性 本村文化旅游开发潜力大，红色旅游等旅游项目有开发空间	• 是否异地安置小作坊 • 如机制建立不当，村民很难团结一致发展旅游 • 村干部能否团结一致带领村民发展乡村旅游 • 村民代表和党员如何在乡村旅游中发挥作用 • 旅游公司是否能遵守村庄总体规划开发旅游 • 政府项目是否与村庄总体规划相一致 • 水库管理处是否能配合村庄旅游开发

另外，常用的分析方法还有如蜘蛛网评价图（又称星形图）、绩效指标、成本—效益与成本—效果分析、力场分析法等方法。所有上述工具和方法，其中的一些是补充性的，一些为替代性的，而且，有些有广泛的适用性，有些使用范围极有限，调查者要根据调查需求进行灵活的

选择和组合。当然，下一章中介绍的利益相关者分析、问题分析、目标分析以及策略分析等也可以归入分析类工具。

第 3 节　参与式地理信息系统

乡村规划中最为重要的一类研究与分析方法应当是出自于地理空间科学与技术领域，并与参与式方法结合后，近年来发展起来一种调查与规划方法，被称为参与式地理信息系统（Participatory Geographic Information System，PGIS）。

近年来地理信息技术与系统应用领域非常广泛，PGIS 将通过参与式方法获取的信息用地理信息技术与系统表达出来。PGIS 已经发展成为不单单是一种 PRA 工具，它因为通过复杂现实世界与各种信息形式的有效联系，促进社会学习过程，支持社区内外的平等沟通，扩大公众参与公共决策的范围，成为一类独立存在的乡村规划方法或规划支持系统。

1. PGIS 的主要特征

PGIS 研究者笃信 GIS 所依附的社会属性、政治影响和文化意义，同时秉承了参与的理念。因此，作为参与式规划或决策的支持系统，PGIS 的每一特征既表现出对传统 GIS 所表达的空间信息的择优与摈弃，也表现出与参与式规划或决策相同的特征。

1）PGIS 突出技术服务于人

常规 GIS 仅为少数专家所使用，而 PGIS 体现以人为本的理念。PGIS 的目标用户是所有利益相关者，从应用之初，PGIS 就与所有用户群体一起合作开发，因此 PGIS 关注的焦点是与利益相关方一起或由利益相关者自己进行有效参与和实施。PGIS 尤其将当地民众的需求摆在优先于 GIS 技术的位置上，在决定何种 GIS 适合社区用户群体以及他们将如何操作 GIS 时，如果 GIS 构建技术既不与社区进行讨论，也没有他们的参与，还忽视他们的需求，会使其不知所措。因此应用 PGIS 也是能力建设的一部分，PGIS 的开发和实施鼓励社区在真实世界中边干边学。

2）PGIS 集成系统功能，强调用户友好性

PGIS 汲取传统 GIS 系统功能有益的方面，摈弃传统“黑盒”嵌入式专家 GIS，基于“面向对象的数据库系统”开发规划支持系统（Planning support system，PSS），既保证系统的开放、透明，又确保系统的可行、可靠和用户友好。PGIS 要求只有用户同意，才可以将规划支持系统纳入 PGIS，否则必须将它去除。PGIS 突破传统 GIS 采用大量主题图层的建构思想，具有系统模拟和决策支持能力，只运行限量对象，每个对象又各有其对应的数据库。例如：许多 PGIS 研究都采用准确可靠的真实影像数字地图作为 GIS 制图平台，这被认为是发展 PGIS 的前提，因为高分辨率、真彩数字正射地图能让那些没有接受过制图训练的人也能准确、可靠和容易地判读。理想情况下，为充分发挥 GIS 的能力，PGIS 依赖于 GIS 建模策略的选择集成和软件的支持，通过系统设计和开发加以集成。

3）PGIS 的全程性

PGIS 必须构建一个体现参与和赋权精神的 PGIS 过程，此过程要比 GIS“技术”问题或 GIS 的专业操作人士所需的特殊技能更重要，参与者以 GIS 为平台，通过记录、保存、重现和共享空间信息和分析为沟通媒介，对事件进行学习、争论及妥协，进而达到沟通、合作、协调与协作。行之有效的 PGIS 过程可避免各方可能的争执，从而保障所有民众平等的参与机会，容易实现决策或规划的共识性，是一个整合各方意见的理想方法和完全民主化的决策方式。

4）PGIS 的当地性

PGIS 还具有鲜明的当地性。计算机或 PGIS 过程中生成的各种图表必须放置在社区的公共场合或社区成员容易接近的地方，对所有社区成员都应开放。当地居民在需要时能获得、查询、输出信息，并在社区中传播、讨论和反馈。只有这样，地图、资源信息、经济机会和环境问题才可以在全社区内迅速传播。

5）PGIS 的多层面性和广泛性

对所有利益相关者产生影响是 PGIS 的重要议题之一，也是它有别于传统 GIS 的一个重要特征。PGIS 在具体构建过程中，将定性和定量信息数据结合、“专家”知识与乡土空间知识（ISK）结合，支持所有利益相关者参与到规划或决策中来。其实践意义在于：PGIS 借助于高科技手段来表达社区的乡土空间知识，以达到促进社区民众、规划者和决策者等利益相关者间的空间信息沟通的目的，也避免了利益相关者之间不必要的争议。这样，一方面，由于赋予社区乡土知识以“科学的”权威，从而保证了其结果（如地图产品）的科学性和多层面性；另一方面，

PGIS 构建了利益相关者的高质量参与过程，保证了其作为参与式规划或决策支持系统的广泛性。

总之，PGIS 与传统 GIS 不同，它是所有利益相关者都使用的系统。因 PGIS 表现出与参与式规划相同的特征，因而也表现出复杂性、灵活性等特点。这种具有多重综合的特质，使 PGIS 既保留了传统 GIS 的功能，还赋予 GIS 以参与和赋权的意义。如果在公共事件中能够恰当地运用 PGIS，让那些提供文化敏感空间数据的公众能自己获取、控制和利用这些数据，进而会激励创新和社会变革，产生深远的政治影响。

2. PGIS 的应用形态

由于乡村项目的参与目标不同，各自采用的 PGIS 策略也有所差异，不存在“普适的”PGIS。与传统 GIS 运用更关注技术本身相比，PGIS 研究者更加关注什么是行之有效的 PGIS 实践性。依据参与质量理论，PGIS 可分为以下 4 种应用形态。

1）基于网络 PPGIS

这类系统发展各种用户友好的、易于操作的平台，着力将 GIS 技术的复杂性掩藏起来。它所提供的沟通平台，使公众能通过互联网络环境了解官方数据信息，进而介入政府机构的决策，从而提高当地政府决策的透明度，改善公众与公共服务机构的相互理解与沟通，提高政府决策的有效性。然而，互联网再普及“数字鸿沟”也永远存在，填平这一鸿沟并非如点击鼠标般容易，广大农村、欠发达的互联网和电脑还不普遍等。

2）社区融合 GIS

参与的精神要求所有利益相关者的多元互动，即所有参与方都可以在一个平台上平等地表达意见、传递信息，而不仅仅是政府与公众二者间的参与、沟通与协调。PGIS 要达到参与的高质量，就不能被少数人所操纵或主宰，必须完全达到多元互动的沟通，尽可能具备多元化的功能，才能充分体现参与的理念，进而实现共识的决策。强调能力建设，包括获取软硬件、开展个人和小组培训、生成数据图层、指导项目发展过程、把参与的机制引入技术讨论会、提供不间断的项目咨询以及评估项目的重要方面等，从而使当地公众参与到规划过程之中。当地社区公众在通过适当培训的前提下，能够保证他们享用政府信息公开的数据，促进规划决策过程的参与和沟通。

3）可视交互式 PGIS

在现实世界中，当地社区群体和民众很可能不懂电脑和 GIS，从而接受这方面培训的可能性很低。为此，一些 PGIS 实践者着力于“隐藏”GIS 的技术性而突出其“参与”的方面，通过运用可视化工具，将人机界面技术引入 PGIS 设计，鼓励公众最大化地参与项目的不同阶段。为使 GIS 更接近主要依赖自然资源的被边缘化社区，国内外发展起来多种方式的参与式三维地形模型方法，都属于可视交互式 PGIS 应用形态。通过 PRA 调查获得的图绘空间信息可以在现场马上转换成计算机接受的格式，形成可视化的结果，然后在全体社区成员参加的研讨会上用大屏幕展示出来，供大家一起讨论、修改和提意见。

4）参与性 GIS

许多 PGIS 应用形态强调 GIS 服务于人，参与过程要比专家提供 GIS 技术解决方案更为重要，通过 GIS 来赋权社会。因此用 PGIS 来设计规划支持系统（PSS）时，强调信息沟通和运用灵活性的原则。信息沟通的原则要求系统不仅能够有效地在利益相关者之间传递信息，还必须能够协助他们表达意见而无任何阻碍；参与式规划支持系统具有复杂性，各规划项目的信息投入与产出都无法事前完全掌握，因此系统必须具备足够的灵活性才能应对多样的情况。

3. PGIS 社区制图过程

以下以一个村庄的土地利用现状图制作过程为例，简要说明在村庄里开展社区制图过程（见图 7–8）：

步骤 0：准备工作

首先准备底图，最好是正射影像地图。在打印的彩色正射影像地图上，包括了必要的地图要素，如：村庄名、指北针、比例尺（从 1：5000 到 1：8000）以及影像摄制时期。

为村庄现状分析准备初步的土地利用分类方面的提问，包括：土地利用、土壤类型、村界、基础设施、土地权属、土地利用冲突、土地退化、水资源状况、农户承包地分散状况等。另外，还要准备一台 GPS 接收器（如果必要）、透明醋酸纸、胶带和水溶性彩笔等。

步骤 1：讨论、判读及收集空间信息

研究人员依靠访谈提纲，与当地一些群众一起判读该村的正射影像地图。在村里总有一些人对其生活的村庄非常熟悉，被称为关键知情人。研究人员询问这些关键知情者，共同确定土地利用特征，澄清现有的主要问题和潜力。将醋酸纸覆在正射影像地图上，村民用可擦写的水溶性彩笔绘出各种土地利用信息，在研究人员的主持下，根据村民的分类，标记各类土地利用地块。这样，由村民绘制的土地利用信息被绘在了醋酸纸上。

步骤 2：野外复核信息

村民访谈和绘图结束后，研究人员和村民一起来到野外复核所绘信息，使研究人员能现地了解村民绘在图上的内容；如果一些信息，如：井、泉、变电器或村界在图上不清楚，规划者和村民可以在野外利用 GPS 接收器进行定位。这样，村民的乡土空间知识就被结合到了正射影像图的透明覆盖图上。在这一过程中，规划者是协调者、是主持人，而村民是实际的绘图者。

步骤 3：把乡土知识数字化处理到数据库

村庄社区制图和数据收集完成后，规划者用 ArcView GIS 软件在室内对信息进行处理，空间信息分成点、线和多边形三种图层存入计算机，并与相应的属性数据相连。完成的草图包含基本的地图要素，如：图例草稿、解释说明等。首先要评估地图版式被当地群众接受的程度，尝试多种显示信息的方法，通过与关键知情人的讨论，边做边修改，如：为了保持影像图上原有的基本地物特征，后来形成的多边形斑块最好用透明的颜色，使影像图上的地物特征仍然可视。

步骤 4：在各利益相关方中间反复沟通

专题地图草稿返回到村民中间进行讨论，信息可以逐渐被核实或纠正。之后地图又提交给县一级的决策者和技术人员，通过这些参与过程中利益相关者的广泛参与，使所有利益相关者不同的意见得以消除，数据得到普遍接受。这一步如果安排或协调不好，可能非常费时。

步骤 5：分发地图到各利益相关者

由规划组最后汇总各方意见后定稿并打印出图。一个地图副本送到村里作为今后村民的一种决策工具，其他副本分送到县相关部门，使得所有利益相关者能以此 GIS 地图为平台，在未来的规划中开展合作。

步骤 1 和步骤 2 都是在村里完成的，它们是村庄信息的外业调查收集过程，这期间获取的主要信息包括：土地利用现状、树和森林、土地权属、承包地状况、村界、土地利用冲突、水资源状况、土壤类型、土地退化等。步骤 3 是在村里获取信息后，由研究人员将数据输入到 GIS 中，并整理外业数据；同时研究人员在室内制作 GIS 主题图层，并输出主题地图。步骤 4 和步骤 5 是利益相关各方相互沟通、协商的过程，也是信息在他们中平等分享的过程，带着这些草图，研究人员与县、乡、村各级人员讨论地图，然后根据讨论结果进行修改。最后研究人员完成地图（地图示例见图 3–10），并送达有关人员和机构。

由上述过程可见，采用 PGIS 有助于各利益相关方的参与和沟通，有助于改变传统自上而下的技术专家操纵的规划方式（图 7–8、图 7–9）。

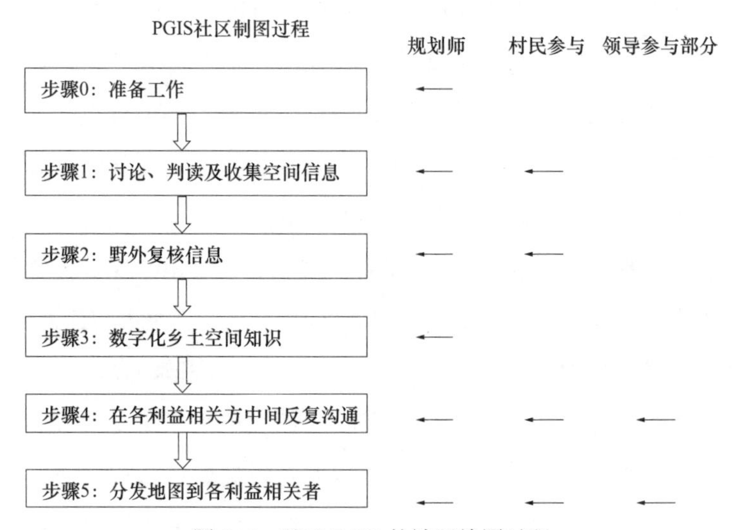

图 7–8 基于 PGIS 的社区绘图过程

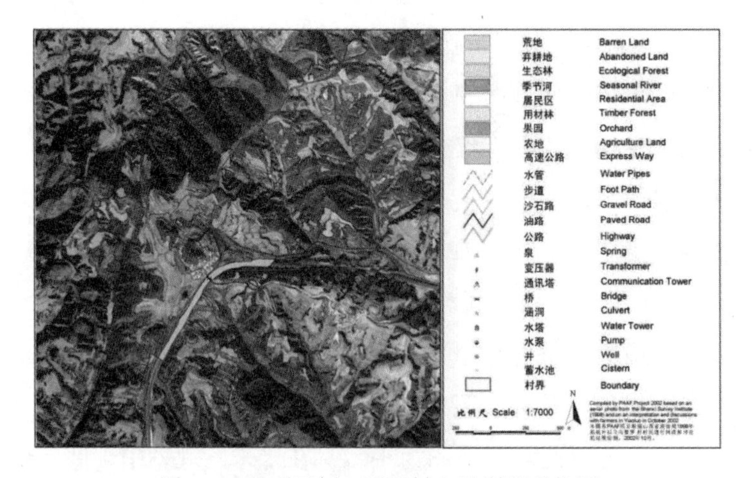

图 7–9 地图示例：要罗村土地利用现状图

4. PGIS 社区制图运用效果分析

在三年时间里，上述 PGIS 方法经过了 8 个村庄的试验，此后五年，又在其他 6 个村得到修改和验证，证明了该方法是可行的，被所有利益相关者所接受。从上述步骤可初步得到以下主要结论：

1）正射影像图保证了 PGIS 社区制图的参与性

PAAF 项目的 PGIS 试验表明，与常规社区制图、地形图制图、航片制图等社区制图方法相比，采用正射影像图的 PGIS 方法保证了社区制图的参与性。

曾有人质疑过村民是否有能力读懂正射影像地图，它能否作为一种可靠的沟通手段来帮助村民与外来者讨论其村庄状况和环境问题。研究表明：这种担忧是不必要的。社区制图中，村民们，无论是男是女、是贫是富、识字还是不识字、是老是少都能随时从他们村庄的正射影像地图上指出他们房屋、田地等地物的确切位置，他们非常喜欢用可视化的图像。在研究期间成功完成了多项绘图和评估，可靠性很高。如果没有正射影像地图这种准确可视化工具的帮助，村民们就不可能有效参与。同样，当最终地图提交给村民后，留给研究人员深刻印象的是，所有村民完全可以理解这种地图上的各种信息。

2）PGIS 制图促进各利益相关方的沟通

许多研究者都认为 PGIS 产品（如空间地图和属性数据）作为传媒和工具，有助于当地传统技术知识的发现与表达。在参与式规划中，PGIS 制图可作为一种“可视化平台”或“通用语言”，促进村民、规划者（包括受邀专家）和当地政府及其部门之间的协商和讨论，使规划过程真正成为村民与村民之间、村民与外来者之间的一个多双向信息传递过程。通过 PGIS 地图，使得村民和规划师共同获取的信息以一种双方都能接受的、接近“科学”的面目示人，信息得以方便地输入、储存、更新、输出，不仅反映了乡土空间知识和意见，同时，规划师的技术观点也通过由他们掌握的数据输入和处理过程得以体现。

PGIS 制图数据库能结合当地意见和科学知识，且其语言和输出版式又尽量以“科学的”面目出现，因此，在当地参与式规划研讨会上，与过去采用的常规社区制图相比，PGIS 产品作为正式媒介，更容易被决策者、部门领导和技术人员所接受。利用 PGIS 制图进行的参与式规划，比使用常规社区制图方法获得的规划结果容易得到政府的批准和支持，进而促进规划的赋权，可极大改善各种利益相关者间的关系。

3）PGIS 是社区制图的一种新工具

从社区发展的角度，常规 GIS 技术往往被看成是一个剥夺当地群众的权利、排除当地群众参与的技术，它把与当地相关的规划过程与群众的影响分离开来，因此，要将 GIS 技术和社区制图结合，必须处理好二者间的矛盾，重点对前者进行参与式改造和重构，使其成为适应社区发展需要的“参与式”GIS，这也是它与常规 GIS 间的本质区别。

PGIS 与社区制图有相似的起源。如前所述，社区制图是一类 PRA 工具。PGIS 与 PRA 有共同的理念，因此可以说 PGIS 是一种新型的 PRA 工具。PGIS 的技术特征还享有常规 GIS 的功能优点：数据存储、数字化数据、数据空间分析、再现有地理参考的数据等能力。GIS 数据库建立后，每次只需要根据利益相关者的需要，核对过去的数据，进行简单更新就可以了，这样既能在内、外业中节省时间，避免造成社区对重复收集数据的“疲劳”，又能确保收集信息的准确性和将来的可用性。

然而必须指出，PGIS 制图仍只是一种社区制图方法，更不可能代替社区制图归属的 PRA 方法，而应被视为对社区制图等 PRA 工具的补充。研究表明，在 PGIS 制图前，必须利用常规社区制图等 PRA 工具进行参与式社区调查。

总之，无论 PGIS 运用于何时何地，所有对 PGIS 方法的应用都要首先回答同样的问题：GIS 软、硬件对当地群众团体或公民社会是否适宜？要使 GIS 对当地群众有用，是否只能依赖短期参与项目的外部机构、出资方或研究机构的帮助？从 PGIS 目前的发展看，其应用仍存在一些局限性，但这种局限性不应视为 PGIS 本身的问题，各 PGIS 的应用案例都是应对当时、当地复杂情况不断探索的有益成果，是 PGIS 没有普适运用模型的真实反映。PGIS 兴起的时间虽然不长，但它一方面享有着常规 GIS 的最新成果，同样也深刻影响着 GIS 开发者的建构理念，并在很大程度上引领 GIS 的技术发展方向，正向多学科综合的方向发展。

第 4 节　乡土知识的挖掘与利用实例

乡土知识在乡村发展中具有重要地位。乡土知识是由一群具有某种共同或基本相同的社会经济利益和文化价值体系的当地居民，在长期不断适应环境变化过程中产生形成的对现实反映的认知成果或结晶。在当地社区多年的生产生活实践中，他们很好地利用这些乡土知识管理和利用当地社区的自然资源。本节以两个案例，说明乡土知识的挖掘方法与利用前景。

案例1：历史演变图案例

如前所述，运用制图的手段，可能将社区内发展中的演变过程直观、形象地表达出来，加深参与者对社区自然生态、社会文化、社区制度、技术以及经济变迁过程的认识。这一工具有助于参与者理解过去事件对发展的深刻影响，并为进一步讨论未来的发展方向、规划途径和措施提供可资借鉴的经验和教训。

这类工具的优点是从历史的眼光来看待乡村发展中的问题，通过参与过程而形成对发展的共识，使之成为乡村社区发展规划和启动其发展过程的动力。

这里是一个典型农耕村庄（石咀头村）40年来农耕景观变迁的历史演变制图与评价过程，该研究是寻找历史上相应时期农业政策对本村农耕景观变迁的影响，分析当时的农业政策的利与弊。通过本案例的简要介绍，说明历史演变图的制作与运用意义。

农耕景观的时空变迁涉及多时间尺度，单一的地理学研究方法很难获得村域尺度上不同历史时期的农耕景观空间格局信息。为此，采用PRA方法开展农耕景观历史调查，不仅可以获得现时信息，而且可以获得历史信息。在进行农耕景观调查时，选用参与式地理信息系统（PGIS）、农事季节历、半结构访谈、历史大事记、小组讨论等多种PRA工具，利用高清正射影像图与村民讨论，挖掘当地村民的农耕景观记忆，还原和再现历史上不同时期的农耕景观空间格局信息。具体研究步骤如下（见图7-10）：

1）调查村庄不同时期农耕景观格局。以村庄现有高清晰遥感正射影像图为底图，结合实地踏查，利用ArcGIS软件绘制现有村庄景观格局图；基于现有村庄景观格局图进行农户和关键知情人半结构访谈，与各年龄级的农民反复讨论，得到历史农耕景观知识；反向推演出历史景观格局信息，再利用ArcGIS软件将这些信息转化为空间数据，通过数据融合得到阶段性的历史景观格局图；最后经村民确认成图。

2）掌握农耕景观要素的时空动态变化。通过农事季节历等工具，与经验丰富的农民一起讨论确定各时期的主要农作物、农事活动、农作方式等农耕景观要素，掌握农事演变历程和变化特征，深入分析并交叉核对变化原因和驱动因子。

3）得到不同时期农耕景观要素对农业政策的响应关系。收集各时期农业政策，并与对应时期的农耕要素进行对比分析，通过小组讨论得到农耕景观要素对农业政策的响应关系，分析不同时期农业政策对农耕景观要素的驱动机制。

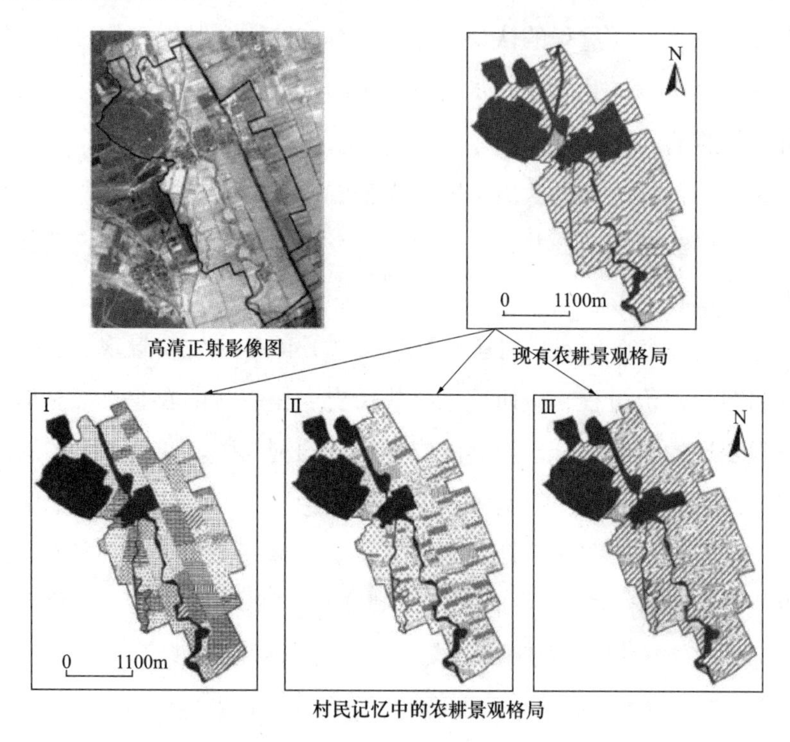

图注：Ⅰ：70 年代农耕景观格局；Ⅱ：80 年代农耕景观格局；Ⅲ：90 年代农耕景观格局

图 7-10 基于村民记忆获取各时期农耕景观格局的方法示意

与关键知情农民（老年人为主）一起讨论的基础上，可以得到了现有村庄景观现状格局图，并反向推演出过去各个时期的景观格局，制成各时期农耕景观格局图（图 7-11）。

由图 7-11 可以看出，40 年间石咀头村农耕景观发生了巨大的变化。1974 ～ 1983 年，石咀头村农作物种植呈现多样化种植，主要农作物有马铃薯、胡麻、莜麦、谷子等，多达十几种；1984 ～ 1998 年，红芸豆和玉米成了本村主导农作物，其他农作物面积减少；1999 ～ 2006 年，玉米面积继续扩大，发展为大范围连片种植，挤占了种植其他农作物的耕地；2007 ～ 2014 年，玉米成为本村唯一的主导农作物，其他农作物只是零星分布于耕地中，玉米种植表现为大面积、单一化种植。

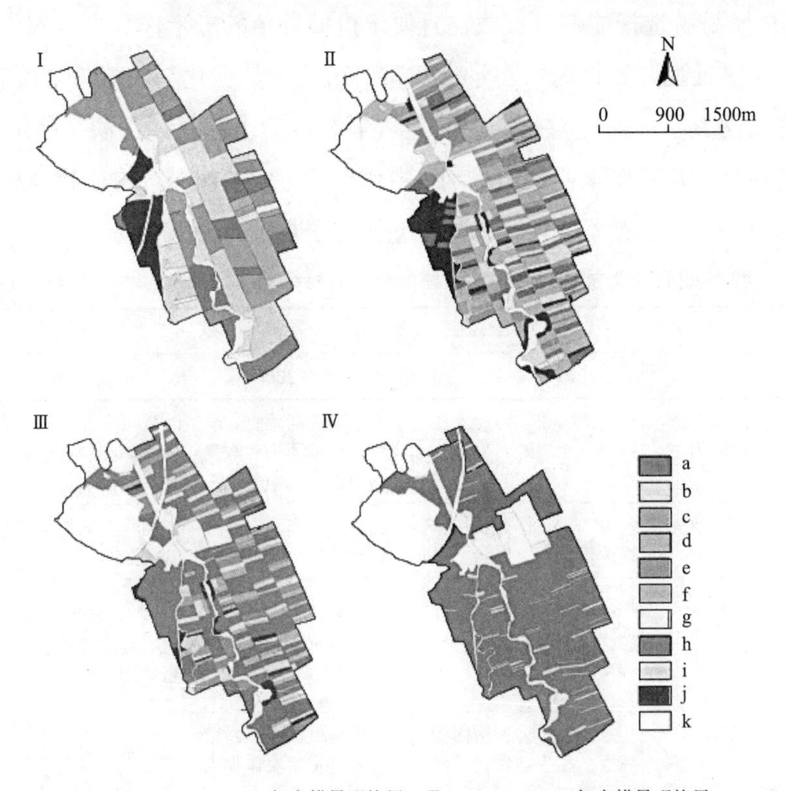

图注：Ⅰ：1974 ～ 1983 年农耕景观格局；Ⅱ：1984 ～ 1998 年农耕景观格局；
Ⅲ：1999 ～ 2006 年农耕景观格局；Ⅵ：2007 ～ 2014 年农耕景观格局。
a ）玉米；b ）马铃薯；c ）小麦；d ）红芸豆；e ）胡麻；f ）豌大豆；
g ）糜黍；h ）莜麦；i ）谷子；j ）其他作物；k ）其他地类。

图 7-11　40 年间石咀头村各时期农耕景观格局

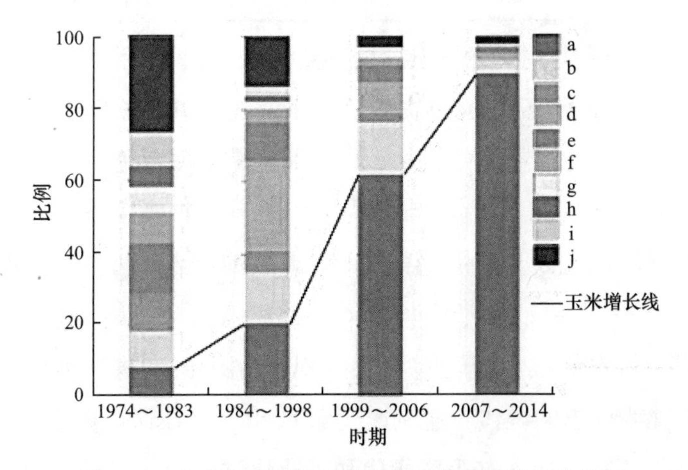

图 7-12　40 年间石咀头村各时期农作物种植面积比例

40年间石咀头玉米种植面积的不断增加，导致其他主要农作物如胡麻、莜麦、谷子种植面积不断减少，大部分传统农作物基本消失，农作物种植逐渐由多样化转变为单一化。在稳定承包、减税减费等政策影响下，村民纷纷选择能够保证收益且便于机械种植的玉米作为主要农作物。

农耕景观要素作为农耕景观的重要组成，其变化与农耕景观改变有着密切的关系。通过与长期在当地从事农耕活动的农民访谈，确定了5种主要农耕景观要素：农田水利、耕作方式、农业机械、农作物及种子、外部投入，并总结不同时期农耕景观要素的特征（表7–6）。

40年间石咀头村不同时期的农耕景观要素特征 **表7-6**

农耕景观要素	时期			
	1974～1983年	1984～1998年	1999～2006年	2007～2014年
农田水利	灌溉农业为主，雨养农业为辅；水浇地为主，旱地为辅	灌溉农业、雨养农业并举；水浇地、旱地相当	灌溉渠逐渐荒废，灌溉农业逐渐消失；水浇地逐渐退化成为旱地	灌溉农业消失，完全依靠雨养农业；无水浇地，全部成为旱地
耕作方式	轮作、间作等多种农作方式并存	轮作、间作等农作方式少量运用	轮作、间作等农作方式基本消失	轮作、间作等农作方式完全消失
农业机械	基本依靠传统畜力和手工农具，小范围耕地上开始启用小马力拖拉机	农机马力增加，逐渐取代畜力进行耕作；部分传统农具闲置	农业机械化逐渐普及；仅有少量传统农具被使用	基本实现农业现代化；仅有极少传统农具被少量使用
农作物及种子	主要农作物有十几种；多样化种植；全部为自留种	主要农作物种植面积减少，高收益作物种植面积增加；高收益作物购买杂交种，传统农作物使用自留种	玉米种植面积不断增加，原有主要农作物大部分不再种植；玉米购买杂交种，传统农作物使用自留种	玉米成为主导农作物，玉米购买杂交种；仅有少量传统农作物仍被种植，使用自留种
外部投入	肥料全部为农家肥；引入地膜，但在当时不被农民所接受	农家肥为主，化肥开始被少量使用；农药和地膜开始使用	农家肥用量逐渐减少，复合肥被广泛使用；地膜覆盖面积逐渐增加；农民自行喷洒农药	农家肥很少使用，复合肥被大量使用；地膜全面覆盖；上级统一喷洒农药

本案例采用基于乡土知识的地理空间技术，采用PRA工具，获取了石咀头村农民关于40年间农耕景观以及农耕景观要素变迁的空间历史信息，并从农业可持续的视角，评价了农耕景观动态特征与同期农业政策之间的关系，揭示了40年间中国传统乡村农耕景观是如何向工业化农业变迁的过程以及现代化导向的农业政策对乡村可持续发展带来的深刻影响。

石咀头村农耕景观变迁的40年，代表了中国乡村从传统农耕体系向以工业化为标志的现代农业迅速转变的40年。在这一追求“规模”、“效率”、“高产”的农业现代化和工业化过程中，多样化种植的传统农耕景观格局为单一化种植的农业景观所替代，同时，传统农耕要素也逐渐转变为现代化农业要素（如玉米自留种已消失，全部被杂交种所替代）。在这一过程中，延续了千百年的传统农耕体系几近消失，土地等农业资源和农村生态环境逐步恶化，甚至难以逆转，农田生物多样性降低，农业多功能性迅速消退，未来的食品安全面临威胁，严重影响了区域的可持续发展。

不同时期农耕景观要素特征与农业政策特征的响应关系　表 7-7

时期	农耕景观要素特征	农耕景观要素变化	农业政策特征
1974～1983 年	灌溉农业为主，雨养农业为辅；轮作、间作等多种耕作方式并存；基本依靠传统畜力和手工农具，小马力拖拉机刚开始启用；全部为农家肥；自留种，多样化种植	轮作、间作等传统农作方式减退；农作物品种减少，多样性种植减退；现代化农机被使用，传统农具使用量减少；杂交种被使用；化肥、农药、地膜开始少量使用	重视农田水利建设；推行使用农业机械；引进并推广地膜技术；村集体经营为主体
1984～1996 年	灌溉农业、雨养农业并举；高收益经济作物开始大面积种植；轮作、间作少量运用；农业机械开始成为主导农具；高收益作物开始购买杂交种，传统农作物为自留种；化肥、农药和地膜开始少量使用	单一化种植逐渐取代多样化种植；现代化农机普及；种子基本购买杂交种；化肥、农药、地膜使用量增加	市场经济为主体；农户经营为主体；大力推广农业机械；杂交种政策出台；农药、化肥推广政策出台
1997～2003 年	灌溉渠逐渐荒废，灌溉农业逐渐消失；玉米种植面积不断增加；农业机械化逐渐普及；玉米全部为杂交种；复合肥为主要肥料；地膜已全面覆盖	完全呈现单一化种植；化肥、农药、地膜使用过量	加强农机推广，促进农机具的更新换代；农机技术推广服务；出台良种推广政策；农药、化肥、地膜推广政策不断更新
2004～2014 年	完全成为雨养农业；基本实现农业机械化；玉米全部为杂交种；复合肥、地膜均被过量使用		出台农机购置补贴政策；出台农药、化肥、地膜补贴政策

这些深刻的变化是 40 年来农业政策追求农业短期产量和收益，实现农业工业化的结果。在实现农业工业化的过程中，农业政策忽视了中国传统的农耕体系，而这一体系是几千年中华文明得以延续的根源所在，其影响必然是长期而深远的，这一观点也被众多农业生态学者所认同。

建议农业政策制定者在未来应认真研究如何在全球变化背景下，将追求短期农业效益与可持续农业发展相结合，将中国传统农耕体系中的精华贡献到全球生态农业发展的理念和实践中。

案例 2：乡土农用地评价

对农用地的常规评价无论其出于何种目的，都依赖一定的科学方法和程序，并趋向跨区域横向可比的标准化发展方向。常规科学方法多依赖地理信息等科学方法和技术，通过一定算法和模型来开展农用地评价，评价结果也强调定量化，在一定尺度上成为较为完善的方法，但在地块或村级尺度上，尤其是对地形破碎的农用地进行评价时，其精度和可信度就成为问题。另一方面，常规农用地评价强调区域间的可比性，需要依赖模型与专家经验，自上而下地制定相对一致的评价标准，难免忽视了不同区域间的自然、经济和社会等因素的差异。

出于社区自我管理的目的，各地乡村世世代代都对其农用地及其地块质量进行着评价，逐渐形成社区自己“乡土”评价体系，这类评价体系非常适用于所在社区，依赖的也是社区自己的农用地利用和管理方面的乡土知识。

为此，本案例探讨如何借鉴“乡土的”农用地评价知识和智慧，开展适用于地块或村级尺度上的农用地评价，提高农用地评价体系的科学性与适用性；同时也重新认识乡土知识的价值，实现乡土知识与科学知识的双向“沟通”。

本案例分析以沙坪村为例，对其20世纪80年代初第一轮家庭联产承包责任制时期对农用地的评价结果开展。那时各地农村社区都依据自己社区的原则和标准，把农用地承包到农户经营。虽然各地所依据的原则不尽相同，但都在其社区内部形成一定的农用地评价体系，这些体系的形成都充分考虑了当地特定的自然与社会经济属性，也为当地社区成员所普遍接受和采纳。本研究从农用地科学评价的视角，通过获取本村农民有关农用地评价的知识，对其评价结果、依据和原因开展研究，探讨这一“乡土”农用地评价的合理性和可操作性。

1）乡土知识的挖掘方法

首先采用PGIS获取乡土空间知识，了解社区农用地评价成果。具体作法：研究人员首先以该村土地承包台薄（登记表）为基础，航空影像图为底图，与当年参与农用地评价和土地分配的关键知情人（包括老村干部、当年的村民代表以及老村民）讨论后，绘制出农用地分级图，从而掌握农用地评价成果。

然后采用PRA方法开展社区深度调查，提取更多的乡土知识。具体作法：研究人员运用一系列有针对性的PRA工具，有半结构访谈、参与式绘图（如资源图、社区分布图、农事季节历）、打分与排序等，与关键知情人和村民开展深度访谈，掌握影响“乡土”农用地分级因子及其权重等信息，提炼评价时依据的原则，分析社区认可并采用的评价体系，研究这一评价体系的合理性。获取的这类乡土知识以定性信息为主，研究人员再将其合理定量化处理。

2）“乡土”农用地评价结果的获取

研究人员从关键知情人（村干部、原村民代表和老年人）访谈入手，初步了解全村的土地利用和土地评价信息；然后与村民一起开展PGIS绘图，以打印出的正射影像图为底图，确定村庄范围和当地人使用的小地名；以小地名为沟通纽带，基于村委会提供的承包土地登记台薄，提取并绘制农用地等级信息；在野外核对村民提供的信息；利用GIS处理上述信息，建立“乡土”农用地评价空间和属性数据库。沙坪村农用地评价结果非常细致，共有411个图斑。评价结果图见图7–13。

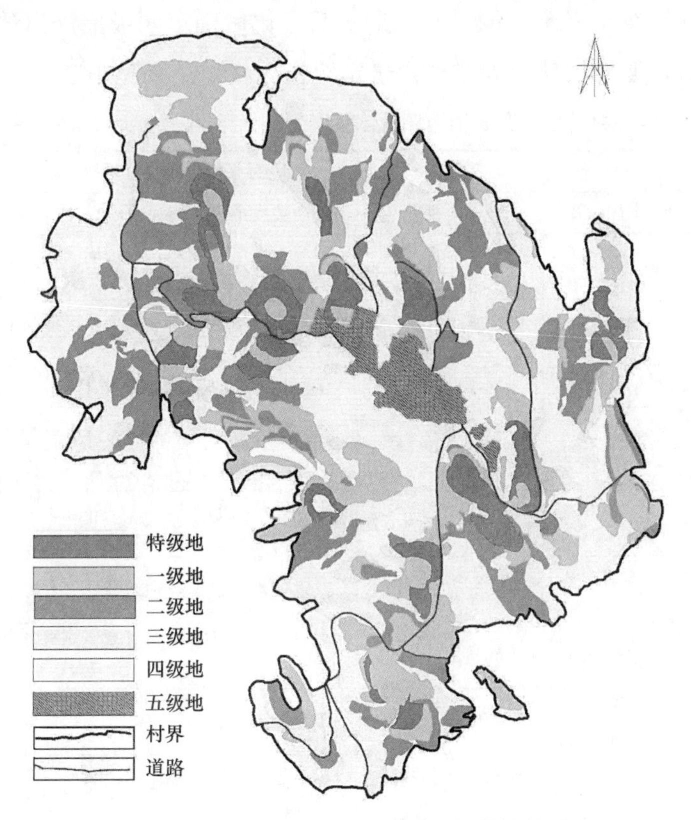

图7–13　沙坪村“乡土”农用地评价结果图

以上是1982年村民代表们逐地块确定的“乡土”农用地评价结果，依据标准确切，其内在逻辑性强，符合本村实际。这一农用地评价成果经村民大会讨论后实施，是社区所有成员在公开、公平、平等的参与民主原则下开展共识决策的结果。

3）“乡土”农用地评价体系的表达

基于村民就是农用地评价“专家”的观点，研究人员组织村民召开社区会议，邀请包括当年参与农用地评价的村民在内的18位“乡土专家”参加，采用“头脑风暴法”并结合PRA调查，对“乡土”农用地评价体系进行了深入挖掘。调查表明，村民们认识到，很多自然和社会经济因素都会影响农用地质量，他们在评价中充分考虑了这些因素和指标。

4）“乡土”农用地评价要素权重分析

研究人员采用与常规专家打分法类似的方法，与村民一起讨论，由18位村民对确定农用地评价时采用因素的重要程度进行打分，确定各因子权重（满分10分，无影响0分）。村民对农用地评价因子重要性进行打分。然后，研究人员访问典型农户，核实土地评价结果及指标因素；分析这些“乡土专家”的打分结果，归一化后确定四级指标相对于总目标的相对重要性权值，农用地评价定级指标权重结果见表7-8。

沙坪村“乡土”农用地评价体系框架 **表7-8**

指标	一级指标	二级指标	三级指标	村民对评价因子的定性描述	权重
沙坪村	自然因素（B_1）	地形因子（C1）	坡度（D1）	较大坡度不宜梯田	0.086
农用地			坡向（D2）	阳坡土壤水分较差，农用地级别比阴坡低	0.047
评价指标（A）			坡位（D3）	峁顶和梁顶水分较差，下坡位水分条件较好	0.045
		土壤因子（C2）	土层厚度（D4）	土层越厚，级别越高	0.043
			土壤质地（D5）	壤土最好，砂壤土其次，砂土最差	0.128
			农用地地力（D6）	农用地地力越高，级别越高	0.132
			土壤侵蚀程度（D7）	水风蚀严重的地块，土壤养分状况差，级别低	0.003
			土壤保水供水状况（D8）	保水供水越好，级别越高	0.086
	经济因素（B2）	基础设施（C3）	田间道路（D9）	同等条件下，有田间道路的，级别较高	0.009
		耕作便利条件（C4）	耕作距离（D10）	距离越近，级别较高	0.097
			地块大小（D11）	田块越大，耕作越便利，级别越高	0.008
		地土利用状况（C5）	单产（D12）	产量越高，级别越高	0.418
			土地利用类型（D13）	耕地级别较高（坝地无论远近，级别为最高）	0.126
	区位因素（B3）	交通条件（C6）	道路通达度（D14）	道路越利于机械通行，级别越高	0.042

对沙坪村农用地质量评价产生影响的指标共14个，各指标相对整个农用地评价的重要性排序依次是：单产（D12）≥农用地地力（D6）≥土壤质地（D5）≥土地利用类型（D13）≥耕作距离（D10）≥坡度（D1）

≥土壤保水供水状况（*D*8）≥坡向（*D*2）≥坡位（*D*3）≥土层厚度（*D*4）≥道路通达度（*D*14）≥田间道路（*D*9）≥田块大小（*D*11）≥土壤侵蚀程度（*D*7）。

分析结果与先前的村民访谈结果一致，当年他们在农用地评价时综合考虑了4项因子作为主导评价因子：农用地单产、农用地地力、土壤质地和土地利用类型。这4项因子的标准为：

（1）单产：以糜子或谷子产量作为指定作物（当时糜子和谷子产量基本一致），单产3000kg・hm^{-2}以上为特级地，2250～3000kg・hm^{-2}之间为一级地，1125～2250kg・hm^{-2}之间为二级地，750～1125kg・hm^{-2}为三级地，750kg・hm^{-2}以下为四级地，无产量为五级地。

（2）地力：主要依据耕地潜在生物生产力的高低，在各种自然要素相互作用下耕地所表现出来的潜在生产能力，对人工投入肥料后的肥力变化考虑不多。

（3）土壤质地：壤土是当地较理想的土壤，其耕性优良，适种的农作物种类多，土地定级标准为：壤土≥砂壤土≥砂土。

（4）土地利用类型：当地的农用土地利用类型包括耕地、园地、林地、草地和未利用地，从高到低依次为耕地≥园地≥林地≥草地≥未利用地；农耕地从高到低依次为沟坝地≥梯田≥坡耕地，坝地位于沟道，水分和土壤条件最好。

5）各级农用地特征评价与体系框架

根据上述研究结果，对各级农用地的自然、经济和区位特征评述如下。

（1）特级地：多为沟底的坝地，当地人称“流域地”，为1980年代国家小流域综合治理时淤地坝建设形成的农用地。与其他级别土地相比，自然条件最好，土地平整，土层较厚，质地壤土，有轻度水蚀，土壤保水和供水状况较好。特级地因自然条件较好，产量较高，虽然经济和区位条件都较差，但村民多进行蔬菜种植。

（2）一级地：为较长历史时期内形成的梯田，多为阴坡和半阴坡的中下坡位，水分条件较好，土层较厚，多为壤土，土壤保水供水状况较好，但土壤水分和肥力不及特等地。

（3）二级地：多为“七五”期间小流域治理改造坡耕地时修建的梯田，有些为“农业学大寨”时期修建的，与一级地条件基本一致，但是土壤质地为砂壤土，土壤保水和供水中等。一二级地道路条件都较好，距村较近，田块也较大，道路通达度也较好。

（4）三级地：土壤质地较差，对作物生长有一定限制，多为坡耕地，位于梁峁顶部，土壤肥力不佳，中度风蚀和水蚀，距村较远，道路通达度不及一二级地。

（5）四级地：是耕地中条件最差的坡耕地，前几年已多数“退耕还林”，土层较薄，以砂土为主，土壤肥力和土壤供水保水状况较差，经济和区位条件也较差。

（6）五级地：土壤和地形条件都较差，无法耕种，部分为暂难利用地。有些采取一定配套工程措施后用来种树种草，发展林牧业，未承包到户。人们对其投入较少，经济和区位条件也差。

以上分析表明，村民“乡土”农用地评价是依据自然、经济和区位因素因子对农用地进行生产性综合评价的结果，其评价结果更符合当地农业生产实际，更具体细致，成果也更接近真实。

可见，本案例研究的前提条件是承认“当地村民是其社区土地评价专家”的观点，从农用地生产性的本质出发，利用 PRA 和 PGIS 技术挖掘赋存于社区内部有关农用地评价的乡土知识，进行乡土知识与科学知识的“沟通”，分析乡土评价方法的合理性。结论表明：

（1）特定区域的农民积累了丰富的农用地利用和管理知识。从农业生产实际的角度，农民更了解当地农用地的状况，“乡土”农用地评价结果更符合当地自然和社会经济情况，其评价结果是当地社区开展农用地分配、承包、转包和选择种植类型等土地利用管理活动的依据，其有效性和可持续性十分明显。

（2）研究采用 PRA 与 PGIS 相结合的技术，可以提取有关农用地评价的乡土知识，也使评价结果可以用图直观地展示出来，实现研究者和村民之间的空间信息沟通。这样，外界不仅能够准确认识这些乡土知识，而且可以促进乡土知识的科学“合法性”。

农民与环境间长期互动而积累的农用地知识具有很强的地方性，其环境局限性使其适用范围仅针对拥有这些知识的人群所生活的社区，因此，不同村庄社区对农用地的评价结果也不同，不能直接推广到更大的范围或其他区域。这也促使我们思考一个问题：农用地评价的目的是什么？是只为政府管理农用地，还是为农用地当地利用及其未来的可持续利用与管理？

第 8 章　乡村分析

在乡村背景调查与初步分析的基础上，本章重点介绍利益相关者分析、问题分析、目标分析以及策略分析等四种规划分析手段，并介绍这些分析方法的原理、步骤、结果及其相互之间的关联性。这是一套定性的结构化系统乡村分析方法，它们承认村民为乡村发展的主体，以乡村调查为起点，在分析各方利益相关者面临的问题和诉求的基础上，构建乡村“问题”到“目标”之间的内在逻辑关系，制定出符合不同利益人群都能接受的乡村发展目标体系，为构建利益相关各方共同决策、共同参与、共同实施的乡村行动计划与具体实施奠定基础。

乡村规划中要重视利益相关者分析。受乡村规划影响的个人、群体、组织或机构等众多群体构成乡村规划的利益相关者（群体），在规划问题识别、目标制定和策略选择等过程中都应发挥他们各自不同的作用，听到他们各自的愿望和诉求。

乡村发展问题千头万绪。问题树分析法，通过识别村庄现状中存在问题的因果关系等，将规划乡村中不同利益村民群体所面临的问题纳入一个问题分析体系内，能够有理有据地抓住制约乡村发展规划与管理中的核心问题，并且基于不同利益村民群体的意愿，实现乡村规划的问题导向性，加强规划中各利益相关者的参与性。

随后进行的目标树分析，制定符合不同利益相关人群对乡村发展需求的目标，从而做到有的放矢地决策村庄发展行动方案并实施。基于问题—目标分析的乡村规划决策，强调乡村规划的未来目标导向性，充分考虑乡村的空间异质性。这种目标分析方法，不同于传统乡村规划中脱离当地实际、片面追求某些人群的目标导向的乡村规划决策方法，可以保证规划目标是所有群体寻求的目标。

规划期内不可能实现目标树结果中提到的所有目标，因此，通过策略分析，找出乡村规划中各种可能的策略，并对之进行分析比较，然后从中挑选出规划需要采取的策略。将那些明显不可取的，或在乡村发展规划框架内无法实现的目标剔除掉，并将其作为乡村发展规划的外部因子。

第1节　利益相关者分析

利益相关者（Stakeholders）是管理学、经济学、法学以及社会学等领域中广为接受的观念。广义上讲，利益相关者是指那些能影响乡村社区发展目标的实现或被社区发展目标的实现所影响的个人或群体。在这个定义中强调乡村发展的“影响”可能是单向的，也可能是双向的。它不仅将“影响”乡村发展目标的个人和群体视为利益相关者，同时还把乡村发展目标实现过程中，受乡村社区所采取行动影响的个人和群体看作利益相关者。

在乡村规划中，现实的乡村空间格局是自然、经济、社会和政治等多变量融合后产生的结果，今后自然与社会发展的过程必然决定乡村发展的未来格局。乡村规划在寻求未来发展“应该是什么”的问题时，必然对乡村发展充满规范性的价值判断，其主要依据是考虑公共利益。对乡村发展的管理需要有制度上正式的安排，也要动用大量社会资源，其结果会对一些个体或群体造成影响，对利益相关者来说，影响可能是积极的，也可能是消极的，因此，乡村规划过程和结果，可视为利益相关者之间对某乡村社区内未来作利益上的严肃竞争和协商，是使规划结果对自己或所属群体有利的过程。受乡村规划与管理过程影响的众多群体各自有不同的能力和利益，表达各自利益个人、群体、组织或机构就是乡村规划过程中的利益相关者，他们在规划问题识别、目标制定和策略选择等过程中都会有不同的愿望和诉求。

乡村规划的实践表明，乡村规划人员对受规划影响的群体缺乏全面而正确的了解，往往是乡村规划不能发挥其作用常见的原因之一。在乡村规划中，首先必须对乡村问题涉及的各个利益群体有一个全面的认识。在各级层面上的利益群体他们具有不同的（经济或政治的）动机和利益。在乡村规划的制定和实施过程中，都必须分析这些不同利益群体的利益所在和他们对规划的期望。随后提出的所有乡村规划目标都应该能够反映社区和各个利益群体的需求，而不仅仅是实施规划的机构的内部需求。因此，分析利益相关者，确定目标群体，鼓励利益相关者参与等观点已得到国内外乡村发展工作者的认同。

乡村规划的编制过程中需要充分应用利益相关者参与（Stakeholders Participation）理论与方法。所谓利益相关者参与通常是指这样一套程序，借助此套程序利益相关者得以对影响他们的决策、活动与资源施加影响并分享控制权。有些利益相关者会积极影响乡村规划和管理过程，而有些会遭受此过程的负面影响。利益相关者参与实际上是一个各利益群体政治博弈的过程，主张在决策中能表达其诉求与价值，纵使其观点无法被采纳，但至少可以借此表明己方的立场或态度；利益相关者参与也使管理者公平地认定和考虑其他利益相关者的立场或态度，最小化可能的消极影响（包括利益相关者的冲突），编制和实施公平合理的乡村规划。如何在众多不同的利益群体中制定和达成有关乡村社区发展的政治共识，应当成为今后乡村规划要开展的重要内容之一。

为在乡村规划中推动利益相关者的充分参与，首先要开展利益相关者分析（Stakeholder Analysis）。在乡村规划中开展利益相关者分析的作用主要体现在：（1）辨识出受规划不同程度影响的利益相关者，分析他们在乡村规划与发展中所扮演的角色；（2）筛选出主要的利益相关者（乡村发展的主体或受规划影响最大的人群），避免漏掉重要的参与者；（3）与利益相关者一起辨识乡村的主要问题及其原因；（4）了解他们的在规划中的作用与利益所在，制定出参与策略；（5）澄清各利益相关者之间的关系，针对不同人群确定不同参与形式，使利益相关者能够根据其特点，发挥各自优势，使其作用与其参与程度匹配，提高他们在规划中的有效参与。

利益相关者分析以定性研究方法为主，分析过程大致可分成3个阶段。首先，辨识与规划过程相关的个人、群体、组织和机构，对其进行分类访谈、调查与分析，这一阶段主要在乡村调研期间完成；然后，规划组成员或与利益相关者一起，通过头脑风暴法，分析各利益相关者在规划过程中可能发挥的作用、受到的影响及其重要性程度；最后，建立规划主体或主要利益相关者与其他利益相关者之间的经验关系矩阵，分析利益相关者之间的相互关系。

阶段 1：利益相关者的辨识

辨识利益相关者就是要辨别受到乡村规划结果可能影响到的个体和群体。在乡村，利益相关者（群体）包括：“权力代言者”和那些非“权力代言者”；尽可能多不同意见的人或群体；能提供不同意见的人或群体；从规划结果中得不到充分机会的人或群体；所持观点相去甚远的群体；在规划决策或执行过程中可能被忽视的那些人。通过调查来辨识谁拥有什么利益是很有必要的，这有利于建立社会界限。在辨识利益相关者之前需了解他们的利益所在及并进行分类，以便于了解相互间的关系。具体方法包括：关键群体访谈、半结构访谈和雪球抽样法。前两种方法在乡村调研方法中介绍过，雪球抽样法是从早先访问过的利益相关者中选出个别的利益相关者，然后确定新利益相关者的类型及其之间的联系。此方法不涉及数据保护问题，所以易于进行采访，而且可以适当减少小规模的采访。识别出来的利益相关者示例见表 8–1。

阶段 2：利益相关者作用及愿景的厘清

按利益相关者参与理论，试图影响规划决策的各利益相关者在规划与管理过程中发挥着不同的作用。一般来说，乡村发展的主体是乡村居民，他们的作用和意愿的表达是规划的主要依据，村干部和村民代表等群体是其主要组织和执行力量；政府参与者出于区域整体利益的考虑，研究制定乡村发展相关法规与政策，其中各级政府部门的作用也或大或小；市场取向参与者追求商业利益的最大化；特殊利益相关群体与个人经由其代表，从其群体的特殊利益和价值来看待规划结果。可见，在乡村规划过程中越多地关注利益相关者，越易发现他们之间的利益冲突，看似会造成乡村规划结构性紧张。然而，乡村规划师团队如果会依据其专业技能和沟通能力，协调各利益群体间的沟通，有效管理这些利益冲突，将零和冲突转化为有规则的博弈，有可能会达到乡村规划中平等的共识决策，促进规划达成公正与公平结果。因此，开展利益相关者参与的乡村规划过程不是“旅游访问”式的，而是复杂的“烧脑式”过程。

分析利益相关者各自的诉求（期望或愿景），也是辨识利益相关者主要依据。利益相关者的诉求主要来自几个方面：对政治权力的诉求（包括理性诉求、感性诉求或道义诉求等），需要资金、政策和法律方面的支持，需要哪些方面的技术帮助，需要发展什么性质的组织或机制，需要提供什么样的信息服务，以及社会资本等。

沙村乡村振兴规划中的利益相关者分析表 **表 8-1**

利益相关者	作用	期望或愿景
市政府	• 负责项目招标 • 指导项目建设 • 协调各级关系	• 建成试点村
区、镇政府	• 配合市政府 • 协调村外相关关系	• 建成宜居旅游村 • 政绩 • 很可能想获得经济收益
村“三委”	• 配合市政府 • 协调村内各方关系 • 代表村民对外建立联系	• 旅游与工业并存 • 改善村民居住条件 • 村庄得到整治 • 期望能使用水库的土地 • 政府能增加拨款
富裕村民（村内村外都有工坊，雇工 20 人以上）	• 影响村庄决策的潜在重要力量	• 改善村容村貌 • 发展乡村旅游 • 清出所有作坊 • 期望有好的旅游发展规划 • 强烈期望市政府直接建设试点村 • 只希望村“三委”和镇政府起配合作用 • 期望由专业旅游开发公司负责建设
富裕村民（只在村内有工坊，雇工 20 人以上）	• 影响村庄决策的潜在重要力量	• 改善村容村貌 • 发展乡村旅游 • 清出所有作坊 • 期望有好的旅游发展规划 • 强烈期望市政府直接建设试点村 • 只希望村“三委”和镇政府起配合作用 • 期望由专业旅游开发公司负责建设
一般村民（有些雇工，有些是家族成员）（包括退休老年村民）	• 影响村庄决策	• 改善村容村貌 • 发展乡村旅游 • 清出所有作坊 • 期望有好的旅游发展规划 • 改善居住条件 • 获得水库建设中的失地补偿
专业旅游公司	• 旅游开发的主体 • 提供资金和运营	• 获得旅游收益

我们可以用图 8–1 所示的可视化方式，比较分析各利益相关者在乡村规划中的作用力及其受影响程度。“作用力”是指各利益相关者在乡村规划过程实际发挥的作用；“受影响程度”是指各利益相关者受乡村规划结果的实际影响程度。

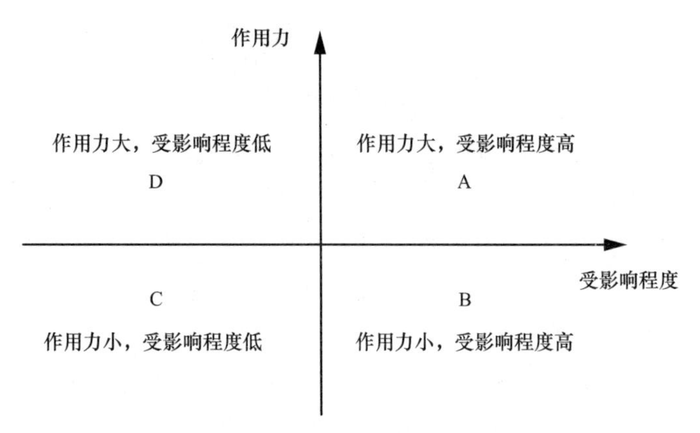

图 8-1 乡村规划中各利益相关者作用力与受影响程度分析图

我们仍以沙村为例说明乡村振兴规划与发展中主要利益相关各方的作用（见图 8-2）。

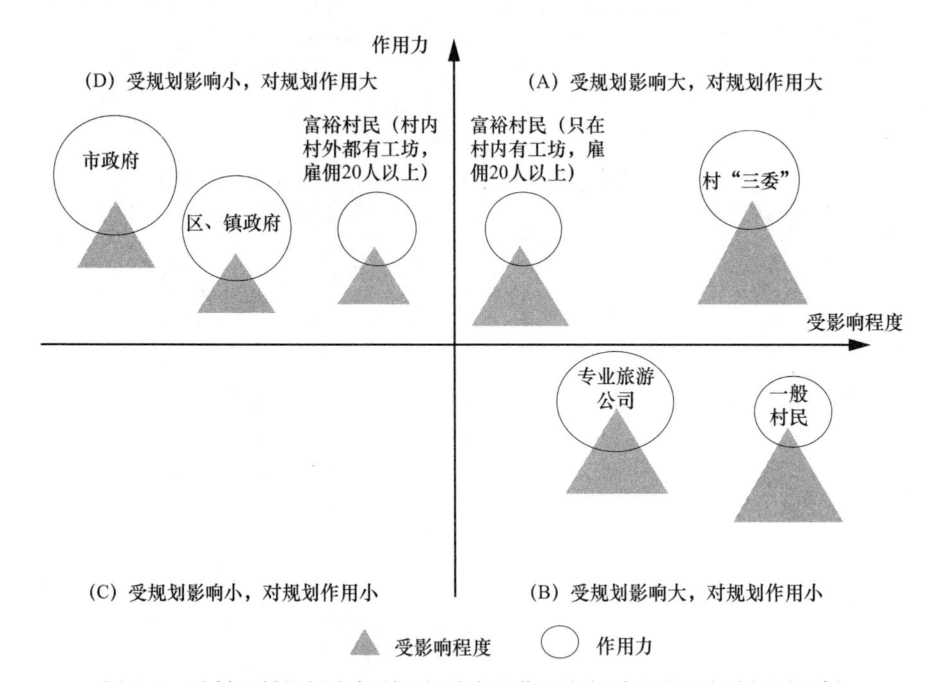

图 8-2 沙村乡村规划中各利益相关者的作用力与受影响程度分析图示例

图 8-2 中横轴表示“受影响程度”，纵轴表示“作用力”；三角形代表利益相关者受规划决策影响的程度，三角形越大表示利益相关者受规划决策影响的程度越大，三角形越小则相反；圆形代表利益相关者对规划决策的作用力，圆形越大表示对规划决策的作用力越大，圆圈越小则相反；虚线三角形和虚线圆形代表该利益相关者在实际规划决策中的缺失。

我们还可以用传统自上而下的县级土地利用规划为例（图 8-3），

说明利益相关各方在土地利用规划中是如何发挥作用和受影响的。

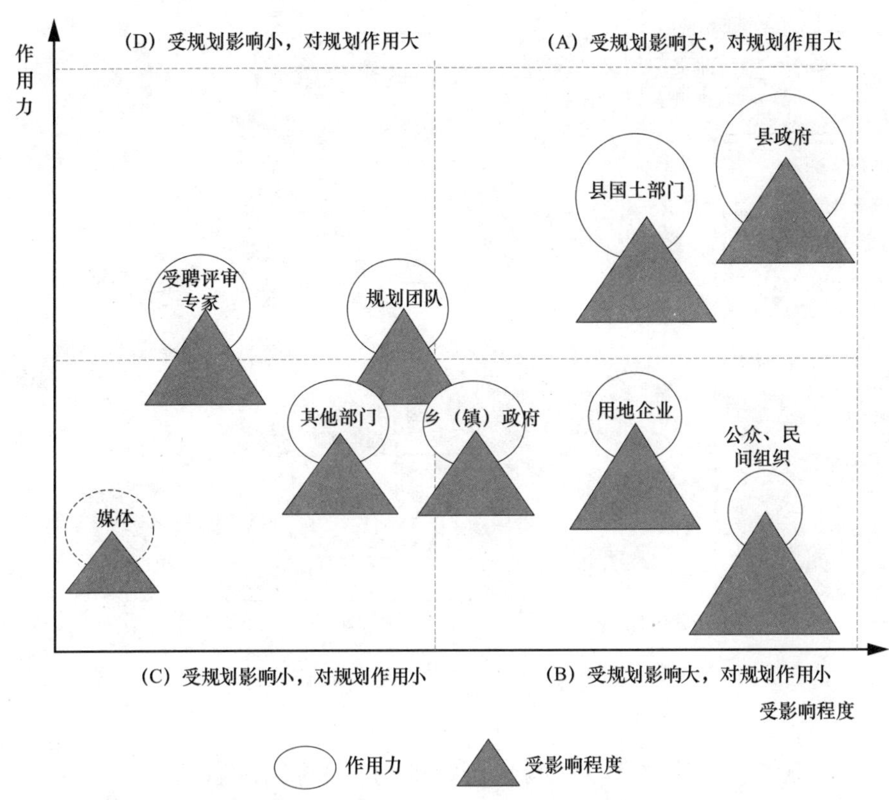

图 8–3　自上而下规划中各利益相关者的作用力与受影响程度分析图示例

图 8–3 表明，各利益相关者对土地利用规划过程中所发挥的作用，与他们受规划制定结果的影响程度并不吻合。县政府与县国土部门在规划编制中占据关键和主导地位；受规划决策结果影响很大的公众及民间组织其作用缺失，未在规划编制过程发挥作用；受聘规划师（团队）与评审专家在规划过程中很大程度上服从于政府与国土部门，其地位并非完全独立；受规划决策影响较大的用地政府部门、乡（镇）政府与用地民众和企业等利益相关者对规划决策发挥的作用较为有限；规划决策中大众媒体基本不受规划决策影响，也极少发挥作用。

阶段 3：利益相关者之间关系

利益相关者（无论个人或群体）间展现出的关系，可用一套系统的方法进行调查与分析。这里有一例，可以直观地说明利益相关者之间关系。对沙村开展利益相关者分析后，对乡村发展中各利益相关个人、群体和机构之间关系进行过分析（见图 8–4）。此次分析是基于深入访谈，在多次组织的各层面利益相关者研讨会上，经头脑风暴法汇总得出的。

这一成果是乡村规划了解主要利益相关者及其愿望的基础。

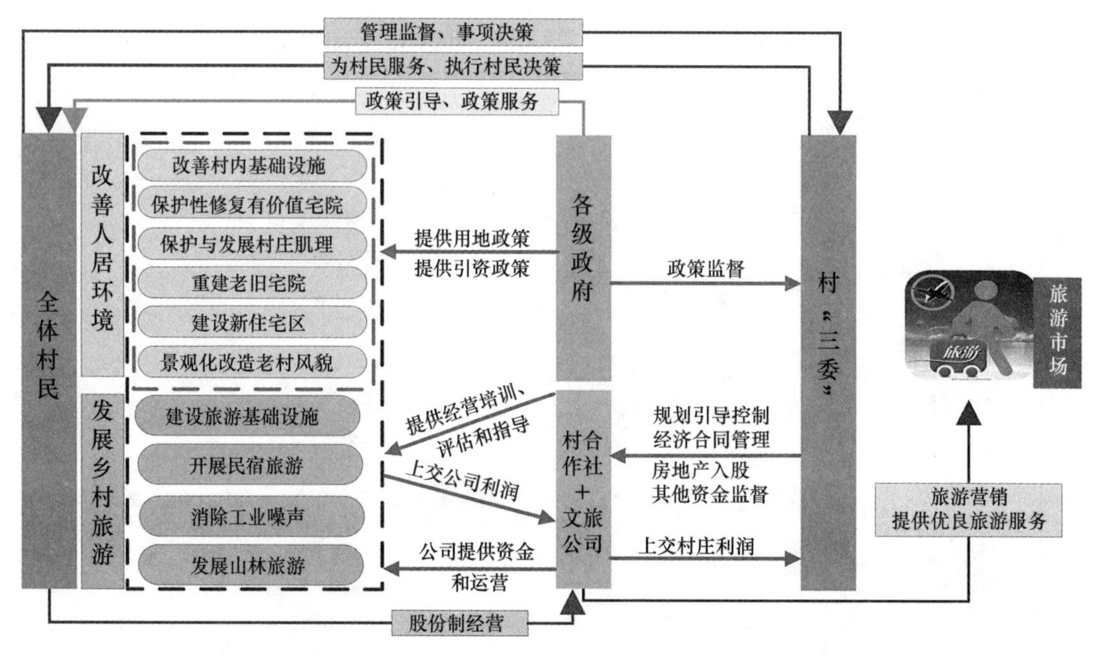

图 8-4 沙村乡村发展中主要利益相关者关系分析图

从图 8-4 可见，针对沙村预想的发展目标：改善人居环境和发展乡村旅游，沙村乡村发展中各利益相关个人、群体和机构之间关系如下：

在改善人居环境中，小作坊异地安置需要政府提供厂房安置用地，改建新住区、改善基础设施和老村景观化改造中，需要政府和专业旅游公司联合提供资金。在这一过程中，政府需为村民提供政策引导和政策服务，对村“三委”进行政策监督；村“三委”为村民服务，执行村民决策，村民对村“三委”进行管理监督、事项决策和以股份制参与经营。

在发展乡村旅游中，民宿由全体村民按照自愿原则进行经营，由政府提供补贴，专业旅游公司提供给村民经营培训和指导，包括民宿分级、评价、定价等，村民需要上交给旅游公司相应百分比的利润；山地旅游需要旅游公司提供资金和运营，公司会获取门票等景观游览收入。在以上过程中，村“三委”对旅游公司进行规划引导控制，双方签订经济合同进行管理，村委以房地产入股获得分红；专业旅游公司将相应百分比的利润上交给村“三委”。旅游公司负责宣传、营销，提供优良的旅游服务，获取旅游市场的支持。

还有一个反例，在自上而下的传统县级土地利用规划过程中，县国土部门是土地利用规划编制过程的主要执行者，它替代了规划团队在规划中应发挥的协调和主持的作用，试图发挥协调各利益相关者间的作用。然而，身处体制内的县国土部门要接受县政府领导和上级国土部门指导，它在规划决策中并不能独立公正地协调各利益相关者间的协商与沟通。通过社会网络分析，图 8–5 厘清了县国土部门与其他利益相关者的关系。

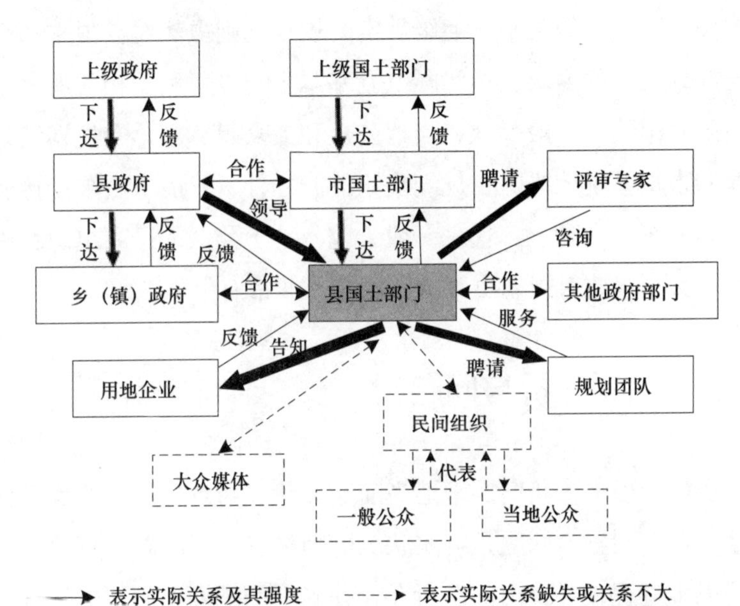

图 8–5　土地利用规划中县国土部门与各利益相关者间关系图

从图 8–5 可见，县国土部门在规划决策过程中与其他利益相关各方间至少有如下几个关键关系：

与县政府和上级国土部门的关系：县国土部门受县政府领导，对县政府直接负责；与同系统的上级国土部门间是业务上的上下级关系，可对上级的指示进行反馈，但这种向上的反馈力明显弱于向下的指导力。

与其他政府部门、乡（镇）政府和用地企业的关系：县国土部门与不同行业部门间保持柔性合作关系，但由于他们对规划内容和规划执行的理解不同，规划编制过程中他们之间的合作是有限的，随意性较大。用地企业为规划提供自身的用地需求信息，接受已由政府确定的规划安排，有所反馈，但反馈空间大小差异极大，视政府体系与市场取向参与者间联系程度而不同。

与规划团队和评审专家的关系：规划团队和评审专家个人拥有专业知识，由县政府（或国土部门）聘任或临时签约。受县土地部门指导具体执行履约事宜，规划团队在全过程中服务于政府与国土部门的规划事务，评审专家承担各阶段产出成果的评审责任，提供技术咨询服务，二者在很大程度上都受国土部门的控制和影响，这种依附关系无法保证他们在价值判断上的完全独立，有时还可能牺牲一部分技术判断能力。

与公众和媒体的关系：上级规定的规划规则虽然对县国土部门有公众参与规划决策的要求，但实际上它基本不与以下利益相关者发生多少关系。民间组织、一般公众、当地公众和大众媒体等，受规划结果影响的公众基本被系统地排除在规划决策体制之外，只能事后被动接受已确定的规划方案。实际上，代表一般（或当地）公众的民间组织在中国并不常见，大众媒体对规划决策的舆论监督非常有限。

第 2 节　问题分析与问题树

在乡村管理中，我们通常把当前实际状况与乡村应有的要求标准之间的差异称为问题，问题是现实状况的消极状态。问题分析就是按解决问题的思维过程，寻找出问题所在，并确定问题发生原因的系统方法。各利益相关者对乡村未来发展会有自己的目标，将来所有的乡村管理行动都围绕实现这些目标而组织并实施的，是为解决乡村存在问题而展开的，因此，规划界格外重视“问题导向”的规划思路，并有多种问题分析方法被用于规划。

疼痛病人去看医生，医生总是要分析疼痛产生的原因，找出病人疼痛的根源，才会开处方或治疗。我国有近七十万个村庄，即使是相邻两个村庄，它们的问题也不尽相同。然而在以往许多规划中，许多总是在没有对核心问题及其原因和后果进行过认真分析就提出了规划方案。有些规划团队采取一种先入为主的方式，脑子里事先就想着在乡村要开展哪些活动或项目，不去总体而全面地认识乡村现实情况，只肤浅地认识乡村问题及问题间相互关系，导致他们做出的规划片面，措施和项目设计出现偏差；有些自上而下的乡村规划中，外来规划师们常常居高临下，粗略查看乡村后，就依据自己的想法提出乡村社区发展规划和管理策略与行动，村庄存在的实际问题和众多不确定性没有揭示出来，进而导致规划与村庄实际脱节，建设项目不能落地。

问题树（Problem Tree）分析方法是一种在乡村规划中进行问题分析的非常有效的工具。它能直观表达乡村发展中的所有问题，并在重大的表象问题与其深层原因间建立起逻辑关系。问题树由核心问题、原因和后果三部分组成。核心问题作为问题树的“树干”，往往是乡村一个具有代表性的问题；“原因”是问题树的“树根”，即引起核心问题不同层次的原因；“后果”是问题树的“树冠”，即由核心问题继续发展因各种原因产生的一系列结果。核心问题、原因与后果之间通过自下而上的箭头相连，用来直观描述围绕核心问题，各层次问题与结果之间的逻辑关系。对原因的分析是为了找到核心问题产生的原因，据此可以提出规划解决方案和相关行动；而后果则展示了对实施规划项目的意见（需求）。

乡村现状调查与初步分析是进行乡村问题树分析的基础，问题树分析中的问题是在乡村调研期间由利益相关者反映或规划团队参与式观察后得到的，可以全面地使乡村存在的、包括深层原因在内的所有问题和后果得到直观展示。

乡村发展中存在的问题往往十分复杂，通过问题树分析，可以直观地分析核心问题、核心问题形成的深层原因及其后果，从根本问题入手，更容易使核心问题得到解决。原因可根据核心问题的多少被分成几组或几类问题。如果规划想变得容易控制和管理，就必须施加一些限制条件和优先顺序（详见下一章逻辑框架中的前提假设分析）。优先考虑的问题是基于乡村规划的相关需求、任务和资源情况来考虑的。然而，往往在设定优先顺序前，有必要进行完整的问题分析来获得乡村当前问题的完整图景。通过问题树分析，应该能够回答如下几项乡村规划中的基本问题：

（1）什么是本规划要解决的主要（焦点）问题？（为什么需要本规划？）

（2）导致这一问题的原因是什么？（为什么它会存在？）

（3）这一问题的存在对本规划有什么影响？（为什么解决这个问题很重要？）

（4）受这一问题影响的利益相关者是谁？（谁“背负”这个问题？）

问题树分析必须由相关利益相关者参与进行，包括问题的背负者和那些了解情况的人们，而不是规划团队或出资机构。问题树分析一般包括三个步骤：

步骤一 获取问题：列出所有利益相关者认为与核心问题有关的问题。

问题的获取有两个主要来源，第一个来源是从乡村调查期间的SWOT分析结果中提取，在劣势分析结果中首先确定影响乡村发展重要问题作为一个或几个核心问题，然后将其他劣势问题放在对应的核心问题之下。第二个来源是利益相关者在各种场合提出的细节性具体问题。注意以下几点：问题表述要简洁，通俗易懂，并确保一条表述只表达一个问题；问题表述宜采用消极的陈述语气，准确表述问题中涉及的数量或程度，如“部分”、“全部”、“严重”等。在表述时尽量客观表达，不加入个人态度或情感。

在建立原因和后果之间的关系时，表述的问题要有针对性，避免写出“缺乏……”等，比如：“缺乏资金”作为一个问题，这类陈述被称为是无效的，在随后进行目标制定时，用“增加资金投入”作为解决“缺乏资金”的手段同样是盲目没有针对性，在进行问题表述时要尽量避免。另一个无效例子是“农业生产缺乏农药”，这个问题可以用“种子正在被害虫侵害”所取代，否则有一个危险是，人们常常会用一个解决方案来解决一个问题。在上述提到的示例下，采用杀虫剂会是问题的解决方法。当我们用“缺乏……”开始陈述问题时，就很难再开放地寻找其他可能的解决方法。我们应该用一种发散的思维来寻找解决之道，这样就可能找出几种不同的解决方案。

在问题分析过程中，另一个经常遇到的错误是“对问题认识不全面”，对一个问题分析得不够充分和细致时，导致对问题的本质分析描述不够。例如：“管理不善”，这个问题需要被拆分细化，以了解真正的问题所在。管理问题可能包括糟糕的财务控制、不足的行政技能、人力资源规划不足或IT策略规划不足等。在研讨会期间，确保利益相关者只一条一条地写问题，而不是写解决方案，这样所有参与者就都清楚和理解他要表达的问题。

步骤二 构建问题树：建立问题之间的逻辑关系。

在核心问题、原因与后果之间主要存在三种逻辑关系：因果关系、层次关系、时间关系，这三种关系是建立问题树的主要依据。其中：因果关系能用“如果—那么”或“因为—所以”的关系来解释，这种也是大多数问题之间存在的关系。例如因为“村内保洁人员不足”，所以“垃圾无法被及时清运”。时间关系可以用“首先—接下来—然后—最终”等表示时间关系的连接词来阐明的问题间的关系。对于一些在因果关系上存有争议的问题，可以按照时间关系对其进行排列。层次关系是不同问题在问题树中所处的原因层级，当问题树中的问题按照因果关系或时间关系进行排列后，就需要对问题的层次进行划分。

在问题树中，通常将引起核心问题的直接原因放在靠近核心问题的位置，而造成直接原因的问题随之放在靠近问题树的根部的位置，根源的问题放在问题树的最底部。问题树分析结果往往由根部问题向核心问题“读”，即根部的问题导致核心问题的产生。

步骤三　复核问题树：核实问题树的准确性和完整性。

确定问题之间的关系后，用箭头将问题连接起来，箭头的方向为：由“原因”指向“结果”，或者“首先（开始）”指向“然后”。加入箭头后，问题树基本成型，核心问题与问题之间关系基本清晰，确保问题间没有逻辑关系“跳跃”。基本完成问题树后，结果要与所有利益相关者汇报，没有争议后才算建立完成。

问题树分析过程可以清楚地看到焦点问题产生的原因及其后果因素，并找出相关的问题是怎样彼此关联的。当规划团队开展规划行动的安排时，要解决核心问题，实际上乡村规划主要从这一核心问题的根本原因处入手，寻找解决问题的办法和措施，通过处理焦点问题产生的原因，核心问题就可以基本通过安排实施的行动得到有效解决，由此它产生的后果（影响）也随之自动得到解决。就像如果想要彻底铲除杂草，就必须斩草除根一样。因此，没有必要再采取其他行动来消除后果。

找出相关的行动去消除引起问题的原因很重要。通常为了解决一个问题，可能有必要采取几个措施。具体讲，在问题树中，解决核心问题的可能性靠上一些，而采取行动解决来原因要靠下一些。换句话说，我们向下在问题树的最底部（根部）寻找要解决的问题，解决核心问题较好的是以可持续的方式，这也是与项目计划更相关的措施。问题树分析会使复杂的状况变得十分简单，有助于规划团队找到可持续的解决方案（行动）来正确地解决问题。

在尹方村的乡村发展规划中，通过问题树分析，确定了该村在村庄发展中主要存在于基础设施、住区布局、土地利用率、村民就业和村庄管理机制等5个核心问题。这里以核心问题之一的“住区基础设施不完善”的问题树分析过程为例，来说明如何在乡村规划过程中构建问题树。

第一步：获取问题（表8-2）。在村庄现状调查与分析结果的基础上，规划人员已将与“住区基础设施不完善”相关的所有问题找出，并进行粗略分类。

与“基础设施不完善”这一核心问题相关的部分问题　　表8-2

供水： • 自来水水质差； • 供水管道质量差，全村供水时常中断 • 部分村民仍使用自家井水或公共井水。	排水： • 排水系统不完善，老住区无排水设施； • 部分排水设施仅为表面工程。
供暖： • 仅有少数农户实现集体供暖，大部分村民冬季取暖仍靠烧煤烧柴； • 取暖造成大量燃料垃圾，对村庄污染严重。	供电： • 夏季农户做饭基本使用电炊具，在用电高峰时段电压往往不足； • 电费收取标准不明确。
公共卫生： • 保洁车辆、保洁人员不足； • 垃圾量大，堆积严重，不能及时清理； • 大部分农户厕所仍为临街传统旱厕，厕所设施落后； • 村内无公共厕所。	道路系统： • 老村庄道路系统落后； • 交通管理设施不齐全； • 道路标识系统缺乏； • 学校周边道路大型车辆多，对学生人身安全构成威胁。

第二步：构建问题树（图8-6）。由于电力供应不足、排水系统不完善、村民用水不方便、公共卫生状况较差、供暖系统不完善、街巷系统不完善6类原因，造成了村庄基础设施不完善，而每一类问题下又有各自的原因。问题的层次也十分清晰，比如造成“供暖系统不完善”的最直接和最根本原因都是“村内无供暖系统”，但造成“公共卫生状况差”的最直接原因是“垃圾收集点脏乱差”，而最根本原因是“保洁人员不足”，因此“村内无供暖系统”和“保洁人员不足”作为造成村庄基础设施不完善的最根本原因被放在问题树的最底层。

第三步，向所有利益相关者汇报后确定问题树。

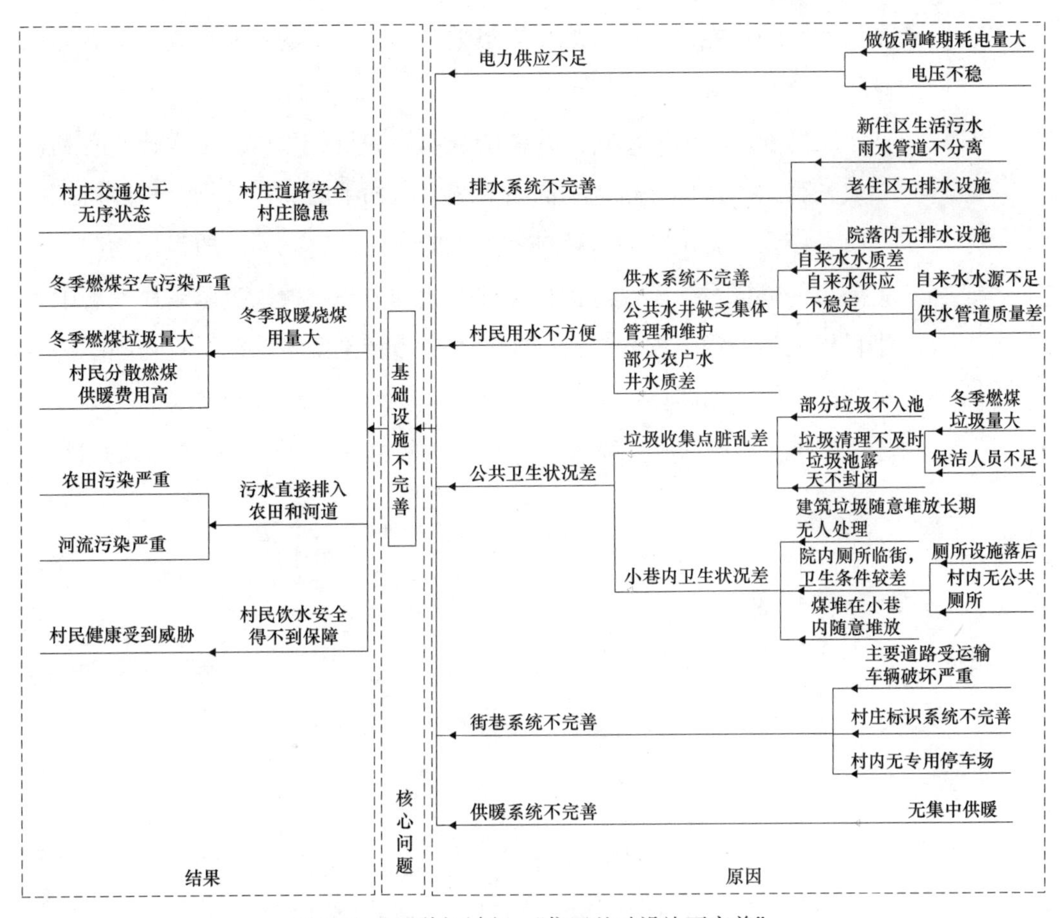

图 8-6 问题树示例："住区基础设施不完善"

第3节 目标分析与日标树

在乡村规划中，目标是用来描绘乡村未来状况的，是基于乡村存在的问题而提出的。当利益相关者分析出乡村面临的各类问题后，规划团队接下来就要协助确定乡村的目标，构建一个乡村规划目标树（目标体系的基础）。如果问题分析足够认真和细致，目标的制定并不难。目标分析就是把问题分析中对问题的消极表述转化成积极的、可行的表述，再依靠"目标—手段"关系建立起目标之间逻辑关系的过程，完成目标分析。

传统自上而下的乡村规划多是在政府要求下开展的，规划目标也多依据政府要求制定，规划团队围绕既定的目标开展乡村调查，或简单地基于乡村二手资料直接提出规划方案。由于既定的目标存在片面或脱离乡村实际的可能性，那么规划人员据此目标制定的乡村规划方案同样也是不符合乡村实际发展需求的。

这里采用目标树分析法开展的乡村发展目标分析，是融合所有利益相关者观点的目标分析，不同于传统自上而下的乡村规划。目标树是按照树形结构对各层次的目标进行组织的方法，它把不同的目标均归类到更高级的目标之下。通过可视化的方式和分支层次来表示乡村发展中大小目标之间的逻辑关联。目标树基本上直接来源于问题树且与问题树有对等的结构（见图 8–7）。

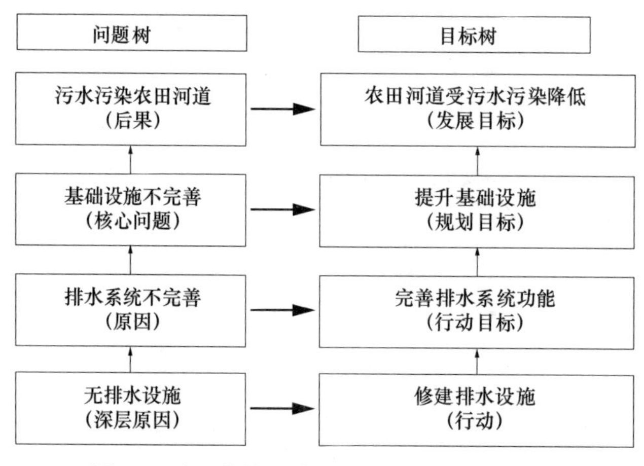

图 8–7　问题树与目标树之间的大致对应关系

第一步：将问题树中的消极的问题表述转化成积极的、可行的目标表述，即提出可实施的解决问题的目标和措施。从问题树的“梢部”开始，对所有问题进行从新措辞，利用积极的语言（目标形式）来陈述。将核心问题也转化成目标时，此时它往往已经不处在突出的位置了。如果问题在转化时有困难，可以通过将相应的问题进行重新表述的方式来解决。如果在将问题转化成目标陈述以后没有意义，就可以另找一个目标代替或置之不管。目标的制定直接决定了规划行动的方向，因此，在进行目标转化时，目标的表述一定是客观的，并且尽量做到针对每个问题提出的目标都具有可操作性，而不是空喊口号。对于目标一致的不同问题，则将其合并为一类目标。

第二步：确定目标，建立具有层次关系的目标体系，这一点与问题树分析法相似。

在乡村规划中，通常将目标划分为乡村发展目标、规划目标、行动目标和具体行动四个层次的目标体系，基本可以满足规划要求。目标树的最高层“树冠”是目标体系中的发展目标（理想或愿景），“树干”是规划目标，即乡村规划的活动实施后能够达到的目标，“树根”是在规划目标下的一系列行动目标，然后树根再延伸就成为实现行动目标的具体手段和措施。

目标树的构建层次关系主要依据是“手段—目的”关系，写下一个大目标，然后思考实现这一大目标需要有哪些手段（途径），列出可能的手段并添加到该目标之下的子目标框内。比如通过“增加保洁人员”的手段，才能实现“村内垃圾得到及时清理”的目的。然而，不是问题树中的每一对因果关系都能够自动地生成目标树上的“手段—目的”关系，这主要取决于问题的表述方式。在目标树中，大目标与子目标的“手段—目的”关系主要是强调：子目标是实现大目标的策略；大目标是子目标的结果。当某些目标难以用“手段—目的”来区分时，也可以通过时间关系来分层，时间关系一般用来表示规划期限内的短期、中期和长期目标，在实现过程上与行动目标、规划目标和发展目标相对应。

设定正确的目标不难，但要实现目标却不容易，这是之所以要对目标进行分层体系的主要原因；而且建立目标体系，是因为目标是基于问题树提出的，有些目标可能使利益相关者感到茫然，不知为实现这个目标应该做些什么，怎么做，还会因为目标太远大，不知道如何实现而气馁。相反，将一个大目标科学地分解为若干个小目标，落实到具体的手段、行动或措施上，利益相关者就知道如何一步步去实现大日标。

第三步：审核按等级层次完成的目标树。检查可以从目标树的树梢开始，利用“如何实现这个层次上的目标”，也可以从目标树的根部开始，利用“为什么要采取这些行动”这样的问题可以检验目标树的逻辑性（参见图 8–8）。总之，要保证子目标实现之“和”一定是大目标的实现，大目标之“和”则是更高目标的实现。目标树的构建基本完成后，需要根据所有利益相关者的意见进行修改，增加一些新的目标，或删掉个别不合适的目标，避免出现目标的关系脱节或错位，以确保目标树的合理性、完整性与适应性。

这里，我们仍以尹方村为例，说明目标树分析法的要点。图 8–9 是基于“住区基础设施差”问题树分析结果，根据构建的“完善村庄基础设施建设”目标树。

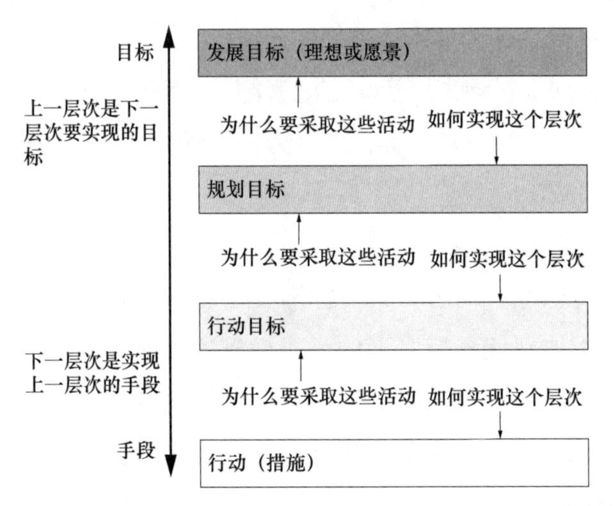

图 8-8 目标树分析程序示意图（改编自 Lee-Smith，1997 年）

该目标树是在前例问题树的基础上，将问题表述改为目标表述，利用“手段—目的”的关系，经过在结构上重新组合后构建的。从问题树中得出的不同目标有可能在目标树中重新组合，或被组合到其他的目标树中，目标树与问题树并非完全对应的。例如，由图 8-9 可以看出，“改造村庄厕所”应为“改善村庄环境卫生状况”的解决方案之一。但是“改

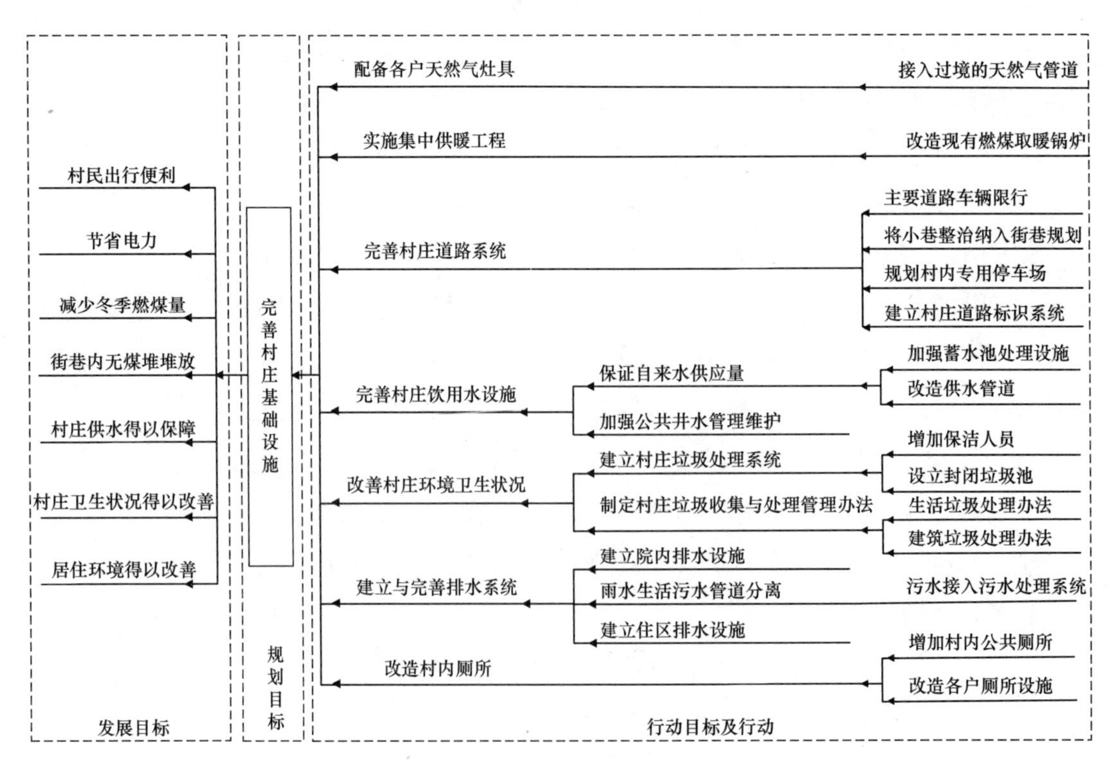

图 8-9 目标树：完善村庄基础设施建设

造村庄厕所”更应被视为与“改善村庄环境卫生状况”同等重要的目标。因此，将“改造村庄厕所”同样作为行动目标对待。又如“做饭高峰期耗电量大”和“村内电压经常不稳”是导致“电力供应不足”的主要原因。但是在确定目标时，根据当地实际情况，本村有过境天然气管道，并为该村已预留接口，预计在未来 2 ～ 3 年内全村即可接入天然气。因此，选择“接入过境天然气管道”作为“做饭高峰期耗电量大”的解决手段更为合适，其对应目标则为“配备各户天然气灶具”，而“保证电力供应”也随之被“配备各户天然气灶具”所取代。

从图 8-9 所示的尹方村乡村发展规划目标体系可以看出，目标树分析回答了下列几个问题：

（1）发展目标：乡村未来理想的图景是什么？在相当长时间内乡村持续要实现什么？为什么规划很重要？怎样的长期发展目标是规划要持续追求的？

（2）规划目标：期望规划实施后要实现的目标，即规划成功实施的结果能达到的直接效果。它阐述了为什么乡村社区需要此规划项目，这个规划项目的焦点是什么？

（3）行动目标：要实现发展目标和规划目标需要哪些组成部分，即次级目标？

因此，目标体系应当能解释乡村在其短期、中期、长期的规划内要达到的状态。目标树中的具体行动与规划内容和行动措施有关，这将在下一章中进行解释，这里主要解释上述这三个层次的目标：

发展目标：是陈述规划结果将贡献的长远社会和经济（影响）效益，描述为什么规划对受益的利益相关者和社会产生重要作用。因此，发展目标是乡村发展要实现的最高级别的目标，或称为总体目标。发展目标阐述了乡村规划定位的发展方向，规划长期实施下去最终在乡村将会发生什么样的变化。例如：尹方村发展目标是：建设“以居塑美、以绿显美、以业兴美、以文传美”的美丽村庄。我们可以确定的是，这一目标应当不大可能会在 5 ～ 10 年内完成，而对于我们开展的乡村规划来说，规划实施后应当向这个方向努力，这一发展目标的实现只是时间问题，因此是这个乡村期望的理想状态和长期愿景。

规划目标：是要说明为什么需要这个乡村规划，或称为直接目标，阐述了乡村社区的受益人为什么需要这个规划并去实施它。这一目标描述了如果规划有效实施后乡村会发生什么样的变化，同时我们也要将外部因素考虑在内。

规划目标应当遵循“SMART”原则：S（Specific）：目标一定要明确而不模糊；M（Measurable）：目标必须是可以测量的；A（Attainable）：目标必须是可以达到的；R（Realistic）：现实性，可以证明和观察的；T（Time-based）：目标必须具有明确的截止期限。

规划目标就是规划实施后直接达成的目标。如果达到，问题产生的原因就将消除，因此，核心问题本身也将不复存在。尹方村的规划目标之一是“通过 3 ～ 5 年的共同努力，村庄住区的基础设施得到改善”。

行动目标：是在规划框架内，实施行动的直接产出或结果，乡村发展项目中的利益相关者可以保证的框架内，对由规划项目提供的相关服务或产品的价值的描述。行动目标是规划行动直接带来的积极的、有形的结果。多个具体的乡村行动共同达到一个行动目标。行动目标也是规划目标手段，应该也遵循上述“SMART”原则。

例如：在尹方村的案例中，规划目标“改善住区基础设施”之下的行动目标之一是“建立与完善住区排水系统”，为了达到这一行动目标，规划中需要安排的具体行动有：“实行雨污分离的排水系统”，为此需要“建立住区的雨水排水设施”，这在以前是没有的，需要新建；“完善居民院落内的排水设施”，很多居民院落的污水还没有接入住区内的排污管网。又如：这达到行动目标之一的“履行村内厕所”，村庄需要采取两个具体行动，“增加公共厕所”和“改造各户厕所设施”。具体是否要在本规划期内完成？或者如何进行改造，采用何种技术措施等，要在随着的规划内容中具体解释与说明。

上述提到的三个层次的目标：发展目标、规划目标和行动目标分别是在不同时间（时期）需要达到的，规划实施后应会因其实施的成就产生的一些影响。较高目标的实现需要先实现较低层次的目标。

行动目标与具体行动相似，但实际意义并不相同：行动目标是具体行动的结果；具体行动是实现行动目标过程中的策略、途径或措施。

需要强调的是，利益相关者如果共同确定了乡村的核心或主要问题，应该与规划的目标建立紧密的关联，那么目标也是他们的目标（见图 8-10）。

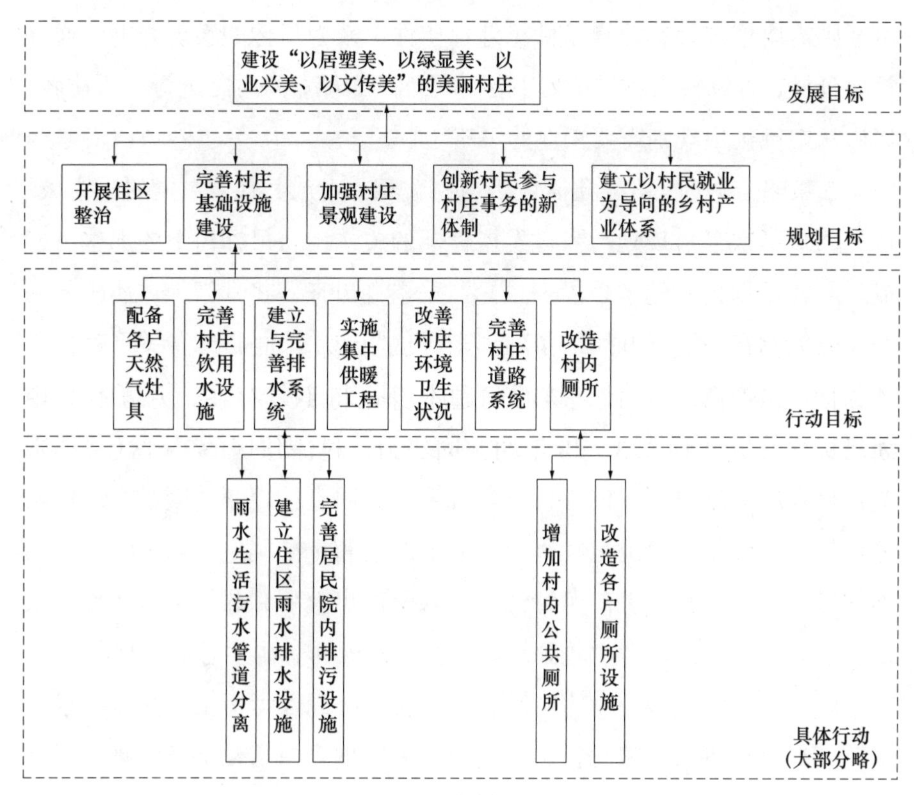

图 8-10　尹方村乡村发展规划目标体系示例

第 4 节　策略分析

乡村发展是多目标的，目标树的构建使人们依据乡村发展目标做出合理的乡村规划目标决策方案，但是在乡村实际发展过程中，一些规划目标对于乡村发展来说，本身就是近一段时期难以实现或具有挑战性的任务，有限的规划期内不可能实现目标树上提出的所有目标。因此，在实际规划决策过程中，需要在不同利益相关者的诉求、政府和部门政策要求、资源、财力与实际社会经济条件之间寻求平衡，进行策略分析。

策略分析是在目标分析完成后用来检验目标可行性的方法。考虑到规划决策过程中会出现很多，如政策、制度、技术、社会和经济等不确定性，这些不确定性问题将会影响整个规划与管理环境，但是乡村规划与管理本身却并不能直接控制这些不确定性问题。因此，乡村规划中要进行的策略分析，就要考虑如何对乡村目标的制定与部分利益相关者的利益或需求、政策或技术要求、实际约束（如资源、环境等）之间的冲突进行协调。在策略分析中，有些目标的提出需要做出一些让步，有些目标则需要增加一些前提条件（外部条件）来为目标的实现背书。通过策略分析，可以找出乡村规划中各种可能的策略，并对之进行分析比较，然后从中挑选出规划需要采取的策略。

在策略分析时，规划团队应当与利益相关者或其代表共同讨论完成。首先回顾本次乡村规划与乡村发展目标的关系，将目标树上的那些可能成为乡村规划内容的“手段—目标”关系找出来，将其聚类，属于同一个策略的圈在一起，并用线条勾出来，这些“手段—目的”关系就构成了各种可供挑选的策略。将那些明显不可取的或在乡村发展规划框架内无法实现的目标剔除掉，并将其作为乡村发展规划的外部因子（可能影响乡村发展规划进程，但乡村发展规划又无法直接控制的因子）。策略分析是一个反复讨论的过程，根据以下原则和标准确定最后的结果：策略的可持续性，技术上的可行性，投入—产出分析，成果的有效性以及效益的大小等，同时考虑政策环境、社会发展和资源生态等多种因素。

以尹方村为例，规划团队结合尹方村实际以及考虑上位规划要求，对尹方村目标进行策略分析，筛选出今后采取乡村行动能够实现的目标和需要外部支持的条件，剔除乡村管理无法实现的目标，最后将所有经过策略分析的目标进行组合，形成尹方村乡村发展目标体系（见图8-11）。

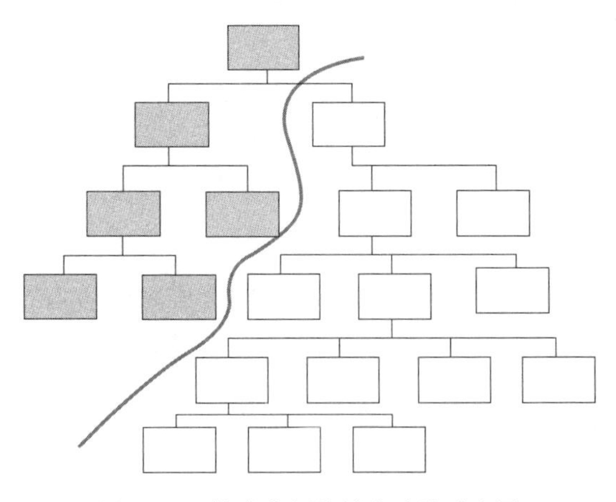

图 8-11 策略分析的技术路线示意图

在目标体系中，目标之间构成了一个体系，它们之间所表现的并非简单的线性关系，而是一个交互作用的过程。我们不是在实现一个目标之后才接着开始另一个目标，而是要保证所有的组成目标之间彼此协调，即不仅要保证实现目标的所有行动都能得到实施，更需要行动之间得相互配合来实现发展目标。

第9章　乡村规划

为在乡村问题、目标与行动之间构建起逻辑明确且具有弹性的有机联系，本章重点介绍一种基于逻辑框架分析开展乡村规划的方法。该方法首先综合了乡村调查和乡村分析阶段完成的利益相关者分析、问题分析、目标分析和策略分析的结果，通过逻辑框架分析，建立乡村分析结果与乡村规划行动之间的逻辑关系，构建乡村规划目标与乡村行动之间的结构化体系，作为乡村社区开展乡村建设行动的重要文件。然后，基于这一结构化逻辑体系，细化乡村规划的行动、资源和投入，以帮助乡村社区自我开展乡村规划的实施、监测与评估，真正使乡村规划能够实现以问题—目标为导向和以实施为导向，使项目落地，让乡村得益。

一个高质量的乡村规划除了高质量的乡村调查、乡村分析以及发展策略分析以外，还需要清晰并有理有据地说明乡村发展中要解决什么问题、解决这些问题需要开展什么行动、这些行动会产生什么结果和影响、这些结果和影响如何衡量等，并确保这些部分之间构成符合逻辑的关系。

为了在乡村发展问题、目标与行动之间构建起逻辑明确且具有恢复力（韧性）的联系，本章重点介绍一种基于逻辑框架分析开展乡村规划的方法。该方法首先综合了乡村调查和乡村分析阶段完成的利益相关者分析、问题分析、目标分析和策略分析的结果，通过逻辑框架分析，构建乡村规划目标与乡村行动之间的结构化体系，建立乡村分析结果与乡村规划内容之间的逻辑关系，作为乡村社区开展乡村振兴行动的重要文件。基于这一结构化逻辑体系，细化乡村规划的行动、资源和投入，以帮助开展乡村规划的实施、监测与评估（第10章介绍的内容），真正使乡村规划能够实现以问题—目标为导向、以实施为导向，使项目落地，让乡村得益。

第1节 逻辑框架分析与乡村规划

1. 背景

无论是在县级还是乡村层面的振兴发展规划中，经常有这样的情况：乡村发展目标、规划目标、行动目标与项目行动之间没有清晰的逻辑关系，乡村分析中发现的问题、原因与安排的项目行动之间也没有令人信服的关系。如果拿这样一个苍白无力的规划或项目申请报告去说服资助方，结果是可想而知的。

为了使规划的乡村项目行动具有针对性、可行性和可实施性，通过编制的规划去说服资助方认同在乡村开展的项目行动的必要性，以及基于这些乡村行动所需资源与所需费用的正当性，在乡村规划各部分之间都应当保证合乎逻辑的关联。因此，我们需要在乡村规划中包含或多或少的逻辑框架的理念和内容，即使这一方法在乡村规划中的应用还未见国内外有多少报道。

逻辑框架分析（Logical Framework Analysis，LFA）方法是20世纪60年代开始发展起来的，被许多国际发展组织、政府部门或私人公司用于规划其各类比较复杂的项目，它们也将此方法用于与合作方开展项目管理的评价、决策、计划与实施、再规划与评估等项目阶段。各机构在运用时又根据各自的需要对这一方法有所调整或发展，但是其基本的分析原则都是相同的。

在逻辑框架分析方法有一个基本认识，即一个复杂的公共项目不可能从一开始就能确定什么人想做什么（行动），而是首先要考虑清楚项目面临的问题、想要实现的目标，然后再提出相应的行动计划安排。因此，逻辑框架分析主要解决的基本问题是，制定的规划是否在目标与行动之间建立起清晰而明确的逻辑关系，并用相应的检验指标和标准来判断项目成功与否；利益相关者之间责权利是否清楚明确。在以实施为导向、十分强调项目落地的乡村振兴实施项目中，这些都决定着项目的成败。

总体来说，逻辑框架分析方法是一种可以在乡村规划中用于逻辑分析和结构化思考的工具；如果在一个乡村规划中能够从始至终地灵活运用，它则是一套非常有效的管理框架；在规划与管理过程（无论是在利益相关者分析、问题分析、目标分析、策略分析等乡村分析阶段，以及乡村建设内容安排阶段，还是实施阶段和监测评估阶段）中，它是一个包含不同要素的规划工具；它还是一种提高利益相关者参与性、表述明确以及责任清晰的管理工具。同时，它还是一个各利益相关者相互沟通的良好平台，用以加强利益相关者能力建设的一个工具，使他们能够更好地识别和处理乡村发展中面临的挑战。通过促进各利益相关者间的沟通，可以确定应对未来变化时可能的阻碍或风险。如：所有参与人是否需要某项专业知识，或者是否需要采用某种方法应对强势势力，又或者是否有必要加强（法律或政策）制度框架建设等。

国内外逻辑框架分析的应用实践表明，无论什么项目要取得成功，项目管理都需要具备以下几个要素：主要利益相关者对项目具有拥有感及责任感，他们都清楚各自的工作职责、分工与作用，也能够影响到社区发展决策；规划目标与管理行动之间建立有明确的联系；如果项目面临风险等变化时，项目具有弹性（恢复力），有能力灵活调整社区行动进程。

有人会提出疑问，为什么乡村规划要用管理学上的逻辑框架分析方法？即需要澄清“规划”与“管理”的关系，这在不同的人那里向来都有不同的认识。

第一种观点认为，规划是管理的一部分。在一个项目的全周期管理过程中，规划先行，首先要完成规划的文本和图件等的规划方案编制，规划到此也就结束了，规划师的任务就此完成，余下来的实施规划的行动就让度到管理者手中，以后的规划行动方案是由管理者去实施的，规划的过程监测与效果评估也是由管理者控制的。

另一种观点认为，规划与管理是相互交融的、彼此配合的，规划应延伸到规划方案的实施直至监测与评价阶段，强调规划以实施为导向。并且，规划不仅要对实现项目预期结果的行动进行预先安排，而且还对利益相关各方的行动施加管理和控制。按照后一种的理解，规划是一个策划、咨询、协调、设计、行动、监测和评估、甚至再规划的全过程，规划者与管理者一起对规划的全过程负责。不仅如此，从项目全周期管理的视角，规划还应是一个循环往复（再规划）的过程，即规划修编与规划实施是一个不断交叉进行的过程，对规划实施项目的日常监测与定期的效果评估也同时展开，以便监测行动过程以及评估阶段性的成果。这样，一方面规划指导行动，另一方面规划从行动中不断学习加以改进。因此，第二种观点是国内外倡导的适应性规划与管理思想的要点，不断改进规划就是为了改进管理，规划与管理过程紧密联系，并没有明显的区别。

可见，逻辑框架分析方法可以被应用到一个项目全生命周期的各个阶段，如：准备阶段、规划阶段、实施阶段和评估阶段。当项目第一次逻辑框架分析完成后，通过分析帮助制定的计划可以在每次利益相关者参与的项目会议中及时应用并作出合理调整。实际情况是，在项目的所有阶段都有必要及时对项目作出某些调整。逻辑框架分析方法不仅可以灵活地满足这些要求，而且在各种情况下都是具有良好敏锐特性的方法。

2. 逻辑框架分析简介

逻辑框架分析方法是一个环环相扣的分析过程，也是用于支持项目规划和管理的一套工具。它通过一套有机联系的概念，对一个项目进行结构化和系统化分析，是反复循环的分析过程。

这种方法应当被视为一套管理“辅助思维”系统。它有序地分析和组织信息，因此它能澄清所有重要的问题，辨别出劣势，增加决策者对项目的理论化理解，并基于对预期目标和实现途径的充分认识，做出明智的决策，使目标得以实现。

这种方法可以用在一个项目的全周期，首先它是一个分析过程（包括利益相关者分析、问题分析、目标体系构建与策略选择分析）；然后它也是一个规划过程，将规划的行动对应每个目标的实现，逻辑框架方法不仅可以长远地分析目标，而且也可以澄清如何实现这些目标以及进程中有哪些潜在风险，这种分析方法还记录下来这些分析过程的结果。

实际上，逻辑框架分析方法并不复杂，基本形式就是一个 4 列 ×4（或更多）行的逻辑框架矩阵（或更简要）。矩阵就是列表，它概括地说明一个项目计划的关键因素，即：规划目标描述或逻辑逻辑性干预措施（目标层次或行动措施，第 1 列）；对项目的成功至关重要的关键外部条件（前提假设，第 4 列）；如何对这个项目的成果进行监测和评估（检验指标及其验证方式，第 2、3 列）。

逻辑框架矩阵的典型结构与要点如表 9–1 所示的一个 4×4 的矩阵结构。

逻辑框架矩阵的典型结构 表 9-1

目标层次	验证指标	验证方式	前提假设（外部条件）
发展目标：项目对政策和规划目标的贡献	项目发展目标如何检验：包括数量、质量和时间	信息如何收集：收集信息的时间和对象	无
规划目标：受益人群的直接利益	规划目标如何检验：包括数量、质量和时间	信息如何收集：收集信息的时间和对象	如果规划目标实现，要实现发展目标必须要有什么样的前提假设
行动目标：该项目的有形产品和输出的服务	行动目标如何检验：包括数量、质量和时间	信息如何收集：收集信息的时间和对象	如果行动目标实现，要实现规划目标必须要有什么样的前提假设
行动：为实现预期行动目标必须完成的任务	计划投入	运行成本	如果行动完成，要实现行动目标必须要有什么样的前提假设

从第 1 列至第 4 列分别为：目标层次、验证指标、验证方式和前提假设（外部条件）。

在第 1 列的目标层次中，从上到下分为：发展目标、规划目标、行动目标和行动。第 4 列的前提假设即实现相应目标所需的、来自外部支持的条件。在逻辑框架矩阵中，目标层次和前提假设呈螺旋上升的指向关系（图 9–1），即同一层次上的目标在该层次前提假设的支持下，才能进入更高一级的层次。验证指标是用来衡量相应目标是否成功达成的标准，而验证方式为对验证指标进行核实所要采取的措施或行动。

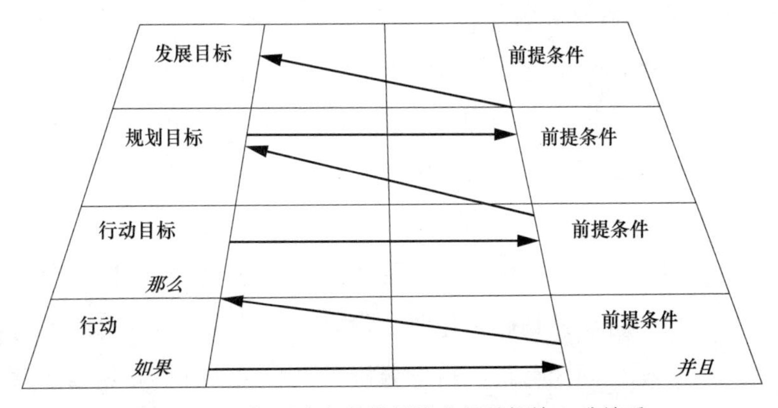

图 9–1 目标层次与前提假设之间的螺旋上升关系

逻辑框架矩阵的准备是一个反复循环的过程，而不是简单的线性步骤可以完成的，但完成逻辑框架矩阵有一个大概的顺序，首先是目标层次（自上而下进行），然后是前提假设（自下而上进行），接着是验证指标，最后是验证方式（工作过程中）。表 9–2 描述了该次序，当再次编制新矩阵的内容时，需要重新考虑以前收集的信息，必要的时候还需要重新修改。

完成逻辑框架矩阵的整体次序 表 9-2

目标层次	验证指标	验证方式	前提假设
发展目标 ①	⑧	⑨	
规划目标 ②	①	①	⑦
行动目标 ③	①	①	⑥
行动（可选）④	不包括	不包括	（可选）⑤

逻辑框架方法看上去并不是“高大上”的方法，但是，如果我们能充分理解并合理使用，它却是一个非常有效的规划分析工具。需要指出，逻辑框架分析并不能替代专业人士的经验和专业判断，它必须通过应用其他某些技术工具（例如：经济分析、环境影响评价）以及通过能促进利益相关者参与的方法（如 PRA）的合理应用来支撑。在乡村规划中，逻辑框架方法的应用过程与完成矩阵结果同等重要。

乡村发展项目的提供方与乡村受益方要有合作精神，他们在落实项目的构想、项目实施和利益分配等方面要做到平等合作参与和充分公平沟通，才能达成共识。

3. 从乡村分析到乡村规划

乡村发展项目一般都强调目标导向性，此类项目的规划意味着要从分析利益相关者和发展问题为起始点，然后引出乡村发展目标，进而才能选择确定相关乡村建设行动。因此，从乡村分析到规划是由逻辑框架分析过程来“无缝”链接的。

因为应用逻辑框架分析方法开展乡村规划时，大致可以分为“乡村分析”和乡村“行动计划制定”两个阶段。乡村分析阶段有四个内容：利益相关者分析、问题分析、目标分析和策略选择分析（见第 8 章），这一分析阶段完成后，就进入乡村规划（行动计划制定）阶段，即本章介绍的内容，用于指导乡村建设行动的执行。在行动计划制定阶段，首先要建立逻辑框架矩阵，之前分析阶段完成的乡村分析结果都成为构建逻辑框架矩阵的基础；然后，计划实现项目所需的行动内容、所需资源与投入，同时提出保证项目顺利实施而进行的监测与评估体系（第10章介绍）。

通常情况下，在乡村建设项目实施的所有阶段，无论县、乡还是村级层面，都有可能需要对项目做出一些调整，传统自上而下规划应对这种需求时往往显得手忙脚乱。基于逻辑框架分析方法开展乡村规划，是针对上下结合的乡村规划体系引入的乡村规划管理方法，如果能够灵活使用，其弹性（恢复力）和适应性更强，这是传统自上而下“刚性”乡村规划无法比拟的。

基于逻辑框架分析方法的乡村规划是一个反复学习未来不确定性的过程，而不是一套简单的确定性线性步骤。例如，在乡村调查期间就分析过利益相关者，但当乡村分析后期发现新问题时，须重新考虑和修改先前的分析结果。又如：乡村规划中的逻辑框架分析完成后，随着所需资源和估算越来越清晰，可能还需重新审核规划范围、内容和预期结果等，也需修改和整合先前的一些观点。

因此，基于逻辑框架分析方法的乡村规划之所以能摆脱传统精英式乡村规划的弊端，成为新型上下结合乡村规划体系的重要支撑框架，总结其原因至少有三：

首先，它将所有利益相关者提出的问题以及他们的目标、期望等内容，已经通过乡村分析阶段带入规划框架之中，不仅使乡村规划的利益相关者参与质量得到保证，也真正实现乡村规划的问题导向性与目标导向性；接着，逻辑框架矩阵构建的各层次目标与行动计划之间的逻辑关系，并通过基于其中的可验证指标构建了由第三方主导的监测与评估体系，保证目标与行动得到直接而有效的内部与外部评价，是及时修正和调整项目规划的机制保障；然后，逻辑框架分析结果，可将规划内容与实施行动之间建立合理的逻辑联系，会有的放矢地安排乡村行动、资源需求及其相应的投入等，将可行的行动计划转化为可执行的行动方案，保证规划后的项目实施过程顺畅，规划内容与实际操作之间不再是“两张皮”，真正实现以实施为导向的规划。

表9–3总结了逻辑框架分析中两个阶段的主要内容。由此可见，分析阶段的利益相关者、问题、目标和策略分析后的结果，是作为准备逻辑框架的基础。

逻辑框架分析方法的两个阶段 表 9-3

分析阶段	规划阶段
• 利益相关者分析：识别和了解主要的潜在的利益相关者，评估其作用、关系与期望 • 问题分析：识别关键问题、约束条件、机会，确定因果关系 • 目标分析：从识别出来的问题中建立目标及其解决方案，重新调整不利关系 • 策略分析：通过识别不同的策略得到可行的解决方案，选择最佳的策略方案	• 建立逻辑框架矩阵：确立项目结构，构建项目内在的逻辑和风险，制定可以衡量成功的指标 • 项目安排：确定行动顺序和责权利的所属关系，评估其可持续性，分配职责 • 资源安排：按行动安排，确定进度安排和估算 • 项目监测与评估方案：建立与项目行动平行的日常监测与阶段性评估计划

第 2 节　乡村规划中的逻辑框架

逻辑框架矩阵是以表格形式概述乡村规划，一般包括乡村发展项目的发展目标、规划目标、行动目标和行动，行动部分有时以文件“行动安排表”的方式另附。为保持乡村管理的可持续性，使行动更加有现实的可行性和相关性，行动部分会进行定期评估和修订（再规划）。表 9–4 描述了逻辑框架矩阵中能提供的信息类型。

逻辑框架矩阵包含的信息 表 9-4

目标层次	验证指标	验证方式	前提假设
发展目标： 项目所做出的整体发展的影响，站在国家的或者某层次的高度，与政策或区域发展背景的联系	用于评估时衡量已实施规划项目对于发展目标的贡献程度。规划本身可以不涉及	用于收集和报告信息的来源与方法（通常包括是谁提供的，什么时候或者怎么提供的）	无
规划目标： 项目规划完成时的发展成果，确切说是指乡村社区群体的预期效益	解答“我们如何知道规划目标已达成与否？”应当包括数量、质量和时间的必要细节	用于收集和报告信息的来源与方法（通常包括是谁提供的，什么时候或者怎么提供的）	可能对发展目标和规划目标之间的联系产生影响的前提假设（乡村可控范围外的因素）
行动目标： 规划实施直接的、实际的（物质和服务）成果，多在规划控制范围内	解答“我们如何知道行动目标已达成与否？”应当包括数量、质量和时间的恰当的细节	用于收集和报告信息的来源与方法（通常包括是谁提供的，什么时候或者怎么提供的）	可能对行动目标和规划目标之间的联系产生影响的前提假设（乡村可控范围外的因素）
行动： 为实现行动目标而需要执行的具体行动（也可另列）	（有时这一栏会概要说明所需的资源或方法）	（有时这一栏会说明投资估算）	可能对行动和行动目标之间的联系产生影响的前提假设（乡村可控范围外的因素）

在（总体）发展目标下，有一系列的规划目标（或项目目标）和（具体的）行动目标作为发展目标的深化和细化，同时又是实现这个总体目标的具体实施手段。其原因在于：一是发展目标的表述难免宏大、含糊和笼统，这会使人们感到茫然，不知为实现这种目标应该做些什么，而

规划师也会因此得不到乡村社区居民的支持和反应，而感到灰心。然而，若将发展目标，转换成详细具体的目标或行动，人们就容易理解并产生兴趣，也能作出积极的响应，热望参加到规划的讨论中。二是需要制订出规划目标，并针对规划目标提出详细而具体的行动目标。因为在根据某项规划目标而制定规划时，必须同时具备能够测定实现规划目标进展的方法，否则会由于不及时勘误，而失去对规划实施的指导和控制，整个规划过程也因此变得主观而随意。同时，我们还用这一系列规划目标和具体行动计划来测定实现发展目标的进程。

需要指出的是，规划目标体系及其各级目标在规划之初就制定出来，但并非固定不变，而是随着规划行动的开展和实施，规划目标的趋近实现，目标也会发生一定的变化。原定的目标越来越接近于实现，就会有新的目标不断地被提议出来，原来目标的地位也会发生改变。新目标既有可能是提高了的原有目标，也有可能是扩大了，还有可能随着原来目标的趋近实现而出现其他方面相应的新要求，更有可能由于社会关注的转变，目标被转到其他领域中去。

1. 第 1 列和第 4 列：目标层次和前提假设

逻辑框架矩阵的第 1 列概括了乡村未来发展的目标层次（或称“干预逻辑”），用于说明乡村规划内部的“手段—目的”逻辑，遵循“如果—那么”因果关系。当目标层次从底部读起时，其逻辑如下：

如果提供足够的资源和投入，那么行动就能开展；

如果行动开展，就会产生相应的行动目标；

如果行动目标产生，那么项目目标就达到了；

如果项目目标达到了，那么长远目标就会实现。

如果反过来读，其逻辑如下：

如果我们希望实现（长远的）发展目标，那么我们必须取得规划目标；

如果我们希望取得规划目标，那么我们必须实现（具体的）行动目标；

如果我们希望实现（具体的）行动目标，那么必须执行（具体的）行动；

如果我们希望执行（具体的）行动，那么我们必须有相应的资金和资源的投入。

由于所有利益相关者共享了这一乡村规划，在乡村发展规划中应用逻辑框架方法，通常可以澄清这些乡村管理者各自的责任。从这一意义上说，乡村规划与实施管理必须通过各利益相关群体间的紧密合作和配合。

从上述逻辑框架中的目标层次分析可见，乡村发展中的不同管理者对不同层次目标的控制程度不同。乡村内部管理方（如村庄规划委员会）可以直接对投入、行动和行动目标进行管理控制，并且对有效管理乡村的各要素承担相应的责任，他们通过管理行动目标的达成，对规划目标施加影响。

通常情况下，乡村发展中的管理方还包括乡村以外的县、乡层面上的管理方，各级政府、相关政府部门或投资企业（如：投资当地乡村文旅发展的投资公司）。按照上下结合乡村规划体系的看法，乡村外部管理方只应在县、乡层面上的政策和乡村政策环境施加影响，而一般不应对具体的乡村发展目标施加直接影响，这样来确保乡村发展所设的规划内容可持续地得到支持。

然而，如果单纯只考虑目标层次开展乡村建设行动，那么即使成功也还是有偶然的“运气”成分，从逻辑上，依然存在以下一系列问题：

规划目标即使能达到，但不足以实现发展目标；

制定出的行动目标都是必要的，但不一定能实现规划目标；

行动即使能实施，但不一定能实现行动目标；

计划的投入和资源都到位了，但不一定能实现计划的行动。

因此，仅仅依赖目标层次，通过必要手段去实现相应目标的逻辑，这样逻辑依然是不完整的，保证不了各层次目标的实现。针对上述这些问题，还需要有其他解决方法，就是根据必要且充足的前提条件，对纵向的逻辑关系进行分析。纵向逻辑关系是由矩阵第 4 列的前提假设分析而提炼的。

乡村发展项目的成功，不仅取决于乡村自身采用的行动并实施，还取决于项目外部的其他条件和因素。逻辑框架矩阵第 4 列明确了乡村发展项目的外部条件、前提假设和风险，这些条件和因素称为项目的前提假设。前提假设确定都是外部的，不是某个乡村社区本身所能直接掌控的，但却有可能影响（甚至决定）一个乡村发展的成败。同一层次上的前提假设与目标共同构成了实现上一层目标的充分与必要条件（回看图 9-1）。

前提假设的内容对问题的答案只能是：哪些外部条件虽然乡村管理

控制不了，但却能极大影响乡村项目的实施及其长期效果的可持续性？前提假设是纵向逻辑矩阵中的一部分，其作用在于：

如果行动已经实施，并且在这一层面上的前提假设是真实的，那么行动目标一定会成功；

如果行动目标实现，并且在这一层面上的前提假设能够满足，那么这一规划目标就一定会实现；

如果规划目标达成，并且在这一层面上的前提假设能够满足，那么这一规划目标就会对发展目标的实现作出贡献。

因此，乡村发展项目还必须管理好风险高的前提假设，其中致命前提假设称为项目风险（图 9–2）。管理致命前提的策略主要有：（1）不干预，（2）修改规划，增加行动，（3）修改规划，增加新项目，（4）放弃项目，（5）密切监测、努力争取能施加影响。

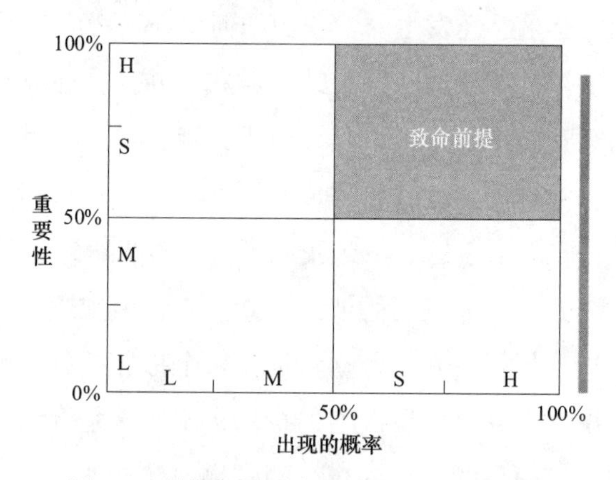

图 9–2　前提假设成为风险的可能性分析图

2. 第 2 列和第 3 列：指标和验证方式

乡村发展项目的目标层次和前提假设初步起草完成后，接下来的任务就是确定和衡量反映目标完成程度的验证指标（第 2 列）和验证方式（来源）（第 3 列）。因为在分析检验指标和验证方式时我们会读取整个矩阵框架，所以也称之为"横向逻辑"。

1）验证指标

指标是指当定期观察或论证变化趋势时，通过测定或描述得到的定量或定性变量，用于反映复杂现象的说明。在科学术语中是指科学指标，具有定量特征，它们在某个给定的学科中具有全球通用性，意味着具有跨时空比较性。还有一类指标称为乡土指标，是被当地群众（个人、群体或社区）采用的标识，是由当地人基于自己的观察和乡土知识得出的，用于特定的文化、生态和感知条件，这些标识一般是描述性的，具有定性的特征。在乡村规划中，乡土指标也常常被引用，而这里主要介绍科学指标。

项目质量是在其验证指标的参数内实现项目的结果，即给第一列的四个层次的“目标”定义数量、质量、时间。验证指标不仅是项目执行方检验其项目执行进展的依据，也是监测机构和第三方评估规划目标是否达到的客观性衡量指标，所以用可以实际测量的措辞来描述项目目标（数量、质量、时间等）。对客观性指标进行分类有助于衡量目标的可行性，同时可以为该乡村建设项目的监测与评估体系的制定打下坚实基础。

验证指标制定应当解决以下几个问题：“我们怎么能知道已规划内容是正在发生的还是已经发生的？我们如何验证是否成功呢？”

客观的验证指标应该以一种持续的方式，并在合理成本的前提下来衡量。理想的客观验证指标应该具备以下几点：需衡量目标的详尽性；在数量和质量上的可测量性；合理成本下的可行性；与利益相关者所需信息的相关性；时间限制性，由此我们可知何时能达到预期目标。

通常，各级验证指标应当是彼此独立的。在干预逻辑中，无论是对于发展目标，还是规划目标或行动目标，每个指标都只能衡量唯一的对应目标。比如说，行动目标层次上的指标，不应该是行动层次上衡量指标的概括，而应该衡量的是行动执行的结果。此外，每个目标陈述有时需要建立多个指标来衡量。例如：如果一个指标给出合适的定量信息，还需要其他指标给出定性信息来加以完善，同时尽量避免指标过多。其基本原则是，提出尽量少的必需信息，只要能帮助项目管理方和评估方判断目标是正在实现过程中还是已经实现就可以了。

所谓客观的验证指标是指即便是由不同人来收集，所获得的信息都应是相同的，即不受信息收集者的主观意见和个人偏见所影响。在乡村规划编制中，如果需要，应当提出客观的验证指标（有时也会在监测过程中初步提出）；但在项目实施过程中，需进行更为详细的指标分类，而且在这一过程中，项目管理方对所需信息以及收集到信息的实用性，都要了然于胸。

什么是一个质量高的乡村发展项目呢？如果乡村行动的成果在指标

的参数范围内，那么就证明实现了项目目标和行动，就是一个质量高的项目。以下举例来具体说明如何描述验证指标。对逻辑框架矩阵第一列的四个目标层次，指标对其数量、质量和时间分别加以定义，其写法如下：

第一步，选择指标的基本内容，如：小农户的水稻产量提高。

第二步，加上数量要求（多少），如：小农户的水稻产量增加 Xkg（或从 X 提高到 Y）。

第三步，加质量要求，如：小农户（低于 3 亩）水稻产量（与 201× 年的质量一致）增加 Xkg（或从 X 提高到 Y）。

第四步，加上时间要求，如：到 201× 年，小农户（低于 3 亩）水稻产量（与 201× 年的质量一致）增加 Xkg（或从 X 提高到 Y）。

另如：对“提高农业生产能力”这一目标描述，其指标如果被写成“农业服务改进了”，显然不是一个好的指标描述，但如果写成“到 201× 年生产出 X 吨高质量的高粱”就好得多。

2）验证方式

准备验证指标时，要同时考虑其验证方式，即考虑指标的类型和获取来源，这样有助于判断，在合理的时间、资金和投入的前提下，验证指标是否切实可以得到检验。验证方式一般分为以下几种类型：

（1）信息的出处（如：政府记录、专题研究、抽样调查、观测等）或利用文献资源（如：进展报告、项目记录、政府统计以及竣工报告等）。

（2）收集或提供信息的人或群体（如：野外调查人员、专业调查队、当地政府部门、项目监测管理方）。

（3）提供信息的时间或间隔（如：一月一次、一季度一次、一年一次等）。

确定的指标验证方式既要避免信息系统的不兼容，还要少花人力、财力和物力。首先，尽量调查清楚所需信息是否可以在现有系统中收集到，或者对现有系统调整一下就可以用。对于乡村发展这样微观层面上的项目，当地政府机构可能就保存着项目可用的验证资料，可以考虑直接拿来纳入框架中。总之，先考虑现有系统，最后再考虑新建系统。

通常，越复杂的验证方式所需费用越高。如果费用太高，可以考虑用非直接指标加以替代。例如：衡量发展目标或者规划目标层次上的乡村居民收入增长时，通过案例分析来评价居民家庭资产变化就可以了，这要比通过农户抽样调查，去详细分析家庭的农业收入更实用。

当详细说明验证指标和方式时，关键点是“谁要使用这些信息”？是项目的提供方？还是项目的执行方？因为当地乡村居民要在乡村项目的决策中发挥主体作用，那么他们认为什么样的信息最为重要呢？因此，验证指标不应当只单纯反映投资方想要了解的信息，还应该包括当地乡村项目参与者所需的信息。解决这一问题的最好的办法就是了解当地信息系统的工作机制，并且确保当地利益相关者在确定检验指标和验证方式的过程中发挥主要作用。

从乡村项目执行者的角度，行动目标和规划目标层次上的检验指标及其验证方式最为重要。表 9–5 举例一个降低村庄水污染的乡村项目中，规划目标可能的检验指标和验证方式。

验证指标和验证方式示例 **表 9-5**

目标层次	验证指标	验证方式（来源）
规划目标： 改善村庄排放水体质量	指标：重金属污染物（铅、铬、汞）的浓度和未处理的废水 数量：与 2013 年含量相比，减少了 25% 质量：符合出台的国家健康 / 污染控制标准 时间：到 2016 年底	由县环保局监察大队与村委会共同开展，月度环保部门报告的《每月水质量调查》

在乡村发展项目中，发展目标层次上的验证指标和验证方式也对当地利益相关者有重要意义。发展目标是与某些外部干预、更大层面上的相关乡村振兴政策等的项目背景紧密联系的，并且说明了乡村规划可能贡献于更大的乡村发展目标。因此，虽然发展目标并不一定要由项目本身（能力范围内）承担责任，也无需由规划项目去收集衡量发展目标的相关信息，这些都是项目策划方的责任（如县级），由他们来决定采用哪些政策指标（包括目标设定）及其信息收集方式。然而，了解发展目标及其验证指标与方式，有助于基层的项目执行方理解自己所处的工作环境等政策背景，使他们能以全局和发展的眼光来看待乡村问题。

3）建立监测与评估体系

乡村发展项目总是在高度不确定的环境中实施的，更是一个不断发现、不断学习的过程。规划期间就要初步构建项目的监测与评估体系，可以帮助规划人员及时发现问题，找出过程中需协调的环节，进而不断学习改进。

“监测”是针对第一列中行动目标与行动两个较低层次的，它是要回答：是在用正确的方法实施项目吗？监测主要是对项目进展的质量控制过程，因此主要由县、乡、村三个层面上的工作人员和村民自己的监测组共同合作完成的。

“评估”是针对第一列中发展目标与规划目标两个较高层次的，用以回答：是在做正确的事情吗？效果如何？评估主要是对项目效果的阶段性控制，因此主要由县级层面上的监测人员与外聘的第三方评估机构合作完成的。

监测主要针对三个要素：进度（时间）、质量和费用，从这三个方面对行动目标进行监测。评估一般是对项目效果的评估，是对发展目标与规划目标实现程度的评价，以评估项目产生了怎么样的效果，以及乡村社区通过项目所发生的变化。因为项目的效果往往是滞后的，一般的项目评估总是在项目结束时进行的。在实施乡村发展项目过程中，还应对实施过程进行评价，称为过程监测，以验证乡村行动的实施情况（见图 9–3）。对一个特定项目如何构建有效的监测与评估体系的问题，将会在第 10 章中讨论。

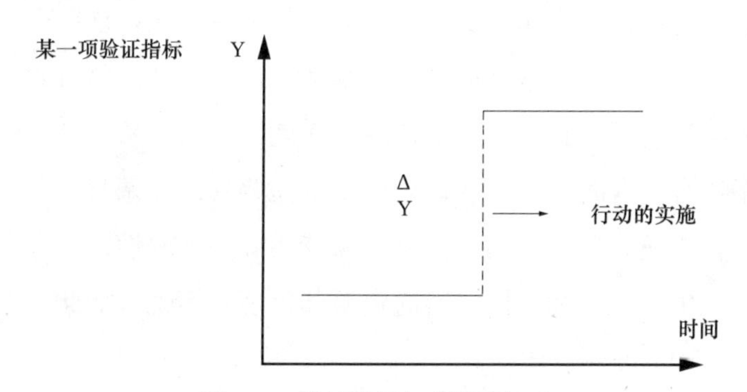

图 9–3 某项指标与监测的关系

在第一轮乡村规划中，以上完成的逻辑框架体系只是乡村规划的框架性草案，在接下来的规划中还需要进一步分析规划的行动内容，评价所需的资源和费用估算等。

为方便起见，逻辑框架矩阵是成系列的粗略行动步骤，在具体操作中，它实际上是一个不断反复的过程，随着规划的进行，了解到的新信息还需要反复讨论并补充到逻辑框架矩阵中。因此，在目标层次、前提假设、验证指标和验证方式框架完成后，才可以考虑细化和分析乡村行动安排、所需资源和投入。而在实际的乡村规划目标和行动目标分析时，对乡村行动所需资源和资金的初步分析也在同步进行，否则，由于没有周全考虑现实资源和估算的限制因素，前期确定的大目标框架会突然变得不可行，要避免这样的风险。

第3节 行动、资源与估算

1. 概述

对行动的规划，这里主张用分析行动及其图式化的一类表格式进行规划。这有助于直观地找出行动逻辑顺序、规划期安排以及各行动之间的相关性，为分配行动的责任方提供基础依据。行动计划制定完毕后，所需资源和资金估算才能进行安排。

在乡村规划前的可行性研究期间，就应当初步提出所需要的行动和资源明细，有了这些信息才能进行充分的可行性研究，提出的投资效益分析才有可行性。当然，其详细程度取决于乡村项目的性质和规模，也与项目所处阶段以及预期的执行方式有关。

在乡村规划阶段，乡村行动的详细程度依然是指示性的描述，不适合过分尝试说明行动的具体细节。例如：如果乡村规划是在项目实施前开展的，经过评审、筹资、批准等一系列管理环节都需要时间，那么到项目正式实施时可能有一年或更长的时间就已经过去了，一些细节性的设计已不适合，有时甚至一些规划内容都需要修编或调整。总体上说，对行动的安排还是要与行动目标之间保持明确的关联性，一般应当比逻辑框架矩阵中的更详细一些，所需资源和资金估算也应如此。图 9–4 说明了他们之间的联系。

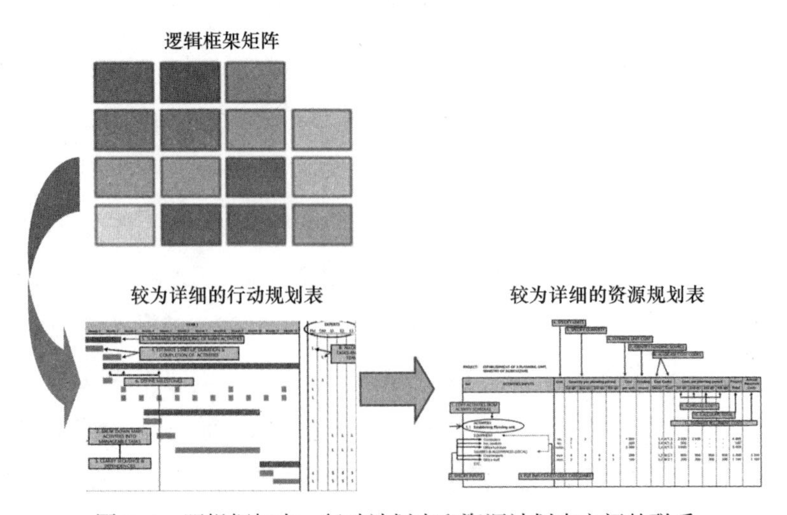

图 9–4 逻辑框架表、行动计划表和资源计划表之间的联系

2. 制定行动计划

逻辑框架矩阵编制完成后，就可以确定行动部分，并根据各地乡村发展项目的实际，安排乡村行动的时间顺序及其相互之间的联系。这些行动大部分有可能在逻辑框架目标层次的“行动”中就出现过，需再少量添加一些必要的行动。行动计划建议采用条状图来显示项目、进度和其他时间相关的系统进展的内在关系随着时间进展的情况。

行动计划图表不是一成不变的表格，它需要随着乡村项目的进展和执行情况进行多次评估和修改，以适应于项目实施需要，还可以提供有用而实用的行动细节。例如：第一年的行动安排需要更详细一些，即行动描述要具体，预期的时间起止点要明确，而在接下来的几年内的行动计划有指示性就可以，如按月或季度安排。制定的行动计划只是初步估计性的安排，一旦乡村项目开始执行，还需不断地进行评价，随时修订行动安排内容。

行动计划可以选用的条状图示例见图 9–5 和图 9–6 两个示例。条状图是以图示方式，通过行动列表和时间刻度表示出特定乡村项目的顺序与持续时间，其横轴表示时间，纵轴表示开展的行动，线条表示规划期间的行动完成计划，以便于人们了解项目进展，评估工作进度。条状图简单、醒目、便于编制，可以直观表达三个含义：显示任务分解及其行动顺序，图示行动进度以及构造出行动的起止与持续期，将行动与时间联系起来。

准备行动计划的方法如下：

步骤 1：罗列出主要行动

编制逻辑框架矩阵时，已经厘清过乡村规划的主要行动。初步细化阶段性工作后，这里只需要与利益相关方讨论，就可以罗列出要达到行动目标而必须开展的所有可操作的行动，这些是行动计划编制的工作基础。

步骤 2：将“大的”行动分解成易管理的“小的”任务

在编制过程中进行这一步骤时有一个小的技巧，就是将大行动分解到什么程度。实际上，在规划安排阶段，将大行动分解成过分细碎的小任务意义并不大，规划者对资源的需求和时间的估计能否准确对应到负责人机构或个人，否则应当立即停止。只有在项目已经确定要执行，并在制定行动实施计划时，每个小任务才好指定给某个机构或个人，作为他们的短期任务目标。

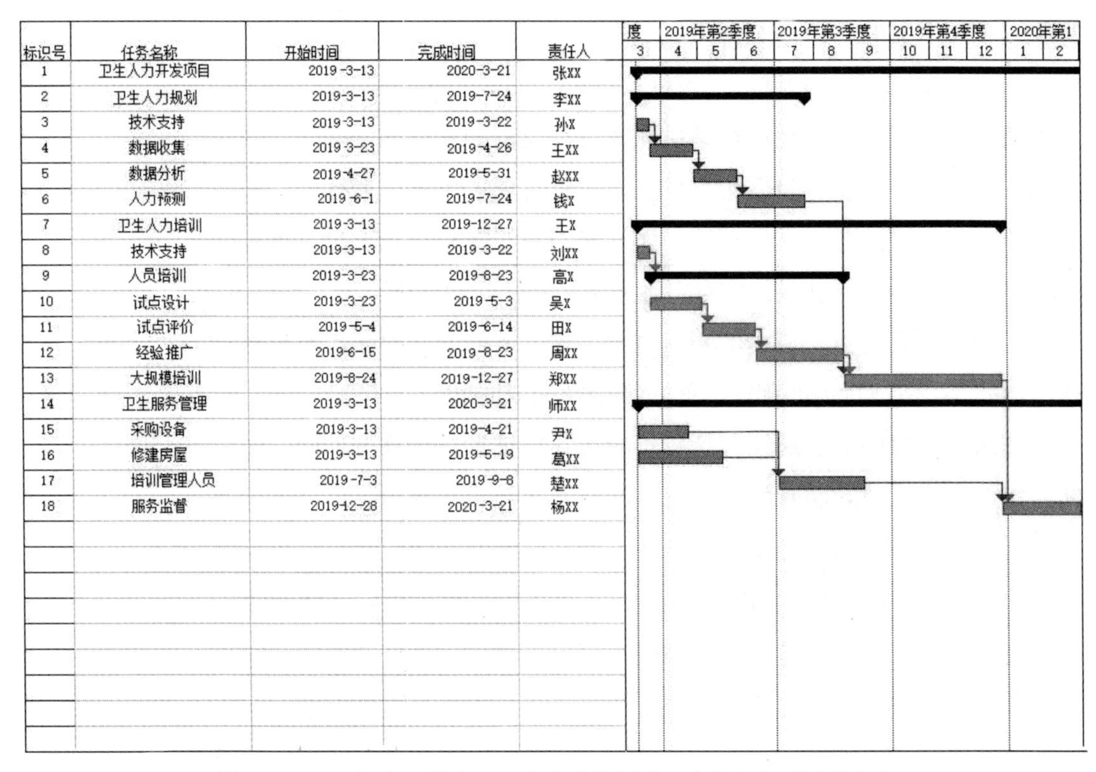

标识号	任务名称	开始时间	完成时间	责任人
1	卫生人力开发项目	2019-3-13	2020-3-21	张XX
2	卫生人力规划	2019-3-13	2019-7-24	李XX
3	技术支持	2019-3-13	2019-3-22	孙X
4	数据收集	2019-3-23	2019-4-26	王XX
5	数据分析	2019-4-27	2019-5-31	赵XX
6	人力预测	2019-6-1	2019-7-24	钱X
7	卫生人力培训	2019-3-13	2019-12-27	王X
8	技术支持	2019-3-13	2019-3-22	刘XX
9	人员培训	2019-3-23	2019-8-23	高X
10	试点设计	2019-3-23	2019-5-3	吴X
11	试点评价	2019-5-4	2019-6-14	田X
12	经验推广	2019-6-15	2019-8-23	周XX
13	大规模培训	2019-8-24	2019-12-27	郑XX
14	卫生服务管理	2019-3-13	2020-3-21	师XX
15	采购设备	2019-3-13	2019-4-21	尹X
16	修建房屋	2019-3-13	2019-5-19	葛XX
17	培训管理人员	2019-7-3	2019-9-8	楚XX
18	服务监督	2019-12-28	2020-3-21	杨XX

图 9–5 2019 年度 X 镇中心卫生院建设行动、责任人与时间进度表

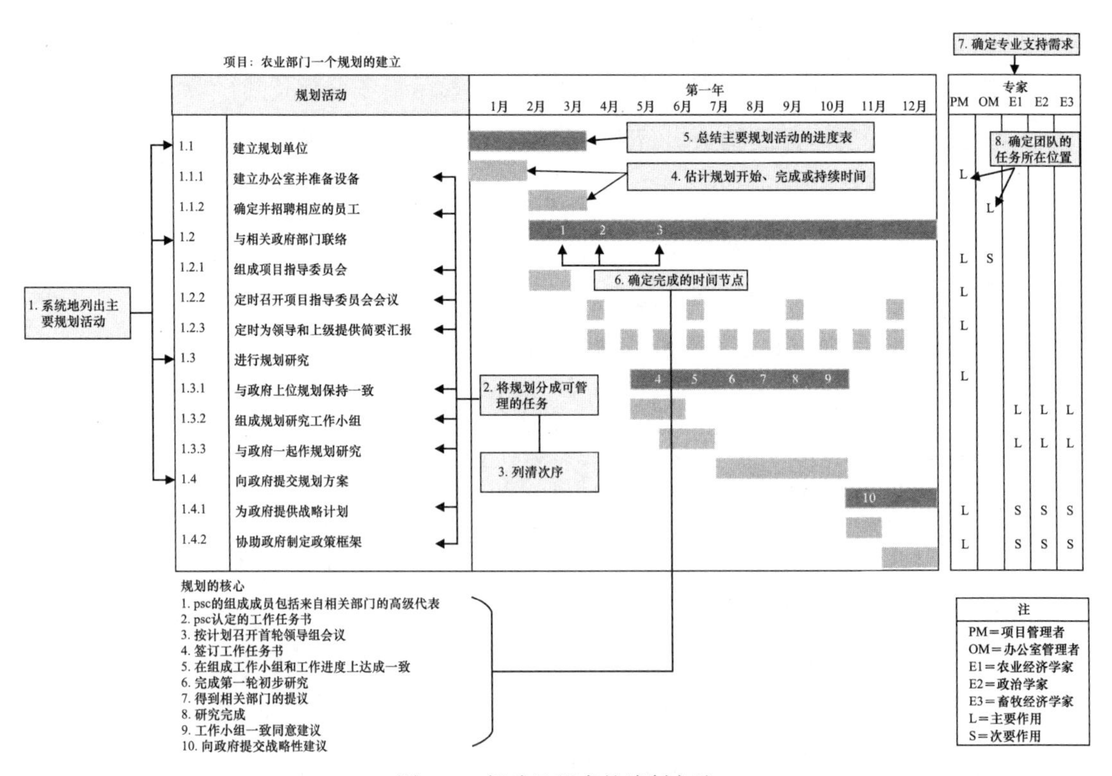

图 9–6 行动日程表的编制方法

步骤 3：阐明顺序性与联系性

行动分解细化到一定程度后，然后依据行动之间彼此的相关性，决定其顺序性与联系性。顺序性是说相关行动应以何种顺序排序；联系性是说一个行动是否有赖于其他行动才能开始或完成。如：建一栋房子时，要先挖地基、打房基，然后才能建墙、安门窗、抹墙、上屋顶，最后才装各类管线。另外，在编制中还要注意负责人的相关性，一个人有时没有办法同时完成两项任务。

步骤 4：估计行动的起始时间、期限及完成时间

具体说明时间期限时，包括较符合实际地估计每个任务期限，然后将它们放在行动计划里来形成一个可能的开始和完成期限。然而通常不可能有十足的信心来估计时间安排。在准备行动日程条状表中出现的最常见问题是对所需要时间估计不足。这种问题的出现往往有以下几个方面的原因：遗漏重要的行动和任务；不能充分地考虑到各个行动间的相互依赖关系；不能充分考虑到资源的冲突（例如安排同一个人或一套设备一次去做两件或更多的事）；急于得到成果。为了确保现实地估计时间，应该咨询相关人士。

步骤 5：总结主要行动安排

因为已经确定了组成主要行动的各项任务的时间安排，所以提供一个主要行动的开始、持续时间、完成的整体时间的总结就变得非常有用了。

步骤 6：明确阶段目标

阶段目标能够为项目实施中的监测和任务完成情况提供依据。规划目标同时是为进展提供量度和为规划组提供要达到的目标的重要事件。最简单的阶段目标就是每个行动完成的评估数据。例如：培训需要 201x 年 1 月完成。

步骤 7：确定专业技术

当任务确定后，就可以明确所需要的专业技术。通常情况下可用的专业技术是提前知道的。这也给人们提供机会去检验确定的行动计划是否可行。

步骤 8：责任人分配

责任人分配所牵涉的远比不只谁做什么的问题，要把关键规划成功的责任落实到人头。因此，分配任务时要把有关人员的能力、技术、经验都考虑在内。在委派任务到人时，确保他们明白，对他们的要求是

什么，否则只能说明任务要求不明确。

3. 编制资源计划和资金估算

资金估算要谨慎而全面，如果项目获批，估算会对项目顺利实施产生影响。行动列表加在资源安排中，每项行动都列出资源需求，以保证所有计划行动所需资源与投入都在可获得的范围内。以图 9–7 为例，编制一个机构所需的设备和资金时，单位投资等其他一些细节一并编制完成。

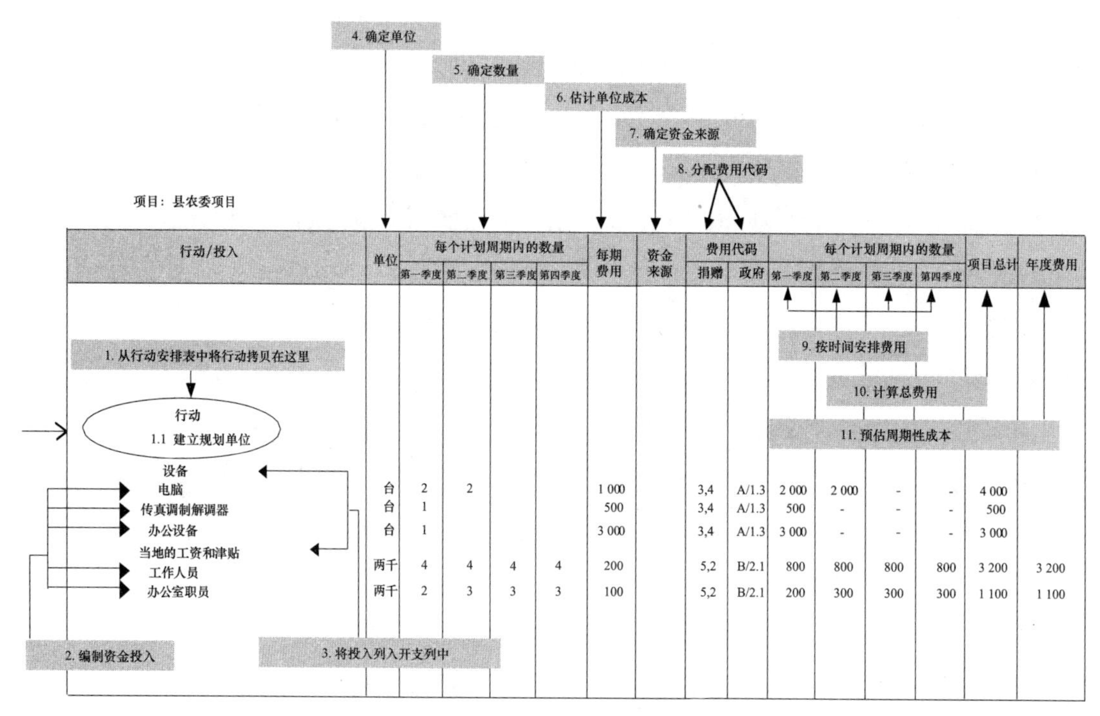

图 9–7 资源计划与费用估算表的编制方法

第10章　监测与评估

监测与评估体系的构建是乡村规划的重要方面，也是可持续乡村管理的重要内容。对于上下结合的乡村规划体系而言，国内外还没有十分成熟的经验。本章尝试分析自上而下监测与评估体系不足，重点介绍自下而上的参与式监测与评估体系、方法、类型、原则等，并与前述基于逻辑框架分析的乡村规划相衔接成为完整体系。这里只期望对未来乡村规划建设中可行的监测与评估体系提供更多可选择的视角。

第1节　监测与评估简介

1. 基本概念

监测与评估领域中有些概念在不同个人或组织那里的理解差别很大，因此在讨论监测与评估体系之前，我们需要首先再次厘清和界定监测与评估方法中涉及的一些基本概念。

“监测”（Monitoring）是指一个项目在执行中持续收集信息的过程，或是指根据项目计划框架，对项目进展情况全程跟踪。一般来说，监测就是观察变化，并洞悉这些变化的趋势，因此是对项目过程的监测。一个监测系统必须包括所有利益相关者之间的沟通体系，这一沟通体系允许相关人群间的信息交换和表达，使其成为合理决策的基础。监测体系的基本内容有：选择各项行动和期望的效果指标、收集与指标有关的数据、分析数据、以所有相关方都能接受的方式表达、利用信息，改进工作。

“评估”（Evaluation）是指对事物的价值进行判断，对项目行动达到其计划目标的程度和包括项目预期达到的目标进行判断。评估的意思一般就是从经验中学习，以修正方向，因此它是对项目效果的评估。效果具有中、远期的含义，它可以是预期（计划）的，也可以由无意而为之所引起的。对效果进行监测可以采用各种工具和手段，如：环境或社会影响评价（预测）和效果研究（回顾式效果评估）等。

“监测与评估”（M&E）：如果把这两个词放在一起是指组成了一个体系，指在监测期间的观察应是系统化的，并不断得到解读，以便过程监测和效果评估能用于不断的学习过程。监测与评估体系也是整个项目自我评估过程的一部分，它作为反思手段，通过学习更好地使项目活动适应不断变化的项目新形势。这一体系包括两个方面：对变化着的状况和项目的意义进行“观测”（监测）与“解读”（评估），二者的有机融合能为整个项目周期管理的质量控制提供有用的手段。

2. 监测与评估理论的发展

《第四代评估》一书中，将评估理论和技术划分为四代。前三代的评估传统采用科学的、技术的和管理的方法，是为了取得用于评估的客观数据，这些评估传统分别为：计量导向的、描述导向的和评判导向的评估传统；第四代评估为各利益相关方之间协商的评估，参与体现在评估过程的每个阶段，以行动为导向。

传统的前三代监测与评估方法有很多，但国际上众多学者对它们越来越不满，对这些蓝图式的、自上而下的监测与评估模式的批判可以总结为：它们已被证明在计量、评价项目绩效时投入大而且效率低；它们没有让直接受监测与评估影响的项目受益人或其他人参与进来；项目评估领域及其行动变得越来越专业化，然而主要是由外来者进行指导和控制的，同时它们还控制了发展规划及其实施；它们主要作为控制和管理项目及资源的工具，而疏远项目规划和实施中的利益相关者，使得他们不能有效参与项目评估；过分强调定量化计量，忽视定性信息，但定性信息确有助于全面了解一个项目的成果、过程和变化。

为了解决传统监测与评估方法中存在的上述问题，出现了第四代评估方法，注重评估过程中社会、政治和价值体系条件的重要性，然而它仍被一些理论家批评为一种不完全的参与式评估。因为从参与式发展的观点，监测与评估的特征还应包括：充分利用当地的资源和能力，承认群众的乡土智慧和知识，认为群众对其生存环境是有创造性的、有相当见识的，确保利益相关各方都成为决策过程的一部分，启用评估师作为催化剂，并通过他们提出引导性的问题，促进利益相关者间的讨论。

《认识参与式评估》一文中，从评估过程的控制、参与的利益相关者选择和参与的深度等三个维度，把参与式评估定义为"当进行一个评估时，研究者、协调者或专业评估师以某种方式与项目中有决策权的个人、群体或社区以及被评估的发展项目或其他实体进行合作。"作为参与式发展的一部分，在项目集体监测和评估中，参与式评估要求项目相关各方和受益方的共同参与，它以人为本，项目相关各方与受益人是评估过程的关键参与方，而不只是被评估的目标群体。因此，参与式评估是反省式的、以行动为导向的、寻求能力建设的评估，它通过提供相关各方和受益人反思项目进展和障碍的机会，从失败经验中学习，产生新的认识，进而矫正或改进过去的行动以及提供相关各方和受益人一些途径来改变其不利的境况。运用参与式监测与评估的众多实践所具有的创新性和它的主要论点包括（见表10–1）：

PM&E 所具有的创新性及其主要论点　　**表 10-1**

PM&E 的创新性	PM&E 的主要论点
• 把政府项目的公共责任赋予社区 • 加强社区自我发展的主动性； • 有助于确保项目效果并适应政策； • 有助于机构的加强与组织学习； • 鼓励机构向更参与的结构进行改革； • 通过理解与协商利益相关各方的观点，鼓励援助机构重新审视其目标； • 可用于政府部门中，而不是主要用于 NGO 部门； • 建立新理念，检查/调整我们对社会和发展的理解，包括项目管理和冲突解决。	• 把自己的先入之见和观点放到一边； • "权力下放"很重要，创造尊重和参与的空间； • 不只是获取信息的过程； • 对结果进行监测与评估，以便引起有效、积极和建设性的转变； • 尊重地方习惯、语言和经验； • 相信并寻求边缘化或教育程度低的人在其生存环境方面的知识； • 是促进学习、变化和行动过程，而不是进行规定、评判或惩戒的过程； • 与群众共同生活，平起平坐，把自己融入当地习惯和传统中； • 要对参与人更公开、公正； • 强调倾听的技能，会创造和谐的氛围 • 灵活调整方法和策略。

这些新理念和方法是为了使监测与评估更能反映和理解人们的需求及其生活状况，它们反映了参与式发展理论所要求的、基于基层的经验和自下而上的策略，所以，这些方法都承认把受益人和其他项目参与人包含在监测与评估过程的重要性，重心也从过去外部控制、追求数据的项目转变为由当地来收集、分析和利用信息的过程。目前传统评估方法和参与式评估方法在理论上的不同之处还不十分清晰，但二者中参与者的作用以及和其他参与者的关系却非常不同（见表10–2）。

传统的和参与式监测与评估间的不同点 表 10-2

	传统监测与评估	参与式监测与评估
评估人员	按项目出资方和决策者的指示，由外来评估师进行评估	根据利益相关者或当地群众的需要，由社区成员、项目人员、第三方共同进行评估
评估内容	预设的成功指标、主要的费用和成果	社区成员确定成功指标（也可能包含成果）
评估方法	关注“科学的客观性”和“可计量性”，拉远评估师与其他参与者间的距离，程序统一而复杂，结果滞后而有限	自我评估，简化方法以适应当地文化，通过当地参与到评估过程中，公开、即时分享结果
评估时间	通常在项目完成之后，有时也在中期	更频繁，由一些小规模评估组成
评估目的	为了保持“公正性”，确定投资是否存在可延续性	赋权当地群众去发动、控制和采取不断改进行动

改编自：Narayan–Parker（1993）

3. 参与式监测与评估的目的

世界各地不同组织出于不同的目的运用参与式监测与评估，其理念和实践也很广泛，并具多样性，它们应用参与式监测与评估是出于五类目的（图 10–1）：

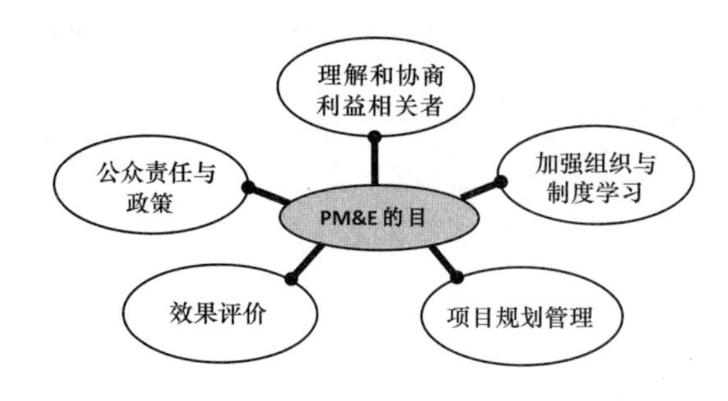

图 10–1 参与式监测与评估的主要目的

1）效果评价

评估项目及其变化效果是参与式监测与评估的一个常见功能，效果是项目实施带来的结果，重点是进行项目目标与实际成效之间的比较，评价项目效果有助于搞清项目的干预是否达到其既定目标？是否项目目标依然按计划时间进行？是否按最佳行动和策略进行？

2）项目规划和管理

参与式监测与评估的第二个目的是评价项目效果随时间变化的情况，也是为了要获得不同时期、项目所采取的各种有效办法的信息，以提高项目的规划和实施。作为一个项目管理的工具，不同利益相关者采用参与式监测与评估方法，系统地分析和反思他们的经验以及计划未来的目标和活动。

3）加强组织与制度学习

参与式监测与评估的第三个目的是创造一个加强组织和制度的学习过程。在此情况下，自我评估作为参与式监测与评估的一个方法，是人们用来评估项目自身的目标，评价其组织自身能力。自我评估的一个主要目的就是为了通过加强人们的组织能力来强化发展工作的可持续性、可靠性和有效性，它通过人们自我认识和解决问题、通过自我建设和推广已成功的活动，使活动具有可持续性。由于当地农民积极地参与到了项目的规划、实施、监测和分析中，因此这样得到的调查结果也有助于改善管理部门的操作程序。

4）理解和协商利益相关者观点

参与式监测与评估也可作为一个允许不同利益相关者表达其需求、兴趣和期望的过程。这一过程能使人们理解自己与其他各方不同的观点和价值观，并形成长期战略，经过认真研究和规划行动，使这些行动符合实际情况、各方愿望和可行的操作方式。

5）公众责任与政策

参与式监测与评估必须适应传统自上而下、外部评价方法的大环境背景，坚持利益相关者或受益人参与到监测与评估的过程。参与式监测与评估不仅使项目的受益人和其他利益相关者负起责任，而且是一种让项目参与者和当地大众自己来监测与评估援助方和政府部门项目的方法。建立主要利益相关者间的合作关系，让互惠式的评估成为可能，这样，出资者自己就要受某些与传统不同的责任的制约，大家的责任变成了提供资金者与使用资金者两者间双向沟通的关系。这种同盟关系允许受益群体能更好地报告和表达他们的需求、标准和期望，以此提供给他们更多的机会，并与出资方和相关机构一起来协商他们的目标。

4. 参与式监测与评估的类型

在实际工作中，这些参与式监测与评估的作用和目的经常是相互依存、相互重叠的，参与式监测与评估决定于项目实施的特定目标和信息需求。按施动者（内部评估或外部评估）、时期（评估发生的时间点）、范围及着眼点（主题的、部门的）等可以将参与式监测与评估划分为以下的类型（见表10–3）。

评估的类型及其内容　　表 10-3

分类标准	评估类型	类型内容
不同施动者的评估	内部或自我评估	由那些直接参与项目形成、实施和管理的相关方进行的评估
	外部或独立评估	由那些不直接参与项目形成、实施和管理的人进行的评估
不同时期的评估	中期评估	在项目执行期内进行的评估。焦点是：关联性、绩效（有效性、效率及适时性），注重需要决策和行动的问题，以及在项目设计、实施和管理中吸取的初步教训
	终期评估	在项目执行期末进行的评估。焦点是：关联性、绩效（有效性、效率及适时性）注重需要决策和行动的问题，以及在项目设计、实施和管理中吸取的教训，潜在影响的早期标志和结果的可持续性，包括对能力发展的贡献、为进一步行动提出的建议
	后评估	项目结束一段时间后（两年或两年以上）进行的。倾向于针对一个特定部门或地理区域内的多个项目一起进行评估，注重某个特定主题，以获得一般性的经验、指出相应的政策问题。焦点是：关联性、绩效（有效性、效率及适时性）、成功（效果、可持续性及对能力发展的作用）、获得的经验（好的和坏的实践、意料中的和意外的支出与收益、经验在部门层面和跨区域的可应用性），成为政策制定和未来项目的基础
不同范围的评估	项目评估	对单个项目的评估。着重点要根据评估的时期和项目具体的特点而定
	部门评估	对在同一部门或分部门下的多个项目进行的评估。焦点是：不同方法的优劣势比较、解决部门问题的不同方式和策略比较。在全球、地区和 / 或国家层面上，项目为实现部门目标所做的集体努力
	主题评估	针对某个主题对多个项目进行的评估，可能是跨部门或跨区域的。焦点与部门评估基本一致，除了评估是关于一个主题的，有跨部门的可能性
	工程评估	在同一资金管理机构下对项目、合作网络或某一阶段活动进行的评估
	政策评估	在行业部门或主题层面上对处理特定政策问题进行多个项目评估。目的是为了通过对现有政策提出新政策或改革建议，提供满足部门或主题目标的决策支持。焦点是：受直接或间接影响的政策关联性、意义或效果，实施或加强政策的组织制度安排上的有效性
	战略评估	政府（决策层）的优先发展领域中具有十分重要意义的跨度大的问题以及对利益相关者高风险的问题。需要考虑的某一情况具有紧迫性。需要解决的一些问题存在针锋相对的观点。其目标为：加深对某个问题的理解；减少在考虑这一问题中不同意见的不确定性程度；帮助有关各方达成可接受的工作协议，作为制定对问题定期决策的重要步骤
	过程评估	对多个项目的评估，以评价已采用的某个过程或方式的有效性和效率

5. 参与式监测与评估的原则

确定参与式监测与评估的应用目的是由监测与评估过程自身的目标所决定的。目标的最终选择还要回到由谁来参与，谁在过程中进行协商这样的问题，这些问题又把我们带到了参与式监测与评估的核心价值和基本原则。

参与式监测与评估的实践各有不同，但是还遵循一些共同的原则：参与性、学习性、协商性和灵活性，它们随所在国的政治状况以及机构间科层程度而有所不同。

1）参与性原则

参与式监测与评估和传统监测与评估方法的最大不同之处在于“参与”。参与式监测与评估的“核心”特点就是识别人们是否积极地参与了监测与评估过程，评估的目的、方法和作用以及效果将很大程度上取决于评估的类型和参与的质量（表10–4）。

评估中参与质量的划分标准　　**表10-4**

评估的参与质量	质量低	质量中	质量高
评估指标	委派或强制性的评估作为项目中有代表性的一部分，满足组织需要	外来评估师邀请群众在一个或几个评估任务中提供帮助	群众与外来的评估师一起评估，评价、回顾并认真反思所采取的行动效果
目标	调整或继续投资？明确责任；投资的程度或继续支持	从群众的观点中获得发展活动的见解，从组织上的关注转换到群众的需求和兴趣上	把群众引入评估规划循环，促进自我满足感和持续性。基于群众的观点、意见和建议制定有效的项目决策。提高对发展干预成败的拥有感和责任感
主导方	机构负责人，管理人员，外部的客户，以及那些远离评估点的人们	在评估各阶段的群众与外来评估师一起，但最终的结论是由评估师做出的	群众，外来的协调人员，发展干预中受影响最大的人们
方法	确定研究设计，统计分析，依赖各种定量化方法。产品（调查结果）为导向（精确为特征）。由评估师主导	定性方法优先，但也包括定量化方法。重视结果开放的调查过程。采用让不发言的人发表意见的方法	主要靠强烈交互式的定性方法，但并不忽视定量工具。“过程即产品”。鼓励独创性和创造性，根据不同的评估对象调整所用的方法
评估师（协调者）的作用	评估师主导着设计好的评估。所问问题/调查表格无需征求评估对象的意见。控制通过预设实现。客观、中立、冷漠的姿态	评估师在不同阶段与群众一起协同工作，他们是评估的合作者并传授评估技术，他们引导着群众	评估师的作用更多是协调者。协调者作为催化剂、知己、协作者，其领导权得到群众的认可，很少有预定的问题
效果/成果	报告、调查结果很少在群众范围内传播，调查结果用于规划阶段，但很少有群众的贡献	分享收集的数据，但在数据分析中参与程度有限。群众的观点纳入了规划阶段，提高了群众经验的沟通	基于评估中有效的参与，群众更有能力制定有意义的决策。调查结果成为群众或社区的财产，分析中的参与性至关重要

来源：UNDP（1997年）

判别监测与评估中的参与性有两个主要的途径：一是参与式监测与评估是由谁来发动和进行的；二是它突出谁的观点。前者是以外部主导的、内部主导的还是合作主导的监测与评估来区分；后者是区分强调哪个利益相关者：是所有主要的利益相关者、只是受益人、还是边缘化群体。

参与式监测与评估的模式从内部导向的一端到外部导向的一端是连续过渡的，许多都是由项目外部和内部的工作组成员合作执行的。外部评估师是作为协调员—培训者，保证了内部的能力建设和过程的可持续性。内部导向的参与式监测与评估有以下一些变化趋势：越来越重视学习的过程，并把这一学习过程作为许多发展活动的必要组成部分；需要更大的经费支持。当报告中需要更具“客观性”时，或当需要把信息输入到项目管理和政策时，就用到外部的评估。

上述的讨论说明，参与式监测与评估应当是一个社会、文化和政治过程。因为要让更多的、差别很大的利益相关者群体合作一起澄清变化，所以只能采取折衷的办法来确定对哪方面有利的指标可以多考虑一些，什么方法更可行、更值得考虑、各方以怎样的方式参与进来等。还有一个特别重要的问题是谁来解释信息和利用调查结果。如果参与式监测与评估是当作向边缘人群和群众赋权的一种策略，那么找出问题、差距和错误将不必一定要得到那些当权者的首肯，也就没有必要使所有不同的观点都能结合得非常好。进而在监测与评估中寻求更大的参与性就是使决策过程更民主的一种方法，所以参与式监测与评估是一种新型的将所有人凝聚在一起的社会过程，一个试图理解不同观点的文化过程，一个分担决策的政治过程。

由于更多的利益相关群体参与到监测与评估中，他们在参与过程中拥有或多或少的权力，在处理不可预见的结果时，需要考虑伦理问题，必须抑制某个利益相关群体利用手中的权力来压制其他群体的企图。

2）学习的原则

学习的理念主要强调“实践性”或“行动导向”的学习。参与式评估是个人和集体学习的过程，把它定位为各群体参与到发展项目中的一个“教育性经历”。人们会更加意识到自身的优劣势、社会现实以及对发展结果的愿景和观点，这一学习过程创造了有益于变化和行动的条件。

参与式监测与评估的理念作为一个经验学习圈，强调参与者从经验和获得的能力中一起学习，来评估自己的需求，分析自己的愿望和目标，并制定行动为导向的规划。美国田纳西大学的社区伙伴中心提出了监测与评估中的学习圈（见图10–2），很好地显示了监测与评估是一个不断学习的循环过程。

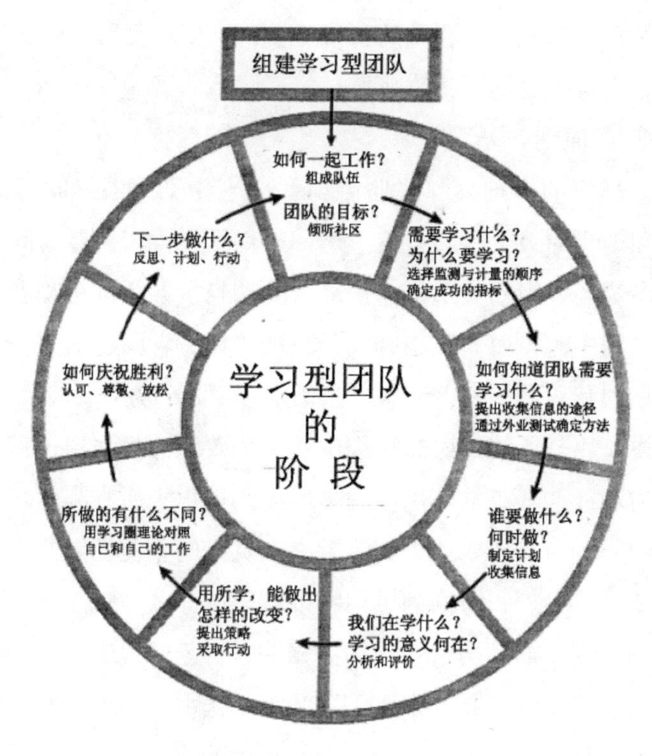

引自：Estrella and Gaventa，1998

图 10–2 参与式监测与评估的学习圈

此学习圈的一个特征就是为了利益相关者群体能持续地反思其评估的效果，这样的过程就引导他们从自己的成败中学习，然后评估就成为社区学习和能力建设过程中的一部分。例如，在一个项目各管理层面，由不同的利益相关者进行每半年或每年度的参与式监测与评估，包括了对实施计划的反馈、回顾和调整等。

由项目和其他外部机构引进的参与式监测与评估方法始于科学理念。外部机构带进来自己的参与式监测与评估理念、确定的指标、计量的方式、记录和报告形式，经过修改后用于与当地群众交换意见。这种方法如果用在乡村发展项目，希望帮助当地群众理解和利用科学方法来评价其环境。这种外部主导构思的合作试验体系以及对过程和成果的反思必然引起对科学方法的简化、调整。

参与式监测与评估中的学习过程还被认为有利于当地的能力建设。其中的参与者获得提高规划、问题解决和决策能力的技能；参与者获得对各种内部和外部因素更多的了解，这些因素影响项目的环境和动力、成败的基础、潜在解决办法或可选择的行动。参与式监测与评估中的学习过程有一个前提，即支持乡村社区现有的技能和资源的原则。这种方法构建在人们所知道的和所做的事情之上，利用和发展人们的现有能力和技能来监测与评估其自己的进程。

3）协商的原则

有越来越多的人把参与式监测与评估当作不同人群间协商不同需求、期望和观念的一个社会过程。这一过程受利益相关者不同社会价值的制约，参与各方间的关系是非常复杂的。当多方利益相关者参与到监测与评估过程中时，协商机制有助于在利益相关者间建立信任和改变自己认识、行为和态度，这也影响自己作用于项目的方式。

参与式监测与评估的协商过程也是一个政治性很强的过程，强调其平等、权力和社会变革的作用。为了保证此过程中所有利益相关者参与代表能得到平等对待，要认识到沉默之人意见的重要性以及项目领导人意见的重要性。另外，协商的过程将以不同的方式“赋予或不赋予”利益相关者选举权，如：通过选择利益相关者自己的代表参与到评估的设计、实施、报告和利用中，协商可以变成一个赋权（或不赋权）的过程。赋权是因参与到设计、实施、表达和行动等的程度来决定的。参与式监测与评估中有几个关键的权力问题：谁创造和谁控制着监测与评估中的知识和信息产品？一种称为变革参与式评估就是要通过教育和学习过程赋权公众，只有这样，各利益相关群体才能增长对其现实的知识，澄清和表明其准则和价值、达到进一步行动的共识（“启蒙”）。所以，评估过程通过促进社会行动和改革，用于变革权力关系、改善社会不公。

利益相关者间相互关系和相互作用中的政治动态是客观存在的。政治协商在制定监测与评估指标和标准中尤为重要，选择的指标能反映哪方的观点更是如此。

4）灵活性原则

灵活性和实验性也是参与式监测与评估的有机组成部分。许多研究表明，在执行参与式监测与评估时没有预设的框架或途径；参与式监测与评估是一个根据项目的具体情况和需求不断演变和调整的过程。把灵活性结合到参与式监测与评估的设计和实践中的意义在于使该过程反映利益相关者的需求，并与此需求相关，特别是参与式监测与评估必须符合当地实际情况（社会文化、经济、政治、组织等）。

除了以上四个原则，由于每个参与式监测与评估体系的具体实施条件各有不同，目前还很难形成参与式监测与评估的一般定义，所以其“不通用性”原则也应被视为一个主要原则。

第 2 节　基于结果的监测及其示例

基于以上参与式监测与评估理念、目的和原则，参与式监测与评估在不同的项目和组织中形成了许多不同的方法论。这里介绍一种中德技术合作、村级参与式土地利用规划（PAAF）项目中实施过的一种参与式监测与评估方法，它是原德国技术合作署（原 GTZ）所倡导的基于结果的监测方法设计与实施的。

1. 基于结果的监测方法

当一个项目的所有监测活动适合于观察到结果的时候，我们就说这种监测是基于结果的监测。基于结果的监测是项目自我评估的一部分，其设计目的是使人们时刻都能看到结果，并能合理掌控项目的发展。它包括一个完整的结果链：从投入、行动、产出、结果直到效果，并描绘出已经建立起的监测过程的方面。它的独特之处在于这种监测不仅仅关注已经做过什么，而且试图澄清所采取行动能带来的变化。

只有因项目本身而引起的变化才是“结果”。即使是项目计划的（预期的）结果，只是发生了一个变化，还不能充分说明它就一定代表项目的一个结果。只有因果关系明确、并存在可信的、观察到的结果时才可以记录为项目的一个结果。

“结果”可以是预期的或非预期的、期望的或意外的、正面的或负面的，它们不仅仅是对目标群体的影响，也可能是对合作伙伴和其他相关机构所带来的影响，也可能出现在其他方面；而且，“结果”不仅仅只是在项目结束时才会产生，从项目一开始就有可能产生；人力、财力或物力的投入对项目成功的“结果”产生巨大影响。同样，项目活动不仅对其他人有产出，就是项目活动中的项目工作人员自身也会受益匪浅。

原 GTZ 技术合作项目的结果模式（图 10–3）与结果链（图 10–4）紧密相关。通过其核心概念“归因差距”可以澄清发展援助项目评估中的归因问题。国际发展项目是通过德方和中方的共同投入来获取资源，利用这些资源，PAAF 项目开展“活动”，然后得到“产出”，接着这些产出由目标群体或中间机构所利用（“产出的利用”），进而产生中期或长期的发展结果，如：“成果”和“效果”。

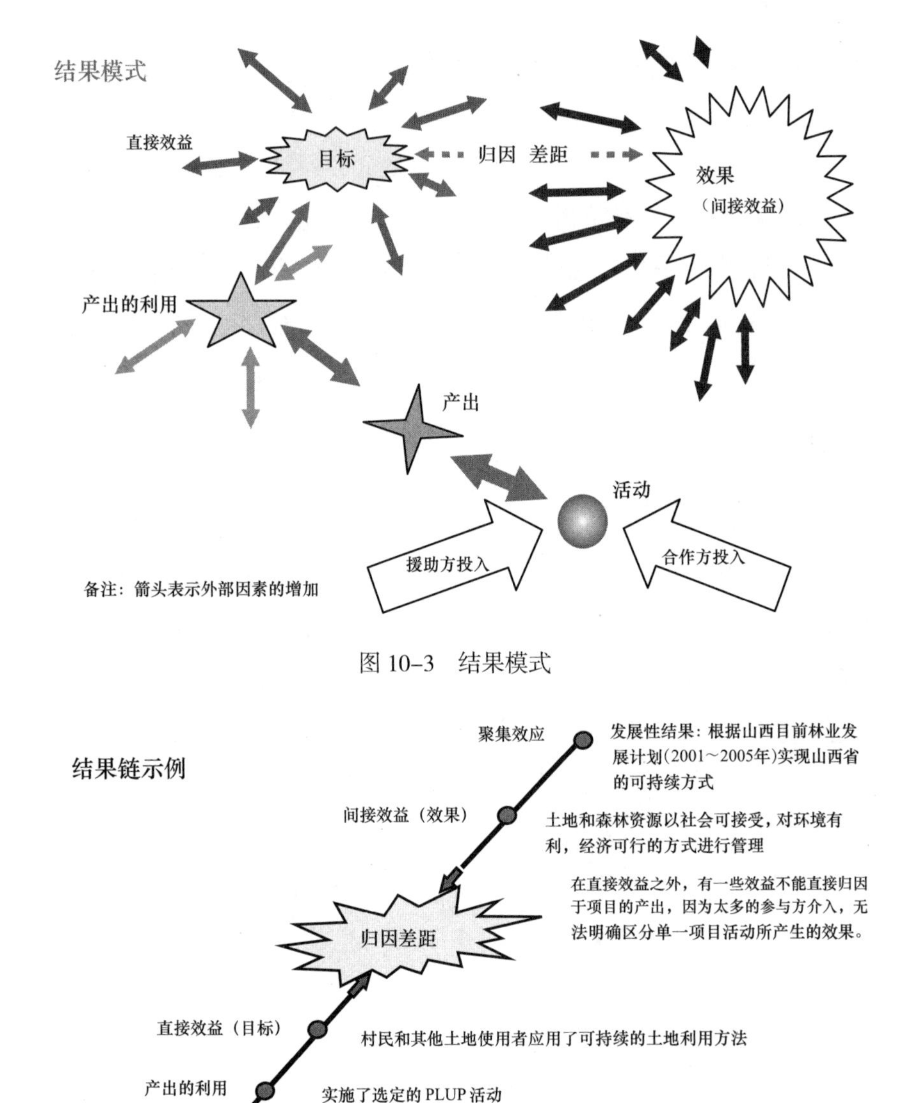

图 10–3 结果模式

图 10–4 PAAF 项目（二期）参与式土地利用规划（PLUP）手册编制过程的结果链

达到“产出的利用”层次之前，在绝大部分情况下“归因”还是相对容易的。然而，当上升到“成果”和“效果”层次时，项目无力影响的外部因素会越来越多。归因差距拉大到一定程度时，所观察到的变化就不再与项目的产出直接相关了。当产出与观察到的变化之间因果关系紧密时，项目就可以把观察到的这种（积极的）变化称为项目的“直接效益”。项目目标就设在这一层次上。

项目目的是要产生超越目标层次的“效果”，这些效果也是项目进行干预的终极原因。一般说来，因为有太多的参与者介入，不可能完全搞清这些“间接效益”与项目活动间的因果关系，更不可能明确区分出是哪个项目活动带来的效果，然而高度聚集的发展结果（如：实现山西省的可持续方式上取得了进展的目标）必须非常确切。尽管全面的归因是不可能的，但是，原德国技术合作署（GTZ）还是希望为项目的“归因”提供可能的假设，对项目结果有所贡献。

术语“成果”和“效果”在时间尺度不同，分别代表中期结果和长期结果。相应的，术语“直接效益”和“间接效益”是指“归因差距”之前和之后的（积极）结果。在实践中，很显然，直接效益发生于间接效益之前，因此在绝大部分项目中，直接效益处在“成果”层面，而间接效益处在“效果”层面。

基于结果的监测关注项目所带来的结果。为了澄清这些结果，需要实施各种活动。一方面，必须澄清哪些成果归因于项目，哪些成果是项目目标所要求的；另一方面，虽然在项目目标实现之后随项目所处环境的改善会产生一些效果，但仍需要明确划出不是归因于项目的那部分效果。

1）到归因差距之前的监测任务

任何项目的设计与规划通常要基于一些“结果假设”，如：项目活动与结果之间联系的假设。结果模式也有这样的假设，在它的结果假设中，要澄清如何利用项目产出以及期望获得哪些积极效果。

基于结果监测的主要任务是，监测结果假设是否发生以及实际发生的程度，项目是否朝着其目标前进。总之，监测不仅需要时刻对照假设的结果链，而且也需要时刻警惕不希望的结果是否会发生，从而危及目标的实现或产生其他的负面后果。基于结果的监测体系还必须提供合同信息和合作管理所需的信息，以保证项目在正确的轨道运行。关键问题是：项目的设计和策略所依据的关键结果假设是什么？期望的或不期望的结果会在什么地方发生？哪些参与者和什么样的框架条件会明显影响项目，以及如何影响？结果假设能反映项目实际吗？哪些主要因素会引起观察到的积极或消极变化的发生？观察到的哪些变化能从因果关系上归因于项目结果？

只监测项目结果是如何影响项目环境还不够，要把相反的观点包括进来，如：监测框架条件如何对项目有所作用，因为在这些条件下发生的变化或其他发展机构的行动可能会对目标的实现有积极的或消极的影响。为了搞清这些变化，管理者必须监测体制、政治、社会、经济和生态框架，基于结果的监测澄清影响框架的关键因素，并监测和分析它对项目目标实现上的影响。

2）到归因差距之外的监测任务

项目目标是建立在成果层面上的，然而在一个部门启动项目的实际原因是想使项目结果能超越此层面，实现项目的间接效益。在图 10-4 的案例中表示的项目目标是“村民和其他土地使用者应用了可持续的土地利用方法”，此目标并不是最终目标。项目发展策略是希望村民和当地土地利用规划工作者能学会掌握 PLUP 工作程序，能独立操作和改进 PLUP 方法，改善当地的土地利用状况，提高当地村民的生计水平和当地工作人员的工作技能，从而进一步改善当地的环境……这些假设结果不仅受项目的影响，而且也受与项目相关的不同参与者的影响，所以不只要监测项目本身，还必须进行全面监测。如果遭遇当地与土地利用相关的政府项目或部门等外部因素不重视时，就需要质询项目针对的问题是否正确了。

换言之，基于结果的监测也监测归因差距之外所发生的变化，它试图回答这些变化是否与项目有关。公共部门、决策者和合同方期望首先要知道对部门目标做出了什么贡献；其次，多大规模、跨部门的发展取得了进展，如 PAAF 项目实施的活动与林业部门最为紧密，它必须要知道项目区内农户中可利用的劳动力以及国家近期的林业大政方针和政策等大大小小的情况。

以上提到的各类型聚集起的变化需要数据足够可靠、有用，否则就得从多个项目中收集这些数据，与合作伙伴、其他部门或项目联手获得。项目监测的任务包括分析这些数据、建立项目对观察到的变化作出什么贡献，如前所述，不需要监测偶然归因于项目的变化。基于投入、活动、产出、产出的利用和成果的监测数据，足以表明项目对这些变化所做的贡献。用合同和合作管理的形式解答这些问题，不仅要通过监测工具，还要通过进展回顾和评估。因此，基于结果监测的核心任务可以归纳为：

达到目标水平的：表明与项目目标和项目产出有关的期望变化之间的因果联系。为此，要监测以下项目内容：主要活动、为其他方面的产出（如：中介机构）、产出的利用以及促进或限制产出利用的外部参与者、成果；高于目标水平的：监测更广的、与达到目标有明显联系的项目环境变化。

2. 基于结果的监测方法示例

以下以PAAF项目第二期（2003～2006年期间）实践为例，分析基于结果的参与式监测与评估的主要阶段和步骤，以及在该项目建立该体系的过程和一些具体作法。PAAF项目参与式监测与评估的阶段和主要步骤见图10–5。

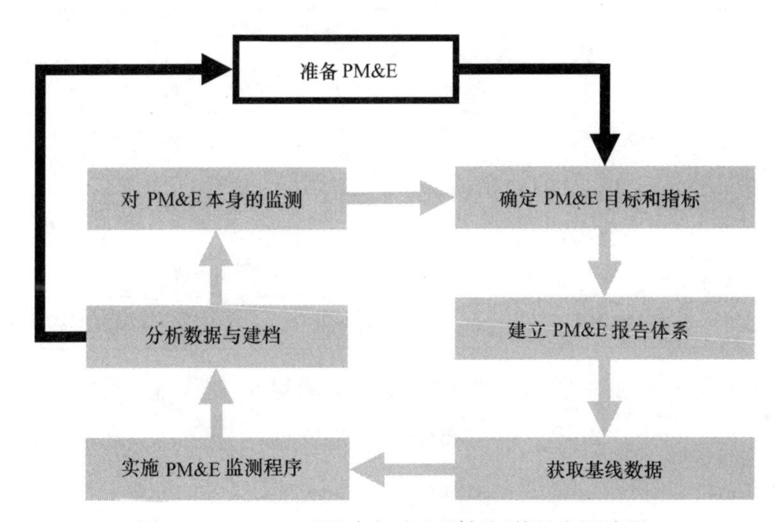

图10–5　PAAF项目参与式监测与评估的主要步骤

1）准备

参与式监测与评估准备与规划的准备阶段同时进行，有大量的内容重叠，这里略去。

2）确定目标和指标

利益相关者共同确定目标和指标。项目进行利益相关者调查与分析，了解与项目有关的利益相关各方及其愿望，并召开由各利益相关方参加的项目计划会议，它是各利益相关者间进行协商、争论、协同决策的过程。这一阶段一般被认为是最重要阶段，项目规划就是在这一阶段制定产生的。

（1）建立目标

首先确定利益相关者群体，澄清几个主要问题：在此过程中的参与者是谁，最终用户会是谁，为什么要执行此项目以及如何利用此结果和过程。要监测与评估什么以及如何利用此过程，将必须决定于谁需要监测与评估的结果和信息、谁参与确定此过程。

监测目标与规划目标是相一致的，总体目标、项目目标及项目产出等都是在利益相关者参与的项目计划研讨会上，用逻辑框架方法大家共同确定下来的。PAAF 项目二期的总体目标：土地和森林资源以社会可接受、对环境有利、经济可行的方式进行管理，从而根据山西林业发展计划（2001 年～ 2005 年）实现山西省的可持续方式；项目目标：村民和其他土地使用者应用可持续的土地利用方法；五个产出见表 10–5。

PAAF 项目第二期的五个产出 **表 10-5**

产出	产出内容
产出 1	建立了当地土地利用规划的参与式程序并实施选定的措施
产出 2	当地最佳土地利用模式——即对环境有利、财政和经济上可行的模式得到实施，并对新的有前途的利用模式进行了试验
产出 3	村民和其他土地使用者有能力准备并实施土地利用规划和土地利用模式
产出 4	政府机构工作人员，中间社团和民营企业有能力传授参与式土地利用规划的技能
产出 5	建立并试验了推广参与式和最佳土地利用模式的程序，包括创新的融资机制

每年度项目还要根据以上目标和产出确定年度目标，具体方法及内容。以上目标确立以后，就需要建立一套验证指标来监测和评估规划的实施情况。

（2）确定指标

PAAF 项目第二期中的监测指标也是在项目开始时的计划研讨会期间确定的。在第三方会议主持人的协调下，在这一研讨会上由包括当地群众的各方代表共同制定的。

基于“SMART”方法：具体、可计量、行动导向、现实和一定时间范围等五个方面的标准，并需要由所有的利益相关者来“建议、调整、协商、同意”。选择什么类型的指标最终还是要看评估什么、确定最终用户是谁、明确如何利用信息等问题。

PAAF 项目分别对应项目的总体目标、项目目标和产出提出了一套指标，即总体目标、项目目标和产出都是由一些具体的、可操作的指标来评判的。第二期的指标共有 29 个（表 10–6，有删节）。为了便于操作，PAAF 项目还在执行监测过程中，针对以上一些指标制定了亚指标，并确定了一些指标的验证方式和必须的前提条件，以便最后能验证指标的完成情况。这些共同组成了项目的验证指标体系。

PAAF 项目第二期的验证指标　　表 10-6

指标号	指标内容
IG 1	到 2006 年 2 月，在项目试点村 50%，在新选择的示范村 30% 的参与项目活动的人认为通过参与项目活动使本村的环境和经济状况比项目实施前得到了改善
IG 2	到 2006 年 2 月，在项目试点村的植被覆盖率增加 5%
IP 1	在进行过参与式土地利用规划的试点村庄，村庄内已实施面积的 95% 是根据已形成的土地利用规划进行经营管理的
IP 2	参与项目活动的农户，平均每户承包 2 亩集体荒地，并在承包土地上积极应用土地利用规划的方案
IP2-1	新签荒地承包合同的面积，直到监测时累计签署的承包面积，但必须要有农户与村委签的合同
IP2-2	参与项目活动的农户数量，参加实施活动和培训农户的总和
IP2-3	承包地上按土地利用规划种植的面积，在承包荒地上根据已批准的土地利用类型进行种植的面积
IP 3	在新选择的示范村和乡，30% 相关决策者在土地利用规划和日常管理中应用参与式方法
IP3-1	在新选择示范村、乡镇负责农业的工作人员数量，应包括村里的村主任、书记以及乡镇里与项目活动有关的人员
IP3-2	负责农业工作人员定期参加示范村会议和活动的
IP 4	30% 主管农业的县级领导在土地利用规划和他们日常管理中应用参与式方法
IP4-1	负责农业的县级领导数量
IP4-2	负责农业的县级领导应用参与式方法的数量
IP 5	100% 项目工作人员在土地利用规划和他们的日常管理中应用参与式方法
IP5-1	每个项目职员每年至少参加农村参与式决策会议 5 天，在每个监测期应为 2.5 天
IP5-2	每年形成参与式规划文件 2 件，每个监测期平均为一件
IP 6	栽植三年后，由项目资助的造林面积的 80% 达到土地利用模式所规定的成活率
IP 7	活动实施三年后，90% 的农户可以收回所交纳的质量抵押金和利息
IO 1.1	到 2006 年 2 月，10 个项目县收到了修改后的 PAAF 参与式土地利用规划手册
IO 1.2	到 2005 年 6 月，所有新选择村庄的村庄土地利用规划得到县政府批准
IO 1.3	到 2005 年 6 月，有 80% 新选示范村开始执行村庄活动规划
IO 1.4	到 2005 年 6 月，在一期示范村庄中 80% 项目资助的规划活动获得成功

注：“IG”——总体目标指标；“IP”——项目目标指标；“IO”——项目产出指标。

3）建立报告体系

（1）报告体系的建立

每个项目都有适合其自身的项目周期管理体系，以保证项目产出和目标的实现。项目周期管理是指在一个项目的全生命周期要基于一个有次序的阶段发展过程，基本上都包含规划、实施、监测与评估。在项目周期管理中，监测与评估方法作为一个工具，帮助项目工作人员能时刻掌握项目的进展情况，使他们能持续地从每轮项目实施中取得经验教训，并合理地调整项目措施，因此，监测报告体系在PAAF项目中扮演重要角色（见图10-6）。

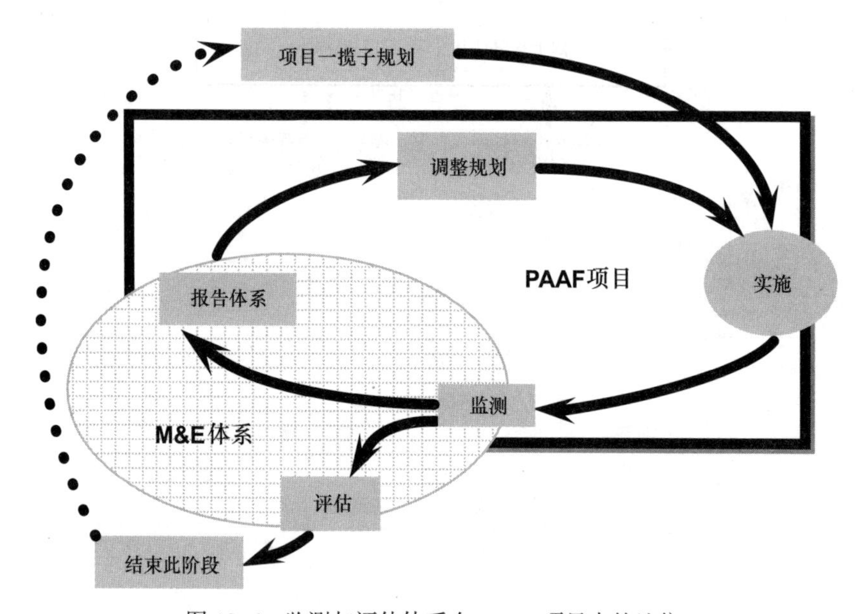

图10-6 监测与评估体系在PAAF项目中的地位

PAAF项目是以土地利用规划全过程为主线的项目，监测与评估是其中的重要部分。监测着土地利用过程，任务主要集中在四个方面：土地利用政策执行情况、土地利用实际情况、农民以及有关机构在土地利用中的能力建设。

PAAF项目建立1个省项目办公室（PPMO）、4个县项目办公室（CPMO）和14个示范村庄（VMG）等三级参与式监测与评估体系：村庄监测小组、县项目办监测单位以及省项目办监测单位，报告体系见图10-7。

该报告体系每半年运行一次，并报告监测结果。县级（CPMO）检查和审核村级（VMG）的报告结果和建议，并向省级（PPMO）提交。然后省级将结果向有关的县和村庄通报，并得到他们的同意后执行。在此过程中，如遇到特殊问题，监测人员将深入村里，与村民一起分析问题的解决办法。总之，该体系保证了出现的问题、寻求解决途径、处理的过程和处理的结果都公开、透明，并鼓励CPMO和VMG在村里自行解决出现的问题。

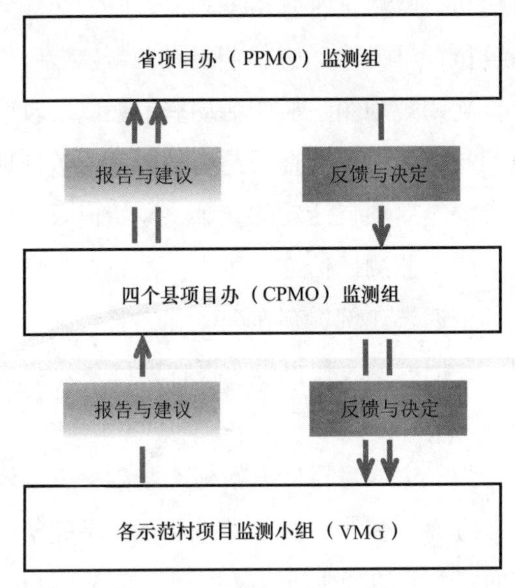

图 10–7　PAAF 项目参与式监测与评估报告体系

（2）确定监测小组职责

首先是确定各村庄监测小组（VMG）。该小组是在村民大会上先确定监测小组的职责，再由参与项目活动的村民自主选举产生的。小组一般有 3 ～ 5 名村民组成，其中至少 1 名妇女、1 名村干部，他们自己选出 1 名组长。由于参与式方法的运用，这些成员都愿意义务承担起对本村项目活动和效果监测的重担。村庄监测小组行使其职责和任务。同时，县项目办监测组（CPMO）和省项目办监测组（PPMO）也组成。以上各监测单位的职责也是项目逐步摸索、不断完善后确定下来的。

（3）制定项目乡规民约

PAAF 项目在进入村庄活动规划及实施阶段时，结合项目自身特点，在广泛听取村民意见的基础上，制定《PAAF 村庄项目活动管理办法》，这成为监测与评估体系中重要的依据之一。与传统的管理办法的制定过程不同，此办法是所有利益相关者通过广泛协商、讨论，尤其是征求了参与项目活动的村民的意见和观点。

（4）制定监测与评估办法

PAAF 项目已制定的各项规划和规章制度，如村庄土地利用规划，土地利用模式手册，村庄活动管理条例等，确保村庄活动能按照项目规划和要求进行，达到预期的数量和质量标准，从而调动各利益相关者参与项目的积极性，由省项目办、县项目办及村庄项目监测小组一起，共同讨论制定项目活动的监测与评估办法。

监测与评估组和农户一道，按规划和制度对各项活动进行逐户核对。监测组要携带土地利用规划图，村庄活动登记表以及收取抵押金登记表等。村庄活动监测与评估农户调查表是返还造林质量抵押金的依据，也是决定农户是否参加今后项目活动的基础，原始记录由村项目监测组保存，县项目办公室应将监测评估结果按农户汇总全县情况，并写出包括有评估结果、抵押金返还比例、存在问题和经验教训以及今后拟采取的措施的书面汇报，并把汇总表和报告上报省项目办公室。

4）获取基线数据

基线信息可作为确定项目目标、指标的基础，也是评价项目的变化和进程的基础。一方面，基线数据常常被忽视或不完整，很难进行前后期比较；另一方面，太多的基线研究又烦琐，导致“社区疲劳”的结果，所以基线调查应当与其他项目活动一起进行。在 PAAF 项目中，监测与评估的基线数据获取是随 PLUP 过程而进行的，也就是说 PLUP 兼顾监测与评估的需要。示范村的基本属性和空间数据没有专门调查，所需的基线数据都是伴随着项目的规划活动获得，并不断得到更新。

5）实施监测程序

参与式的监测过程是一个上下互动的过程，与自下而上自我负责过程相结合的一个机制，以社区内部的自我负责、自愿管理为主，外部力量只起支持和协调作用。PAAF 项目监测的执行，依据的是项目所制定的目标、指标及村庄管理办法、PLUP、LUP 模式、项目计划、年度计划以及村庄活动管理办法、检查验收办法等。项目每半年进行一次监测活动的原因：项目所资助的村庄活动多数是造林活动。在项目区内，造林活动一般都是在春季或秋季开展的；按中德合作的要求，每半年项目向德国经贸部作一次汇报。因此，项目每半年执行的参与式监测程序如图 10-7 所示，其内容简单而明了，所有利益相关者都能操作这一过程。

6）数据分析与建档

该阶段包括对参与式监测与评估过程中产生信息的分析、建档、报告并分享。收集到的信息要记录入信息数据库，这一工作是随项目一开始就开始了，以便给出整个项目周期的“真实”图景。

7）对监测体系本身的监测

参与式监测与评估能为项目的成功提供许多隐形的好处，但如果执行得不好或不适当，还可能浪费时间和资源，也发现不了存在的问题，从而不能反映项目的绩效和社区建设成就。为了克服这些潜在的危险，需要建立系统性的、参与式的程序，对参与式监测与评估过程本身进行监测与评估。

这被认为是对监测过程本身不断提升的方法，作为一种机制，来衡量参与者是否得到了他们需要的信息、所用技术是否适宜、整个过程是否按计划操作的。根据变化的环境和条件不断调整参与式监测与评估也是为了防止该过程不会变成一种静态的体系，它应当是不断创新、创造和认真反思的过程。

在PAAF项目管理中，有两类计划会非常重要。在项目开始前，在第三方主持人的协调下，PAAF项目总是要举办由项目所有利益相关者平等参加的项目计划会，在这次会议上，项目期间预期的计划和产出被确定下来，而这个计划仍是中长期的。随着项目的推进，项目每年还要举办主要由执行项目的各方参加的年度计划会。在这次会议上，不仅要计划下一年度的工作计划，还要回顾过去一年中项目的执行情况，这样就能针对变化了的条件作出应有的反应，对项目不适应的方面作出调整，对新的环境提出对策，这其中很重要的调整就是针对参与式监测与评估体系的。

实际上，PAAF项目在参与式监测与评估方面的经验，都是在这样一种动态机制下不断建立、调整和改进，才发展成后来的一些做法，这些做法仍需根据已做的工作，不断改进。例如：在一些人口较少的村庄中，虽然村民监测小组能正常地开展项目监测活动，但项目活动领导小组成员和监测小组成员往往混合在一起工作。虽然各自的工作职责清楚，分工明确，但运行几年后，这两个小组的范围已经打破了先前确定的界线；相反，在一些人口众多的村庄中，这两个小组的工作，除个别成员因特殊原因有所变动外，仍基本保持着建立之初的框架。

第3节　效果监测与评估

在这里，“效果”是作为一个专门术语，用于整个效果链（见图10-8），不一定受“目标”的限制。一个“效果”是积极还是消极也不是利益相关者能全面考虑到的，其意义很广泛，它可以被看成是一个彼此重叠、联系的效果链。产出的利用已包含广泛效果的意思，如：在更广大的范围内改变以往的农业产业结构。“影响”（成果、直接效益）可能是积极效益，如：种植结构的改变、土壤侵蚀的减少等。也可能是不足，如：人们纷纷外出打工，而家人不能常团圆，人们的幸福度不一定提高。还可能最终成为一个学习的过程，人们的态度和观点发生了改变，从而可能产生某些（间接）效果，如：当地群众取得了自信，进而发挥出其潜能；还至少有一些效果，与发展合作项目的总体目标发生了联系，如：赋权当地群体、减贫、生态环境改善等。

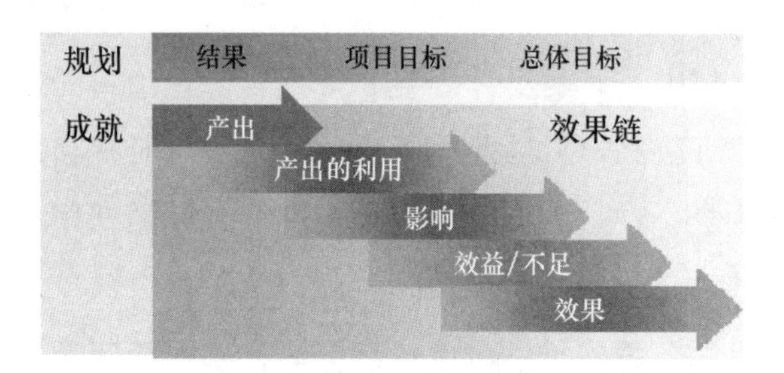

图 10-8 效果链示意

效果监测可以采用各种工具和方法，如：比较研究、环境 / 社会影响评价和成效研究（回顾式效果评估）等。在这里，效果的监测与评估是参与式监测与评估的一部分，也是整个项目自我评估过程的一部分，它作为一种反思手段，通过学习，更好地使项目活动适应不断变化的新形势。效果监测与评估包括两个方面：对变化着的形势和项目的意义进行“观测”（监测）与“解读”（评价）。只有将这两个方面有机融合起来，才有可能为整个项目循环管理中的质量控制提供有用手段。这里，监测是客观性的监测，以便于建立信息数据库；评估是不同利益相关者根据他们的个人意见，进行的“主观”判断。

这里需要说明归因差距的概念。在项目规划阶段，项目与其利益相关者共同制定总体目标、项目目标、期望结果、活动和投入（见图 10-9）。产出的实现是项目的首要责任，所以产出能与期望得到的结果联系起来。然而，如果超过此限，效果链（产出的利用、影响、效益 / 不足、效果）就需要足够的时间去逐步展开，而随着时间的推移，参与者及其相互作用也逐步地增加，这就使得把一个变化归因于一个单一的因素或项目有了差距，即归因差距。即使随着调查研究的费用进一步增加，项目虽然可以无限地缩小差距，但是不可能完全消除这一差距。实际上，针对一个具体的项目，它所建立和显示出来的项目行动与项目变化之间的联系只能是可能的、相对的，而不是绝对的。

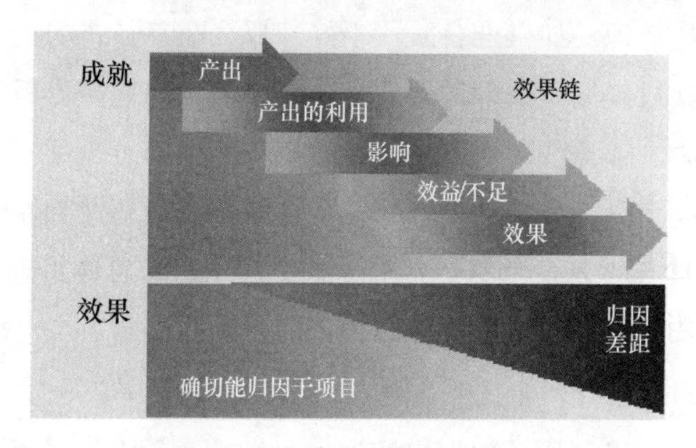

图 10-9　归因差距的概念

发展机构是根据具体项目的效果来调整其行动的，而项目是通过绩效调整自己的。从理论上说，效果与绩效这两方面都包含在了一个项目循环管理之中。项目实际反映在了项目目标和总体目标的形成中，如赋权、减贫、可持续土地管理等；绩效在期望的结果中得以表达。实际上，效果并没有充分地显现出来，从出资方的观点看，非常需要将绩效转化为效果以及从效率转向效力，完成一次范式转换；而对项目来说，问题是怎样完成这次范式转换。

项目周期管理已提供了基本的手段，但仍需补充一些工具用以更加强调项目状况和效果。图 10-10 表示的是 PAAF 项目周期管理工具：规划过程和效果的监测与评估。在制定总体目标和项目目标中，项目规划充分考虑了项目的具体情况，然后制定具体的结果和活动，以实现项目的目标，并对总体目标有所贡献。但是，对项目规划而言，效果的监测与评估更关注产出，所以需要通过效果监测与评估来加以补充，以便回到项目规划期间（一开始时）所站的高度对项目的状况进行重新审视。

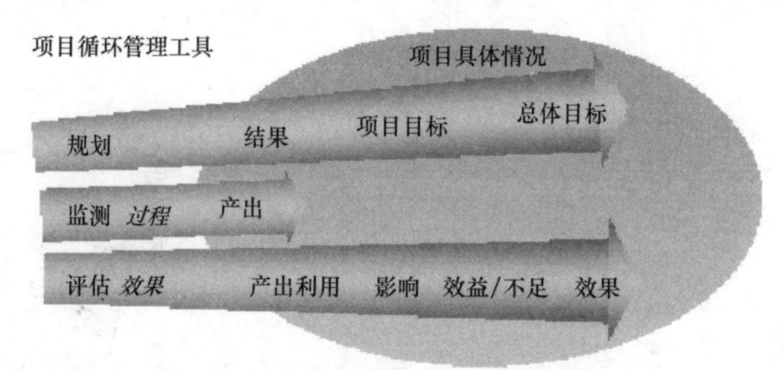

图 10-10　对效果监测与评估的定位

要创造积极的效果就必须充分理解项目具体情况及其影响的主要因素。在大多数情况下，项目从准备阶段开始，就为利益相关各方和项目人员提供一个建设性的框架，使大家对项目的具体情况、存在的问题和潜力有一个清楚的认识。如果准备阶段不好，那么在参与式的现状分析时就应当能满足项目规划所需的最低要求。即使项目规划做得很好，但在项目周期管理中的弱点依然可以反映在监测与评估中。当项目全力用取得的成效来证明自己的成功的时候，如何又能使项目还时刻紧盯项目的具体状况？项目有必要拿出总经费的5%放到效果监测与评估上吗？这些都是出资机构自己要决定的问题。但同时，项目确需有一套实用的工具来帮助自己时刻掌握项目的状况。

直到项目产出得以利用、效果也实现的时候，实际已经过了很长一段时间，而项目的状况也已经发生了很大的变化。即使没有项目，许多事情都会发生很大改变：一方面内部存在着（具体的）变革机制，如改变权力关系、学习、综合、适应、拒绝等的社会过程；另一方面，也存在外部的变化因素，如国家经济和政策的调整等。必须要认识到，项目只是这众多因素中的一个，也要认识到在项目中所发生的具体变化是所有这些因素共同作用的结果。因此，要确定一个效果非常之难。然而，尽管这样的归因差距一直存在着，但每个项目都处在监测和评估其项目所发生改变的位置上，因此不仅要探究和展现项目活动与这些变化之间的关系（也许只是相对的），也要从变化的经验教训中去学习，以修改和调整未来的活动。

参考文献

1. Abbot J, Chambers R, Dunn C, et al. Participatory GIS: opportunity or oxymoron [J]. International Institute for Environment and Development (IIED, United Kingdom) PLA Notes, 1998, 33, 27-34.
2. Agrawal A. Forests, Governance, and Sustainability: Common Property Theory and its Contributions[J]. International Journal of the Commons, 2007, 1 (1): 111-136.
3. Alessa L, Kliskey A, Brown G. Social–ecological hotspots mapping: A spatial approach for identifying coupled social – ecological space[J]. Landscape & Urban Planning, 2008, 85 (1): 27-39.
4. Allmendinger, P. Planning Theory[M]. New York: Palgrave, 2002.
5. Armonia, R C, Campilan, D M. Participatory monitoring and evaluation: the Asian experience. Regional overview paper prepared for the International Workshop on Participatory Monitoring and Evaluation, Cavite, Philippines, 24-29 November. Los Banos, Laguna: Users' Perspectives with Agricultural Research and Development (UPWARD) , 1997.
6. Arnstein S R. A ladder of citizen participation[J]. Journal of the American Institute of Planners, 1969, 35 (4): 216-224.
7. Asia Forest Network (AFN) . Participatory rural appraisal for community forest management – tools and techniques[R]. Santa Barbara, CA, USA: AFN, 2002
8. Bailey, J. Social theory for planning[M]. London and New York: Routledge Press, 1975.
9. Bayer, W., Waters-Bayer, A. Participatory monitoring and evaluation (PM&E) with pastoralists: a review of experiences and annotated bibliography[M]. Eschborn: GTZ, 2002.
10. Bessette G. Involving the community: a guide to participatory development communication.[J]. Penang Malaysia Southbound, 2004, 13 (2): S38–S45.
11. Brugha, R, Varvasovszky, Z. Stakeholder analysis: a review [J]. Health Policy and Planning, 2000, 15 (3): 239-246.
12. Bryan T. The Struggle for Sustainability in Rural China: Environmental Values and Civil Society [C]. New York: Columbia University Press, 2010.

13. Calheiros D F, Seidl A F, Ferreira C J A. Participatory research methods in environmental science: Local and scientific knowledge of a limnological phenomenon in the Pantanal wetland of Brazil[J]. Journal of Applied Ecology, 2000, 37 (4): 684-696.
14. Carver S, Evans A, Kingston R, et al. Public participation, GIS and cyberdemocracy: Evaluating on-line spatial decision support systems[J]. Environment and Planning B: Planning and Design, 2001, 28 (6): 907-921.
15. Chabot M, Duhaime G. Land-use planning and participation: the case of Inuit public housing[J].Habitat Intl, 1998, 22 (4): 429-447.
16. Chambers R. Participatory rural appraisal (PRA): Analysis of experience[J]. World Development, 1994, 22 (9): 1253-1268.
17. Chambers R. Participatory rural appraisal (PRA): Challenges, potentials and paradigm[J]. World Development, 1994, 22 (10): 1437-1454.
18. Chapin M, Lamb Z, Threlkeld B. Mapping indigenous lands[J]. Annual Review of Anthropology, 2005, 34: 619-638.
19. Chen J, Liu Y. Coupled natural and human systems: a landscape ecology perspective[J]. Landscape Ecology, 2014, 29 (10): 1641-1644.
20. Chrisman N R. Design of geographic information systems based on social and cultural goals[J]. Photogrammetric Engineering & Remote Sensing, 1987, 53 (10): 1367-1370.
21. Cinderby S, Forrester J. Facilitating the local governance of air pollution using GIS for participation[J]. Applied Geography, 2005, 25: 143-158.
22. Cinderby S. Geographic information systems (GIS) for participation: The future of environmental GIS？ [J]. International Journal of Environment & Pollution, 1999, 11 (3): 304-315.
23. Craig W J, Harris T M, Weiner D. Community participation and geographic information systems[M]. London: Taylor & Francis, 2002.
24. Crumley C L. Historical Ecology: Cultural Knowledge and Changing Landscapes [J]. Journal of the Royal Anthropological Institute, 1994, 2 (1): 170.
25. Cullen, B. Community Development Fund Review Report[R]. Dublin: Combat Poverty Agency, 1996.
26. Damer, S, Hague, C. Public participation in planning: a review[J]. Town Planning Review, 42, 217-232: 1971.
27. Davidoff, P. Advocacy and Pluralism in Planning. In: Faludi, A ed. A Reader in Planning Theory[M]. Oxford: Pergamon, 1973.
28. Davidoff, P. Advocacy and Pluralism is Planning[J]. Journal of American Institute of

Planners, 31 (4): 1965.

29. Dorcey A, Doney L, Rueggebery H. Public involvement in government decision-making: Choosing the right model[M]. Victoria BC: Round Table on the Environment and the Economy, 1994.

30. Dunn C E, Atkins P J, Townsend J G. GIS for development: A contradiction in terms？ [J]. Area, 1997, 29 (2): 151-159.

31. Elwood S A. GIS use in community planning: A multidimensional analysis of empowerment[J]. Environment and Planning A, 2002, 34: 905-922.

32. Estrella, M, Gaventa, J. Who counts reality participatory monitoring and evaluation (PM&E): a literature review[J]. IDS Working Paper, 1998, 70.

33. FAO Guidelines for land-use planning[M]. Rome: Development Series 1, 1993.

34. FAO/UNEP. Negotiating a Sustainable Future for Land - Structural and Institutional Guidelines for Land Resource Management in the 21st Century[M]. Rome: FAO/UNEP, 1997.

35. FAO/UNEP. Our Land Our Future. A New Approach to Land Use Planning and Management[M]. Rome: FAO/UNEP, 1996.

36. FAO/UNEP. The Future of Our Land. Facing the Challenge[M]. Rome: FAO/UNEP, 1999.

37. Feuerstein, M.-T. Partners in Evaluation: Evaluating Development and Community Programmes with Participants[M]. London: Macmillan, 1986.

38. Folke C, Hahn T, Olsson P, et al. Adaptive governance of social-ecological systems[J]. Annual Review of Environment & Resources, 2005, 15 (30): 441-473.

39. Forester, J. Planning in the Face of Power[M]. Berkeley, Los Angeles: University of California Press, 1989.

40. Friedmann, J. Planning in the Public Domain: From Knowledge to Action[M]. Princeton. New Jersey: Princeton University Press, 1987.

41. Gosling, L, Edwards, M. Toolkits: a practical guide to assessment, monitoring, review and evaluation[M]. London: Save the Children, 1995.

42. Grenier L. Working with indigenous knowledge: a guide for researchers.[J]. Working with Indigenous Knowledge A Guide for Researchers, 2016.

43. GTZ. Establishing Plausibility in Impact Assessment[M]. Eschborn: GTZ, 2001.

44. GTZ. Experiences of Land Use Planning in Asian Projects (Selected Insights) [M]. Colombo: GTZ, 1996.

45. GTZ. Land Use Planning: Methods, Strategies and Tools[M]. Eschborn: GTZ, 1999.

46. GTZ. 土地利用规划方法、策略和工具与来自亚洲的经验 [M]. 山西省 PAAF 项目翻译组 , 太原 : 山西人民出版社 , 2002.

47. Guba, E G, Lincoln, Y S. Fourth generation evaluation[M]. London and California: Sage Publications, 1989.

48. Halla F, Majani B. The Environmental Planning and Management Process and the Conflict over Outputs in Dar-Es-Salaam[J]. Habitat International, 1999, 23 (3): 339-350.

49. Hatfield-Dodds S, Nelson R, Cook D C. Adaptive governance: an introduction, and implications for public policy[C].ANZSEE Conference, Noosan, Australia, 2007.

50. Healey, P, McDougall, G, Thomas, M J. Collaborative Planning[M]. Vancouver: UBC Press, 1997.

51. Healey, P. Planning through Debate: The Communicative Turn in Planning Theory[J]. Town Planning Review, 1992, 63 (2): 143-162.

52. Holling C S. Adaptive environmental assessment and management.[J]. Fire Safety Journal, 2017, 42 (1): 11-24.

53. Innes, J E, Booher, D E. Public Participation in Planning: New Strategies for the 21st Century[R]. Paper prepared for the annual conference of the Association of Collegiate Schools of Planning, 2000, November 2–5.

54. Jackson L S. Contemporary public involvement: Toward a strategic approach[J]. Local Environment, 2001, 6 (2): 135-147.

55. Johnson B R, Campbell R. Ecology and Participation in Landscape-Based Planning Within the Pacific Northwest [J]. Policy Studies Journal, 1999, 27 (3): 502-529.

56. Jordan G, Shrestha B. A participatory GIS for community forestry user groups in Nepal: Putting people before the technology[J]. IIED: PLA Notes, 2000, 39: 14-18.

57. Kerselaers E, Rogge E, Vanempten E, et al. Changing land use in the countryside: Stakeholders' perception of the ongoing rural planning processes in Flanders[J]. Land use policy, 2013, (32): 197-206.

58. Klijn, E-H, and Koppenjan, J F M. Rediscovering the Citizen: New Roles for Politicians in Interactive Policy Making. In: McLaverty, P (ed.) . Public Participation and Innovations in Community Governance[M]. Aldershot UK: Ashgate, 2002: 141-164.

59. Le Q B, Park S J, Vlek P L G, et al. Land-Use Dynamic Simulator (LUDAS): A multi-agent system model for simulating spatio-temporal dynamics of coupled human-landscape system. I. Structure and theoretical specification [J]. Ecological Informatics, 2008, 3 (2): 135-153.

60. Li W, Min Q. Integrated Farming Systems an Important Approach toward Sustainable

Agriculture in China [J]. Ambio (Ecosystem Research and Management in China) , 1999, 28 (8): 655-662.

61. Lin, G. Implementation of Agenda 21 in China: institutions and obstacles[J]. Environmental politics, 1999, 8 (1): 318-326.

62. Lindblom, C E. The Intelligence of Democracy[M]. New York: The Free Press, 1965.

63. Liu J, Dietz T, Carpenter S R, et al. Complexity of Coupled Human and Natural Systems[J]. Science, 2007, 317 (5844): 1513-1516.

64. Narayan-Parker, D. Participatory evaluation: tools for managing change in water and sanitation[J]. World Bank Technical Paper 207. Washington DC: The World Bank, 1993.

65. Ostrom E. A general framework for analyzing sustainability of social-ecological systems[J]. Science, 2009, 325 (5939): 419-422.

66. Patel M, Kok K, Rothman D S. Participatory scenario construction in land use analysis: An insight into the experiences created by stakeholder involvement in the Northern Mediterranean[J]. Land Use Policy, 2007, 24: 546 -561.

67. Platt, I. Review of Participatory monitoring and Evaluation[R]. Report prepared for Concern Worldwide, August, 1996.

68. Prager K, Freese J. Stakeholder involvement in agri-environmental policy making-Learning from a local and a state-level approach in Germany[J]. Journal of Environmental Management, 2009, 90: 1154 -1167.

69. Pretty, J. Participatory Learning for Sustainable Agriculture[J]. World Development, 1995, 23 (8): 1247-1263.

70. PRIA (The Society for Participatory Research in Asia) . Participatory evaluation: issues and concerns[M]. New Delhi: PRIA, 1995.

71. Reed M S, Graves A, Dandy N, et al. Who's in and why A Typology of Stakeholder Analysis Methods for Natural Resource Management [J]. Journal of Environmental Management, 2009 (1): 1933 - 1949.

72. Reed M S. Stakeholder Participation for Environmental Management: A Literature Review [J]. Biological Conservation, 2008, (7): 2417 - 2431.

73. Rock, F. Participatory Land Use Planning (PLUP) in Rural Cambodia-Manual for Government Staff and Development Workers[M]. Phnom Penh: Ministry of Land Management, Urban Planning and Construction (MLMUPC) through National Task Force on PLUP, 2001.

74. Schaefer J W. The World Bank Participation Sourcebook (review) [J]. Sais Review, 1996, 16 (2): 208-211.

75. Shepherd, A, Bowler, C. Beyond the requirements: improving public participation in EIA. Journal of Environmental Planning and Management, 1997, 40: 725-738.
76. Sieber R E. Public participation geographic information systems: A literature review and framework[J]. Annals of the Association of American Geographers, 2006, 96 (3): 491-507.
77. Sumberg J, Okali C, Reece D. Agricultural research in the face of diversity, local knowledge and the participation imperative: Theoretical considerations[J]. Agricultural Systems, 2003, 76 (2): 739-753.
78. Tane H, Sun T H, Zheng Z L, et al. Auditing reforested watersheds on the loess plateau: Fangshan Shanxi[J]. Ecological Indicators, 2014, 41 (6): 96-108.
79. Tane H. Landscape Ecostructures for Sustainable Societies: Post-Industrial Perspectives[J]. New Zealand Journal of Soil and Health, 1999, 58 (5): 19-21.
80. Tane, H, Wang, X J. Participatory GIS for Sustainable Development Projects. SIRC 2007 - The 19th Annual Colloquium of the Spatial Information Research Centre, University of Otago, Dunedin, New Zealand.
81. Thapa G B, Niroula G S. Alternative options of land consolidation in the mountains of Nepal: An analysis based on stakeholders' opinions[J]. Land Use Policy, 2008, 25: 338-350.
82. Turyatunga F R. WRI discussion brief: Tools for local-level rural development planning - Combining use of participatory rural appraisal and geographic information systems in Uganda[M]. Washington, DC: The World Resources Institute, 2004.
83. UNDP. Results-oriented monitoring and evaluation - a handbook for programme managers[M]. New York: UNDP Office of Evaluation and Strategic Planning (OESP) Handbook Series, 1997.
84. UNDP. Results-oriented monitoring and evaluation - a handbook for programme managers[R]. Office of Evaluation and Strategic Planning (OESP) Handbook Series. New York: UNDP, 1997a.
85. UNDP. Who are the question-makers？ a participatory evaluation handbooks[R]. Office of Evaluation and Strategic Planning (OESP) Handbook Series. New York: UNDP, 1997b.
86. Wang X J, Yu Z R, Cinderby S, et al. Enhancing participation: Experiences of participatory geographic information systems in Shanxi Province, China[J]. Applied Geography, 2008, 28 (2): 96-109.
87. Xu J C, Ma E T, Tashi D, et al. Integrating sacred knowledge for conservation: cultures and landscapes in southwest China [J]. Ecology & Society, 2005, 10 (2): 610-611.
88. 蔡晶晶 . 诊断社会 - 生态系统：埃莉诺·奥斯特罗姆的新探索 [J]. 经济学动态 , 2012,

(8): 106-113.

89. 蔡葵，朱彤，戴聪．基于 PRA 和 GIS 的农村社区土地利用规划模式探讨 [J]. 云南地理环境研究，2001, 13 (2): 69-77.

90. 蔡玉梅，张晓玲．FAO 土地利用规划指南及启示 [J]. 中国土地科学，2004, 18 (1): 28-32.

91. 曹康，王晖．从工具理性到沟通理性——现代城市规划思想内核与理论的变迁 [J]. 城市规划，2009, 33 (9): 44-51.

92. 曹康，吴丽娅．西方现代城市规划思想的哲学传统 [J]. 城市规划学刊，2005, 156 (2): 56-59.

93. 曹轶，魏建平．沟通式规划理论在新时期村庄规划中的应用探索 [J]. 规划师，2010, 226 (S2): 229-232.

94. 陈娟，李维长．乡土知识的林农利用研究与实践 [J]. 世界林业研究，2009, 22 (3): 25-29.

95. 陈剩勇，赵光勇．"参与式治理"研究述评 [J]. 教学与研究，2009, (8): 75-82.

96. 程序，曾晓光，王尔大．可持续农业导论 [M]. 北京：中国农业出版社，1997.

97. 仇保兴．19 世纪以来西方城市规划理论演变的六次转折 [J]. 规划师，2003, 19 (11): 5-10.

98. 崔海兴，温铁军，郑风田，等．改革开放以来我国林业建设政策演变探析 [J]. 林业经济，2009, (2): 38-43.

99. 戴帅，陆化普，程颖．上下结合的乡村规划模式研究 [J]. 规划师，2010, 26 (1): 16-20.

100. 董金柱．国外合作式规划的理论研究与规划实践 [J]. 国外城市规划，2004, 19 (2): 48-52.

101. 段德罡，桂春琼，黄梅．村庄"参与式规划"的路径探索——岜扒的实践与反思 [J]. 上海城市规划，2016, (4): 35-41.

102. 段鹏飞．新中国农业政策的嬗变与评述 [J]. 湖南农业大学学报（社会科学版），2008, 9 (6): 15-19.

103. 谷树忠，胡咏君，周洪．生态文明建设的科学内涵与基本路径 [J]. 资源科学，2013, 35 (1): 2-13.

104. 何明俊．西方城市规划理论范式的转换及对中国的启示 [J]. 城市规划，2008, 32 (2): 71-77.

105. 何丕坤，何俊，吴训峰．乡土知识的实践与发掘 [M]. 昆明：云南民族出版社，2004.

106. 黄焕（译）．阿马蒂亚·森的实效性观念运用——在规划实践中对发展、自由和赋权的探讨 [J]. 国外城市规划，2008, 21 (4): 6-13.

107. 李成贵，孙大光．国家与农民的关系：历史视野下的综合考察 [J]. 中国农村观察，2009, (6): 54-61.

108. 李蕾，王晓军，周洋，等．黄土丘陵区玉米种植变迁——以 2 个村庄为例 [J]. 山西农业科学，2014, 42 (11): 1209-1214, 1224.

109. 李维长，何丕坤．社会林业理论与实践 [M]. 昆明：云南民族出版社，1998.

110. 李维长，王登举，郭广荣．参与式方法在退耕还林中的应用——云、贵、川、晋四省的案例调查 [M]. 贵阳：贵州科技出版社，2004.

111. 李文华．中国生态农业面临的机遇与挑战 [J]. 中国生态农业学报，2004, 12 (01): 6-8.

112. 李小云．参与式发展概论——理论－方法－工具 [M]. 北京：中国农业大学出版社，2001.

113. 李小云．农村社区发展规划导论 [M]. 北京：人民出版社，1995.

114. 李小云．谁是农村发展的主体 [M] 北京：中国农业出版社，1999.

115. 李郁，彭惠雯，黄耀福．参与式规划：美好环境与和谐社会共同缔造 [J]. 城市规划学刊，2018, 241 (1): 24-30.

116. 梁鹤年 [加]. 简明土地利用规划 [M]. 谢俊奇等．北京：地质出版社，2003: 1-14.

117. 林布隆，查尔斯 .E. 政策制定过程 [M]. 朱国斌．北京：华夏出版社，1988.

118. 林俊强，张长义，蔡博文，等．运用公众参与地理资讯系统于原住民族传统领域之研究：泰雅族司马库斯个案 [J]. 地理学报 (台湾), 2005, 41: 65-82.

119. 刘刚，王兰．合作式规划评价指标及芝加哥大都市区框架规划评析 [J]. 国际城市规划，2009, 24 (6): 34-39.

120. 刘建国，Dietz, T, Carpenter, S R, 等．人类与自然耦合系统 [J]. AMBIO- 人类环境杂志，2007, 1 (B12): 602-611.

121. 刘晓娇．解读吉登斯的"第三条道路" [J]. 经济研究导刊，2009, 69 (31): 212-213.

122. 刘彦随，吴传钧，鲁奇．21 世纪中国农业与农村可持续发展方向和策略 [J]. 地理科学，2002, 22 (4): 385-389.

123. 刘燕．论新制度主义的研究方法 [J]. 理论探讨，2006, 130 (3): 40-41.

124. 龙元．交往型规划与公众参与 [J]. 城市规划，2004, 28 (1): 73-78.

125. 马世骏，王如松．社会 - 经济 - 自然复合生态系统 [J]. 生态学报，1984, 4 (1): 3-11.

126. 麦克劳林 J B. 系统方法在城市和区域规划中的应用 [M]. 王凤武．北京：中国建筑工业出版社，1988.

127. 闵庆文，张丹，何露，等．中国农业文化遗产研究与保护实践的主要进展 [J]. 资源科学，2011, 33 (6): 1018-1024.

128. 牛冰娟，贾宁凤，王晓军，等．晋西北耕地利用状况及驱动力分析——基于宁武县

5 个典型村的调查 [J]. 安徽农业科学 , 2013, 41 (11): 5074-5077.

129. 帕齐·希利 , 曹康 , 王晖 . 通过辩论做规划 : 规划理论中的交往转向 [J]. 国际城市规划 , 2009, 24 (s1): 5-14.

130. 帕齐 • 希利 . 透视《合作式规划》[J]. 曹康 , 王晖 . 国际城市规划 , 2008, 23 (3): 15-24.

131. 潘影 , 肖禾 , 宇振荣 . 北京市农业景观生态与美学质量空间评价 [J]. 应用生态学报 , 2009, 20 (10): 2455-2460.

132. 丘昌泰 . 公共政策 : 当代政策科学理论之研究 [M]. 台北 : 巨流图书公司 , 1995, 305-310.

133. 阮并晶 , 张绍良 , 恽如伟 , 等 . 沟通式规划理论发展研究——从“理论”到“实践”的转变 [J]. 城市规划 , 2009, 33 (5): 38-41.

134. 石培礼 , 李文华 . 中国西南退化山地生态系统的恢复——综合途径 [J]. AMBIO- 人类环境杂志 , 1999, (5): 390-397, 461, 389.

135. 孙施文 , 殷悦 . 西方城市规划中公众参与的理论基础及其发展 [J]. 国外城市规划 , 2004, 19 (1): 14, 15-20.

136. 孙施文 . 现代城市规划理论 [M]. 北京 : 中国建筑工业出版社 , 2007.

137. 孙施文 . 多元文化状况下的城市规划——L.Sandercock 的《Planning for MulticulturalCities》一书评介 [J]. 城市规划汇刊 , 2002, 140 (4): 74-77, 80.

138. 孙捡文 . 规划的本质意义及其困境 [J]. 城市规划汇刊 , 1999, (2): 6-9.

139. 孙莹 . 以“参与”促“善治”——治理视角下参与式乡村规划的影响效应研究 [J]. 城市规划 , 2018, 42 (2): 70-77.

140. 汪宁 , 叶常林 , 蔡书凯 . 农业政策和环境政策的相互影响及协调发展 [J]. 软科学 , 2010, 24 (1): 37-41.

141. 王慧珍 , 段建南 , 李萍 . 县级土地利用规划的公众参与方法与实践 [J]. 中国土地科学 , 2008, 22 (10): 64-69.

142. 王凯元 , 何晓波 . 从农事实践看地方性知识与科学知识的契合——兼论传统农业的现代化演变 [J]. 西北农林科技大学学报 (社会科学版) , 2011, 11 (6): 167-171.

143. 王如松 , 欧阳志云 . 社会 - 经济 - 自然复合生态系统与可持续发展 [J]. 中国科学院院刊 , 2012, 27 (3): 337-345.

144. 王如松 . 从农业文明到生态文明——转型期农村可持续发展的生态学方法 [J]. 人文杂志 , 1999, 1 (6): 2-8.

145. 王涛 , 王学伦 . 社区运行的制度解析——以奥斯特罗姆制度分析与发展框架为视角 [J]. 学会 , 2010, (3): 75-79.

146. 王锡锌 . 公众参与和行政过程—— 一个理念和制度分析的框架 [M]. 北京 : 中国民主法制出版社 , 2007, 166-217.

147. 王晓军 , 李新平 . 参与式土地利用规划——理论、方法与实践 [M]. 北京 : 中国林业出版社 , 2007.

148. 王晓军 , 梅傲雪 , 周洋 . 县级土地利用总体规划编制过程中的利益相关者分析 [J]. 中国土地科学 , 2014, 28 (9): 47-52.

149. 王晓军 , 孙拖焕 . 参与式监测评估理论与实践 [M]. 北京 : 中国林业出版社 , 2007.

150. 王晓军 , 唐海凯 (Tane H) , 张红 . 可持续发展项目中的参与式地理信息系统——中国和澳洲案例研究 [J]. 山西大学学报 (哲学社会科学版) , 2009, 32 (6): 85-89.

151. 王晓军 , 宇振荣 . 基于参与式地理信息系统的社区制图研究 [J]. 陕西师范大学学报 (自然科学版) , 2010, 38 (2): 95-98.

152. 王晓军 , 周洋 , 鄢彦斌 , 等 . 政策与农耕 : 石咀头村 40 年景观变迁 [J]. 应用生态学报 , 2015, 26 (1): 199-206.

153. 王晓军 , 周洋 . 问题导向下的村庄规划模式研究 [J]. 浙江农业学报 , 2015, 27 (10): 1859-1864.

154. 王晓军 . 参与式地理信息系统研究综述 [J]. 中国生态农业学报 , 2010, 18 (05): 1138-1144.

155. 王晓军 . 参与式地理信息系统在土地利用规划中的应用 [J]. 林业与社会 , 2003, (2): 21-24.

156. 王兆良 . 哈贝马斯的 "公共领域" 概念 [J]. 安徽农业大学学报 (社会科学版) , 2002, 11 (6): 36-37.

157. 威廉·N. 邓恩 . 公共政策分析导论 [M]. 谢明 , 杜子芳 . 北京 : 中国人民大学出版社 , 2010.

158. 温铁军等 . 八次危机——1949-2009, 中国的真实经验 [M]. 北京 : 东方出版社 , 2012.

159. 吴志强 . 《百年西方城市规划理论史纲》导论 [J]. 城市规划汇刊 , 2000, (2): 9-18.

160. 西蒙 . 现代决策理论的基石 : 有限理性说 [M]. 北京 : 北京经济学院出版社 , 1989.

161. 徐国祯 , 李维长 . 社区林业 [M]. 北京 : 中国林业出版社 , 2002.

162. 徐平 , 张文喜 . 吉登斯第三条道路思想述评 [J]. 学习与探索 , 178 (5): 112-114.

163. 杨涛 . 公共事务治理行动的影响因素——兼论埃莉诺·奥斯特罗姆社会—生态系统分析框架 [J]. 南京社会科学 , 2014 (10): 77-83.

164. 叶敬忠 , 刘金龙 , 林志斌 . 参与·组织·发展 [M]. 北京 : 中国林业出版社 , 2001.

165. 叶敬忠 , 王伊欢 . 对农村发展的几点思考 [J]. 农业经济问题 , 2001, 22 (10): 41-47.

166. 叶敬忠 , 张雪梅 , 史丽文 . 论参与式社区发展规划 [J]. 农业经济问题 , 2001, (2): 45-51.

167. 叶敬忠 . 新农村建设中的多元性现实 [J]. 中国农村观察 , 2007, (6): 37-43.

168. 伊·普里戈金，伊·斯唐热．从混沌到有序：人与自然的新对话 [M]. 上海译文出版社，1987.
169. 于泓，吴志强．Lindblom 与渐进决策理论 [J]. 国外城市规划，2000, (2): 39-41.
170. 于泓．Davidoff 的倡导性城市规划理论 [J]. 国外城市规划，2000, (1): 30-33.
171. 于立．规划理论的批判和规划效能评估原则 [J]. 国外城市规划，2005, 20 (4): 34-40.
172. 余达忠．农耕社会与原生态文化的特征 [J]. 农业考古，2010, (4): 1-6.
173. 俞可平．治理与善治 [M]. 北京：社会科学文献出版社，2000.
174. 张红，王晓军，贾宁凤，等．基于多利益相关者视角的耕地利用与保护研究 [J]. 干旱区资源与环境，2012, 26 (2): 126-131.
175. 张劲峰，耿云芬，周鸿．乡土知识及其传承与保护 [J]. 北京林业大学学报（社会科学版），2007, 6 (2): 5-8.
176. 张立新．对话 协作 共识——走向社会互动的沟通规划 [J]. 北京规划建设，2009, (1): 98-100.
177. 张思．近代华北农村的农家生产条件·农耕结合·村落共同体 [J]. 中国农史，2003, (3): 84-95.
178. 张庭伟．从“向权力讲授真理”到“参与决策权力”——当前美国规划理论界的一个动向：“联络性规划”[J]. 城市规划，1999, 23 (6): 33-36.
179. 张庭伟．规划理论作为一种制度创新——论规划理论的多向性和理论发展轨迹的非线性 [J]. 城市规划，2006, 30 (8): 9-18.
180. 张晓彤，段进明，宇林军，等．基于三维电子沙盘的参与式乡村历史景观评估：以贵州省对门山村为例 [J]. 中国生态农业学报，2017, 25 (10): 1403-1412.
181. 张晓彤，王晓军，李良涛，等．基于参与式评估技术的景观特征评价——以北京市延庆县千家店镇为例 [J]. 现代城市研究，2017, (8): 15-24.
182. 张晓彤，宇振荣，王晓军．京承高速公路沿线农民对多功能农业不同需求的研究 [J]. 中国生态农业学报，2009, 17 (4): 782-788.
183. 张孝德，丁立江．面向新时代乡村振兴战略的六个新思维 [J]. 行政管理改革，2018, (7): 40-45.
184. 张勇，杨晓光，张静，等．有限投入下的普通村庄规划研究与实践 [J]. 城市规划，2010, 34 (S1): 54-57.
185. 赵华甫，张凤荣，姜广辉，等．基于农户调查的北京郊区耕地保护困境分析 [J]. 中国土地科学，2008, 22 (3): 28-34.
186. 赵庆玲，周洋，王晓军．“乡土”农用地评价：以山西省河曲县沙坪村为例 [J]. 中国生态农业学报，2015, 23 (2): 239-245.
187. 镇列评，蔡佳琪，兰菁．多元主体视角下我国参与式乡村规划模式比较研究 [J]. 小

城镇建设 , 2017, (12): 38-43.

188. 钟太洋 , 黄贤金 . 农户层面土地利用变化研究综述 [J]. 自然资源学报 , 2007, 22 (3): 341-351.

189. 周江评 , 廖宇航 . 新制度主义和规划理论的结合——前沿研究及其讨论 [J]. 城市规划学刊 , 2009, 180 (2): 59-62.

190. 朱德米 . 新制度主义政治学的兴起 [J]. 复旦学报 (社会科学版) , 2001, (3): 107-113.

191. 朱文玉 . 我国生态农业政策和法律的缺陷及其完善 [J]. 学术交流 , 2008, (12): 96-99.